全国高职高专食品类专业"十二五"规划教材

基础化学

任亚敏　王宏慧　赵俊芳　主编

中国科学技术出版社
·北 京·

图书在版编目（CIP）数据

基础化学/任亚敏，王宏慧，赵俊芳主编.—北京：中国科学技术出版社，2013.1（2020.8重印）

全国高职高专食品类专业"十二五"规划教材

ISBN 978-7-5046-6299-6

Ⅰ.①基… Ⅱ.①任…②王…③赵… Ⅲ.①化学-高等职业教育-教材 Ⅳ.①O6

中国版本图书馆CIP数据核字（2013）第016811号

策划编辑	符晓静
责任编辑	符晓静
封面设计	孙雪骊
责任校对	凌红霞
责任印制	徐　飞

出　版	中国科学技术出版社
发　行	中国科学技术出版社有限公司发行部
地　址	北京市海淀区中关村南大街16号
邮　编	100081
发行电话	010-62173865
传　真	010-62173081
网　址	http://www.cspbooks.com.cn

开　本	787mm×1092mm　1/16
字　数	405千字
印　张	18.5
版　次	2013年1月第1版
印　次	2020年8月第4次印刷
印　刷	北京荣泰印刷有限公司

书　号	ISBN 978-7-5046-6299-6/O·163
定　价	48.00元

（凡购买本社图书，如有缺页、倒页、脱页者，本社发行部负责调换）

全国高职高专食品类专业"十二五"规划教材编委会

顾　问	詹跃勇
主　任	高愿军
副主任	刘延奇　赵伟民　隋继学　张首玉　赵俊芳　孟宏昌
	张学全　高　晗　刘开华　杨红霞　王海伟
委　员	（按姓氏笔画排序）
	王海伟　刘开华　刘延奇　邢淑婕　吕银德　任亚敏
	毕韬韬　严佩峰　张军合　张学全　张首玉　吴广辉
	郑坚强　周婧琦　孟宏昌　赵伟民　赵俊芳　高　晗
	高雪丽　高愿军　唐艳红　栗亚琼　曹　源　崔国荣
	隋继学　路建锋　詹现璞　詹跃勇　樊振江

本书编委会

主　编　任亚敏　王宏慧　赵俊芳
副主编　粟亚琼　张新海
编　委　（按姓氏笔画排序）
　　　　王宏慧　方爱丽　任亚敏
　　　　许朝丽　张新海　赵俊芳
　　　　袁世保　粟亚琼　窦　明

出 版 说 明

随着我国社会经济、科技文化的快速发展,人们对食品的要求越来越高,食品企业也迫切需要大量食品专业高素质技能型人才。根据《国家中长期教育改革和发展规划纲要(2010—2020年)》的精神,职业院校的发展目标是:以服务为宗旨,以就业为导向,实行工学结合、校企合作、顶岗实习的人才培养模式。以食品行业、食品企业的实际需求为基本依据,遵照技能型人才成长规律,依靠食品专业优势,开展课程体系和教材建设。教材建设以食品职业教育集团为平台,行业、企业与学校共同开发,提高职业教育人才培养的针对性和适应性。

我国食品工业"十二五"发展规划指出,深入贯彻落实科学发展观,坚持走新型工业化道路,以满足人民群众不断增长的食品消费和营养健康需求为目标,调结构、转方式、提质量、保安全,着力提高创新能力,促进集聚集约发展,建设企业诚信体系,推动产业链有效衔接,构建质量安全、绿色生态、供给充足的中国特色现代食品工业,实现持续健康发展。根据我国食品工业发展规划精神,漯河食品职业学院与中国科学技术出版社合作编写了本套高职高专院校食品类专业"十二五"规划教材。

本套教材具有以下特点:

1. 教材体现职业教育特色。本套教材以"理论够用、突出技能"为原则,贯穿职业教育"以就业为导向"的特色。体现实用性、技能性、新颖性、科学性、规范性和先进性,教学内容紧密结合相关岗位的国家职业资格标准要求,融入职业道德准则和职业规范,着重培养学生的职业能力和职业责任。

2. 内容设计体现教、学、做一体化和工作过程系统化。在使用过程中做到教师易教,学生易学。

3. 提倡向"双证"教材靠近。通过本套教材的学习和实验能对考取职业资格或技能证书有所帮助。

4. 广泛性强。本套教材既可作为高职院校食品类专业的教材,以及大中小型食品加工企业的工程技术人员、管理人员、营销人员的参考用书，也可作为质量技术监督部门、食品加工企业培训用书，还可作为广大农民致富的技术资料。

  本套教材的出版得到了河南帮太食品有限公司、上海饮技机械有限公司的大力支持和赞助，在此深表感谢！

  限于水平，书中缺点和不足在所难免，欢迎各地在使用本套教材过程中提出宝贵意见和建议，以便再版时加以修订。

全国高职高专食品类专业"十二五"规划教材编委会

2012 年 5 月

前 言

随着经济、科技的快速发展，社会对技能型、应用型高素质劳动者的需求量越来越大。然而，我国劳动者的整体素质与现代经济发展的要求相比，已出现相当大的差距，高等职业教育将成为推动中国经济保持较快增长的重要动力之一。但在经济全球化深入发展的新形势下，职业教育已暴露出很多地方的不适应，改革势在必行，那么教学内容的改革也迫在眉睫，这就需要一套适应当前经济发展需求的教材，培养适应社会发展需求的学生。本书作为高职高专类食品专业的一门重要专业基础课程，严格遵循职业教育教材设计的指导思想"以全面素质教育为基础、能力为本位"，突出教材的有益性、专业性、实用性。

本书编写时从高职高专学生实际情况出发，内容以适应人才培养的需求为根本立足点，体现了通用性、实践性、实用性，更贴近食品专业的发展和实际需要。每章开篇都设有学海导航，可以了解该章的学习目标、学习重点、学习难点，从而更好地把握学习内容，便于师生的教授学习。另外，还编写了实验部分，以便学生能更好地将理论知识与实践结合起来。教材共分十五章，另有绪论，是对原无机化学、分析化学、有机化学课程的基本理论、基本知识的优化整合，主要内容包括了化学研究内容及在社会发展中的作用和地位的介绍、化学与食品的关系、溶液与胶体的基本概念、化学热力学和动力学、化学分析、化学平衡（包括酸碱平衡、沉淀-溶解平衡、氧化还原平衡和配位平衡理论及其相应的滴定分析方法）、吸光光度法、脂肪烃、环烃、含氧有机化合物、含氮有机化合物等知识，并补充了一部分阅读材料，以扩大学生的知识面。第十五章实验部分也囊括了前述各章相应的化学实验，从而提高学生的动手能力、实践能力和创新能力。

本书由漯河食品职业学院任亚敏、漯河食品职业学院王宏慧、漯河食品职业学院赵俊芳担任主编，漯河食品职业学院栗亚琼、鹤壁职业技术学院张新海担任副主编，参编人员有漯河食品职业学院许朝丽、漯河食品职业学院方爱丽、漯河食品职业学院袁世保、鹤壁职业技术学院窦明。全书编写分工为：绪论、第一章由栗亚琼编写；第二章、第八章、附录表1、附录表5由张新海编写；第三章、第七章、附录表4由袁世保编写；第四章第一和第二节、第十五章实验部分由任亚敏编写；第四章第三节由赵俊芳编写；第五章、第九章、附录表2由窦明编写；第六章、附录表3由方爱丽编写；第十章、第十一章、第十二章由王宏慧编写；第十三章、第十四章由许朝丽编写。全篇由任亚敏、赵俊芳通稿。

由于编者水平有限，书中疏漏之处在所难免，敬请各位专家和师生批评指正，在此致以最真诚的感谢。

编者

2012年10月

目 录

绪论 ………………………………………………………………… (1)
    复习思考题 ………………………………………………………… (7)

第一章 溶液和胶体 ………………………………………………… (8)
    第一节 溶液 ……………………………………………………… (8)
    第二节 胶体 ……………………………………………………… (10)
    复习思考题 ………………………………………………………… (14)

第二章 化学热力学基础 …………………………………………… (15)
    第一节 理想气体 ………………………………………………… (15)
    第二节 热化学和焓 ……………………………………………… (18)
    第三节 化学反应进行的方向 …………………………………… (26)
    复习思考题 ………………………………………………………… (30)

第三章 化学动力学基础 …………………………………………… (33)
    第一节 化学反应速率 …………………………………………… (33)
    第二节 化学平衡 ………………………………………………… (38)
    复习思考题 ………………………………………………………… (43)

第四章 化学分析 …………………………………………………… (45)
    第一节 化学分析概述 …………………………………………… (45)
    第二节 定量分析中的误差 ……………………………………… (47)
    第三节 滴定分析法概述 ………………………………………… (53)
    复习思考题 ………………………………………………………… (57)

第五章 酸碱平衡与酸碱滴定法 …………………………………… (59)
    第一节 电解质溶液 ……………………………………………… (59)
    第二节 弱酸弱碱的解离平衡 …………………………………… (61)

第三节　缓冲溶液 ………………………………………… (66)
　　第四节　酸碱滴定法 ……………………………………… (71)
　　复习思考题 ………………………………………………… (80)

第六章　沉淀溶解平衡与沉淀分析法 ……………………… (83)
　　第一节　沉淀溶解平衡 …………………………………… (83)
　　第二节　溶度积规则及其应用 …………………………… (85)
　　第三节　沉淀滴定法 ……………………………………… (88)
　　第四节　重量分析法 ……………………………………… (91)
　　复习思考题 ………………………………………………… (93)

第七章　配位平衡与配位滴定法 …………………………… (96)
　　第一节　配位化合物 ……………………………………… (96)
　　第二节　配位平衡 ………………………………………… (98)
　　第三节　配位滴定法 ……………………………………… (100)
　　复习思考题 ………………………………………………… (105)

第八章　氧化还原平衡与氧化还原滴定法 ………………… (107)
　　第一节　氧化还原反应 …………………………………… (107)
　　第二节　原电池和电极电势 ……………………………… (111)
　　第三节　氧化还原滴定法 ………………………………… (119)
　　第四节　常用的氧化还原滴定法 ………………………… (124)
　　复习思考题 ………………………………………………… (137)

第九章　吸光光度法 …………………………………………… (141)
　　第一节　吸光光度法概述 ………………………………… (142)
　　第二节　比色法与分光光度法 …………………………… (147)

复习思考题 …………………………………………… (154)

第十章　有机化合物概述 …………………………………… (156)

　　第一节　有机化合物和有机化学 …………………………… (156)
　　第二节　有机化合物的特性 ………………………………… (158)
　　第三节　共价键的性质 ……………………………………… (159)
　　第四节　有机化合物的分类 ………………………………… (160)
　　第五节　有机化学的地位及与食品科学的关系 …………… (161)
　　复习思考题 …………………………………………………… (162)

第十一章　脂肪烃 …………………………………………… (164)

　　第一节　烷烃 ………………………………………………… (164)
　　第二节　烯烃 ………………………………………………… (172)
　　第三节　共轭二烯烃 ………………………………………… (179)
　　第四节　炔烃 ………………………………………………… (181)
　　复习思考题 …………………………………………………… (185)

第十二章　环烃 ……………………………………………… (188)

　　第一节　脂环烃 ……………………………………………… (188)
　　第二节　芳香烃 ……………………………………………… (193)
　　复习思考题 …………………………………………………… (201)

第十三章　含氧有机化合物 ………………………………… (204)

　　第一节　醇和酚 ……………………………………………… (204)
　　第二节　醚 …………………………………………………… (211)
　　第三节　醛和酮 ……………………………………………… (213)
　　第四节　羧酸及其衍生物 …………………………………… (218)

复习思考题……………………………………………………（223）
第十四章　含氮有机化合物……………………………………（225）
　第一节　硝基化合物………………………………………（225）
　第二节　胺…………………………………………………（228）
　复习思考题…………………………………………………（232）
第十五章　实验部分……………………………………………（234）
　第一节　实验室规则及安全注意事项……………………（234）
　第二节　常用化学实验仪器的认识………………………（236）
　第三节　实验内容…………………………………………（240）
主要参考文献……………………………………………………（272）
附　　录…………………………………………………………（274）

绪 论

学海导航

学习目标
　　了解基础化学课程的地位和作用及基础化学的学习方法。
学习重点
　　掌握化学和基础化学的研究内容。
学习难点
　　领会基础化学与其他化学学科的区别和联系，如何才能学好基础化学。

一、化学的研究对象和内容

化学是一门重要的基础科学。化学对于人类的供水、食物、能源、材料、资源、环境以及健康问题等至关重要，与国民经济、人类生活及社会发展都有非常密切的关系。当代社会每个人的生命和生活都受到以化学为核心的科学成果的影响。随着科学技术的飞速发展，人们已逐渐认识到化学对于人类认识物质世界的重要意义，化学与国民经济各个部门、尖端科学技术各个领域以及人民生活各个方面都有着密切联系，化学是一门中心科学。

1. 化学是研究物质变化的科学

世界上的物质是多种多样的，从宏观世界的日月、星辰、河流、海洋、动植物到微观世界的微生物、电子、中子、光子等粒子，无论是有生命的还是无生命的，都是客观存在的实实在在的东西。世界是由物质组成的。一切自然科学（包括化学在内）都是以客观存在的物质世界作为它考察和研究的对象，化学与其他学科相辅相成，在原子、分子基础上研究物质的组成、结构、性能、应用以及物质之间相互转化的规律，成为一门重要的学科。

— 1 —

2. 化学研究的对象与内容

化学的研究对象是实物。按照物质的构造情况，可分为若干层次。月球、地球等天体作为第一个层次，单质和化合物成为第二个层次，原子、分子和离子作为第三层次，其他许多种基本粒子作为第四个层次。在这些层次中，第四层次的如光子等某些基本粒子属于场(电磁场、引力场等，只有动质量)这种物质形态，而包括其余基本粒子在内的所有层次的物质都属于实物。化学的研究对象只局限于原子、分子和离子这一层次上的实物，也常称之为物质。比如 20 世纪 90 年代以来，人们共将已发现的 109 种化学元素合成 1000 多万种化合物；1986 年两项国际性的研究成果，一是扫描隧道显微镜的研制成功，使得人们能准确地观察到原子以及核糖核酸等分子的图像，二是交叉分子束实验，可以详细研究化学反应的微观机理。这两项成果均获得了诺贝尔奖，使化学研究的领域从大量的物质、宏观研究手段深入到分子、原子水平的微观领域。

另外，物质的运动有机械运动、物理运动、化学运动和生物运动等多种形式，化学的研究内容仅限于物质的化学运动，即化学变化。在研究物质的化学变化时也要同时注意物质的物理变化，如光、热、电、状态、颜色。物质的化学变化基于物质的化学性质，而物质的化学性质与物质的组成、结构密切相关，因此物质的组成、结构、性质也是化学研究的内容。当然，任何物质都不是孤立的，物质的化学变化还与外界的环境条件有密切关系，因此，研究物质的化学变化一定要注意与外界条件的结合。

随着科学技术和生产水平的提高以及新的实验手段和电子计算机的广泛应用，化学研究的广度和深度不断扩大，物质结构新的层次、新的领域不断被开拓出来，化学与其他自然学科相互联系和渗透，形成了无机化学、分析化学、有机化学、物理化学、高分子化学、放射化学等二级学科，同时在与物理科学、生命科学相互交叉渗透中，形成了生物化学、环境化学、农业化学、计算机化学、纳米化学等边缘学科，使得化学学科得到迅速发展。目前国际上最关心的几个重大问题——环境的保护、能源的开发利用、功能材料的研制、生命过程奥秘的探索——都与化学密切相关。随着工业生产的发展，工业废气、废水和废渣越来越多，处理不当就会污染环境。全球气温变暖、臭氧层破坏和酸雨是三大环境问题，正在危及人类的生存和发展，因此，三废的治理和利用，寻找净化环境的方法和对污染情况的监测，都是现今化学工作者的重要任务。在能源开发和利用方面，化学工作者为人类使用煤和石油曾做出了重大贡献，现在又在为开发新能源积极努力。利用太阳能和氢能源的研究工作都是化学科学研究的前沿课题。材料科学是以化学、物理和生物学等为基础的边缘科学，它主要是研究和开发具有电、磁、光和催化等各种性能的新材料，如高温超导体、非线性光学材料和功能性高分子合成材料等。生命过程中充满着各种生物化学反应，当今化学家和生物学家正在通力合作，探索生命现象的奥秘，从原子、分子水平上对生命过程做出化学的说明。综上所述，化学是一门在原子、分子或离子层次上研究物质的组成、结构、性质、变化及其内在联系和外界变化条件的科学。简而言之，化学是研究物质变化的科学。

二、化学在社会发展中的作用和地位

早在史前时期，人类钻木取火，并用火加工食物，烧制陶器，说明化学已经开始应用了。到了近现代，化学得到了更为广泛的应用，人类生活的各个方面，社会发展的各种需要都与化学息息相关。

1. *提高人们的生活质量方面*

从我们的衣、食、住、行来看，色泽鲜艳的衣料需要经过化学处理和印染，丰富多彩的合成纤维更是化学的一大贡献。要装满粮袋子，丰富菜篮子，关键之一是发展化肥和农药的生产。加工制造色香味俱佳的食品，离不开各种食品添加剂，如甜味剂、防腐剂、香料、调味剂和色素，它们大多是用化学合成方法或用化学分离方法从天然产物中提取出来的。现代建筑所用的水泥、石灰、油漆、玻璃和塑料等材料都是化工产品。用以代步的各种现代交通工具，不仅需要汽油、柴油作动力，还需要各种汽油添加剂、防冻剂，以及机械部分的润滑剂，这些无一不是石油化工产品。此外，人们需要的药品、洗涤剂、美容品和化妆品等日常生活必不可少的用品也都是化学制剂。可见我们的衣、食、住、行无不与化学有关，人人都需要用化学制品，可以说我们生活在化学世界里。

2. *社会发展方面*

化学对于实现农业、工业、国防和科学技术现代化具有重要的作用。农业要大幅度的增产，农、林、牧、副、渔各业要全面发展，在很大程度上依赖于化学科学的成就。化肥、农药、植物生长激素和除草剂等化学产品，不仅可以提高产量，而且也改进了耕作方法。高效、低污染的新农药的研制，长效、复合化肥的生产，农、副业产品的综合利用和合理贮运，也都需要应用化学知识。在工业现代化和国防现代化方面，急需研制各种性能迥异的金属材料、非金属材料和高分子材料。在煤、石油和天然气的开发、炼制和综合利用中包含着极为丰富的化学知识，并已形成煤化学、石油化学等专门领域。导弹的生产、人造卫星的发射，需要很多种具有特殊性能的化学产品，如高能燃料、高能电池、高敏胶片及耐高温、耐辐射的材料等。

3. *能源的开发利用和环境保护方面*

能源和环境是当今人类面临的两大问题。化学是开发能源的手段，利用能源的途径，但是化学也给能源带来了危机，当然化学中也有解决能源危机的机遇。目前，化石燃料是人类生产生活的主要能源，随着全球能源使用量的增长及不科学使用，化石燃料等不可再生能源将日益枯竭，并对环境产生严重影响。这就迫切要求人们开发氢能、核能、风能、地热能、太阳能和潮汐能等新能源。这些能源的利用与开发，不但可以部分解决化石能源面临耗尽的危机，还可以减少对环境的污染。这些对人类发展具有重要战略意义的新能源的开发利用，都需从化学方面找到新的突破点。

4. *材料科学和信息技术方面*

社会生活的方方面面都离不开各种性能材料的开发利用。计算机技术和信息技术的发展对集成电路及其元器件也提出了更高的要求。材料的合成与制备，材料的组成与化学物质结构和性质之间的关系都是材料化学研究的重要内容。最近20多年来在合成新的化合物方面，化学有了突飞猛进的发展，比如在合成新材料方面，已经能合成出比头发丝还细的石英光导纤维，在通讯中用它代替铜线，一根光导纤维可供2.5万人同时通话而互不干扰。1987年发现$Yb_2Cu_3O_x$一类氧化物显示超导性的温度为90K（-183℃），把这种材料应用于制造不受放热线限制的计算机集成电路和超导磁体悬浮列车也成为了可能。我国在高能材料、耐热材料、半导体材料、高温超导材料等方面也跻身于世界前列，标志着我国结构化学水平和精密的有机合成水平的先进地位。化学方法也开始应用于超大规模集成电路和信息技术上，当然，我们也要在建立和发展制造新材料方面更加努力。

三、化学与食品的关系

我们日常生活中的食物与化学密切相关。水是生命之源，水的硬度高低跟人体健康关系极大。高硬度水中的Ca^{2+}、Mg^{2+}能跟SO_4^{2-}结合，使水产生苦涩味，还会使人的胃肠功能紊乱，出现暂时性的排气多、腹泻等现象，这就是"水土不服"的秘密。蒸馒头时放些苏打，馒头蒸得又大又白又好吃。各种白酒是经粮食等原料发生一系列化学变化制得。槟榔是少数民族喜爱的食物，在食用前，槟榔必须浸泡在熟石灰中，切成小块。到一定时间后，才可食用。一些腌制食品可存放相当长的时间，是因为食盐中主要成分是氯化钠，氯化钠是电解质，它的饱和溶液渗透压大于非电解质溶液（微生物细菌中的细胞蛋白质溶液）的渗透压。当渗透压大的溶液和渗透压小的溶液间以半透膜（如细胞膜）隔开时，则溶剂分子将从渗透压小的一方渗透到渗透压大的一方，即在食盐溶液存在下，微生物细菌细胞中的水分子将不断进入食盐溶液中去，导致细胞干枯致死，遏制了微生物的生长，从而达到了防腐的作用。

"民以食为天"，食品对于人类的生存和发展有着至关重要的意义，而食品的生产和加工又与化学工业有着密不可分的关系。食品加工方面，通过研究食品有效成分在各种加工条件下的变化，从分子水平认识食品原料，判断加工工艺的合理性如何，使得食品配方和加工从传统的靠经验和粗放小试的手段到现代依原料组成、性质分析的特性设计转变，不断开发新的加工工艺技术和手段；食品贮藏方面，通过研究不同食品贮藏条件下对食品成分、质量、结构的影响，深入研究食品贮藏的本质，使得食品贮藏从传统的靠经验尝试性简单控制手段到依据变化机理，科学有效地控制转变，不断探索开发新的贮藏手段和技术；食品营养方面，通过研究食品成分的理化性质，结合生物化学研究，可以为食品营养研究提供基本数据，促进新的、营养价值更高、功能更加独特的食品开发，以满足不同层次和不同人群的需要；食品安全与卫生方面，化学研究是各种检测手段的基础，而各种检测手段又是食品安全和卫生得以保证的前提和基础；食品检测方面，化学相关知识对于食品质量检测和食品相关标准的制定有着更加直接的关系，使食品科学由定性逐渐走向定量，科学说明各种物质的组成，制定更加先进的合理的食品相关标准；食品添加剂方面，化学合成和提取分离手段是食品添加剂研究最直接的动力，促使食品工业加速利用生物工程技术和各种先进的加工、合成技术，加速食品工业的更新换代；功能食品及绿色食品开发方面，食品功能因子的表征、开发、先进检测手段是新型食品开发的坚实基础，使得食品开发从传统盲目甚至破坏性地开发到科学地综合开发资源转变，开发的范围拓宽，浪费小，效益高，大力发展功能食品。

化学在肉制品加工、果蔬加工、饮料工业、乳品工业、焙烤工业、食用油脂工业、调味品工业、发酵食品工业、基础食品工业、食品检验等食品工业发展中也发挥了至关重要的作用。食品科学和工程领域的许多新技术，如可降解包装材料生物技术、微波加工技术、辐射保鲜技术、超临界萃取和分子蒸馏技术、膜分离技术、微胶囊技术、快速分析及生物传感器的研制等的建立和应用依然有赖于对化学物质结构、性质和变化的把握。化学相关知识已经延伸到了食品工业的各个方面，其影响的范围和程度也与日俱增。可以这样说，没有化学的理论指导就不可能有现代日益发展的食品工业。

21世纪食品科学面临着营养问题、饮食和疾病关系的问题、食品安全性问题、食品生产和环保问题等多方面的挑战。近年来，水产品中存在着甲醛，奶粉中含有三聚氰胺，银耳用二氧化硫漂白，还有亚硝酸钠、苏丹红、英国的疯牛病、欧洲的口蹄疫等，以及国内发生的瘦肉精中毒事件，工业用油抛光毒大米事件，蔬菜中农药残留导致的中毒事件等频频见诸报端，有关食品质量、食品安全的问题已经引起世界性的恐慌，日渐成为国人关注的焦点。我们可以应用绿色化学来达到食品安全，发展绿色食品工程，将食品的化学污染遏制在源头。

四、《基础化学》的基本内容和学习方法

1. 基础化学课程的基本内容

基础化学课程是对原无机化学、分析化学、有机化学课程的基本理论、基本知识进行优化整合而形成的一门课程。其基本内容包括：

（1）物质结构理论。研究物质结构与物质的性质、化学变化之间的关系，包括热化学、动力化学等。

（2）四大平衡理论。研究化学平衡的理论，具体包括酸碱平衡、沉淀-溶解平衡、氧化还原平衡和配位平衡理论。

（3）化学分析方法理论。包括常用的定性分析、定量分析及仪器分析法。

（4）有机化学理论。包括常见的烃类化合物、含氧有机化合物、含氮有机化合物、碳水化合物等。

2. 基础化学课程的学习方法

（1）以辩证唯物主义为指导，掌握科学的学习和思维方法。要能够把宏观的化学反应现象与微观的物质结构结合起来，经过分析、比较、判断，由表及里，由此及彼地揭示物质变化与反应机理之间的关系。把相关的理论知识运用到实践中，在实践的基础上善于总结和改进，进一步丰富原有的枯燥的理论知识。

（2）重视实验。化学是一门以实验为基础的科学，结合实验，能进一步巩固、验证、丰富理论知识，通过实验，掌握最基本的操作技能，提高自身的动手能力，培养缜

密细致的观察能力和逻辑思维能力。实验中要重事实、求真相、尚创新，贵精确，培养科学态度。

(3) 培养自学能力，掌握重点，突破难点。养成课前预习，认真听课，课后复习的好习惯。重点要学懂学透，融会贯通，难点要认真分析，在自学过程中通过积极思维和科学运算，学会用理论知识解决实际问题。

阅读材料

化学发展史

自从有了人类，化学便与人类结下了不解之缘。钻木取火，用火烧煮食物，烧制陶器，冶炼青铜器和铁器，都是化学技术的应用。正是这些应用，极大地促进了当时社会生产力的发展，成为人类进步的标志。今天，化学作为一门基础学科，在科学技术和社会生活的方方面面正起着越来越大的作用。化学史大致分为以下几个时期。

一、远古的工艺化学时期

这时，人类的制陶、冶金、酿酒、染色等工艺主要是在实践经验的直接启发下经过多少万年摸索而来的，化学知识还没有形成。这是化学的萌芽时期。

炼丹术和医药化学时期。从公元前1500年到公元1650年，炼丹术士和炼金术士们，在皇宫、在教堂、在自己的家里、在深山老林的烟熏火燎中，为求得长生不老的仙丹，为求得荣华富贵的黄金，开始了最早的化学实验。在欧洲文艺复兴时期，出版了一些有关化学的书籍，第一次有了"化学"这个名词。英语的chemistry起源于alchemy，即炼金术。到了十五六世纪，炼丹术由于缺乏科学基础，屡遭失败而变得声名狼藉。化学实验则开始在医学和冶金等一些实用工艺中发挥作用，并不断得到发展。

在医药化学时期，最具代表性的人物是瑞士的医生、医药化学家帕拉塞斯（P. A. Paracelsus, 1493—1541）。他强调化学研究的目的不应在于点金，而应该把化学知识应用于医疗实践，制取药物。他和他的弟子们通过对矿物药剂的性质和疗效的研究，以及在制备新药剂的过程中，探讨了许多无机物的分离、提纯方法，进行了一些合成实验，并总结出这些物质的性质。因此，有人认为帕拉塞斯"从根本上改变了医疗和化学的发展道路"。

二、燃素化学时期

1650—1775年，随着冶金工业和实验室经验的积累，人们总结感性知识，认为可燃物能够燃烧是因为它含有燃素。燃烧的过程是可燃物中燃素放出的过程。可燃物放出燃素后成为灰烬。

三、定量化学时期，即近代化学时期

1775年前后，拉瓦锡用定量化学实验阐述了燃烧的氧化学说，开创了定量化学时期。这一时期建立了不少化学基本定律，提出了原子学说，发现了元素周期律，发展了有机结构理论。所有这一切都为现代化学的发展奠定了坚实的基础。

四、科学相互渗透时期,即现代化学时期

20 世纪初,量子论的发展使化学和物理学有了共同的语言,解决了化学上许多悬而未决的问题;另一方面,化学又向生物学和地质学等学科渗透,使蛋白质、酶的结构问题逐步得到解决。

复习思考题

1. 化学在社会发展中的地位和作用是什么?
2. 基础化学的研究内容包括哪几方面?
3. 化学与食品有何关系?
4. 结合自身中学学习化学的体会和基础谈谈学习基础化学课的打算。

第一章　溶液和胶体

学海导航

学习目标
　　了解溶液、分散系、胶体的概念和性质及在实际生产生活中的应用。掌握溶液浓度的表示方法及换算。

学习重点
　　掌握溶液浓度的相关表示方法及换算公式，能熟练地进行简单计算。

学习难点
　　胶体的性质及胶体的破坏。

第一节　溶　液

一、溶液的基本概念

　　溶液是一种物质以分子、离子或原子状态分散于另一种物质中所构成的均匀而又稳定的体系。溶液中被溶解的物质称为溶质，能溶解溶质的物质称为溶剂。我们最熟悉的是液态溶液，如糖水、食盐水、氢氧化钠溶液。酒精、汽油、苯、乙醚、石油醚作为溶剂可溶解有机物，这样所得的溶液称非水溶液。根据溶液的不同状态，除液态溶液之外，还有气态溶液和固态溶液。气态混合物都是气态溶液，例如空气就是气态溶液，锌溶解于铜可形成固态溶液。

　　液态溶液按溶质与溶剂的状态可分为三种类型：即固态物质与液态物质形成的溶液，液态物质与液态物质形成的溶液，气态物质与液态物质形成的溶液。在固态与液态物质或气态与液态组成的溶液中，常将液态物质看成溶剂，把固态物质或气态物质看成溶质。在液态物质与液态物质组成的溶液中，一般含量较多的组分作为溶剂，含量较少作为溶质。

氢氧化钠溶于水放出大量的热，硝酸铵溶于水则吸热；酒精溶于水，液体的总体积缩小；苯和醋酸混合后，溶液的总体积增加，从这些现象不难看出，溶质与溶剂形成溶液的过程往往表现出化学反应的某些特征。因此溶液既不是溶质和溶剂的机械混合物，也不是两者的化合物，严格地讲溶解过程是一个物理化学过程。

二、溶液浓度的表示方法

不论是化学实验、化工生产还是食品相关检测实验都需要配制一定浓度的溶液。不同的计算中，往往需要用不同的方法(按照国家的规定，相关物理量的计算必须采用国际制基本单位，简称 SI)。把单位体积中含少量溶质的溶液称作"稀"溶液，而把含较多溶质的溶液看成"浓"溶液。

物质组成量度的表示方法，参考国际标准和国家标准的有关规定，现总结如下：

1. 质量摩尔浓度

质量摩尔浓度是指单位质量溶剂中所含溶质 B 的物质的量。即溶质 B 的物质的量(以 mol 为单位)除以溶剂的质量(以 kg 为单位)，用符号 m_B 表示：

$$m_B = \frac{n_B}{m_A}$$

质量摩尔浓度的 SI 单位为 $mol \cdot kg^{-1}$。

2. 质量分数

物质 B 的质量分数是指物质 B(溶质)的质量与混合物(溶液)质量之比。如市售 95.6% 的硫酸就是每 100g 硫酸溶液中含 95.6g 的纯硫酸和 4.4g 水。质量分数用符号 w_B 表示：

$$w_B = \frac{m_B}{m_{总}}, \quad m_{总} = m_B + m_A$$

质量分数是不随温度的变化而变化的，在使用中注意如下几点。

(1) 生理盐水氯化钠含量为 0.9%，这通常是指每 100mL 水中含有 0.9g 氯化钠。

(2) 消毒用的医用酒精的浓度为 75%，即指 100mL 这种酒精溶液中含纯酒精 75mL，实为体积分数。

【例 1-1】 如何将 30g NaOH 配制成 w_{NaOH} 为 0.30 的氢氧化钠溶液？

解：$w_B = 0.30 = \frac{m_B}{m_{总}} = \frac{30}{m_{总}}$，$m_{总} = m_B + m_A = 100 = 30 + m_A$，可求出 $m_A = 70$，即把 30g NaOH 溶解于 70g 水中即可配制成 w_{NaOH} 为 0.30 的氢氧化钠溶液。

3. 物质的量浓度

物质的量浓度简称浓度，以符号 c_B 表示，是指单位体积的溶液中所含的溶质的物质的量即溶质 B 的物质的量除以混合物的体积，公式为：

$$c_B = \frac{n_B}{V_{总}}$$

物质的量浓度的 SI 单位为 $mol \cdot L^{-1}$。由于溶液体积随温度而变，所以 c_B 也随温度变化而变化。

【例1-2】 怎样由浓盐酸（12mol·L^{-1}）配制0.10L 2.0mol·L^{-1}的盐酸溶液？

解：解题的关键是溶液内溶质的物质的量(mol)不因稀释而改变。0.10L 2.0mol·L^{-1}盐酸溶液中盐酸的物质的量应为：

$$n_{HCl} = 2.0mol \cdot L^{-1} \times 0.10L = 0.2mol$$

应取12mol·L^{-1}的盐酸的体积为：

$$V \times 12mol \cdot L^{-1} = 0.2mol$$
$$V = 0.017L$$

结论是取12mol·L^{-1}的盐酸0.017L，然后加水稀释至0.10L，即得到所需的2.0mol·L^{-1}盐酸溶液。

4. 摩尔分数

在研究溶液的某些性质时，必须考虑溶质溶剂的相对量，经常用摩尔分数（也就是物质的量分数）表示，即物质B的物质的量与混合物的总物质的量之比，用符号x_B表示：

$$x_B = \frac{n_B}{n_总}$$

式中：n_B为物质B的物质的量，$n_总$为混合物中各物质的物质的量之和。物质的摩尔分数无量纲，物质的摩尔分数一般用来表示溶液中溶质、溶剂的相对量。混合物中各物质的摩尔分数之和等于1，即

$$\sum x_i = 1$$

5. 溶液浓度之间的互相换算

实际工作中，常常需要将一种溶液的浓度用另一种浓度来表示，即进行浓度间的换算：

溶质的质量 = 溶质的物质的量浓度(c_B) × 溶液体积(V) × 摩尔质量(M)
= 溶液体积(V) × 溶液密度(ρ) × 质量分数(w_B)

体积浓度与质量浓度换算的桥梁是密度，密度通常用ρ表示，单位为g·cm^{-3}或kg·L^{-1}。

由此可见，虽然溶液浓度表示方法多种，但彼此之间是互相联系的，只要掌握其内在联系，深入掌握其含义，在实际操作中就会运用自如了。

第二节 胶 体

一、分散系

一种或几种物质以极小的颗粒分散在另一种物质中所形成的体系称为分散体系，简称分散系。其中，被分散的物质称为分散质，起分散作用的物质称为分散剂。

分散体系在自然界中广为存在，如矿物分散在岩石中，形成各种矿石；糖分布在水中形成糖水；颜料分散在油中成为油漆或油墨；奶油、蛋白质和乳糖分布在水中形成了

牛奶等。

按照分散质粒子的大小,分散体系大致可分为三类。分子分散体系(分散质粒子的平均直径约为1nm),如食盐水等,均相、稳定、扩散快、颗粒能透过半透膜;胶体分散体系(分散质的粒子的平均直径在1nm~1μm),如血浆等,均相或多相、稳定、扩散慢、颗粒不能透过半透膜;粗分散体系(分散质粒子平均直径在1~100μm),如泥浆等,多相、不稳定、分散很慢、颗粒不能透过滤纸。三种分散体系有一定的区别,但渐变过渡,并没有截然的界限。

本节主要介绍的是胶态分散体系。胶体溶液是1nm~1μm的固体粒子高度分散在液体介质中的多相体系的名称,具有很大的表面能。

二、胶体的性质

胶体,又称胶态分散体系,是一种均匀混合物,在胶体中含有两种不同状态的物质,一种分散,另一种连续。分散的一部分是由微小的粒子或液滴所组成,分散质粒子直径在1~100nm的分散系。胶体是一种分散质粒子直径介于粗分散体系和溶液之间的一类分散体系,这是一种高度分散的多相不均匀体系。

按照分散剂状态不同分为:

气溶胶——以气体作为分散介质的分散体系。其分散相可以是气态、液态或固态。如烟扩散在空气中,烟、云、雾是气溶胶。

液溶胶——以液体作为分散介质的分散体系。其分散相可以是气态、液态或固态。如$Fe(OH)_3$胶体、蛋白溶液、淀粉溶液。

固溶胶——以固体作为分散介质的分散体系。其分散相可以是气态、液态或固态。如有色玻璃、烟水晶、水晶。

按分散质的不同可分为:粒子胶体、分子胶体。如淀粉胶体、蛋白质胶体是分子胶体,土壤是粒子胶体。

常见的胶体有:$Fe(OH)_3$胶体、$Al(OH)_3$胶体、硅酸胶体、淀粉胶体、蛋白质胶体、豆浆、墨水、涂料、肥皂水、AgI、Ag_2S、As_2S_3、有色玻璃等。

胶体在工农业生产和科学研究上都有重要的作用,如土壤的保肥作用,土壤里许多物质如黏土腐殖质等常以胶体形式存在;血液透析时血清纸上电泳利用电泳分离各种氨基酸和蛋白质;制豆腐原理(胶体的聚沉)和豆浆牛奶;制有色玻璃(固溶胶),就是由某些胶态金属氧化物分散于玻璃中制成的;国防工业中有些火药、炸药须制成胶体;一些纳米材料的制备,冶金工业中的选矿,石油原油的脱水,塑料、橡胶及合成纤维等的制造过程都会用到胶体;食物的消化,肌肉的收缩,都可以用胶体化学来解释。

1. 丁达尔效应

当一束光线透过胶体,从入射光的垂直方向可以观察到胶体里出现的一条光亮的"通路",这种现象叫丁达尔现象,也叫丁达尔效应、丁泽尔现象、丁泽尔效应。这个光柱呈蓝色或紫色。这是英国科学家丁达尔(Tyndall)在1869年发现的。

在光的传播过程中，光线照射到粒子时，如果粒子大于入射光波长很多倍，则发生光的反射，如果粒子小于入射光波长，则发生光的散射，这时观察到的是光波环绕微粒而向其四周放射的光，称为散射光或乳光。丁达尔效应就是光的散射现象或称乳光现象。由于溶液粒子大小一般不超过1nm，胶体粒子介于溶液中溶质粒子和浊液粒子之间，其大小在40～90nm。小于可见光波长(400～750nm)，因此，当可见光透过胶体时会产生明显的散射作用。而对于真溶液，虽然分子或离子更小，但因散射光的强度随散射粒子体积的减小而明显减弱，因此，真溶液对光的散射作用很微弱。此外，散射光的强度还随分散体系中粒子浓度增大而增强。

所以说，胶体有丁达尔现象，而溶液几乎没有，可以采用丁达尔现象来区分胶体和溶液。

2. 布朗运动

悬浮微粒永不停息地做无规则运动的现象叫做布朗运动。这是1826年英国植物学家布朗用显微镜观察悬浮在水中的花粉时发现的，后来把悬浮微粒的这种运动叫做布朗运动。不只是花粉和小炭粒，对于液体中各种不同的悬浮微粒，都可以观察到布朗运动。布朗运动属于微粒的热运动的现象。这种现象并非胶体独有的现象。

3. 胶体的化学性质

(1) 电泳现象。胶粒在外加电场作用下，能在分散剂里向阳极或阴极做定向移动，这种现象叫电泳。不同的胶粒其表面的组成情况不同。它们有的能吸附正电荷，有的能吸附负电荷。因此有的胶粒带正电荷，如氢氧化铝胶体。有的胶粒带负电荷，如三硫化二砷胶体。如果在胶体中通以直流电，它们或者向阳极迁移，或者向阴极迁移，这就是所谓的电泳。

(2) 凝聚。胶体颗粒的聚集亦可称为凝聚或絮凝。在讨论聚集的化学概念时，这两个名词时常交换使用。往往把由电介质促成的聚集称为凝聚，而由聚合物促成的聚集称为絮凝。

三、胶体的破坏

胶体有着广泛而重要的应用，但在某些情况下，胶体是有害甚至是危险的，如污染环境的污水、烟雾和粉尘(气溶胶)都是胶体；粉尘还可引起爆炸。有时又需要破坏胶体。因此，研究如何破坏胶体，与研究如何稳定胶体一样，在理论上和生产实际中，都具有重要意义。

1. 胶体的稳定性

胶体粒子的聚集与否是胶体稳定性的关键。因为胶体分散系一方面因胶体粒子较小，强烈的布朗运动使其具有一定的稳定性，不会很快沉降；另一方面，胶体粒子有聚集长大的趋势，胶体粒子一旦长大，胶体分散系就不再稳定。

水溶胶对电解质十分敏感，在电解质作用下，溶胶很易聚沉，这是胶体不稳定的主要表现。当胶体中被注入强电解质时，胶体就会产生固体沉淀，所以生活中我们能喝到的只有甜豆浆，而没有咸豆浆，因为 NaCl 属于强电解质，而豆浆又是胶体，在豆浆中加入 NaCl 的话就会产生沉淀。但是，电荷与胶粒相同的二价或高价离子，对胶体有一定的稳定作用。

向溶胶中加入一定量的高分子化合物也能显著提高胶体的稳定性，这称为高分子的保护作用或空间稳定作用。高分子稳定剂的稳定作用受电解质浓度影响很小，可以稳定高盐含量的分散体系。高分子的保护作用，在许多方面都有重要应用，如：古代制造墨汁就是利用动物胶使炭黑粒子稳定地悬浮在水中；现代制造照相底片用的感光乳剂，是用明胶保护的卤化银悬浮体；油漆、油墨、磁浆等是利用保护作用稳定的非水胶体；血液中的碳酸钙、碳酸镁含量远高于它们在水中的溶解度，它们之所以不聚集沉淀就是因为血液中的蛋白质对其有保护作用。

2. 胶体的破坏

采用聚沉剂将胶粒聚集沉降，是破坏溶胶的常用方法。无机聚沉剂用得较多的是铝盐或铁盐，如硫酸铝、明矾、铝酸盐、硫酸铁、氯化铁，它们的高价阳离子在水中部分水解，这些水解产物对很多固体表面产生强烈吸附，有效地减少了粒子的表面电荷并造成聚沉。

气溶胶的破坏，如工业上消除烟尘，常利用改变气溶胶的流动方向与速度使胶体沉降即惯性沉降、过滤、超声或电场处理、引入种核等方法。

此外，悬浮液的絮凝、乳状液的破乳、泡沫的消泡等也属胶体破坏的研究范畴，在工业生产中和科研中它们都有重要应用价值。加热时，增加了胶粒的碰撞频率，同样可以破坏胶体的稳定性而聚沉。与聚沉作用相反，在沉淀中加入电解质也可以使沉淀转化为溶胶。

3. 几种重要的胶体体系及用途

几种重要的胶体体系及用途见下表。

几种重要的胶体体系及用途

胶体体系	主要用途
氧化物和氢氧化物	如 SiO_2 溶胶常用作油漆和药物产品中的增稠剂及涂料中的耐磨剂；如 Al_2O_3 用做研磨剂及牙膏、纸张、塑料和橡胶中的填料；如 TiO_2 用做颜料和增白剂；$\gamma\text{-}Fe_2O_3$ 用做磁记录材料等
胶态金属（金属超细粉和金属溶胶）	如金属溶胶常作导电浆用于制作印刷电路；金属超细粉可作为具有高催化活性和选择性的催化剂
黏土胶体	可以用做炼油时的催化剂；动植物油脱色和脱臭的吸附剂；造纸、油漆等工业的填料等

续表

胶体体系	主要用途
聚合物胶乳	用于加工气球、海绵、医用胶管、手套等胶乳制品；可作为建筑材料、纸张、木材、纺织品、皮革等的表面涂布、上光等

复习思考题

一、问答题

1. 溶液与化合物有什么不同？溶液与普通混合物又有什么不同？
2. 试述溶质、溶剂、溶液、稀溶液、浓溶液的含义。
3. 什么叫做溶液的浓度？浓度和溶解度有什么区别和联系？固体溶解在液体中的浓度有哪些表示方法？比较各种浓度表示方法在实际使用中的优缺点。

二、计算题

1. 20.00cm³ NaCl 饱和溶液的质量为 24.006g，将其蒸干后得 NaCl 6.346g，试计算：

（1）NaCl 的溶解度；
（2）溶液的质量分数；
（3）溶液物质的量的浓度；
（4）溶液的质量摩尔浓度；
（5）盐的摩尔分数；
（6）水的摩尔分数。

2. 计算下列各溶液的物质的量浓度。

（1）把 7.8g CsOH 溶解在 0.75L 水中；
（2）在 2.0L 水溶液中含有 40g HNO_3；
（3）在 50mL 水溶液中含 0.5g $K_2Cr_2O_7$。

第二章　化学热力学基础

学习目标

　　了解理想气体的基本概念及其特点；熟悉理想气体状态方程和理想气体分压定律、热力学基本概念；理解定压反应热、定容反应热、生成焓、反应进度、自发反应等概念；掌握物质的PVT变化、化学变化过程中热、功和各种状态函数变化值的计算；能够正确书写热化学方程式、运用吉布斯自由能判断反应进行的方向。

学习重点

　　理想气体状态方程和分压定律的运用；状态函数、反应进度、吉布斯自由能的基本概念及其应用；热化学方程式的书写；盖斯定律的文字表述及应用。

学习难点

　　盖斯定律及运用，吉布斯自由能及反应方向的判断。

第一节　理想气体

　　常温下，物质通常以三种不同的聚集状态存在，即气态、液态和固态。物质的每一种聚集状态都有各自的特征，通常气体的存在状态几乎和它们的化学组成无关，气体的性质与液体和固体有很大的差别，本节我们主要介绍理想气体的相关性质规律。

一、理想气体状态方程

　　气体是物质存在的一种形态，没有固定的形状和体积，能自发地充满任何容器。气体分子间的距离较大，所以容易压缩。气体的体积不仅受压力影响，同时还与温度、气体的物质的量有关。人们最早研究的是气体的 p、V、T 性质，特别是低压气体的性质。

在研究气体时，常常使用理想气体模型，其假设如下：

(1) 气体分子只是一个质点，不占体积；

(2) 气体分子不断地做无规则的运动，均匀分布在整个容器中；

(3) 分子之间没有相互作用力，气体分子之间及气体分子与器壁的碰撞没有能量的损失，即"弹性碰撞"。

理想气体在实际中是不存在的，但在高温、低压下，实际气体很接近于理想气体，因为在这种状态下，气体分子间的距离较大，气体分子体积与气体体积相比可以忽略，分子间作用力很小，也可忽略。理想气体的 p、V、T 之间存在着如下关系：

$$pV = nRT \qquad (2-1)$$

式中：p 为压力，Pa；V 为体积，m^3；n 为物质的量，mol；T 为热力学温度，K；R 为摩尔气体常数，又称气体常数，其值等于 $8.314 J·K^{-1}·mol^{-1}$。

该式称为理想气体状态方程式。我们把在任何条件下 n、p、V 和 T 的关系均符合理想气体状态方程的气体称为理想气体。

理想气体状态方程式表明了气体的 p、V、T、n 四个量之间的关系，一旦任意给定了其中三个量，则第四个量就不能是任意的，而只能取按式(2-1)决定的唯一的数值。

【例 2-1】 一个体积为 40.0L 的氮气钢瓶，在 25℃ 时，使用前压力为 12.5MPa。求钢瓶压力降为 10.0MPa 时所用去的氮气质量(假定氮气为理想气体)。

解： 使用前钢瓶中 N_2 的物质的量为

$$n_1 = \frac{p_1 V}{RT} = \frac{12.5 \times 10^6 Pa \times 40.0 \times 10^{-3} m^3}{8.314 J·K^{-1}·mol^{-1} \times (273.15 + 25)K} = 202 mol$$

使用后钢瓶中 N_2 的物质的量为

$$n_2 = \frac{p_2 V}{RT} = \frac{10.0 \times 10^6 Pa \times 40.0 \times 10^{-3} m^3}{8.314 J·K^{-1}·mol^{-1} \times (273.15 + 25)K} = 161 mol$$

则所用氮气的质量为

$$m = (n_1 - n_2)M = (202 - 161) mol \times 28.0 g·mol^{-1} = 1.1 \times 10^3 g = 1.1 kg$$

实际上没有一种气体能在任何条件下均严格地遵从理想气体状态方程，当温度足够高、压力足够低，在一定的测量精度要求之内，气体可以符合理想气体状态方程，可以将气体当作理想气体看待。

各种气体符合理想气体状态方程的温度和压力范围不一样。有如下规律：

(1) 越难液化的气体，即沸点越低的气体(如 H_2、He、Ar)符合理想气体状态方程的温度和压力范围越宽，即可在比较低的温度和比较高的压力下应用理想气体状态方程。

(2) 易液化的气体，即沸点较高的气体(如 CO_2、NH_3、SO_2)符合理想气体状态方程的温度和压力范围就较窄，甚至在较高的温度和很低的压力下也与理想气体有明显的偏差。

理想气体状态方程十分有用，它可以进行许多低压下气体的计算。在有了必要的实验数据之后，除了可计算 P、V、T、n 外，还可以用来计算气体的密度 ρ、相对分子质量 M 等。

【例2-2】 由气柜管道输送141.86kPa，40℃的乙烯，求管道内乙烯的密度$\rho(C_2H_4)$。

解：
$$pV = \frac{m}{M(C_2H_4)}RT$$

$$pM(C_2H_4) = \frac{m}{V}RT = \rho(C_2H_4)RT$$

$$\rho(C_2H_4) = \frac{pM(C_2H_4)}{RT} = \frac{141.86 \times 10^3 Pa \times 28 \times 10^{-3} kg \cdot mol^{-1}}{8.314 J \cdot K^{-1} \cdot mol^{-1} \times 313.15 K}$$
$$= 1.526 kg \cdot m^{-3}$$

二、理想气体分压定律

人们在生产和生活实践中遇到的大多数气体都是气体混合物。如果混合气体的各组分之间不发生反应，则在高温低压下，可将其看作理想气体混合物。混合后的气体作为一个整体，仍符合理想气体定律。

在混合气体中，每一组分气体总是均匀地充满整个容器，对容器内壁产生压力，并且互不干扰，就如各自单独存在一样。在相同温度下，各组分气体占有与混合气体相同体积时，所产生的压力叫做该气体的分压。

1807年，道尔顿指出：低压混合气体的总压力等于各组分单独在混合气体所处温度、体积条件下产生的压力总和。后人称此为道尔顿分压定律，此定律可写成如下两种形式。

第一种表示形式：混合气体中各组分气体的分压之和等于该气体的总压力。例如，混合气体由C和D两组分组成，则分压定律可表示为：

$$p = p(C) + p(D) \qquad (2-2)$$

式中：$p(C)$、$p(D)$分别为C、D两种气体的分压。

第二种表示形式为：混合气体中组分i的分压等于总压$p_总$乘以气体i的摩尔分数x_i。

$$p_i = p_总 \times x_i \qquad (2-3)$$

式中：摩尔分数x_i是指某气体的物质的量（n_i）与混合气体的物质的量（$n_总$）之比，即

$$x_i = \frac{n_i}{n_总}$$

这就是说，在气体混合物中，所有组分气体的分压之和等于混合气体的总压力，所以可把分压力p_i看作组分气体i对总压力的贡献。

【例2-3】 25℃时，装有0.3MPa O_2 的体积为1L的容器与装有0.06MPa N_2 的体积为2L的容器用旋塞连接。打开旋塞，待两边气体混合后，计算：

(1) O_2、N_2 的物质的量；
(2) O_2、N_2 的分压力；
(3) 混合气体的总压力。

解：(1)混合前后气体物质的量没有发生变化：

$$n(O_2) = \frac{p_1 V_1}{RT} = \frac{0.3 \times 10^3 \times 1}{8.314 \times (25+273)} = 0.12 mol$$

$$n(N_2) = \frac{p_2 V_2}{RT} = \frac{0.06 \times 10^3 \times 2}{8.314 \times (25 + 273)} = 0.048 \text{mol}$$

(2) O_2、N_2 的分压是它们各自单独占有 3L 时所产生的压力。

当 O_2 由 1L 增加到 3L 时：

$$p(O_2) = \frac{p_1 V_1}{RT} = \frac{0.3 \times 1}{3} = 0.1 \text{MPa}$$

当 N_2 由 2L 增加到 3L 时：

$$p(N_2) = \frac{p_2 V_2}{RT} = \frac{0.06 \times 2}{3} = 0.04 \text{MPa}$$

(3) 混合气体总压力：

$$p_{总} = p(O_2) + p(N_2) = 0.1 + 0.04 = 0.14 \text{MPa}$$

第二节 热化学和焓

一、热力学基本概念

热力学是研究自然界中与热现象有关的各种状态变化和能量转化规律的一门科学。想学好热力学，必须弄清热力学中的基本概念。

(一) 系统与环境

系统是从物质世界中分离出来作为研究对象的那部分物质。热力学中的系统是由大量分子、原子、离子等物质微粒组成的宏观集合体。系统可以是水分子的一个聚合体，一个乳浊液的微滴，一个装满溶液的烧杯，一个泡沫单元等。

环境是系统之外，与系统密切联系的那部分物质。系统和环境之间一定有一个边界，它可以是实在的物理界面，也可以是虚构的界面。例如，在合成氨的 H_2 和 N_2 的混合物中，若以其中的 H_2 作为系统，则 N_2 便是环境，此时二者之间并不存在真实的界面。

系统与环境的联系方式有能量交换和物质交换两种形式，根据系统和环境的联系方式可将系统划分为三种类型(图 2-1)。

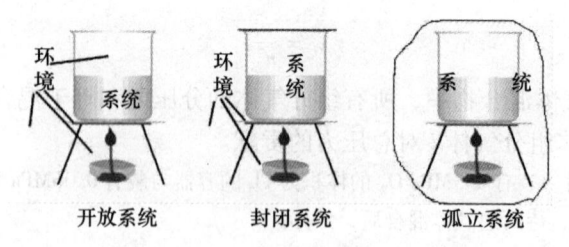

图 2-1 系统的类型

(1) 敞开系统：系统和环境之间有物质的交换且有能量的交换，也称开放系统。
(2) 封闭系统：系统和环境之间只有能量交换而无物质交换，又称关闭系统。
(3) 孤立系统：系统和环境之间既无物质交换且无能量交换，又称隔离系统。

真正的孤立系统并不存在，为了研究的方便，常将系统和与系统密切相关的环境作为一个整体，当作一个孤立系统，即：

$$系统 + 环境 = 孤立系统$$

如把牛乳装在保温瓶中，牛乳和保温瓶加在一起可当作孤立系统。

系统的类型并不是绝对的，它与研究对象的选择有关。如图2-1中所示的酒精灯加热玻璃杯中的水，如果选择杯子中的水为研究对象，环境就是酒精灯、加热台、玻璃杯和周围大气，这时，系统是开放系统。如果在玻璃杯上加个盖子，将其中的气体和水作为研究对象，就是一个封闭系统。当我们选择杯中的水、玻璃杯、加热台、酒精灯以及周围的空气作为研究对象时，就构成了一个近似的孤立系统。

（二）状态与状态函数

系统的状态是所有宏观性质的综合表现。通常将变化前的状态称为始态，变化后的状态称为终态。而状态函数是指描述系统状态的宏观性质，如温度、压力、质量、黏度。当各种宏观性质都有定值时，系统的状态也就确定了；反之，当系统处于某一状态时，系统的各种宏观性质也都有确定的数值。

因为系统的各种状态函数之间是相互关联的，描述一个系统的状态不需要罗列所有的性质，少数几种性质确定后，系统的其他性质也会随之而定，系统的状态也就确定。鉴于状态与性质之间的这种单值对应关系，故将系统的热力学性质即状态性质称作状态函数。

状态函数是热力学的一个重要概念，它有如下重要特性。

（1）状态函数是系统状态的单值函数，当系统的状态确定后，所有的状态函数有唯一的数值，与系统的状态变化过程无关。

（2）系统状态改变时，状态函数的改变值只决定于系统的始态和终态，而与变化所经历的具体途径无关。

如将一杯25℃的牛乳加热到75℃，则其温度的变化值为50℃，而与该牛乳是采取先升温后降温还是先降温后升温的措施无关。

（三）热和功

热力学第一定律告诉我们在自然界发生的任何过程中，能量不能自生，也不能自灭，它只能从一种形式转变为另一种形式，而不同形式的能量在相互转变时，能量的总值保持不变。热和功是系统与环境交换能量的两种形式。热是指因系统与环境间存在温度差而引起的能量流动，以符号 Q 表示。系统吸热，$Q>0$；系统放热，$Q<0$。除热以外，其他形式的能量传递均称为功，以符号 W 表示。若系统对环境做功，则 $W<0$；若环境对系统做功，则 $W>0$。功的形式有很多种，如当系统对抗外压膨胀时，做了体积功；当对抗液体的表面张力改变表面积的大小时，则做了表面功等。

（四）热力学能

热力学能 U，又称内能，是指系统内所有粒子全部能量的总和。包括系统内分子运动的平动能、转动能、振动能、电子及核的能量，以及分子与分子相互作用的位能等。

热力学能为状态函数，由于系统内部粒子运动以及粒子间相互作用的复杂性，所以其绝对值难以确定。根据热力学第一定律，U 与 Q、W 之间存在如下关系：

$$\Delta U = Q + W \qquad (2-4)$$

（五）过程和途径

系统状态发生的任何变化称为过程。描述一个过程，不仅要指明系统状态的变化，还应包括环境的特点以及环境与系统间的相互作用。在同样始态和终态之间发生的过程，若经历的途径不同，系统各种状态函数的变化值相同，但系统与环境间交换的热与功往往不同。

封闭系统中常见以下几种过程。

（1）等温过程。系统的温度保持恒定不变的过程称为等温过程，也称恒温过程。为保持系统的温度恒定不变，通常需要保持环境的温度也恒定且等于系统的温度，即：

$$T_{始} = T_{终} = T_{环} = 常数$$

（2）等压过程。系统的压力保持不变的过程称为等压过程，也称恒压过程。为保持系统的压力恒定不变，通常需要保持环境的压力（外压）不变且等于系统的压力，即：

$$p_{始} = p_{终} = p_{环} = 常数$$

（3）等容过程。系统的体积保持恒定不变的过程，也称恒容过程。

（4）绝热过程。系统与环境之间无热量传递的过程。

（5）循环过程。系统经过一系列的变化后又回到原来的状态。循环过程中，所有状态函数的改变量均为零，如 $\Delta p = 0$，$\Delta V = 0$，$\Delta T = 0$。

体系由一始态变到另一终态，可以经由不同的方式。这种由同一始态变到同一终态的不同方式就称为不同的途径，因此可以把体系状态变化的具体方式称为途径。

二、化学反应的热效应

（一）反应的热效应

功可以有两种：一种是体积功，另一种是非体积功（如表面功、电功等）。当无非体积功（$W' = 0$），且系统发生了化学变化之后，系统的温度回到反应前始态的温度，系统放出或吸收的热量，称为该反应的热效应。

在等温过程中，系统吸收的热。根据过程不同，有反应热（如生成热、燃烧热、分解热与中和热）、相变热（如蒸发热、升华热、熔化热）、溶解热（积分溶解热、微分溶解热）、稀释热等。等容过程的热效应称等容热效应；等压过程的称等压热效应。化学反应、相变过程等一般是在等压条件下进行的，故化学手册中列出的有关数据，一般是等压热效应。由于这些过程一般不伴随其他功（只有体积功），等压热效应就等于系统焓的增量，用符号 ΔH 表示。若为负值，表明过程放热。这类数据广泛应用于科学研究、工业设计与生产实践中。

（二）定压反应热、焓和焓变

大多数的化学反应都是在定压条件下进行的，例如在化学反应实验中，许多化学反应都是在敞口容器中进行，反应是在与大气接触的情况下发生。因此，体系的最终压力必等于大气压力。由于大气压力变化比较微小，在一段时间内可以看作不变，所以反应可以看作是在定压下进行，因此研究定压反应热效应具有实际意义。在定压下进行的化学反应，如有体积变化时，则要做体积功。在定压下进行的化学反应，一般只做体积功，所作功可按下式计算：

$$W = p\Delta V \quad (2-5)$$

这样，按热力学第一定律，在定压下进行的化学反应的热力学能变化为

$$\Delta U = Q_p + W = Q_p - p\Delta V \quad (2-6)$$

则：$\quad Q_p = \Delta U + p\Delta V = U_2 - U_1 + p(V_2 - V_1) = (U_2 + pV_2) - (U_1 + pV_1) \quad (2-7)$

式中：U、p、V 都是状态函数，它们的组合 $(U + pV)$ 必须具有状态函数的性质。热力学上定义 $H = U + pV$，取名为焓，即以 H 表示。这样得出：

$$Q_p = H_2 - H_1 = \Delta H \quad (2-8)$$

ΔH 为体系的焓变，具有能量单位。即温度一定时，在定压下，只做体积功时，体系的化学反应热效应 Q_p 在数值上等于体系的焓变。因而焓可以认为是物质的热含量，即物质内部可以转变为热的能量。

焓像热力学能那样，不能确定其绝对值，在实际应用中涉及的都是焓变 ΔH。

通常规定放热反应 $\Delta H < 0$，吸热反应 $\Delta H > 0$。从 $Q_p = \Delta H$，可由热力学第一定律 $\Delta U = Q_p - p\Delta V$ 得到：

$$\Delta H - \Delta U = p\Delta V \quad (2-9)$$

由此可知，定压下 $\Delta H - \Delta U$，就是体系经由定压过程发生变化时所做的体积功。对始态和终态都是液体或固体的变化来说，统计体积变化 ΔV 不大，可以忽略不计。这样得到 $\Delta H \approx \Delta U$。

对于有气体参加的反应，如

$$2H_2(g) + O_2(g) = 2H_2O(g)$$

假定反应物和生成物都具有理想气体的性质，则

$$p\Delta V = p(V_2 - V_1) = (n_2 - n_1)RT = \Delta nRT$$

反应前后，气体的物质的量改变为 Δn，它等于气体生成物的物质的量总和减去气体反应物的物质的量总和。在上述反应中，$\Delta n = 2 - (1+2) = -1$，当 $T = 298.15K$ 时，

$$p\Delta V = \Delta nRT = -1 \times 8.314 \times 10^{-3} \times 298.15 = -2.479 kJ \cdot mol^{-1}$$

由此可见，即使在有气体参加的反应中，$p\Delta V$ 与 ΔH 相比也只是一个较小的值。

（三）生成焓

生成焓又称为生成热，它是反应热的一种。在热化学中，体系的标准状态是指压力为100kPa，温度可以任意选定，通常选定在298.15K。在一定温度和标准态下，由稳定相态的单质生成1mol指定相态化合物的等压反应热称为该化合物在该温度下的标准摩尔生成焓变，简称标准生成焓。以 $\Delta_f H_m^{\ominus}$ 表示，单位：$kJ \cdot mol^{-1}$。下标 f 表示生成反应。如果温度不是298.15K，则需要在下标处注明温度，符号为 $\Delta_f H_T$，T 是实际反应温度。标准状态某些热力学量（如热力学能 U、焓 H）的绝对值是不能测量的。标准状态

(标准态)为物质的状态定义一个基准。按照 GB3102·8—93 中的规定,标准状态时的压力 $p^{\ominus}=100\text{kPa}$,上角标"$\ominus$"是表示标准状态的符号。某温度下,各种物质的标准态规定为:气体——压力为标准压力下的理想气体;液体——压力为标准压力下的纯液体;固体——压力为标准压力下的纯固体。从化学手册中可以查到各种物质在 298K 下的标准生成焓的数据。由上所述,我们必须注意热力学中的标准状态勿与气体的标准状况相混淆。

根据上述定义,稳定单质的标准生成焓为零。应该指出,当一种元素有两种或两种以上单质时,只有一种是最稳定的。碳的两种同素异形体石墨和金刚石,其中石墨是碳的稳定单质,它的标准生成焓为零。由稳定单质转变为其他形式单质时,也有焓变:

$$\Delta_f H_m^{\ominus}(石墨,298\text{K})=0;\Delta_f H_m^{\ominus}(金刚石,298\text{K})\neq 0$$

生成焓是热化学计算中非常重要的数据,通过比较相同类型化合物的生成焓数据,可以判断这些化合物的相对稳定性。例如,Ag_2O 与 Na_2O 相比较,因 Ag_2O 生成时放出热量少,因而比较不稳定(表 2-1)。

表 2-1 Ag_2O 与 Na_2O 生成焓的比较

物质	$\Delta_f H_m^{\ominus}(298.15\text{K})(\text{kJ}\cdot\text{mol}^{-1})$	稳定性
Ag_2O	-31.1	300℃以上分解
Na_2O	-414.2	加热不分解

三、反应进度

化学反应进行的程度可用反应进度来衡量。对于宏观量变化,则为:$\xi=\Delta n_B/\nu_B$,式中 ξ 为化学反应的反应进度变,简称反应进度,单位为摩尔(mol)。

以合成氨为例:$3H_2+N_2=2NH_3$,当反应到某一时刻时,系统中各组分物质的量变化值为:

$$\Delta n(H_2)=3\text{mol},\quad \Delta n(N_2)=1\text{mol},\quad \Delta n(NH_3)=2\text{mol}$$

则该反应的反应进度为:

$$\xi=\frac{\Delta n_B}{\nu_B}=\frac{\Delta n(H_2)}{\nu(H_2)}=\frac{\Delta n(N_2)}{\nu(N_2)}=\frac{\Delta n(NH_3)}{\nu(NH_3)}=\frac{3\text{mol}}{3}=\frac{1\text{mol}}{1}=\frac{2\text{mol}}{2}=1\text{mol}$$

此时称进行了 1mol 反应。反应进行到不同时刻,反应进度 ξ 不同。反应进度是化学反应进行程度的度量。在一定的化学反应中,ξ 越大,反应向前进行的程度越大;ξ 越小,反应向前进行的程度越小。

四、热化学方程式

反应热效应与许多因素有关,正确地写出热化学方程式必须注意以下几点。

(1)必须注明反应热的单位,反应热的单位为 $\text{kJ}\cdot\text{mol}^{-1}$;

(2)必须注明反应的温度和压强条件(T,p),反应温度不同,反应热效应不同。

如果是 298.15K 和 100kPa，可略去不写。

例如： $CH_4(g) + H_2O \longrightarrow CO(g) + 3H_2(g)$

$\Delta_r H_m^{\ominus}$ (298.15K) = $-206.15 kJ \cdot mol^{-1}$

$\Delta_r H_m^{\ominus}$ (1273K) = $-227.23 kJ \cdot mol^{-1}$

（3）因为物质呈现的状态不同，它们含有的能量也有差别。为了精确起见，必须注明反应物和生成物的聚集状态，才能确定放出或吸收的热量多少。常用"s"表示固态，"l"表示液态，"g"表示气态。

例如：$2H_2(g) + O_2(g) \longrightarrow 2H_2O(g)$ $\Delta_r H_m^{\ominus}$ (298.15K) = $-483.64 kJ \cdot mol^{-1}$

$2H_2(g) + O_2(g) \longrightarrow 2H_2O(l)$ $\Delta_r H_m^{\ominus}$ (298.15K) = $-571.66 kJ \cdot mol^{-1}$

（4）必须注明固体物质的晶型。例：碳有石墨、金刚石、无定形等晶型。

（5）同一反应以不同计量数书写时，其反应热效应数据不同，热化学方程式的系数只表示物质的量而不代表分子数，系数可为整数、分数。

例如：$H_2(g) + 1/2\ O_2(g) \longrightarrow H_2O(g)$ $\Delta_r H_m^{\ominus}$ (298.15K) = $-241.82 kJ \cdot mol^{-1}$

（6）逆反应的热效应与正反应的热效应数值相等，但符号相反。

例如：$2H_2O(l) \longrightarrow 2H_2(g) + O_2(g)$ $\Delta_r H_m^{\ominus}$ (298.15K) = $571.66 kJ \cdot mol^{-1}$

五、化学反应热效应的计算

（一）反应的标准摩尔焓变

（1）等温、等压条件下进行化学反应的反应热，为等压反应热 Q_p。由于 $Q_p = \Delta H$，所以等压反应热就是化学反应的焓变，简称反应的焓变，以 $\Delta_r H$ 表示。

当 $\xi = 1 mol$ 时，反应的焓变称为化学反应的摩尔焓变，简称反应的摩尔焓，以 $\Delta_r H_m$ 表示，单位为 $kJ \cdot mol^{-1}$。

反应的摩尔焓等于参与化学反应的各组分焓的代数和，则为：$\Delta_r H_m = \sum_B \nu_B H_m(B)$，式中，$H_m(B)$ 为任意组分 B 的摩尔焓。

（2）等温、等容条件下化学反应的反应热为等容反应热 Q_V。等容反应热等于化学反应的热力学能变，简称反应的热力学能，以 $\Delta_r U$ 表示。当 $\xi = 1 mol$ 时，反应的热力学能变称为反应的摩尔热力学能变，简称反应的摩尔热力学能，以 $\Delta_r U_m$ 表示。

反应的摩尔热力学能等于参与化学反应的各组分热力学能的代数和，则为 $\Delta_r U_m = \sum_B \nu_B U_m(B)$，式中，$U_m(B)$ 为任意组分 B 的摩尔热力学能。

当各组分均处于温度 T 下的标准态时，该反应的焓变称为反应的标准焓变，简称反应的标准焓，记作 $\Delta_r H^{\ominus}(T)$。进行 1mol 反应的标准焓变称为反应的标准摩尔焓变，简称反应的标准摩尔焓，记作 $\Delta_r H_m^{\ominus}(T)$。类似地定义反应的标准热力学能变 $\Delta_r H^{\ominus}(T)$ 和反应的标准摩尔热力学能变 $\Delta_r H_m^{\ominus}(T)$。

（二）盖斯定律

俄国化学家盖斯根据他对反应热效应实验测定结果分析，于 1840 年在大量实验的基础上总结出一条规律：在定压下，一个化学反应不论是一步完成还是分几步完成，其热效应总是相同的。反应热效应只与反应物和生成物的始态和终态(温度、物质的聚集状态和物质的量)有关,而与变化的途径无关。这个定律叫盖斯定律。

根据这个定律,我们可以计算出一些不能用实验方法直接测定的热效应。

例如反应 A ⟶ B 经下列两条不同的途径进行:一条是反应物 A 直接转变成产物 B,过程热效应为 Q_1;另一条是 A 先生成中间物 C,热效应为 Q_2,C 再转变成产物 B,热效应为 Q_3。根据盖斯定律 $Q_1 = Q_2 + Q_3$。

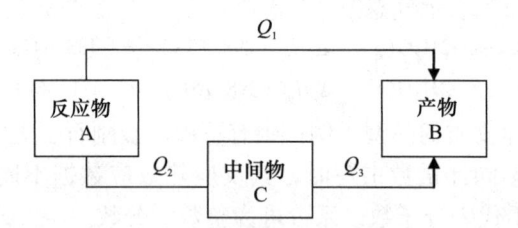

盖斯定律实质上是热力学第一定律的必然结果,其适用条件:反应必须在无非体积功的等容或等压的条件下进行,因为只有在这样的条件下才有等容热等于热力学能变值或等压热等于焓变,反应热才变成与反应的途径无关的量。可利用一些已知的反应焓变,方便地求算另一些难以测定的反应焓变。

【例 2-4】 已知:

(1) $C(石墨) + O_2(g) = CO_2(g)$ $\Delta_r H_{m,1}(298K) = -393.4 \text{kJ} \cdot \text{mol}^{-1}$

(2) $CO(g) + \frac{1}{2}O_2(g) = CO_2(g)$ $\Delta_r H_{m,2}(298K) = -282.9 \text{kJ} \cdot \text{mol}^{-1}$

计算 (3) $C(石墨) + \frac{1}{2}O_2(g) = CO(g)$ 的 $\Delta_r H_m(298K)$。

解: 按盖斯定律,由反应(1)减去(2)即可得所求反应

$$C(石墨) + \frac{1}{2}O_2(g) = CO(g)$$

故所求反应的焓变:

$$\Delta_r H_{m,3}(298K) = \Delta_r H_{m,1}(298K) - \Delta_r H_{m,2}(298K)$$
$$= -393.4 \text{kJ} \cdot \text{mol}^{-1} - (-282.9 \text{kJ} \cdot \text{mol}^{-1}) = -110.5 \text{kJ} \cdot \text{mol}^{-1}$$

实际上,根据盖斯定律,可以把热化学方程式像代数方程式那样进行运算。方程式相加(或相减),其热效应的数值也相加(或相减)。例如,在上例中式(1)减去式(2)即得式(3)。即反应式 (3) = (1) - (2),则热效应 $\Delta H_3^{\ominus} = \Delta H_1^{\ominus} - \Delta H_2^{\ominus}$。

(三) 标准摩尔生成焓和标准摩尔燃烧焓

1. 标准摩尔生成焓

反应的标准摩尔焓变可用下式计算:

$$\Delta_r H_m^{\ominus}(298.15K) = \sum_B \nu_B \Delta_f H_m^{\ominus}(B, 298.15K)$$

$$\Delta_r H_m^{\ominus} = \sum_B \nu_B \Delta_f H_m^{\ominus}(产物) - \sum_B \nu_B \Delta_f H_m^{\ominus}(反应物) \qquad (2-10)$$

以乙炔合成苯的反应为例:

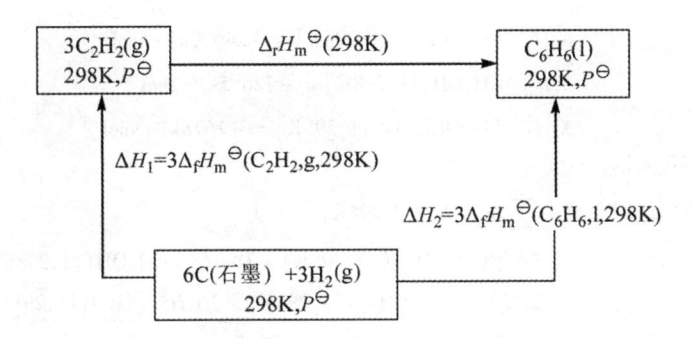

```
┌─────────────────┐   Δ_rH_m^⊖(298K)   ┌─────────────────┐
│  3C_2H_2(g)     │ ──────────────────→│  C_6H_6(l)      │
│  298K, P^⊖      │                    │  298K, P^⊖      │
└─────────────────┘                    └─────────────────┘
         ↑                                      ↑
 ΔH_1=3Δ_fH_m^⊖(C_2H_2,g,298K)    ΔH_2=3Δ_fH_m^⊖(C_6H_6,l,298K)
         │           ┌─────────────────┐        │
         └───────────│ 6C(石墨)+3H_2(g)│────────┘
                     │  298K, P^⊖      │
                     └─────────────────┘
```

$\Delta_r H_m^\ominus(298.15K) = \Delta H_2 - \Delta H_1 = \Delta_f H_m^\ominus(C_6H_6,l,298K) - 3\Delta_f H_m^\ominus(C_2H_2,g,298K)$

由于各种物质在298K时的标准摩尔生成焓可以在附录表1中查到，所以通常求算各种化学反应在298K下进行的标准摩尔焓变。

2. 标准摩尔燃烧焓

在温度T和标准态下，由1mol指定相态的物质与氧气进行完全氧化反应的等压反应热称为温度T时该物质的标准摩尔燃烧焓（也称标准摩尔燃烧热），简称标准燃烧焓，以$\Delta_c H_m^\ominus(B, T)$表示，单位kJ·mol^{-1}。下标c表示燃烧反应，B为物质的化学符号。

所谓"完全氧化反应"是指物质通过与氧气反应，物质中的C、H、N、Cl等变成完全氧化产物二氧化碳气体、液态水、氮气、HCl水溶液等。这些氧化产物以及助燃物氧气在298K时的标准燃烧焓等于零。

由参与化学反应的各种物质的标准燃烧焓计算反应的标准摩尔焓变，计算公式如下：

$$\Delta_r H_m^\ominus(298K) = -\sum_B \nu_B \Delta_c H_m^\ominus(B,298K)$$

$$\Delta_r H_m^\ominus = \sum_B \nu_B \Delta_c H_m^\ominus(反应物) - \sum_B \nu_B \Delta_c H_m^\ominus(产物) \qquad (2-11)$$

如乙炔合成苯反应与各物质燃烧反应关系：

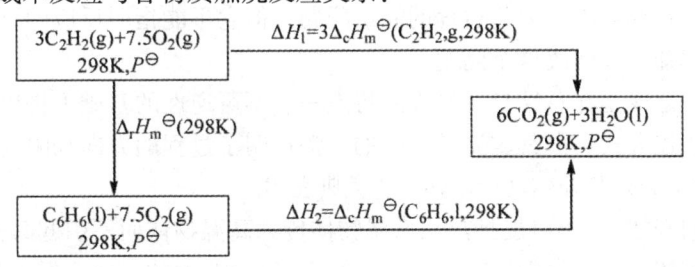

```
┌──────────────────────┐  ΔH_1=3Δ_cH_m^⊖(C_2H_2,g,298K)
│ 3C_2H_2(g)+7.5O_2(g) │────────────────────────┐
│  298K, P^⊖           │                        │
└──────────────────────┘                        ↓
         │                              ┌─────────────────┐
Δ_rH_m^⊖(298K)                          │ 6CO_2(g)+3H_2O(l)│
         ↓                              │  298K, P^⊖      │
┌──────────────────────┐                └─────────────────┘
│ C_6H_6(l)+7.5O_2(g)  │  ΔH_2=Δ_cH_m^⊖(C_6H_6,l,298K)
│  298K, P^⊖           │────────────────────────↑
└──────────────────────┘
```

$\Delta_r H_m^\ominus(298K) = \Delta H_1 - \Delta H_2$

$\qquad\qquad = 3\Delta_c H_m^\ominus(C_2H_2,g,298K) - \Delta_c H_m^\ominus(C_6H_6,l,298K)$

$\qquad\qquad - \sum_B \nu_B \Delta_c H_m^\ominus(B,298K)$

【例2-5】 试由标准燃烧焓数据计算下列反应的$\Delta_r H_m^\ominus(298K)$

$\qquad\qquad$(COOH)$_2$(s) + 2CH$_3$OH(l) = (COOCH$_3$)$_2$(l) + 2H$_2$O(l)

解：查出各反应组分的标准燃烧焓：

$\Delta_c H_m^\ominus [(COOH)_2(s), 298K] = -246.0 kJ \cdot mol^{-1}$

$\Delta_c H_m^\ominus [CH_3OH(l), 298K] = -726.5 kJ \cdot mol^{-1}$

$\Delta_c H_m^\ominus [(COOCH_3)_2(l), 298K] = -1678 kJ \cdot mol^{-1}$

将查得的数据代入得：

$\Delta_r H_m^\ominus(298K) = -\sum_B \nu_B \Delta_c H_m^\ominus(B, 298K)$

$= \Delta_c H_m^\ominus[(COOH)_2(s), 298K] + 2\Delta_c H_m^\ominus[CH_3OH(l), 298K]$
$\quad - \Delta_c H_m^\ominus[(COOCH_3)(l), 298K] - 2\Delta_c H_m^\ominus[H_2O(l), 298K]$

$= -246.0 kJ \cdot mol^{-1} + 2 \times (-726.5 kJ \cdot mol^{-1}) + 1678 kJ \cdot mol^{-1} - 0$

$= -21.0 kJ \cdot mol^{-1}$

第三节　化学反应进行的方向

一、自发反应

在给定的条件下，无需外界帮助，一经引发即能自动进行的过程或反应，称为自发反应。铁器在潮湿空气中生锈；铁从硫酸铜溶液中置换出铜；常温常压下氢氧混合气在高分散的钯的表面生成水等。

化学热力学指出，熵增加，焓减小的反应必定是自发反应。自发反应不一定是快速反应。如无钯作催化剂，常温常压下氢氧混合气可长期保持无明显反应。自发反应的逆反应都是非自发的，须给予外力对之做功才能进行。

二、混乱度与熵

（一）混乱度和熵

热力学第一定律解决了变化过程的能量问题，但它不能指明反应的方向和限度。而热力学第二定律却可以解决这个问题。

热力学第二定律是在总结自发过程的特点——不可逆性的基础上提出的。热力学第二定律有多种表述方式，但其实质是一样的，都指明了过程的方向和限度。这里分别列举克劳修斯（Clausius）和开尔文（Kelvin）的经典表述。

克劳修斯的表述："不可能把热从低温物体传到高温物体而不引起其他变化。"

开尔文的表述："不可能从单一热源取热使之完全变为功，而不发生其他的变化。"

克劳修斯的表述指明了热传导的不可逆性，开尔文的说法指明了摩擦生热过程的可逆性。虽然热力学第二定律的经典表述指明了过程的方向和限度，但直接根据上述表述判断一个过程的自发性是很困难的。为此，人们在卡诺定理的基础上，考察了可逆过程热温商的特点，引入了一个热力学状态函数——熵。

熵用符号 S 表示，是一个广度性质，它的定义式为：

$$\Delta S = \sum (\delta Q_i / T_i)_R \quad (2-12)$$

式中：下标 R 代表可逆过程，T 为温度，Q/T 为热温商。

熵的统计意义是混乱度的量度：混乱度越大，则熵也越大。例如，用水冲牛乳时，水和牛乳相互分散，混乱度增大，故熵也增大。

"孤立系统的熵值永不减小"，这就是熵值增大的原理，它可应用于判断过程的自发性。系统和环境相互联系，为了判断实际过程的方向，可将系统和与系统密切相关的环境加在一起当作孤立系统，则：

$$(\Delta S)_\text{孤} = (\Delta S)_\text{体} + (\Delta S)_\text{环} \geq 0 \tag{2-13}$$

（二）热力学第三定律

在 0K 时，任何物质的完美晶体的熵值为零。这一观点被称为热力学第三定律。通过实验和计算可以得到物质在标准状态下的摩尔绝对熵值，简称标准熵，用符号 $S_\text{m}^{\ominus}$ 表示，单位 $\text{J} \cdot \text{K}^{-1} \cdot \text{mol}^{-1}$。在 298K 时，常见物质的标准摩尔熵见附录表 1。化学反应熵变可用下式求得：

$$\Delta_r S_\text{m}^{\ominus} = \sum \nu_i S_\text{m}^{\ominus}(\text{产物}) - \sum \nu_i S_\text{m}^{\ominus}(\text{反应物}) \tag{2-14}$$

三、吉布斯自由能与化学反应方向的判据

当应用熵增加原理来判断过程能否自发进行以及进行到什么程度时，既要计算系统的熵变又要计算环境的熵变，这很不方便。另外，实际中的反应总是在等温等压或等温等容的条件下进行的。因此，有必要引入新的热力学函数，以达到只考虑系统自身变化就能判断过程方向的目的。

（一）吉布斯自由能

自然界的反应通常在定温、定压下进行，为了判断过程的方向和限度，引入了吉布斯自由能这个状态函数。

吉布斯自由能为一广度性质，用 G 表示，其定义式为：

$$G = H - TS \tag{2-15}$$

吉布斯自由能无法确定其绝对值，只能得到其变化值 ΔG。在等温、等压，且非体积功等于零的情况下，可用吉布斯自由能判断一个过程的方向和限度。吉布斯自由能判断反应自发性的依据为：

$\Delta G < 0$，反应自发进行；

$\Delta G = 0$，反应处于平衡状态；

$\Delta G > 0$，反应不能自发进行。

在等温、等压且不做非体积功的条件下，系统自发地向吉布斯自由能减小的方向进行，直到降至该情况所允许的最小值为止，此时系统达到平衡。不可能自动发生吉布斯自由能增加的过程。

例如，若向水中加入一些糖，糖就会自动溶解，直到糖分子在整个液体中均匀分布为止。此时，系统的自由能最低。若将花生油滴入水中，则它们会浮在水面上以降低表面能、内能和熵，从而使吉布斯自由能降至最低。上述两个过程都能自动发生，而且在

内部条件(T、p、V)不可变时，为不可逆过程。

若 T = 常数，则可得到一个在物理化学中常用的关系式：

$$\Delta G = \Delta H - T\Delta S \tag{2-16}$$

式(2-16)称为吉布斯-赫姆霍兹方程。

在常温、常压下，当系统达到平衡时，则有 $\Delta G = 0$，且

$$\Delta H = T\Delta S \tag{2-17}$$

根据式(2-17)，可以计算焓变或熵变。例如，在 273.15K 下纯水和冰均处于平衡态，ΔH 为融化热，测得其数值为 $6020 J \cdot mol^{-1}$。因此，冰融化为水的过程的熵变为 $\Delta S = \Delta H/T = 22 J \cdot mol^{-1} \cdot K^{-1}$。

(二) 标准摩尔吉布斯自由能变($\Delta_r G_m^\ominus$)的计算和反应方向的判断

标准态时，吉布斯公式变为：

$$\Delta_r G_m^\ominus = \Delta_r H_m^\ominus - T\Delta_r S_m^\ominus \tag{2-18}$$

显然，等温、等压下反应在标准态时自发反应判据是：$\Delta_r G_m^\ominus < 0$。

$\Delta_r G_m^\ominus$ 除可根据式(2-18)求算外，还可由标准摩尔生成吉布斯自由能 $\Delta_f G_m^\ominus$ 求算。在标准态下，由最稳定的纯态单质生成单位物质的量的某物质时的吉布斯自由能变称为该物质的标准摩尔生成吉布斯自由能(以 $\Delta_f G_m^\ominus$ 表示)。根据此定义，不难理解，任何最稳定的纯态单质(如石墨、银、铜、氢气等)在任何温度下的标准摩尔生成吉布斯自由能均为零。

反应的吉布斯自由能变($\Delta_r G_m^\ominus$)与反应焓变($\Delta_r H_m^\ominus$)、熵变($\Delta_r S_m^\ominus$)的计算原则相同，即与反应的始态和终态有关，与反应的具体途径无关。在标准态下，温度为 298K 时，反应的标准摩尔吉布斯自由能变($\Delta_r G_m^\ominus$)可按式(2-19)计算：

$$\Delta_r G_m^\ominus = \sum \nu_i \Delta_f G_m^\ominus (生成物) + \sum \nu_i \Delta_f G_m^\ominus (反应物) \tag{2-19}$$

这里需要指出，由于温度对焓变和熵变的影响较小，通常可认为 $\Delta_r H_m^\ominus(T) \approx \Delta_r H_m^\ominus(298.15K)$、$\Delta_r S_m^\ominus(T) \approx \Delta_r S_m^\ominus(298.15K)$，这样任一温度 T 时的标准摩尔吉布斯自由能变可按下式作近似计算：

$$\Delta_r G_m^\ominus(T) = \Delta_r H_m^\ominus(T) - T \times \Delta_r S_m^\ominus(T)$$
$$\approx \Delta_r H_m^\ominus(298.15K) - T \times \Delta_r S_m^\ominus(298.15K) \tag{2-20}$$

(三) 非标准态摩尔吉布斯自由能变($\Delta_r G_m$)的计算

在实际中的很多化学反应常常是在非标准态下进行的。在等温等压及非标准态下，对任一反应来说：

$$c\text{C} + d\text{D} \longrightarrow y\text{Y} + z\text{Z}$$

根据热力学推导，反应摩尔吉布斯自由能变有如下关系式：

$$\Delta_r G_m = \Delta_r G_m^\ominus + RT\ln J \tag{2-21}$$

此式称为化学反应等温方程式，式中 J 为反应熵。

对于气体反应：$J = \dfrac{[p(\text{Y})/p^\ominus]^y [p(\text{Z})/p^\ominus]^z}{[p(\text{C})/p^\ominus]^c [p(\text{D})/p^\ominus]^d}$

对于水溶液中的(离子)反应：$J = \dfrac{[c(\text{Y})/c^\ominus]^y [c(\text{Z})/c^\ominus]^z}{[c(\text{C})/c^\ominus]^c [c(\text{D})/c^\ominus]^d}$

由于纯固态或纯液态处于标准态与否对反应的 $\Delta_r G_m$ 影响较小，故它们在反应熵（J）式中不出现。例如反应：

$$MnO_2(s) + 4H^+(aq) + 2Cl^-(aq) \longrightarrow Mn^{2+}(aq) + Cl_2(g) + 2H_2O(l)$$

非标态时：$\Delta_r G_m = \Delta_r G_m^{\ominus} + RT\ln J$，其中：

$$J = \frac{[c(Mn^{2+})/c^{\ominus}][p(Cl_2)/p^{\ominus}]}{[c(H^+)/c^{\ominus}]^4[c(Cl^-)/c^{\ominus}]^2}$$

（四）使用 $\Delta_r G_m$ 判据的条件

根据热力学原理，使用 $\Delta_r G_m$ 判据有三个先决条件。

（1）反应系统必须是封闭系统，反应过程中系统与环境之间不得有物质的交换，如不断加入反应物或取走生成物等。

（2）$\Delta_r G_m$ 只给出了某温度、压力条件下（而且要求始态各物质温度、压力和终态相等）反应的可能性，未必能说明其他温度、压力条件下反应的可能性。

例如：反应 $2SO_2(g) + O_2(g) \rightleftharpoons 2SO_3(g)$ 在 298.15K、标准态下 $\Delta_r G_m^{\ominus}(298.15K) < 0$，反应自发向右进行，而在 723K 和 $p(SO_3) = 1.0 \times 10^8 Pa$，$p(SO_2) = p(O_2) = 1.0 \times 10^4 Pa$ 的非标准态下，$\Delta_r G_m(723K) > 0$，反应不能自发向右进行。

（3）反应系统必须不做非体积功（或者不受外界如"场"的影响），反之，判据将不适用。例如：

$$2NaCl(s) \longrightarrow 2Na(s) + Cl_2(g), \Delta_r G_m > 0$$

按热力学原理此反应是不能自发进行的，但如果采用电解的方法（环境对系统作电功），则可以强制其向右进行。

最后，必须提到 $\Delta_r G_m < 0$ 的某些反应，例如：

$$H_2(g) + 1/2 O_2(g) \longrightarrow H_2O(l)$$

在 298.15K、标准态下的 $\Delta_r G_m^{\ominus}(298.15K) = -237.129 kJ \cdot mol^{-1} < 0$，按理说应该能自发向右进行，但因反应速率极小而实际上可以认为不发生，若有催化剂或点火引发则可剧烈反应甚至还会发生爆炸。

阅读材料

热力学第一定律

热力学第一定律是关于热与功相互转换时遵循的规律。它有多种表达方式，各种表达方式是等同的。最早的文字表述是 1840 年前后由焦耳（J. P. Joule）和迈耶（J. R. Mayer）在大量实验的基础上提出的：在自然界发生的任何过程中，能量不能自生，也不能自灭，它只能从一种形式转变为另一种形式，而不同形式的能量在相互转变时，能量的总值保持不变。能量守恒定律在热力学体系中的应用称为热力学第一定律。在热力学中，热力学第一定律的通常表述为"一个体系处于确定状态时，体系的热力学能具有单一确定数值；当体系发生变化时，热力学能的变化值取决于体系的始态与终态，而与变化的具体途径无关。"

历史上曾有许多人幻想发明一种机器，它既不需要外界供给能量，也不减少自身的能量，而能连续不断地对外做功。这种机器被称为第一类永动机。无数次尝试制造第一类永动机的失败证实了一条自然规律：第一类永动机是不可能造成的。这成了热力学第一定律的又一种表述方式。

设一封闭系统由状态(1)到状态(2)，根据能量守恒定律，环境以热和功两种形式传给体系的能量只能转变为体系的热力学能，即封闭系统中热力学第一定律的数学表达式：

$$\Delta U = U_1 - U_2 = Q + W$$

对于微小的状态变化，则有 $dU = \delta Q + \delta W$。

其中 U 是热力学状态函数，可以用微分形式表示微小变化，而 Q、W 不是热力学状态函数，其微小变化要用 δ 表示。

对孤立系统来讲，它与环境之间无任何能量交换，故 $Q=0$，$W=0$，根据热力学第一定律的数学表达式，必然有 $\Delta U=0$。因此，孤立系统的热力学能恒定不变。这也是热力学第一定律的一种表述方式。

复习思考题

一、选择题

1. 在298K时，将压力为 $3.33 \times 10^4 Pa$ 的氮气0.4L和压力为 $4.67 \times 10^4 Pa$ 的氧气0.6L移入1.2L的真空容器，则氮气的分压力为（　　）

   A. $1.11 \times 10^4 Pa$　　　B. $2.34 \times 10^4 Pa$　　　C. $3.45 \times 10^4 Pa$　　　D. $8.00 \times 10^4 Pa$

2. 一定温度下，将等物质的量的气态 CO_2 和 O_2 装入同一容器中，则混合气体的压力等于（　　）

   A. CO_2 单独存在时的压力　　　　　　B. O_2 单独存在时的压力
   C. CO_2 和 O_2 单独存在时的压力之和　　D. CO_2 和 O_2 单独存在时的压力之积

3. 封闭体系与环境之间（　　）

   A. 既有物质交换，又有能量交换　　B. 有物质交换，无能量交换
   C. 既无物质交换，又无能量交换　　D. 无物质交换，有能量交换

4. 被绝热材料包围的房间内放有一电冰箱，将电冰箱门打开的同时向冰箱供给电能而使其运行，室内的温度将（　　）

   A. 逐渐升温　　　B. 逐渐降低　　　C. 不发生变化　　　D. 无法确定

5. 盖斯定律认为化学反应的热效应与途径无关。这是因为反应处在（　　）

   A. 可逆条件下进行　　　　　　　　B. 恒压无非体积功条件下进行
   C. 恒容无非体积功条件下进行　　　D. 以上B、C都正确

6. 在298K，101.3kPa下，1mol水经等温等压过程蒸发为同样条件下的水蒸气，体系及环境的熵变应为（　　）

A. $\Delta S_{体} < 0$；$\Delta S_{环} < 0$ B. $\Delta S_{体} < 0$；$\Delta S_{环} > 0$
C. $\Delta S_{体} > 0$；$\Delta S_{环} < 0$ D. $\Delta S_{体} > 0$；$\Delta S_{环} > 0$

7. 下列各量可称为状态函数的是（ ）
A. G B. U C. W D. H

8. 下列说法正确的是（ ）
A. $\Delta H_{T,P} < 0$ 的过程自发   B. $\Delta S_{总} > 0$ 的过程自发
C. $\Delta G_{T,P} < 0$ 的过程自发   D. $\Delta U_{S,V} < 0$ 的过程自发

9. 下述说法，正确的是（ ）
A. $C_{石}$ 燃烧热即是 CO 的生成热   B. $C_{石}$ 燃烧热即是 CO_2 的生成热
C. $C_{金}$ 燃烧热即是 CO 的生成热   D. $C_{金}$ 燃烧热即是 CO_2 的生成热

10. 体系若经历一不可逆循环有（ ）
A. $\Delta S_{体} = 0$，$\Delta S_{环} < 0$ B. $\Delta S_{体} = 0$，$\Delta S_{环} > 0$
C. $\Delta S_{体} > 0$，$\Delta S_{环} < 0$ D. $\Delta S_{体} > 0$，$\Delta S_{环} > 0$

二、判断题

（ ）1. 在一定温度和压力下，气体混合物中组分气体的物质的量分数越大，则该组分气体的分压越小。

（ ）2. 某温度下，容器中充有 2.0mol $N_2(g)$ 和 1.0mol $Ar(g)$。若混合气体的总压力 $p = 1.5 \text{ kPa}$，则 $Ar(g)$ 的分压 $p_{Ar} = 0.5 \text{ kPa}$。

（ ）3. 系统和环境既是客观存在，又是人为划分。

（ ）4. 系统的状态改变时，系统所有的状态函数都改变。

（ ）5. 在同一体系中，同一状态可能有多个内能值；不同状态可能有相同的内能值。

（ ）6. 热和功的区别在于热是一种传递中的能量，而功不是。

（ ）7. 功和热都是能量的传递形式，所以都是体系的状态函数。

（ ）8. 隔离体系的内能是守恒的。

（ ）9. 化学反应的反应热只与反应的始态和终态有关，而与变化的途径无关。

（ ）10. 因为金刚石坚硬，所以其在 298.15K 时的标准摩尔生成焓为 0。

（ ）11. 由于焓变的单位是 $kJ \cdot mol^{-1}$，所以热化学方程式的系数不影响反应的焓变值。

（ ）12. 温度升高可使体系的熵值增加。

（ ）13. 在常温常压下，空气中的 N_2 和 O_2 可长期存在而不化合生成 NO_2。这表明此时该反应的吉布斯函数变是正值。

（ ）14. 凡是体系 $\Delta G < 0$ 的过程都能自发进行。

三、计算题

1. 在一定温度下，4.0mol $H_2(g)$ 与 2.0mol $O_2(g)$ 混合，经一定时间反应后，生成了 0.6mol $H_2O(l)$。请按下列两个不同反应式计算反应进度 ξ。

（1）$2H_2(g) + O_2(g) = 2H_2O(l)$ （2）$H_2(g) + \frac{1}{2}O_2(g) = H_2O(l)$

2. 有一种甲虫，名为投弹手，能用由尾部喷射出来的爆炸性排泄物的方法作为防卫手段，所涉及的化学反应是氢醌被过氧化氢氧化生成醌和水：

$$C_6H_4(OH)_2(aq) + H_2O_2(aq) \longrightarrow C_6H_4O_2(aq) + 2H_2O(l)$$

根据下列热化学方程式计算该反应的 $\Delta_r H_m^\ominus$。

(1) $C_6H_4(OH)_2(aq) \longrightarrow C_6H_4O_2(aq) + H_2(g)$ $\Delta_r H_m^\ominus(1) = 177.4 \text{kJ} \cdot \text{mol}^{-1}$

(2) $H_2(g) + O_2(g) \longrightarrow H_2O_2(aq)$ $\Delta_r H_m^\ominus(2) = -191.2 \text{kJ} \cdot \text{mol}^{-1}$

(3) $H_2(g) + \frac{1}{2}O_2(g) \longrightarrow H_2O(g)$ $\Delta_r H_m^\ominus(3) = -241.8 \text{kJ} \cdot \text{mol}^{-1}$

(4) $H_2O(g) \longrightarrow H_2O(l)$ $\Delta_r H_m^\ominus(4) = -44.0 \text{kJ} \cdot \text{mol}^{-1}$

3. 人体所需能量大多来源于食物在体内的氧化反应，例如葡萄糖在细胞中与氧发生氧化反应生成 $CO_2(g)$ 和 $H_2O(l)$，并释放出能量。通常用燃烧热去估算人们对食物的需求量，已知葡萄糖的生成热为 $-1260 \text{kJ} \cdot \text{mol}^{-1}$，$CO_2(g)$ 和 $H_2O(l)$ 的生成热分别为 -393.51 和 $-285.83 \text{ kJ} \cdot \text{mol}^{-1}$，试计算葡萄糖的燃烧热。

4. 对生命起源问题，有人提出最初植物或动物的复杂分子是由简单分子自动形成的。例如尿素 (NH_2CONH_2) 的生成可用反应方程式表示如下：

$$CO_2(g) + 2NH_3(g) \longrightarrow (NH_2)_2CO(s) + H_2O(l)$$

(1) 计算 298.15K 时的 $\Delta_r G_m$，并说明该反应在此温度和标准态下能否自发；

(2) 在标准态下最高温度为何值时，反应就不再自发进行了？

5. 假如一不劳动的成年人平均每天需 6300kJ 能量以维持生命。某患者每天只能吃 500g 牛奶（燃烧值 3kJ/g）和 50g 面包。问每天还需给他多少 10%葡萄糖液？（注：医用百分浓度为每 100mL 溶液含溶质的克数）。

6. 在标准状态与 298K 下，用碳还原 Fe_2O_3，生成 Fe 和 CO_2 的反应在热力学上是否可能？通过计算说明若要反应自发进行，温度最低为多少？

第三章 化学动力学基础

学海导航

学习目标
　　通过本章的学习，主要掌握化学反应速率和化学反应速率方程式，反应速率常数，标准平衡常数的意义及有关化学平衡的计算和浓度、压力、温度对化学平衡移动的影响。

学习重点
　　重点内容在于标准平衡常数的意义及有关化学平衡的计算。

学习难点
　　反应速率常数，标准平衡常数的意义及有关化学平衡的计算。

第一节　化学反应速率

　　化学反应需要从两个方面来研究，既要研究反应的可能性，又要研究反应的现实性，本章讨论化学反应的现实性，即一个化学反应在给定条件下，究竟需要多长时间才能达到平衡状态，这是涉及化学反应速率的问题。化学反应速率和化学平衡是化学反应研究中十分重要的两个方面，缺一不可。

一、反应速率的表示方法

　　不同的化学反应进行的快慢千差万别，有的瞬间完成，有的却要一年甚至千年计。化学反应速率(v)则是用于定量描述化学反应快慢的物理量。反应速率既可以用反应物消耗速率表示，也可以用生成物的生成速率表示。对于任一反应：

$$a\mathrm{A} + b\mathrm{B} \longrightarrow d\mathrm{D} + e\mathrm{E}$$

反应物 A，反应物 B 的消耗速率分别是 $\bar{v}(A) = -\dfrac{\Delta c(A)}{\Delta t}$ 和 $\bar{v}(B) = -\dfrac{\Delta c(B)}{\Delta t}$，生成物 D，E 的生成速率分别是 $\bar{v}(D) = \dfrac{\Delta c(D)}{\Delta t}$ 和 $\bar{v}(E) = \dfrac{\Delta c(E)}{\Delta t}$。

由于化学计量数 a、b、c、d 不一定相等，因而用不同物质表示同一个反应的速率也不一定相等。但为了使该反应的速率保持一致性，也可以有如下的表示方法：

$$\bar{v} = \dfrac{1}{a}\bar{v}(A) = \dfrac{1}{b}\bar{v}(B) = \dfrac{1}{d}\bar{v}(D) = \dfrac{1}{e}\bar{v}(E)$$

式中：反应速率的单位一般是 $mol \cdot L^{-1} \cdot s^{-1}$。

例如，在给定条件下，下述合成氨反应在 2s 内各物质的浓度变化如下：

	N_2	+	$3H_2$	$\longrightarrow$	$2NH_3$
起始浓度（$mol \cdot L^{-1}$）	1.0		3.0		0
2s 后浓度（$mol \cdot L^{-1}$）	0.8		2.4		0.4
浓度变化量（$mol \cdot L^{-1}$）	-0.2		-0.6		0.4

则该反应中各物质的平均速率为

$$\bar{v}(N_2) = -\dfrac{-0.2}{2} = 0.1 \, mol \cdot L^{-1}$$

$$\bar{v}(H_2) = -\dfrac{-0.6}{2} = 0.3 \, mol \cdot L^{-1}$$

$$\bar{v}(NH_3) = \dfrac{0.4}{2} = 0.2 \, mol \cdot L^{-1}$$

二、影响化学反应速率的因素

（一）浓度

物质在纯氧中燃烧比在空气中燃烧要猛烈得多，这是因为在恒温恒压下，空气中的氧气浓度比纯氧浓度低得多，即物质的浓度对其反应速率有影响。反应速率与反应物浓度间究竟存在着什么样的定量关系，通过下面的介绍来了解一下。

1. 基元反应与非基元反应

化学反应进行时，反应物一步直接变成生成物的反应称为基元反应。例如：

$$CO + NO_2 \longrightarrow CO_2 + NO$$

该反应是双分子反应，在温度高于 225℃ 时，CO 和 NO_2 分子在碰撞时一步即转化为 CO_2 和 NO 分子，这样的反应为基元反应。大多数化学反应历程表明，反应物要经过若干步骤（即经历若干个基元反应）才能转变为产物。这类由多个基元反应组成的复杂反应称为非基元反应。例如：

$$2NO + 2H_2 \longrightarrow N_2 + 2H_2O$$

实验研究证明，该反应是由两个基元反应组成的复杂反应：

第一步　　$2NO + H_2 \longrightarrow N_2 + H_2O_2$

第二步　　$H_2O_2 + H_2 \longrightarrow 2H_2O$

2. 质量作用定律

实验可以证明，在一定温度下，增加反应物浓度能加快反应速率。例如，物质在空气中燃烧比在纯氧中燃烧要慢得多，是由于后者的氧浓度约为前者的 5 倍。为了描述化学反应中反应物浓度与反应速率的关系，1864 年挪威科学家古德贝格和瓦格根据大量实验结果总结出如下规律：在一定温度下，基元反应的反应速率与各反应物浓度幂的乘积成正比，某反应物浓度的幂次在数值上等于化学反应方程式中该反应物的化学计量数。这一规律称为质量作用定律。例如，在一定温度下，基元反应 $CO + NO_2 \longrightarrow CO_2 + NO$

$$v \varpropto c(CO) \cdot c(NO_2)$$
$$v = k \cdot c(CO) \cdot c(NO_2)$$

反应速率在一定温度下，对于任一基元反应：

$$aA + bB \longrightarrow dD + eE$$

反应速率方程式为：
$$v = k \cdot c^a(A) \cdot c^b(B) \tag{3-1}$$

式(3-1)为基元反应质量作用定律的数学表示式，也称为基元反应的速率方程式。式中 k 表示反应速率，也称为速率常数。当 $c(A) = c(B) = 1 mol \cdot L^{-1}$ 时，则有 $v = k$。即速率常数 k 表示各有关反应物浓度均为单位浓度时的反应速率。在给定温度下，k 的值与反应的本性有关。在相同温度下，一般认为 k 值越大，反应进行得越快。

反应速率方程式中各反应物浓度项的指数之和 $(a + b)$ 称为总反应级数，简称反应级数，a 和 b 分别称为反应物 A 和反应物 B 的分级数。必须强调，只有基元反应的级数才等于反应方程式中各反应物前的计量数之和。

质量作用定律只适用于基元反应。对于非基元反应，只有组成它的每一个基元反应才能运用质量作用定律。换言之，对于非基元反应，一般不能依据反应的计量方程式直接书写速率方程式。非基元反应的速率方程式只有通过实验测定速率与浓度的关系式才能确定。

例如：反应
$$C_2H_4Br_2 + 3KI \longrightarrow C_2H_4 + 2KBr + KI_3$$

实验测定该反应分三步进行：

第一步　　　　$C_2H_4Br_2 + KI \longrightarrow C_2H_4 + KBr + I$　　（慢反应）

第二步　　　　$KI + Br \longrightarrow KBr + I$

第三步　　　　$KI + 2I \longrightarrow KI_3$

3. 零级反应和一级反应

化学反应的级数可以是正整数，也可以是零，或者是非整数。不同级数的化学反应，反应速率方程式也不同。这里分别介绍两种简单级数反应的特征。

（1）零级反应。反应速率与反应物浓度无关（即与浓度的零次方成正比）的反应为零级反应。在自然界中，许多在固体表面上发生的多相反应属于零级反应，如：

$$NH_3 \xrightarrow{W} \frac{1}{2}N_2 + \frac{3}{2}H_2 \quad v = kc(NH_3) = k = 常数$$

$$2N_2O \xrightarrow{Au} 2N_2 + O_2 \quad v = kc(NO_2) = k = 常数$$

酶的催化反应、光化学反应往往也是零级反应。

零级反应的特征是反应自始至终以匀速进行，反应速率与起始浓度或经历的时间无关。如身体内酒精的排泄，不管血液中含酒精量是多少，它从人体排泄的速率总是一个常数。反应速率常数的单位与反应速率单位相同，为 $mol \cdot L^{-1} \cdot s^{-1}$。

（2）一级反应。反应速率与反应物浓度的一次方成正比的反应为一级反应，如：

$$H_2O_2 \longrightarrow H_2O + \frac{1}{2}O_2$$

$$C_{12}H_{22}O_{11}(蔗糖) + H_2O \longrightarrow C_6H_{12}O_6(葡萄糖) + C_6H_{12}O_6(果糖)$$

均为一级反应。一级反应的速率方程为 $v = k \cdot c$，反应物浓度与反应时间的关系为：

$$\lg \frac{c_0}{c} = \frac{kt}{2.303}$$

或

$$\lg c = -\frac{kt}{2.303} + \lg c_0 \tag{3-2}$$

式中：c_0 为反应物的起始浓度（即 $t=0$ 时的浓度），c 为反应物在 t 时刻的浓度。由该式可以看出，$\lg c$ 与 t 成直线关系，这是一级反应的特征。反应速率常数 k 的单位为时间单位的倒数，如 s^{-1} 或 min^{-1} 等。利用式（3-2）可以计算 t 时刻反应物的浓度，亦可计算反应物浓度降至某一值时所需的时间。

对于一级反应，反应物达到一定消耗所需要的时间与其初始浓度 c_0 无关。反应物消耗一半所需时间称为半衰期，以 $t_{1/2}$ 表示。

将 $c = 1/2\ c_0$ 代入式（3-2）则得：

$$t_{1/2} = \frac{2.303}{k}\lg 2 = \frac{0.693}{k} \tag{3-3}$$

式（3-3）是一级反应的另一种表达式。一级反应的半衰期与初始浓度 c_0 无关，这是一级反应的又一特征。

【例 3-1】 反应 $2H_2O_2 \longrightarrow 2H_2O + O_2$ 为一级反应，反应速率常数 $k = 0.041 min^{-1}$。

（1）若 H_2O_2 的起始浓度为 $0.8 mol \cdot L^{-1}$，10min 后其浓度为多少？

（2）计算 H_2O_2 分解的半衰期。

解：（1）设 10min 后 H_2O_2 的浓度为 c，将 $c_0 = 0.8 mol \cdot L^{-1}$，$k = 0.041 min^{-1}$ 代入到式（3-2）得

$$\lg c = -\frac{0.041 \times 10}{2.303} + \lg 0.800 = -0.178 - 0.096 = -0.275$$

$$c = 0.531 mol \cdot L^{-1}$$

（2）分解一半，$c = 1/2\ c_0$，由式（3-3）得

$$t_{1/2} = \frac{0.693}{0.041} = 16.9 min$$

由此可得到，该反应的半衰期为 16.9min。

（二）温度

温度是影响反应速率的重要因素之一。温度对反应速率的影响比较复杂，但一般说来，升高温度可以增大反应的速率。例如，H_2 和 O_2 化合成 H_2O 的反应，在常温下反应速率极小，几乎觉察不到反应的进行；但当温度升高到 873K 以上时，反应则迅速进行，甚至发生爆炸。

1889年，瑞典科学家阿仑尼乌斯根据实验结果提出了反应速率常数(k)与反应温度(T)之间的定量关系式，即阿仑尼乌斯公式：

$$k = A \cdot e^{-E_a/RT} \quad (3-4)$$

两边取对数整理得：

$$\lg k = -\frac{E_a}{2.303RT} + \lg A \quad (3-5)$$

式中：T 为热力学温度；R 为摩尔气体常数；E_a 为给定反应的活化能；A 为给定反应的经验常数，代表反应物的总碰撞频率。

式(3-5)说明反应速率常数 k 与热力学温度 T 成指数关系。温度的微小变化，会导致 k 值的较大变化，从而体现了温度对反应速率的显著影响。k 对确定的反应，在一定温度下为一常数。对同一反应，E_a 为一定值，升高温度，$E_a/2.303RT$ 值变小，k 值增大，反应速率加快；降低温度，k 值减小，反应速率降低。对不同反应，温度相同，E_a 小，$E_a/2.303RT$ 值小，k 值大，反应速率快；E_a 大，$E_a/2.303RT$ 值大，k 值小，反应速率慢。

【例3-2】 分解反应 $N_2O_5 \longrightarrow 2NO_2 + 1/2\, O_2$，已知338.15K时，$k_1 = 4.87 \times 10^{-3}\, s^{-1}$，318.15K时，$k_2 = 4.98 \times 10^{-4}\, s^{-1}$。求反应的活化能和298.15K时的反应速率常数 k_3。

解：$E_a = 2.303 \times (\dfrac{T_1 T_2}{T_2 - T_1}) \times \lg \dfrac{k_2}{k_1}$

$= 2.303 \times 8.314 \times (\dfrac{3.3815 \times 3.1815}{338.15 - 318.15}) \times \lg \dfrac{4.87 \times 10^{-3}}{4.98 \times 10^{-4}}$

$= 102\, kJ \cdot mol^{-1}$

由此求298.15K时的 k_3，得：

$$\lg \frac{k_3}{k_1} = \frac{E_a}{2.303R} \times (\frac{T_3 - T_1}{T_1 T_3})$$

$$\lg k_3 = \lg k_1 + \frac{E_a}{2.303R}(\frac{T_3 - T_1}{T_1 T_3})$$

$$= \lg 4.87 + \frac{102 \times 10^3}{2.303 \times 8.314}(\frac{298.15 - 338.15}{298.15 \times 228.15})$$

$$= -4.426$$

故：$k_3 = 3.75 \times 10^{-5}\, s^{-1}$

（三）催化剂

为了有效地提高反应速率，可以通过升高温度的办法。但是对某些化学反应，即使在高温下，反应速率仍较慢。此外，有些反应升高温度常会引起某些副反应的发生或加速副反应的进行(这对有机反应更为突出)，也可能会使放热的主反应进行的程度降低。因此，在这些情况下采用升高温度的方法以加大反应速率，就达不到预期效果。如果采用催化剂，则可以有效地提高反应的速率。

催化剂是能够改变化学反应速率而其本身在反应前后组成、数量和化学性质保持不变的一类物质。例如，加热氯酸钾制氧时加入的二氧化锰、在 SO_2 与 O_2 反应转变为 SO_3 时使用的五氧化二钒等。催化剂对反应速率所起的作用叫做催化作用。其中，加速反应的催化剂叫正催化剂，延缓反应速率的催化剂叫负催化剂。例如，合成氨生产中使用的铁，硫酸生产中使用的 V_2O_5 以及促进生物体化学反应的各种酶（如淀粉酶、蛋白酶、脂肪酶等）均为正催化剂；减慢金属腐蚀的缓蚀剂，防止橡胶、塑料老化的防老剂等均为负催化剂。但是通常所说的催化剂一般是指正催化剂。催化剂之所以能显著地增大化学反应的速率，是由于催化剂的加入，与反应物之间形成一种势能较低的活化配合物，改变了反应的途径，与无催化反应的途径相比较，所需的活化能显著地降低，导致反应速率增大。例如，800.15K 时，在无催化剂的情况下，合成氨的反应的活化能为 $335kJ \cdot mol^{-1}$，反应极慢。若用铁作催化剂，活化能降低为 $135kJ \cdot mol^{-1}$，反应极快，反应速率增大为原来的 1×10^{13} 倍。

催化作用常分为单相和多相催化两种，无论哪类催化，都具有如下特性：

（1）催化剂只能通过改变反应途径来改变反应速率，但不能改变反应的焓变（ΔH）、方向和限度。

（2）在反应速率方程式中，催化剂对反应速率的影响体现在反应速率常数（k）内。对特定的反应而言，反应温度一定，采用不同的催化剂，一般有不同的 k 值。

（3）对同一可逆反应而言，催化剂将同等程度地改变正、逆反应的活化能，从而同等程度地改变化学反应正、逆方向的速率。

（4）催化剂具有特殊的选择性。即某一催化剂对某一反应（或某一类反应）有催化作用，但对其他反应则可能无催化作用。化工生产中，在复杂的反应系统中常常利用催化剂加速反应并抑制其他反应的进行，以提高产品的质量和产量。

催化反应的范围极广，不仅在化学工业、石油工业上应用，也应用于国防科技、环境保护、生命科学等领域中。工业废气、汽车尾气中含大量有害气体，如 CO、碳氢化合物（C_xH_y）、氮的氧化物（NO、NO_2）等，它们转化为无公害的 CO_2、N_2、H_2O 的反应速率极慢。故常用 Pt、CuO、过渡金属氧化物作催化剂，加速它们的转化，以净化空气，保护环境。

第二节 化学平衡

一、可逆反应与化学平衡

在给定条件下，有些化学反应可以进行到底，有些化学反应只能进行到一定程度。我们把既可以正方向进行又能逆方向进行的化学反应称为可逆反应。

由于正逆反应处于同一系统内，在密闭容器内，可逆反应不能进行到底，即反应物不能全部转化为生成物。例如，在密闭容器内，装入 H_2 和 I_2，在一定的温度下生成 HI。

$$H_2(g) + I_2(g) \rightleftharpoons 2HI(g)$$

该化学反应可以同时向正反两个方向进行，在一定的温度、压力、浓度等条件下，当 H_2 与 I_2 反应的速度与 HI 分解生成 H_2 和 I_2 正反两个方向的反应速度相等时，系统就达到平衡状态，这个平衡状态就叫做化学平衡。只要外界条件不变，这个状态不随时间而变化，但外界条件一经改变，平衡状态就要发生变化。平衡状态从宏观上看似为静态，而实际上是一种动态平衡。任一反应总是向着平衡状态变化，达到了平衡状态，反应就达到了限度。

在实际生产中，总希望一定数量的原料（反应物）能变成更多的产物。在给定的条件下反应的最高产率是多少？此最高产率怎样随条件变化？这是工业生产中的重要问题，尤其是开发新产品时需要解决这些问题。

二、平衡常数

对于任一气体可逆反应：

$$aA + bB \rightleftharpoons dD + eE$$

其化学热力学的等温方程式为：

$$\Delta_r G_m = \Delta_r G_m^{\ominus}(T) + RT \ln \frac{(p_D/p^{\ominus})^d \cdot (p_E/p^{\ominus})^e}{(p_A/p^{\ominus})^a \cdot (p_B/p^{\ominus})^b} \tag{3-6}$$

令 $J = \dfrac{(p_D/p^{\ominus})^d \cdot (p_E/p^{\ominus})^e}{(p_A/p^{\ominus})^a \cdot (p_B/p^{\ominus})^b}$，$J$ 为反应熵。

当在一定的温度和压力下系统达到平衡时，$\Delta_r G_m = 0$。此时，各物质的分压均为平衡分压 p_A、p_B、p_D、p_E，则当平衡时：

$$\Delta_r G_m^{\ominus}(T) = -RT \ln \frac{(p_D/p^{\ominus})^d \cdot (p_E/p^{\ominus})^e}{(p_A/p^{\ominus})^a \cdot (p_B/p^{\ominus})^b} \tag{3-7}$$

此时系统的反应熵 $J = K^{\ominus}$，$K^{\ominus}$ 称为标准平衡常数，可表示如下：

$$K^{\ominus} = \frac{(p_D/p^{\ominus})^d \cdot (p_E/p^{\ominus})^e}{(p_A/p^{\ominus})^a \cdot (p_B/p^{\ominus})^b} \tag{3-8}$$

如果是溶液反应达到平衡，则

$$K^{\ominus} = \frac{[c_D/c^{\ominus}]^d \cdot [c_E/c^{\ominus}]^e}{[c_A/c^{\ominus}]^a \cdot [c_B/c^{\ominus}]^b} \tag{3-9}$$

J 与 $K^{\ominus}$ 的关系影响化学反应方向。$J < K^{\ominus}$，反应正向进行；$J = K^{\ominus}$，反应达到平衡；$J > K^{\ominus}$，反应逆向进行。

【例3-3】 25℃时，反应 $Fe^{2+}(aq) + Ag^+(aq) \rightleftharpoons Fe^{3+}(aq) + Ag(s)$ 的 $K^{\ominus} = 2.98$。当溶液中含有 $0.1 mol \cdot L^{-1} AgNO_3$、$0.1 mol \cdot L^{-1} Fe(NO_3)_3$ 时，按上述反应进行，求平衡时各组分的浓度为多少？Ag^+ 的转化率是多少？

解：

	$Fe^{2+}(aq)$	$+ Ag^+(aq)$	$\rightleftharpoons Fe^{3+}(aq) + Ag(s)$
开始浓度($mol \cdot L^{-1}$)	0.1	0.1	0.01
变化浓度($mol \cdot L^{-1}$)	$-x$	$-x$	x
平衡浓度($mol \cdot L^{-1}$)	$0.1-x$	$0.1-x$	$0.01+x$

$$K^{\ominus} = \frac{c(Fe^{3+})/c^{\ominus}}{[c(Fe^{2+})/c^{\ominus}] \cdot [c(Ag^+)/c^{\ominus}]}$$

解得： $x = 0.019 mol \cdot L^{-1}$

平衡时： $c(Ag^+) = 0.1 - x = 0.1 - 0.019 = 0.081 mol \cdot L^{-1}$

$c(Fe^{2+}) = 0.1 - x = 0.1 - 0.019 = 0.081 mol \cdot L^{-1}$

$$c(Fe^{3+}) = 0.01 + x = 0.01 + 0.019 = 0.029 \text{mol} \cdot L^{-1}$$

Ag⁺ 的转化率：
$$\alpha(Ag^+) = \frac{0.019}{0.10} \times 100\% = 19\%$$

三、化学平衡移动

化学平衡是相对的，暂时的，有条件的。当外界条件改变时，平衡就被破坏。在新的条件下，反应将向某一方向移动直到建立起新的平衡。这种因外界条件改变而使化学反应由原来的平衡状态改变为新的平衡状态的过程称为平衡的移动。那么，有哪些因素会使平衡发生移动呢？从质的变化角度来说，化学平衡是可逆反应的正、逆反应速率相等时的状态；从能量变化角度来说，可逆反应达平衡时，$\Delta_r G_m(T) = 0$，$J = K^{\ominus}$，因此，一切能导致 $\Delta_r G_m$ 或 J 值发生变化的外界条件，都会使平衡发生移动。这里所说的外界条件主要指浓度、压力和温度。

改变平衡状态的条件，平衡向着减弱这种改变的方向移动，直到建立起新的平衡为止。此即化学平衡移动原理，亦称吕·查德里平衡移动原理。

（一）浓度（或分压）对平衡的影响

根据反应熵 J 的大小，可以推断化学平衡移动的方向。浓度虽然可以使平衡发生移动，但它不能改变 $K^{\ominus}$ 的数值，因为在一定温度下，$K^{\ominus}$ 值是一定的。在温度一定时，增加反应物的浓度或减少产物的浓度，此时 $J < K^{\ominus}$。平衡将向正反应方向移动，直到建立新的平衡，即直到 $J = K^{\ominus}$ 为止。若减少反应物浓度或增加生成物浓度，此时 $J > K^{\ominus}$，平衡将向逆反应方向移动，直到 $J = K^{\ominus}$ 为止。

（二）压力对化学平衡的影响

总压力的改变也会影响化学平衡，但由于压力的变化对固体或液体的体积影响甚微，因此，改变总压只是对有气体参与反应的平衡发生影响。

对于任一气体反应
$$aA(g) + bB(g) \rightleftharpoons dD(g) + eE(g)$$
$$\Delta n = |(a+b) - (d+e)|$$

当 $\Delta n = 0$ 时，改变系统压力，平衡不能发生移动。

当 $\Delta n < 0$ 时，增加系统压力，平衡正向移动，即平衡向气体分子总数减少的方向移动。

当 $\Delta n > 0$ 时，增加系统压力，平衡逆向移动。

（三）温度对平衡的影响

温度对平衡系统的影响同浓度和压力对平衡系统的影响有着本质的区别，改变浓度和压力只能使平衡发生移动，但不能改变平衡常数，而温度的变化却导致平衡常数在数值上发生了变化。其变化的定量关系可由吉布斯—赫姆霍兹方程和标准摩尔吉布斯函数变与标准平衡常数的关系导出：

$$\Delta_r G_m^{\ominus}(T) = \Delta_r H_m^{\ominus}(T) - \Delta_r S_m^{\ominus}(T)$$
$$\Delta_r G_m^{\ominus}(T) = 2.303RT \lg K^{\ominus}(T)$$

由以上两式可得：

$$\ln K^{\ominus} = \frac{-\Delta H^{\ominus}}{RT} + \frac{\Delta S^{\ominus}}{R}$$

设某一可逆反应在温度 T_1 时的平衡常数为 $K_1^{\ominus}$，在温度 T_2 时的平衡常数为 $K_2^{\ominus}$，ΔH 和 ΔS。在温度变化不大时可视为常数。则

$$\ln K_1^{\ominus} = \frac{-\Delta H^{\ominus}}{RT_1} + \frac{\Delta S^{\ominus}}{R}$$

$$\ln K_2^{\ominus} = \frac{-\Delta H^{\ominus}}{RT_2} + \frac{\Delta S^{\ominus}}{R}$$

两式相减，得

$$\ln \frac{K_2^{\ominus}}{K_1^{\ominus}} = \frac{-\Delta H^{\ominus}}{R}\left(\frac{T_2 - T_1}{T_1 T_2}\right) \tag{3-10}$$

式(3-10)表明温度与平衡常数的关系，对该式讨论如下：

(1) 若反应为放热反应，$\Delta_r H_m^{\ominus} < 0$，当温度升高时($T_2 > T_1$)，则 $K_2^{\ominus}(T_2) < K_1^{\ominus}(T_1)$，即平衡常数随温度的升高而减小，平衡向生成反应物的方向移动，即升温向吸热方向移动；反之，当温度降低时，平衡向正反应方向移动，即向放热方向移动。

(2) 若反应为放热反应，$\Delta_r H_m^{\ominus} > 0$，当温度升高时($T_2 > T_1$)，则 $K_2^{\ominus}(T_2) > K_1^{\ominus}(T_1)$，即平衡常数随温度的升高而增大，平衡向生成物的方向移动，即升温向吸热方向移动；反之，当温度降低时，平衡向逆反应方向移动，即向放热方向移动。

阅读材料

化学动力学的发展与百年诺贝尔化学奖

化学动力学是物理化学发展的四大支柱中的前沿研究领域之一，近百年来发展很迅速。回顾百年来诺贝尔化学奖的颁奖历程，其中有13次颁发给了22位直接对化学动力学发展做出巨大贡献的科学工作者，可见化学动力学在现代化学发展中的重要地位。这13次诺贝尔化学奖的颁发反映出百年来化学动力学历经的三大发展阶段：宏观反应动力学阶段、元反应动力学阶段和微观反应动力学阶段。这三大阶段也体现了化学动力学研究领域和研究方法及技术手段的变化发展历程。

一、宏观反应动力学阶段

化学动力学作为一门独立的学科，它的发展历史始于质量作用定律的建立。宏观反应动力学阶段是研究发展的初始阶段，大体上是从19世纪后半叶到20世纪初，主要特点是改变宏观条件，如温度、压力、浓度等来研究对总反应速率的影响，其间有3次诺贝尔化学奖颁给了与此相关的化学家。Van't Hoff 由于对化学动力学和溶液渗透压的首创性研究而荣获了1901年的首届诺贝尔化学奖。1903年，Arrhenius 因提出电离学说获得了第3届诺贝尔化学奖。1909年 O'stwald 因研究催化和化学平衡、反应速率的基本原理而荣获诺贝尔化学奖，并被人们誉为"物理化学之父"。Van't Hoff、Arrhenius 和 O'stwald 三人所提出的电离学说、电解质溶液理论、化学平衡和化学反应速率理论不仅奠定了化学动力学的理论基础，更成为物

理化学发展的重要里程碑。

二、元反应动力学阶段

元反应动力学阶段始于20世纪初至20世纪50年代前后，这是宏观反应动力学向微观反应动力学过渡的重要阶段。其主要贡献是反应速率理论的提出、链反应的发现、快速化学反应的研究、同位素示踪法在化学动力学研究上的广泛应用以及新研究方法和新实验技术的形成，由此促使化学动力学的发展趋于成熟。在此阶段有3次诺贝尔化学奖颁给了对化学动力学发展做出贡献的化学家。

Semenov的研究重点是气相反应动力学中的链反应，他可以说是认识到链反应在化学动力学研究中具有普遍意义的第一位学者。他提出的链反应理论也是20世纪化学动力学研究的一大突破。Hinshelwood则研究了氢氧体系的快速反应速率，对确定可燃气体的爆炸极限做出了巨大贡献，从而发展了快速反应的动力学研究领域。Semenov和Hinshelwood因研究化学反应的机理而获得1956年度诺贝尔化学奖。

对快速化学反应研究的关键在于检测手段的先进性。20世纪50年代初，Eigen创建了化学弛豫方法。该方法极大地提高了测量化学反应时间的分辨率，可以对反应时间仅10^{-8}s的快速反应进行研究，成为液相快速反应动力学研究的有效方法。Eigen、Norrish和Porter也因通过极短能量脉冲导致平衡移动来研究快速的化学反应而获得了1967年度的诺贝尔化学奖。

在这一阶段里，还必须提到化学动力学研究方法的创新，这就是放射性元素，即同位素示踪法的应用。Hevesy因利用同位素作示踪物研究化学反应过程荣获了1943年度的诺贝尔化学奖。

三、微观反应动力学阶段

微观反应动力学阶段是20世纪50年代以后化学动力学发展的又一新阶段。这一阶段最重要的特点是研究方法和技术手段的创新，特别是随着分子束技术和激光技术在研究中的应用而开创了分子反应动力学研究新领域，带来了众多的新成果。尤其是20世纪80年代以来，仅从1986年到2002年的10多年间就有7次诺贝尔化学奖颁给了与此相关的化学家，可见其前沿性和创新性。

Zewail从20世纪80年代开始，利用超短激光创立了飞秒化学，从而使人们对过渡态的研究有了可靠的手段。Zewail也因用飞秒化学研究化学反应的过渡态而获得了1999年度的诺贝尔化学奖。

Taube提出了外界和内界电子转移的机理，对理解金属配位化合物在催化中的作用很有帮助。他还用放射性示踪原子法揭示了电子转移的过程，对配位化学的发展做出了巨大的贡献。Taube因关于电子转移反应机理，特别是金属复合物中的电子转移反应机理的研究获得1983年度的诺贝尔化学奖。

Marcus在化学体系电子转移反应理论研究方面做出了进一步的贡献，并将其普遍化。他于1956年提出了电子转移反应理论，即Marcus理论。Marcus理论应用于无机化学和有机化学领域，可处理众多的电子转移体系，并正确地预测了许多电子转移的反应机理。Marcus因化学系统中电子转移反应理论方面的贡献而独享了1992年度诺贝尔化学奖。

　　研究化学反应的微观过程及结构变化机理也是化学动力学的重要领域。福井谦一以及 Hoffmann 和 Woodward 在把分子轨道理论直接应用于化学反应研究方面做出了突出的贡献。福井谦一和 Hoffmann 也因各自独立地发展化学反应过程的理论而分享了 1981 年度的诺贝尔化学奖。

　　Kohn 和 Pople 对分子轨道理论的完善和改进也做出了巨大的贡献。Kohn 在 1964 年发展了密度泛函理论，使量子力学方法可直接用于大分子的计算，使计算工作量大幅度减少。他也因发展电子密度泛函理论获得了 1998 年度诺贝尔化学奖的一半。当年诺贝尔化学奖的另一半则颁发给了 Pople。他设计了一套名为 GAUSSIAN 的计算程序，全世界成千上万的量子化学家都使用他的程序进行研究。他也因此以发展量子化学的计算方法获得了 1998 年度诺贝尔化学奖的一半。

　　Crutzen、Molina 和 Rowland 在解释大气中臭氧如何通过化学过程形成和分解方面做出了卓越的贡献。这 3 位科学家通过阐明影响臭氧层厚度的化学机理，为解决可能带来灾难性后果的全球性环境问题开创了新纪元。他们因在大气化学，尤其是臭氧的形成和分解的研究方面做出的杰出贡献而被授予 1995 年度诺贝尔化学奖。

　　从 20 世纪诺贝尔化学奖颁给致力于化学动力学研究而取得成果的化学家的历史看，现代化学动力学的发展实际上是研究层次和研究方法的越来越深入、越来越精细、越来越先进。20 世纪 50 年代从早期的宏观现象研究进入基元化学反应阶段，70 年代深入到微观分子层次，80 年代拓展到量子态层次，90 年代则实现了控制一些化学反应的微观过程层次，每一次诺贝尔化学奖的颁发都标志着化学动力学向前迈进了一步。

复习思考题

1. 写出下列反应的平衡常数表示式。
   （1） $Ag^+(aq) + Cl^-(aq) \rightleftharpoons AgCl(s)$
   （2） $SO_3(g) + H_2(g) \rightleftharpoons SO_2(g) + H_2O(g)$
   （3） $H(g) + HCl(g) \rightleftharpoons H_2(g) + Cl(g)$
2. 反应 $2NO + Cl_2 \rightleftharpoons 2NOCl$ 为基元反应：
   （1） 写出该反应的速率方程式；
   （2） 计算反应级数；
   （3） 其他条件不变，若将容器体积增加到原来的 2 倍，反应速率如何变化？
   （4） 如果容积不变，将 NO 的浓度增加到原来的 3 倍，反应速率如何变化？
3. 何谓反应的活化能？过渡状态理论基本要点是什么？
4. 高炉中有下列反应发生：
$$FeO(s) + CO(g) \rightleftharpoons Fe(s) + CO_2(g)$$
已知某温度下的 $K^\ominus$ 为 0.64，试计算平衡状态下系统内各物种的质量分数。

5. 密闭容器中的 CO(g) 和 H₂O(g) 在某温度下发生下列反应：
$$CO(g) + H_2O(g) \rightleftharpoons CO_2(g) + H_2(g)$$
当反应达到平衡时，[CO] = 0.1 mol·L⁻¹，[H₂O] = 0.2 mol·L⁻¹，[CO₂] = [H₂] = 0.2 mol·L⁻¹。

求此温度时反应的平衡常数 K 和起始时 CO、H₂O 的浓度各为多少？

6. 将等物质的量的 N_2 和 O_2 分别在 2033K 和 3000K 时混合，在这两种不同温度时的平衡混合物中，NO 的体积分数分别为 0.80% 和 4.5%。试分别计算在 2033K 和 3000K 时平衡系统 $N_2 + O_2 \rightleftharpoons 2NO$ 的 $K^\ominus$ 值，并判断反应是放热还是吸热的。

7. 在 673K 时，氨的合成反应 $N_2 + 3H_2 \rightleftharpoons 2NH_3$ 的 K_p 为 1.7×10^{-14}，若在 673K 时，N_2 与 H_2 以 1:3 的体积比于密闭容器中反应，达到平衡时氨的体积分数为 40%，试估计平衡时所需要的总压力约为多少？

8. 若反应 $H_3AsO_4 + 2H^+ + 2I^- \rightleftharpoons H_3AsO_3 + I_2 + H_2O$ 在常温下 $K^\ominus = 22.7$，问在中性溶液中各物质的浓度均为标准浓度时，该反应的方向？

9. 已知 NH_3 的标准摩尔吉布斯生成自由能变是 -16.5 kJ·mol⁻¹。试求：

（1）25℃ 时，下列反应的平衡常数 $K^\ominus$：
$$N_2(g) + 3H_2(g) \rightleftharpoons NH_3(g)$$

（2）若以上反应的标准摩尔焓变 = 92.2 kJ·mol⁻¹，试计算 500℃ 时反应的平衡常数，并说明温度对合成氨的影响。

第四章 化学分析

学习目标

了解分析化学的作用和分类,熟悉定量分析的一般步骤;掌握定量分析中误差的概念和计算方法,了解准确度、精密度的概念及两者间的关系;熟悉提高分析结果准确度的方法;掌握有效数字的修约及运算规则;了解滴定分析法的基本概念、标准溶液的配制方法和基准物质应具备的条件,熟悉滴定分析法的分类及滴定方式,掌握滴定分析中的有关计算。

学习重点

分析化学基本术语;定量分析中误差的分类、衡量准确度和精密度的参数;有效数字的运算;滴定分析的计算。

学习难点

准确度和精密度表示方法;误差来源及消除方法;有效数字及运算法则;滴定分析中的有关计算。

第一节 化学分析概述

分析化学是化学学科的一个重要分支,包括化学分析、仪器分析等不同的分析方法。化学分析是一种以物质的化学反应为基础的分析方法,是分析化学的基础,又称为经典分析法,历史悠久。分析化学是研究关于物质的组成、含量、结构和形态等化学信息的分析方法及理论的一门科学,是化学的一个重要分支。

分析化学的主要任务是鉴定物质的化学组成、测定物质有关组分的含量、确定物质的结构和存在形态及其与物质性质之间的关系等。

分析化学有很强的实用性,对人类的文明进步做出了重要贡献,应用范围极广,如化学工业、农业、医药、临床化验、环境保护、商品检验、地质普查、矿产勘探、冶金、能源、考古分析、法医刑侦鉴定等领域,因此分析化学又被称为科学技术的眼睛、尖兵、侦察员,是进行科学研究的基础。

一、分析方法的分类

根据分析目的和任务、分析对象、物质性质、测定原理、操作方法和具体要求的不同,分析方法可分为许多种类。

1. 定性分析、定量分析和结构分析

定性分析是鉴定物质的组成元素、原子团、官能团或化合物组成。定量分析是测定物质中相关组分含量。结构分析是推测化合物分子结构或晶体结构。

2. 无机分析和有机分析

无机分析的分析对象为无机物,有机分析的分析对象为有机物。在无机分析中,通常是鉴定物质的组成和测定各成分的含量。在有机分析中,通常侧重于官能团分析和结构分析。

3. 化学分析和仪器分析

化学分析是依据物质所发生的化学反应来进行分析。仪器分析是依据物质的物理或化学性质来进行分析,因这类方法都需较特殊的仪器,故称仪器分析。

化学分析根据其操作方法的不同,可主要分为滴定分析和重量分析。仪器分析法主要有光学分析法、电化学分析法、色谱分析法以及热分析法等。光学分析法主要包括紫外—可见吸光光度法、红外光谱法、分子荧光及磷光法、原子发射光谱法、原子吸收光谱法等。电化学分析法主要包括电位分析法、极谱法、电导分析法等。色谱分析法主要包括气相色谱法、液相色谱法、离子色谱法等。热分析法主要包括差示热分析法、热重量法等。

4. 常量分析、半微量分析和微量分析

根据试样的用量及操作方法不同,可分为常量、半微量和微量分析。各种分析方法的试样用量如表4-1所示。在无机定性化学分析中,一般采用半微量操作法,而在经典定量化学分析中,一般采用常量操作法。另外,根据被测组分的质量分数不同,通常又粗略分为常量组分(>1%)、微量组分(0.01%~1%)和痕量组分(<0.01%)的分析。

表4-1 各种分析方法的试样用量

方法	试样质量	试液体积
常量分析	>0.1g	>10mL
半微量分析	0.01~0.1g	1~10mL
微量分析	0.1~10mg	0.01~1mL
超微量分析	<0.1mg	<0.01mL

5. 例行分析和仲裁分析

例行分析是一般化验室日常生产中的分析。仲裁分析是不同单位对分析结果有争论时，请权威的单位进行裁判的分析工作。

二、定量分析的一般步骤

定量分析是测定物质中相关组分含量的分析手段。一般包括下列步骤：试样的采集和制备、试样的分解、干扰组分的掩蔽和分离、定量测定和数据处理等。

1. 试样的采集和制备

在分析实践中，常需测定大量物料中某些组分的平均含量，但在实际分析时，只能称取几克甚至更少的试样进行分析，所以要求所采集试样能反映整批物料的真实情况，即试样应具有高度的代表性。否则分析结果再准确也是毫无意义的。

通常情况下，分析试样从形态上可分为气体、液体和固体三类，对于不同的形态和不同的物料，应采取不同的取样和制备方法。

2. 试样的分解

在定量分析中通常以湿法分析最为常用，即先要将试样分解，制成溶液，然后进行分离及测定。试样的分解是分析工作的重要步骤之一，由于试样性质的不同，分解的方法也有所不同，常用方法有溶解法和熔融法两种。在分解试样时必须注意：①试样分解必须完全，处理后的溶液中不得残留原试样的细屑或粉末；②试样分解过程中待测组分不应挥发；③不应引入被测组分和干扰物质。

3. 干扰组分的掩蔽和分离

由于分析对象的复杂性，试样中往往含有干扰测定的其他组分，故应该设法消除干扰，常用的方法有掩蔽法和分离法。掩蔽法在操作上比较简单，可优先使用，但当掩蔽法不能完全消除干扰时，要采用分离法消除干扰。

4. 定量测定和数据处理

根据待测组分的性质、含量及对分析结果准确度的要求，选择合适的分析方法进行分析测定。根据所得分析数据进行计算，并对计算结果运用统计学方法进行分析评价。

第二节　定量分析中的误差

定量分析常常是通过不同的分析方法和仪器完成的，即使是技术熟练的操作人员，用同一方法对同一样品进行多次分析，也很难得到完全一致的分析结果，这也就是说测得数值与真实值之间并不一致，这种在数值上的差别就是误差，它是客观存在的。为了保证分析结果的准确度，可以对误差进行分析，采取有效措施尽量减小误差。

一、误差的分类

根据产生误差的性质不同，可将其分为系统误差和随机误差两大类。

1. 系统误差

系统误差又称为可测误差，由某种固定原因所造成的误差，使测定结果系统偏高或偏低，具有重复性和单向性。系统误差的大小、正负是可以测定和估计的，所以可设法减小或加以校正。

根据系统误差的性质和产生的原因，可将其分为以下几类：

（1）方法误差。方法误差是由分析方法本身造成的。例如：重量分析中由于沉淀的溶解、共沉淀现象，滴定分析中滴定终点与化学计量点不符合等，都会系统导致结果偏高或偏低。

（2）仪器和试剂误差。仪器和试剂误差是由于使用的仪器本身不够精确或所用水和试剂不纯造成的误差。例如：分析过程中使用了未经过校正的容量瓶、移液管、砝码等或是水和试剂中有杂质干扰。

（3）操作误差。操作误差是由于分析工作者掌握分析操作的条件不熟练，个人观察器官不敏锐和固有的习惯所导致的误差。

2. 随机误差

随机误差又称为偶然误差，它是由于在测量过程中不固定的因素所造成的。例如：样品处理时微小的差别，气温、气压和湿度等环境因素的影响，仪器性能的微小变化等都会引起随机误差。这种误差时大时小，时正时负，很难察觉并找出确定原因，似乎没有规律，但如果进行很多次测定，便会发现数据的分布符合统计规律。

除了系统误差和随机误差外，还有过失误差。过失误差是由于操作不正确，粗心大意引起的误差，这类误差是可以避免的。一旦发现过失误差应舍去所得结果。

系统误差和随机误差是客观存在的，但可以通过反复测量、校正，选择合适分析方法，增加平行测定次数尽量减小此类误差。

二、误差的表征与表示

1. 准确度与误差

准确度指测定结果(x)与真实值(x_T)的接近程度，用误差表示。误差越小，准确度越高。测定结果(x)与真实值(x_T)之差为绝对误差(E)，绝对误差在真实值中所占的百分比为相对误差(E_r)，相对误差更能客观反映分析结果的准确度。

绝对误差：
$$E = x - x_T \tag{4-1}$$

相对误差：
$$E_r = \frac{E}{x_T} \times 100\% \tag{4-2}$$

【例 4-1】 某同学测定一物体质量为 10.10g，真实值为 10.12g，则

绝对误差： $E = x - x_T = 10.10 - 10.12 = -0.02g$

相对误差： $E_r = \frac{E}{x_T} \times 100\% = \frac{-0.02}{10.12} \times 100\% = -0.2\%$

绝对误差和相对误差都有正负，正值表示测定结果偏高，负值表示测定结果偏低。

2. 精密度与偏差

实际工作中，样品的真实值是无法确定的，在计算过程中一般采用多次测定的平均值近似为真实值。精密度就是多次平行测定结果相互接近的程度，用偏差来衡量精密度的高低。偏差(d)表示测定结果(x)与平均值($\bar{x}$)之间的差值。

绝对偏差：
$$d = x - \bar{x} \tag{4-3}$$

相对偏差：
$$\frac{d}{\bar{x}} \times 100\% \tag{4-4}$$

平均偏差：
$$\bar{d} = \frac{|d_1| + |d_2| + \cdots + |d_n|}{n} \tag{4-5}$$

相对平均偏差：
$$\frac{\bar{d}}{\bar{x}} \times 100\% \tag{4-6}$$

一组测定数据的偏差必定有正有负，还有一些偏差一定为零。如果将各单次测量值的偏差相加，其和一定为零。为了更好地说明测定结果的精密度，通常采用平均偏差和相对平均偏差来衡量。

【例 4-2】 甲乙两同学同时得到一组实验测定结果，分别为：

甲：3.8，4.2，4.7，4.3，4.0。乙：4.1，4.5，4.0，4.5，3.9。试比较甲、乙两人测定结果精密度的高低。

解：甲乙的算术平均值为：

$$\bar{x}_{甲} = \frac{3.8 + 4.2 + 4.7 + 4.3 + 4.0}{5} = 4.2$$

$$\bar{x}_{乙} = \frac{4.1 + 4.5 + 4.0 + 4.5 + 3.9}{5} = 4.2$$

$$\bar{d}_{甲} = \frac{|3.8-4.2|+|4.2-4.2|+|4.7-4.2|+|4.3-4.2|+|4.0-4.2|}{5} = 0.24$$

$$\bar{d}_{乙} = \frac{|4.1-4.2|+|4.5-4.2|+|4.0-4.2|+|4.5-4.2|+|3.9-4.2|}{5} = 0.24$$

从以上结果可以看出，甲、乙二人测定结果的平均偏差相同，精密度似乎一样，但甲测定数据明显比较分散，所以用平均偏差反映不出两组数据精密度高低。而用标准偏差或相对标准偏差可以明显地反映出甲、乙两组数据精密度的差别。

在一般的分析中，测定次数是有限的，此时标准偏差用 S 表示。

标准偏差：
$$S = \sqrt{\frac{\sum_{i=1}^{n}(x-\bar{x})^2}{n-1}} = \sqrt{\frac{\sum_{i=1}^{n}d_i^2}{n-1}} \tag{4-7}$$

相对标准偏差：
$$CV = \frac{S}{\bar{x}} \times 100\% \tag{4-8}$$

【例 4-3】 由例 4-2 中的数据计算甲、乙二人的标准偏差。

解：$S_{甲} = \sqrt{\dfrac{\sum_{i=1}^{n}(x-\bar{x})^2}{n-1}}$

$$S_{\text{乙}} = \sqrt{\frac{(3.8-4.2)^2+(4.2-4.2)^2+(4.7-4.2)^2+(4.3-4.2)^2+(4.0-4.2)^2}{5-1}} = 0.34$$

$$S_{\text{乙}} = \sqrt{\frac{\sum_{i=1}^{n}(x-\bar{x})^2}{n-1}}$$

$$= \sqrt{\frac{(4.1-4.2)^2+(4.5-4.2)^2+(4.0-4.2)^2+(4.5-4.2)^2+(3.9-4.2)^2}{5-1}} = 0.28$$

从以上结果可以看出,通过标准偏差的计算可以很明显地看出乙的精密度高,所以标准偏差能更好地衡量精密度的高低。

在实际分析工作中,准确度高一定需要精密度好,但精密度好不一定准确度高,精密度是保证准确度的先决条件。

三、异常值的取舍

在定量分析得到的一系列数据中,会有个别数据偏离较大,这些偏离较大的数据称为离群值(可疑值)。可疑值是保留还是舍弃,会影响平均值的可靠性,必须慎重。

对可疑值是舍弃还是保留,可用统计检验法来进行判断。

当测量次数不多时,可用 Q 检验法检验,步骤如下:

(1) 将各数据按大小顺序排列:x_1,x_2,x_3,…,x_{n-1},x_n;x_1,x_n 为可疑值;

(2) 求出最大值与最小值之差:$x_n - x_1$;

(3) 求出可疑值与其最邻近数据之差:$x_n - x_{n-1}$ 或 $x_2 - x_1$;

(4) 计算 Q 值:$Q = \dfrac{x_2 - x_1}{x_n - x_1}$ 或 $Q = \dfrac{x_n - x_{n-1}}{x_n - x_1}$;

(5) 将 Q 与 $Q_{\text{表}}$(表4-2)相比较,若 $Q > Q_{\text{表}}$,则应舍弃。

表4-2 Q 值表

n	3	4	5	6	7	8	9	10
$Q_{0.90}$	0.94	0.76	0.64	0.56	0.51	0.47	0.44	0.41
$Q_{0.95}$	0.97	0.84	0.73	0.64	0.59	0.54	0.51	0.49

【例4-4】 测定某矿石中铁的含量(%),获得数据:79.58、79.45、79.47、79.50、79.62、79.38、79.90。用 Q 检验法检验79.90是否应该舍弃(置信度为90%)。

解:$Q = \dfrac{79.90 - 79.62}{79.90 - 79.38} = \dfrac{0.28}{0.52} = 0.54$

查表4-2,$n=7$ 时,$Q_{\text{表}} = 0.51$,所以 $Q > Q_{\text{表}}$,则79.90应该舍去。

四、提高分析结果准确度的方法

在定量分析中,为了得到准确的分析结果,必须减少分析过程中的误差,以提高分析结果的准确度。

1. 选择合适的分析方法

不同的分析方法有不同的准确度和灵敏度，为了得到一定准确度的分析结果，要选用合适的分析方法。例如，在化学分析中，滴定分析、重量分析灵敏度不高，但准确度比较高，适合高含量组分分析。仪器分析的灵敏度高，但准确度较差，适合微量组分分析。

2. 减小系统误差

（1）空白试验。空白试验指不加试样，按照与试样相同的分析操作步骤和条件进行的分析，通过空白试验得到空白值，然后从试样中扣除此空白值就得到比较可靠的分析结果。若空白值较高，说明所用试剂、仪器或蒸馏水中杂质较多，引起了系统误差，应更换或提纯所用试剂。

（2）对照试验。对照试验是用标准品样品代替试样进行的平行测定，以此可判断分析过程是否存在系统误差，也可以用其他可靠的分析方法进行测定，或由不同的个人进行分析测定，对照分析测定结果，检验是否存在系统误差，这是最有效的消除系统误差的方法。

（3）校正仪器。在分析测定中，仪器也会引起系统误差，在有较高准确度要求的分析中，对所用仪器如分析天平、砝码、容量器皿要进行校正。

3. 减小随机误差

增加平行测定的次数、使测定结果越接近真实值，是减小随机误差的有效方法。在一般分析中，通常要求平行测定 3~4 次，可以得到比较满意的结果。

另外，尽量减小各个步骤的测量误差，例如，称取合适质量的样品，控制一定的滴定体积等也可以提高分析结果的准确度。

五、有效数字及运算规则

在分析工作中，实验数据不仅表示数值的大小，同时也反映测量的精确程度，所以正确的记录和计算实验数据是十分必要的。在一个数值中不是小数点后的位数越多，或计算结果中保留的位数越多，准确度就越高，准确度取决于测量仪器的精准程度和测量方法。实验数据应该保留几位数字，这涉及有效数字的概念。

1. 有效数字

有效数字是指实际能测量到的数字。在一个数值中，除最后一位数是不确定的外，其他各数都是确定的。例如读取滴定管上的刻度，甲的读数为 23.43mL，乙的读数为 23.42mL，丙的读数为 23.44mL，这些读数中，前三位都是准确读取的，而最后一位是估读出来的，但它不是随意读出的，所以应该保留，这样才能反映测量的准确程度。

有效数字从第一位非"0"的数字开始推算，例如，0.1102g 有四位有效数字，10.50mL 有四位有效数字，0.0520g 有三位有效数字，0.5200g 有四位有效数字。在 0.1102g 中，小数点前"0"起定位作用，与测量精度无关，不是有效数字，小数点后

"0"表示测量的精度,是有效数字。在 0.0520g 中,"5"前的"0"为定位作用,不是有效数字,"5"后的"0"为有效数字。而像 1000 这样的整数,有效数字位数比较模糊,一般应用科学计数法表示,才能准确判断其有效数字位数,如 1×10^3 有一位有效数字,1.0×10^3 有两位有效数字,1.00×10^3 有三位有效数字。

在分析计算中,常有整倍数、分数、常数,其有效数字位数为任意位。单位改变时,有效数字位数不改变,如 22.00mL 和 0.02200L 都为四位有效数字。而对于 pH,lg$K$ 等对数值的有效数字位数仅仅取决于其小数点后数字位数,整数部分只起定位作用,不作为有效数字,如 pH = 12.00,lg$K$ = 4.76,有效数字位数都为两位。

2. 有效数字的运算规则

(1) 数字的修约规则。在进行数据处理时,应对涉及的有效数字和计算结果进行合理的取舍,运算过程遵循"先修约后计算"的规则,数字修约目前多采用"四舍六入五留双"的规则。当修约数据尾数≤4 时舍去;当尾数≥6 时进位;当尾数 = 5,而 5 后无数,全部为零时,前一位为奇数进 1 位,前一位为偶数不进,5 后有非零数字时则进 1 位。例如将下列测量值修约为三位有效数字时,其结果应为:

修约前	修约后	修约前	修约后
2.243	2.24	2.245	2.24
2.246	2.25	2.235	2.24
2.24501	2.25	2.2451	2.25

(2) 有效数字的运算规则。

1) 加减法。几个数据相加或相减时,有效数字位数以绝对误差最大的数为准,即小数点后位数最少的数字为依据。例如:

$$0.2568 + 20.32 + 2.564 + 10.26871$$

由于绝对误差最大的数据为 20.32,故有效数字位数依据它来进行修约。

$$0.26 + 20.32 + 2.56 + 10.27 = 33.41$$

2) 乘除法。在乘除法运算中,有效数字位数以相对误差最大的数为准,即以有效数字位数最少的数字为依据。例如:

$$0.0212 \times 22.62 \times 0.29215$$

由于相对误差最大的数据为 0.0212,故有效数字依据它进行修约。

$$0.0212 \times 22.6 \times 0.292 = 0.140$$

若某数字的首位数字≥8,则该有效数字的位数可多计算一位,如 9.85,虽只有三位有效数字,但可以将它们当作四位有效数字的数值进行修约处理。

误差和偏差一般只取一位有效数字,最多取两位有效数字。

定量分析的结果,高含量组分(≥10%)一般保留四位有效数字;中等含量组分(1% ~ 10%)一般保留三位有效数字;微量组分(≤1%)一般保留两位有效数字。

分数和倍数的计算,不考虑其有效数字位数,计算结果的有效数字位数应由其他测量数据决定。

第三节　滴定分析法概述

滴定分析法是化学分析法的一种，又称为容量分析法，主要用于高、中含量组分（≥1%）的测定。该法准确度高，能满足一般工作的要求，并且操作简便、快速，设备简单、廉价。此方法成熟、可靠，是常用的定量分析法之一。

一、滴定分析法的基本概念

滴定分析法是将一种已知其准确浓度的试剂溶液（标准溶液）滴加到被测物质的溶液中，直到所加的试剂溶液与被测物质按化学计量关系完全反应为止，根据所用试剂溶液的浓度和消耗的体积，计算被测物质含量的分析方法。

在滴定分析中使用的已知准确浓度的试剂溶液称为标准溶液（又称为滴定剂或滴定液）。将标准溶液从滴定管中滴加到被测物质溶液中的操作过程称为滴定。当加入的标准溶液与被测组分物质按化学计量关系恰好完全反应的这一点，称为化学计量点。

许多滴定反应在到达化学计量点时外观上没有明显的变化，为了确定化学计量点的到达，在实际滴定操作时，常在被测物质的溶液中加入一种辅助试剂，借助于其颜色变化作为化学计量点到达的标志，这种能通过颜色变化指示到达化学计量点的辅助试剂称为指示剂。

在滴定过程中，指示剂发生颜色变化的转变点称为滴定终点。化学计量点是根据化学反应的计量关系求得的理论值，而滴定终点是实际滴定时的测量值，只有在理想情况下化学计量点与滴定终点才能完全一致。在实际测定中，指示剂往往不是恰好在到达化学计量点的一瞬间变色，两者不一定完全符合，这种由滴定终点与化学计量点不一定恰好符合而造成的分析误差称为终点误差或滴定误差。它的大小取决于化学反应的完全程度和指示剂的选择是否恰当。因此，为了减小终点误差，应选择合适的指示剂，使滴定终点尽可能接近化学计量点。

根据标准溶液与被测物质间所发生的化学反应类型不同，将滴定分析法分为酸碱滴定法、沉淀滴定法、配位滴定法和氧化还原滴定法四大类。

（1）酸碱滴定法：以酸碱中和反应为基础的一种滴定分析方法，又称为中和滴定法。

（2）配位滴定法：以配位反应为基础的一种滴定分析方法。

（3）氧化还原滴定法：以氧化还原反应为基础的一种滴定分析方法。

（4）沉淀滴定法：以沉淀反应为基础的一种滴定分析方法。

二、滴定分析法的条件与滴定方式

1. 滴定分析法的条件

不是所有的化学反应都能用于滴定分析，适用于滴定分析的化学反应必须具备以下四个条件：

（1）反应要完全。反应按一定的化学反应方程式进行，反应定量完成的程度要达到99.9%以上，无副反应，这是定量计算的基础。

（2）反应速度要快。滴定反应要求瞬间完成，对于反应速率较慢的反应，可通过改变温度、酸度或加入催化剂等方法提高反应速率。

（3）反应选择性要高。反应不受其他杂质干扰，否则必须用适当的方法分离或掩蔽杂质的干扰。

（4）要有适宜的指示剂或其他简便可靠的方法确定滴定终点。

2. 滴定方式

滴定分析法中常用的滴定方式有四种，即直接滴定法、返滴定法、置换滴定法、间接滴定法。

（1）直接滴定法。如果滴定反应符合上述滴定分析反应必须具备的条件就可用标准溶液直接滴定被测物质，这种滴定方法称为直接滴定法。当标准溶液与被测组分的反应不完全符合上述要求时，则应考虑以下几种滴定方式。

（2）返滴定法。当反应速率慢或反应物难溶于水时，加入等量的标准溶液后，反应不能立即定量完成或没有合适指示剂的那些滴定反应，可先在被测物质中加入定量、过量的标准溶液，待反应完成后，再用另一种标准溶液滴定剩余的标准溶液，这种滴定方式称为返滴定法。例如，固体 $CaCO_3$，可先加入定量、过量的 HCl 标准溶液使之溶解，然后再利用 NaOH 标准溶液返滴定剩余的 HCl。

（3）置换滴定法。对于不按确定反应方程式进行的或伴有副反应的反应，不能直接滴定被测物质，而是先用适当的试剂与被测物质反应，使之定量地置换生成另一种可直接滴定的物质，再用标准溶液滴定此类生成物，这种滴定方法称为置换滴定法。例如，还原剂 $Na_2S_2O_3$ 与氧化剂 $K_2Cr_2O_7$ 之间发生反应时，$Na_2S_2O_3$ 被氧化生成 SO_4^{2-} 和 $S_4O_6^{2-}$ 混合物，无法确定计算关系。但是 $K_2Cr_2O_7$ 在酸性条件下氧化 KI，定量地生成 I_2，此时可用 $Na_2S_2O_3$ 标准溶液滴定生成的 I_2。

（4）间接滴定法。当被测物质不能与标准溶液直接反应时，可将试样转换成另一种能和标准溶液作用的物质反应后，再用适当的标准溶液滴定反应产物，这种滴定方式称为间接滴定法。例如，将 Ca^{2+} 沉淀为 CaC_2O_4 后，用 H_2SO_4 溶解，再用 $KMnO_4$ 标准溶液滴定与 Ca^{2+} 结合的 $C_2O_4^{2-}$，从而间接测定 Ca^{2+}。

在滴定分析中由于采用了返滴定、置换滴定、间接滴定等滴定方法，大大扩展了滴定分析的应用范围。

三、基准物质和标准溶液

1. 基准物质

能用来直接配置和标定标准溶液的物质称为基准物质。基准物质应具备下列条件：

（1）纯度高。一般要求纯度在99.9%以上。

（2）组成恒定。物质的组成与化学式相符，若含结晶水，其结晶水的含量也应与化学式相符。

（3）性质稳定。不易吸收空气中的 CO_2 和 H_2O，不被 O_2 所氧化，在加热干燥时不分解。

（4）具有较大的摩尔质量。摩尔质量越大，称量的相对误差就可相应地减小。

（5）参加反应时，应按反应式定量进行，无副反应。

分析化学中常用的基准物质有无水碳酸钠(Na_2CO_3)、硼砂($Na_2B_4O_7 \cdot 10H_2O$)、邻苯二甲酸氢钾($KHC_8H_4O_6$)、草酸($H_2C_2O_4 \cdot 2H_2O$)，还有纯金属如 Zn、Cu 等。

2. 标准溶液

标准溶液是已知准确浓度的试剂溶液，根据物质的性质，通常有两种配制方法，即直接法和间接法(标定法)。

（1）直接法。准确称取一定量的基准物质，溶解后配成一定体积的溶液，根据物质质量和溶液体积，即可计算出标准溶液的准确浓度。

（2）间接法(标定法)。很多物质由于不容易提纯、保存或组成不固定，如 NaOH 很容易吸收空气中的 CO_2 和 H_2O，$KMnO_4$ 见光易分解，$Na_2S_2O_3 \cdot 5H_2O$ 不容易提纯等，它们均不符合基准物质的要求，不能用直接法配制标准溶液，可将其配制成近似于所需浓度的溶液，然后用基准物质或另一种标准溶液来确定其准确浓度，这个方法称为间接法(标定法)，这个过程称为标定。

四、滴定分析法计算

在滴定分析中，要涉及一系列的分析结果计算，为了正确地处理分析结果，就必须熟练掌握摩尔质量、物质的量、物质的量浓度等的基本计算及彼此间的换算关系。

1. 物质的量浓度

标准溶液的浓度通常用物质的量浓度表示，是指单位体积溶液中所含溶质的物质的量，以符号 c 表示，其表达式为：

$$c = \frac{n}{V} \tag{4-9}$$

式中：c 表示溶质物质的量浓度，单位 $mol \cdot L^{-1}$；n 表示溶液中溶质的物质的量，单位 mol；V 表示溶液的体积，单位 L。

假设溶质的质量为 m，单位为 g；摩尔质量为 M，单位为 $g \cdot mol^{-1}$；则溶质的物质的量 n 与质量 m 的关系为：

$$n = \frac{m}{M} \tag{4-10}$$

根据式(4-9)、式(4-10)可得：

$$c = \frac{m}{VM} \tag{4-11}$$

2. 滴定分析中的计算

对于一般的化学反应：$aA + bB = cC + dD$，假设 A 为标准溶液，B 为待测物质，C

与 D 为产物。a、b、c、d 是反应中各物质相应的计量系数。当滴定反应达到化学计量点时，$a$mol 的 A 物质与 $b$mol 的 B 物质恰好完全反应，则

$$n_A : n_B = a : b$$

$$n_A = \frac{a}{b} n_B \qquad n_B = \frac{b}{a} n_A \qquad (4-12)$$

例如，用基准物质无水 Na_2CO_3 标定 HCl 溶液浓度，反应式为：

$$Na_2CO_3 + 2HCl \longrightarrow 2NaCl + H_2CO_3$$

根据式(4-12)可得

$$n_{HCl} = \frac{2}{1} n_{Na_2CO_3} = 2 n_{Na_2CO_3}$$

【例 4-5】 用容量瓶配制 $0.1000\text{mol} \cdot L^{-1}$ 的 $K_2Cr_2O_7$ 标准溶液 500mL，问应称取基准物质 $K_2Cr_2O_7$ 多少克？

解：由式(4-11)可得

$$m = c \cdot V \cdot M = 0.1000\text{mol} \cdot L^{-1} \times 500\text{mL} \times 10^{-3} \times 294.2\text{g} \cdot \text{mol}^{-1} = 14.71\text{g}$$

【例 4-6】 用 0.1625g 无水 Na_2CO_3 标定 HCl 溶液，以甲基橙为指示剂，到达化学计量点时，消耗 HCl 溶液 25.18mL，求 HCl 溶液的浓度（$M_{Na_2CO_3} = 106.0\text{g} \cdot \text{mol}^{-1}$）。

解： $$2HCl + Na_2CO_3 = 2NaCl + CO_2 \uparrow + H_2O$$

根据式(4-12)可得：

$$n_{HCl} = \frac{2}{1} n_{Na_2CO_3} = 2 n_{Na_2CO_3}$$

$$c_{HCl} V_{HCl} = 2 \frac{m_{Na_2CO_3}}{M_{Na_2CO_3}}$$

$$c_{HCl} = \frac{2 \times 0.1625\text{g}}{25.18 \times 10^{-3}\text{L} \times 106.0\text{g} \cdot \text{mol}^{-1}} = 0.1218\text{mol} \cdot L^{-1}$$

阅读材料

分析化学发展史

分析化学虽是近代发展起来的一门学科，但其实践运用与化学工艺的历史同样古老。古代冶炼、酿造等工艺的高度发展，都是与鉴定、分析、制作过程的控制等手段密切联系在一起的。在东西方兴起的炼丹术、炼金术等都可视为分析化学的前驱。随着商品生产和交换的发展，很自然地就会产生控制、检验产品的质量和纯度的需求，于是产生了早期的商品检验工作。在古代会用简单的比重法来确定一些溶液的浓度，如用比重法衡量酒、醋、牛奶等食品的质量。

公元前 3000 年，埃及人已经掌握了一些称量的技术。最早出现的分析用仪器当属等臂天平，它在公元前 1300 年的《莎草纸卷》上已有记载。巴比伦的祭司所保管的石制标准砝码(约公元前 2600 年)尚存于世。不过等臂天平用于化学分析，当始于中世纪的烤钵试金法中。公元前 4 世纪已使用试金石以鉴定金的成色，公元前 3 世纪，阿基米德在解决叙拉古王喜朗二世的金冕的纯度问题时，即利用了金、银密度之差，这是无伤损分析的先驱。公元 60 年左右，老普林尼将五倍子浸液涂在莎草纸上，用以检出硫酸铜的掺杂物铁，

这是最早使用的有机试剂，也是最早的试纸。火试金法是一种古老的分析方法，远在公元前13世纪，巴比伦王致书埃及法老阿门菲斯四世称："陛下送来之金经入炉后，重量减轻……"这说明3000多年前人们已知道"真金不怕火炼"这一事实。

18世纪的瑞典化学家贝格曼可称为无机定性、定量分析的奠基人。他最先提出金属元素除金属态外，也可以其他形式离析和称量，特别是以水中难溶的形式，这是重量分析中湿法的起源。18世纪分析化学的代表人物首推贝采利乌斯。他引入了一些新试剂和一些新技巧，并使用无灰滤纸、低灰分滤纸和洗涤瓶。他是第一位把原子量测得比较精确的化学家。

在19世纪无机化学知识逐渐系统化的时候，贝里采乌斯分析天平的发明和使用，使测量得到的实验数据更加接近真实值，这样任何一个定律都有一个确凿的事实证明。贝里采乌斯把测定原子量的很多新方法、新试剂、新仪器引用到分析化学中来，使定量分析精确度达到了一个新的高度，而后来人们都尊称他为分析化学之父。

在定性分析方面，1829年德国化学家罗斯编写了一本《分析化学教程》，首次提出了系统定性分析方法。这与目前通用的分析方法已经基本相同了。而对于分析化学的一个重要部分光谱分析，则是从牛顿开始的。牛顿从1666年开始研究光谱，并于1672年发表了他第一篇论文《光和色的新理论》。从此，观察和研究光谱的人也越来越多，观测的技术也越来越高明。而在1825年英国物理学家包特制造了一种研究光谱的仪器，对碱金属火焰进行研究，发现了元素有特征光谱的现象。后来德国科学家本生与基尔霍夫利用本生灯发现了元素铯和铷。光谱学作为分析化学的一个重要分支从此诞生。

进入20世纪之后，随着科学技术和工业的发展，新的分析方法——仪器分析产生了，包括吸光光度法、发射光度法、极谱分析法、放射分析法、红外光谱、紫外可见光光谱、核磁共振等现代化分析方法。这些分析方法超越了经典分析方法的局限，灵敏度可以达到很高的水平。

分析化学的第三次变革，这意味着分析化学不再局限于测定物质的组成和含量，而还要对物质的状态、结构、表面的组成与结构以及化学行为和生物活性等做出瞬时的追踪，无损和在线监测等分析及过程控制，甚至是直接观察原子或分子形态和排列。分析化学处于日新月异的变化之中，它的发展与现代科学技术的总发展密不可分。特别是近年来电子计算机与各类化学分析仪器的结合，更使分析化学的发展如虎添翼。

复习思考题

一、选择题

1. 下列叙述正确的是（　　）

A. 误差是以真值为标准的，偏差是以平均值为标准的。实际工作中获得的"误差"，实质上仍是"偏差"。

B. 随机误差是可以测量的。

C. 精密度越高，则该测定的准确度一定也高。

D. 系统误差没有重复性，不可避免。

2. 可有效减小分析测定中随机误差的方法是（　　）

A. 进行对照试验　　B. 进行空白试验　　C. 增加平行测定次数　　D. 校准仪器

3. 下列各数中，有效数字为4位的是（　　）

A. $[H^+] = 0.0003\,mol \cdot L^{-1}$　　　　　　B. pH = 10.69

C. 4000　　　　　　　　　　　　　　D. $c = 0.1087\,mol \cdot L^{-1}$

二、填空题

1. 在分析过程中，下列情况各造成何种误差（系统、随机）：

(1) 天平两臂不等长，引起_____。

(2) 称量过程中天平零点略有变动，是_____。

(3) 读取滴定管最后一位时，估测不准，是_____。

(4) 蒸馏水中含有微量杂质，引起_____。

(5) 重量分析中，有共沉淀现象，是_____。

2. 数据 2.320，0.0560，pH = 2.85，5.0×10^5，0.5001 的有效数字位数分别为 _____，_____，_____，_____，_____。

3. 样品中某物质百分含量为 20.01%，20.03%，20.04%，20.05%。则该物质含量的平均值为_____；平均偏差为_____；相对平均偏差为_____；标准偏差为_____。

三、计算题

1. 按有效数字运算规则，计算下列结果：

(1) $5.0122 + 0.8657 - 3.06 =$

(2) $0.0225 \times 6.406 \times 72.15 \div 108.6 =$

2. 食品中含糖量测定的结果如下：15.48%，15.51%，15.52%，15.52%，15.53%，15.53%，15.54%，15.56%，15.56%，15.68%。试用 Q 检验法判断这组数据是否有需要舍弃的离群值（置信度90%）？

3. 称取工业草酸（$H_2C_2O_4 \cdot 2H_2O$）试样 0.3340g，用 $0.1605\,mol \cdot L^{-1}$ 的 NaOH 溶液滴定到终点，消耗 28.35mL NaOH 溶液。求试样中草酸的质量分数。

第五章　酸碱平衡与酸碱滴定法

学海导航

学习目标

　　掌握水的离子积和溶液的pH；一元弱电解质的解离平衡，两性物质pH的计算；缓冲溶液的组成及作用原理；酸碱滴定曲线与指示剂的选择；酸碱滴定法的应用。理解电解质、强电解质、弱电解质的基本概念；熟悉缓冲溶液的选择和配制；了解多元弱电解质的解离；了解同离子效应和盐效应；了解酸碱指示剂的作用原理和指示范围。

学习重点

　　水的离子积和溶液的pH与酸碱性的关系；一元弱电解质的解离平衡；两性物质pH的计算；缓冲溶液的组成及作用原理；酸碱滴定法的应用。

学习难点

　　多元弱电解质的解离；两性物质pH的计算；酸碱滴定曲线与指示剂的选择；缓冲溶液的选择和配制。

第一节　电解质溶液

一、基本概念

　　凡是在水溶液里或熔融状态下能够导电的化合物叫做电解质。酸、碱、盐的水溶液都可以导电，因而它们都是电解质；而蔗糖、甘油等物质在水溶液中或熔融状态下都不能导电，因而是非电解质。电解质之所以能够导电，是由于电解质在溶液中或熔融状态下发生了解离，解离出能够导电的自由移动的离子。例如氯化氢、氢氧化钠、氯化钠在水溶液中，受水分子作用发生解离，解离方程式为：

$$HCl = H^+ + Cl^-$$
$$NaOH = Na^+ + OH^-$$
$$NaCl = Na^+ + Cl^-$$

实验证明，在相同条件下，不同电解质导电能力是不同的，例如相同浓度的盐酸和醋酸溶液中所含能够自由移动的离子是不同的，导电能力也是不同的，即它们在溶液中的解离程度是有差异的。根据电解质在水溶液中解离能力的不同，可把电解质分为强电解质和弱电解质。盐酸在水溶液中发生的是完全的解离是强电解质，通常把能够发生完全解离的电解质称为强电解质；而醋酸在水溶液中只发生了部分的解离是弱电解质，把能够发生部分解离的电解质称为弱电解质。

强酸、强碱和大多数的盐类都是强电解质，它们在水溶液中发生完全解离，全部以离子形式存在。通常用"="表示完全解离。

弱酸、弱碱和水都是弱电解质，它们在水溶液中发生部分解离，只有少部分解离成离子，大部分仍以分子形式存在，通常用"⇌"表示部分解离。例如 HAc（醋酸 CH_3COOH 的简写）、$NH_3 \cdot H_2O$ 的解离方程为：

$$HAc \rightleftharpoons H^+ + Ac^-$$
$$NH_3 \cdot H_2O \rightleftharpoons NH_4^+ + OH^-$$

二、水的离子积和溶液的 pH

（一）水的离子积

人们通常认为纯水是不导电的，但是用精密仪器测定时，发现水有微弱的导电性，这说明水是一种极弱的电解质，能够发生微弱的解离，解离出极少量的 H_3O^+ 和 OH^-。

$$H_2O + H_2O \rightleftharpoons H_3O^+ + OH^- \quad 可简写为 \quad H_2O \rightleftharpoons H^+ + OH^-$$

实验测得，在 25℃时，1L 纯水中仅有 10^{-7} mol 的水分子发生解离，解离出 10^{-7} mol H^+ 和 10^{-7} mol OH^-，且它们的乘积是一个常数，用 K_w 表示即：

$$K_w = [H^+][OH^-] = 10^{-7} \times 10^{-7} = 10^{-14} \tag{5-1}$$

K_w 是水中的 $[H^+]$ 和 $[OH^-]$ 的乘积，因此，我们把 K_w 称为水的离子积常数，简称为水的离子积。

不仅纯水中，而且所有的稀溶液中都存在水的离子积常数，即所有稀溶液中的 $[H^+]$ 和 $[OH^-]$ 的乘积都是 $K_w = 10^{-14}$。

（二）溶液的 pH

1. 溶液的酸碱性

一定温度下，纯水中的 $[H^+]$ 和 $[OH^-]$ 相等，都是 10^{-7} mol·L^{-1}，所以纯水既不显酸性也不显碱性，它是中性的。

如果在纯水中加入酸，加入的 H^+ 使水的解离向逆反应方向移动，达到新的平衡时，溶液中的 $[OH^-]$ 减少，$[H^+]$ 增大，$[H^+] > [OH^-]$，溶液呈酸性。任何水溶液，只要 $[H^+] > [OH^-]$，该溶液都呈酸性。

如果在纯水中加入碱，加入的 OH⁻ 使水的解离向逆反应方向移动，达到新的平衡时，溶液中的[H⁺]减少，[OH⁻]增大，[H⁺]<[OH⁻]，溶液呈碱性。任何水溶液，只要[H⁺]<[OH⁻]，该溶液都呈碱性。

综上所述，溶液的酸碱性与 H⁺、OH⁻ 的关系可表示为：

$$中性溶液 \quad [H^+] = [OH^-]$$
$$酸性溶液 \quad [H^+] > [OH^-]$$
$$碱性溶液 \quad [H^+] < [OH^-]$$

溶液中[H⁺]越大，酸性越强；溶液中[OH⁻]越大，碱性越强。

2. 溶液的 pH

溶液的酸碱性可用[H⁺]和[OH⁻]相对大小表示，但如果[H⁺]和[OH⁻]很小时，比较其相对大小不是很方便，习惯上也可用溶液的 pH 表示其酸碱性。

pH 是溶液中[H⁺]的负对数，即 $pH = -\lg[H^+]$。例如：

$[H^+] = 10^{-7} mol \cdot L^{-1}$，则 $pH = -\lg 10^{-7} = 7$

$[H^+] = 10^{-3} mol \cdot L^{-1}$，则 $pH = -\lg 10^{-3} = 3$

$[H^+] = 10^{-11} mol \cdot L^{-1}$，则 $pH = -\lg 10^{-11} = 11$

溶液的酸碱性与 pH 的关系是：

$$中性溶液 \quad pH = 7$$
$$酸性溶液 \quad pH < 7$$
$$碱性溶液 \quad pH > 7$$

pH 越小，酸性越强；pH 越大，碱性越强。

3. 溶液的 pH 的测定

溶液的 pH 的测定方法很多，常见的有以下几种。

（1）酸碱指示剂。每一种指示剂都有一定的变色范围，根据指示剂的变色范围和溶液的颜色变化可以粗略了解溶液的 pH。

（2）pH 试纸。pH 试纸在酸碱性不同的溶液中显现出不同的颜色。使用时，把待测溶液滴在试纸上，将试纸显示的颜色与比色卡比较，可以得出被测溶液的近似 pH。

（3）pH 计（酸度计）。pH 计是准确测定溶液 pH 的精密仪器。

第二节　弱酸弱碱的解离平衡

一、一元弱酸弱碱的解离平衡

（一）酸碱质子理论

酸碱质子理论定义：凡是能给出质子(H^+, proton)的物质就是酸；凡是能接受质子的物质就是碱。这种理论不仅适用于以水为溶剂的体系，而且也适用于非水溶剂体系。

按照酸碱质子理论，当酸失去一个质子而形成的碱称为该酸的共轭碱；而碱获得一个质子后就生成了该碱的共轭酸。由得失一个质子而发生共轭关系的一对酸和碱称为共轭酸碱对(conjugate acid – base pair)，也可直接称为酸碱对，即：

$$酸 \rightleftharpoons 质子 + 碱$$

例如：$$HAc \rightleftharpoons H^+ + Ac^-$$

HAc 是 Ac^- 的共轭酸，Ac^- 是 HAc 的共轭碱。类似的例子还有：

共轭酸　　共轭碱

$$H_2CO_3 \rightleftharpoons HCO_3^- + H^+$$
$$HCO_3^- \rightleftharpoons CO_3^{2-} + H^+$$
$$NH_4^+ \rightleftharpoons NH_3 + H^+$$
$$H_6Y^{2+} \rightleftharpoons H_5Y^+ + H^+$$

由此可见，酸和碱可以是阳离子、阴离子，也可以是中性分子。

上述各个共轭酸碱对的质子得失反应，称为酸碱半反应，而酸碱半反应是不可能单独进行的，酸在给出质子同时必定有另一种碱来接受质子。

酸(如 HAc)在水中存在如下平衡：

$$HAc(酸_1) + H_2O(碱_2) \rightleftharpoons H_3O^+(酸_2) + Ac^-(碱_1)$$

碱(如 NH_3)在水中存在如下平衡：

$$NH_3(碱_1) + H_2O(酸_2) \rightleftharpoons NH_4^+(酸_1) + OH^-(碱_2)$$

所以，HAc 的水溶液之所以能表现出酸性，是由于 HAc 和水溶剂之间发生了质子转移反应的结果。NH_3 的水溶液之所以能表现出碱性，也是由于它与水溶剂之间发生了质子转移的反应。前者水是碱，后者水是酸。

(二) 一元弱酸弱碱的解离平衡

酸碱强度取决于酸碱本身的性质和溶剂的性质。

在水溶液中，酸碱的强度取决于酸将质子给予水分子或碱从水分子中夺取质子的能力的大小，通常用酸碱在水中的离解常数大小衡量，酸的解离常数，用 K_a 表示，碱的解离常数，用 K_b 表示。

$$HAc + H_2O \rightleftharpoons H_3O^+ + Ac^- \qquad K_a = \frac{[H_3O^+][Ac^-]}{[HAc]} \qquad (5-2)$$

$$NH_3 + H_2O \rightleftharpoons OH^- + NH_4^+ \qquad K_b = \frac{[OH^-][NH_4^+]}{[NH_3]} \qquad (5-3)$$

弱酸的 K_a 越大，表示它给出质子的能力越强，就是相对较强的酸；反之，它的酸性就较弱。弱碱的 K_b 越大，表示它得到质子的能力越强，就是相对较强的碱；反之，它的碱性就较弱。如：

$$HAc \rightleftharpoons H^+ + Ac^- \qquad K_a = 1.8 \times 10^{-5}$$
$$NH_4^+ \rightleftharpoons H^+ + NH_3 \qquad K_a = 5.6 \times 10^{-10}$$
$$HS^- \rightleftharpoons H^+ + S^{2-} \qquad K_a = 7.1 \times 10^{-15}$$

这三种酸的强弱顺序为：$HAc > NH_4^+ > HS^-$

由于共轭酸和其共轭碱的 $K_a \times K_b = 10^{-14}$

对于　　　　Ac⁻　　　　　NH₃　　　　　S²⁻
K_b 为　　5.6×10⁻¹⁰　　1.8×10⁻⁵　　7.1×10⁻¹

这三种碱的强弱顺序为 S²⁻ > NH₃ > Ac⁻。由此可见：对于任何一种酸，若其本身的酸性愈强，其 K_a 愈大；则其共轭碱的碱性就愈弱，K_b 就愈小。例如 HCl，它是强酸，它的共轭碱 Cl⁻，几乎没有从 H₂O 中夺取 H⁺ 转化为 HCl 的能力，是一种极弱的碱，它的 K_b 小到测不出来。

表 5-1　常见弱酸的解离常数

名　称	K_a	名　称	K_a
醋酸(HAc)	$K_a = 1.8 \times 10^{-5}$	苯酚	$K_a = 1.1 \times 10^{-10}$
甲酸(HCOOH)	$K_a = 1.8 \times 10^{-4}$	苯甲酸	$K_a = 6.2 \times 10^{-5}$
氢氰酸(HCN)	$K_a = 6.2 \times 10^{-10}$	草酸	$K_{a_1} = 5.9 \times 10^{-2}$
氢氟酸(HF)	$K_a = 3.5 \times 10^{-4}$		$K_{a_2} = 6.4 \times 10^{-5}$
磷酸(H₃PO₄)	$K_{a_1} = 7.6 \times 10^{-2}$	一氯乙酸	$K_a = 1.4 \times 10^{-3}$
	$K_{a_2} = 6.3 \times 10^{-8}$	亚硫酸	$K_{a_1} = 1.3 \times 10^{-2}$
	$K_{a_3} = 4.4 \times 10^{-13}$		$K_{a_2} = 6.3 \times 10^{-8}$

二、多元弱酸弱碱的解离平衡

多元酸碱在溶液中逐级解离，溶液中存在多个共轭酸碱对。例如三元酸 H₃A 的解离平衡和三元碱 A³⁻ 的解离平衡关系如下：

H₃A ⇌ H⁺ + H₂A⁻　　　　　　　A³⁻ + H₂O ⇌ HA²⁻ + OH⁻
H₂A⁻ ⇌ H⁺ + HA²⁻　　　　　　HA²⁻ + H₂O ⇌ H₂A⁻ + OH⁻
HA²⁻ ⇌ H⁺ + A³⁻　　　　　　　H₂A⁻ + H₂O ⇌ H₃A + OH⁻

$$K_{a_1} = \frac{[H^+][H_2A^-]}{[H_3A]} \qquad K_{b_1} = \frac{[OH^-][HA^{2-}]}{[A^{3-}]} \qquad (5-4)$$

$$K_{a_2} = \frac{[H^+][HA^{2-}]}{[H_2A^-]} \qquad K_{b_2} = \frac{[OH^-][H_2A^-]}{[HA^{2-}]} \qquad (5-5)$$

$$K_{a_3} = \frac{[H^+][A^{3-}]}{[HA^{2-}]} \qquad K_{b_3} = \frac{[OH^-][H_3A]}{[H_2A^-]} \qquad (5-6)$$

H₃A 解离常数为 K_{a_1}、K_{a_2}、K_{a_3}，通常 $K_{a_1} > K_{a_2} > K_{a_3}$。
碱 A³⁻ 的解常数则为 $K_{b_1} > K_{b_2} > K_{b_3}$，共轭酸碱对 K_a 与 K_b 的关系为：

$$K_{a_1} \cdot K_{b_3} = K_{a_2} \cdot K_{b_2} = K_{a_3} \cdot K_{b_1} = K_w \qquad (5-7)$$

$$pK_{a_1} + pK_{b_3} = pK_{a_2} + pK_{b_2} = pK_{a_3} + pK_{b_1} = pK_w = 14 \qquad (5-8)$$

例如求 HPO₄²⁻ 的共轭碱 PO₄³⁻ 的 K_{b_1}。

解： 已知 $K_{a_1} = 7.6 \times 10^{-2}$，$K_{a_2} = 6.3 \times 10^{-8}$，$K_{a_3} = 4.4 \times 10^{-13}$
根据式（5-7）$K_{a_3} \cdot K_{b_1} = K_w$ 得：$K_{b_1} = K_w / K_{a_3} = 10^{-13} / 4.4 \times 10^{-13} = 2.3 \times 10^{-2}$

三、弱酸弱碱溶液的 pH 计算

（一）一元弱酸、弱碱溶液 pH 的计算

以一元弱酸 HAc 为例：

$$HAc \rightleftharpoons H^+ + Ac^-$$

初始浓度（$mol \cdot L^{-1}$）   0   0   0

平衡浓度（$mol \cdot L^{-1}$） $c-x$ x x

则

$$K_a = \frac{[H^+][Ac^-]}{[HAc]} = \frac{x^2}{c-x}$$

经整理得

$$[H^+] = x = \frac{-K_a + \sqrt{K_a^2 + 4K_a c}}{2} \tag{5-9}$$

当 $c \gg [H^+]$，一般认为 $c/K_a > 400$ 时，则上式可进一步简化为：

$$[H^+] = \sqrt{cK_a} \tag{5-10}$$

这是计算一元弱酸的 $[H^+]$ 的最简式。

【例 5-1】 求 $0.001 mol \cdot L^{-1}$ 的 HAc 溶液的 pH。

解： 已知 HAc 的 $pK_a = 4.74$，$c = 0.001 mol \cdot L^{-1}$，则

$$c/K_a > 400$$

可利用一元弱酸的最简式计算 $[H^+]$：

$$[H^+] = \sqrt{cK_a} = \sqrt{0.001 \times 10^{-4.74}} = 10^{-3.87} mol \cdot L^{-1}$$

所以   pH = 3.87

对于一元弱碱溶液，按照相同的方法，同样可得到类似的最简式

$$[OH^-] = \sqrt{cK_b} \tag{5-11}$$

对于多元弱酸 pH 的计算，因为多元弱酸的电离是分级进行的，往往第一步电离比第二步电离、第三步电离要容易得多，也就是说 $K_{a_1} \gg K_{a_2} \gg K_{a_3}$，此时二级、三级电离产生的 H^+ 可以忽略，溶液中 H^+ 浓度的计算方法与一元弱酸溶液中 H^+ 浓度的计算方法相同。

（二）两性物质 pH 的计算

有一类物质，如 $NaHCO_3$、NaH_2PO_4 等，在水溶液中既可以给出质子显示酸性，又可以接受质子，显示碱性，其酸碱平衡较为复杂，但在计算 $[H^+]$ 时，可以做合理的简化处理。

以 $NaHCO_3$ 为例，整理得

$$[H^+] = \sqrt{K_{a_1}(K_{a_2}[HCO_3^-] + K_w)/(K_{a_1} + [HCO_3^-])}$$

若同时满足 $c/K_{a_1} \geq 10$ 和 $cK_{a_2} \geq 10K_w$，则上式可进一步简化为：

$$[H^+] = \sqrt{K_{a_1}K_{a_2}} \tag{5-12}$$

上式为计算两性物质溶液 pH 的常用最简式，用最简式计算出的 $[H^+]$ 与精确式

计算的 [H$^+$] 相比,相对误差在允许的 ±5% 范围以内。

【例 5-2】 计算 0.10mol·L^{-1} 的 NaH$_2$PO$_4$ 溶液的 pH。

解: 查表可知 NaH$_2$PO$_4$ 的 pK_{a_1} = 2.12,pK_{a_2} = 7.20,pK_{a_3} = 12.36

对于 0.10mol·L^{-1} 的 NaH$_2$PO$_4$ 溶液有

$$cK_{a_2} = 0.10 \times 10^{-7.20} > 10K_w$$

$$c/K_{a_1} = 0.10/10^{-2.12} = 13.18 > 10$$

所以可用最简式计算

$$[H^+] = \sqrt{K_{a_1}K_{a_2}} = \sqrt{10^{-2.12} \times 10^{-7.20}} = 10^{-4.66} \text{mol·L}^{-1}$$

一元弱酸、两性物质溶液的 pH 的计算是最常用的,现将计算各种酸溶液 pH 的最简式及使用条件列表如下:

表 5-2 计算几种酸溶液 [H$^+$] 的最简式及使用条件

	计算公式	使用条件(允许相对误差 ±5%)
强酸	[H$^+$] = c	$c \geq 4.7 \times 10^{-7}$ mol·L^{-1}
	[H$^+$] = $\sqrt{K_w}$	$c \leq 1.0 \times 10^{-8}$ mol·L^{-1}
一元弱酸	[H$^+$] = $\sqrt{cK_a}$	$c/K_a > 400$
两性物质	[H$^+$] = $\sqrt{K_{a_1}K_{a_2}}$	$cK_{a_2} \geq 10K_w$
		$c/K_{a_1} \geq 10$

四、同离子效应和盐效应

(一) 同离子效应

同离子效应:在弱电解质溶液中加入含有与该弱电解质具有相同离子的强电解质,从而使弱电解质的解离平衡朝着生成弱电解质分子的方向移动,弱电解质的解离度降低的效应称为同离子效应。

例如:在 HAc 溶液中,加入 NaAc,在加入之前,溶液中存在着 HAc 的解离平衡:

$$HAc \rightleftharpoons H^+ + Ac^-$$

由于 NaAc 是强电解质,在溶液中发生完全解离:

$$NaAc = Na^+ + Ac^-$$

破坏了 HAc 的解离平衡,使平衡向左移动,从而减低了 HAc 的解离度,当达到新的平衡时,溶液中 [H$^+$] 降低。

(二) 盐效应

向弱电解质的溶液中加入与弱电解质没有相同离子的强电解质时,由于溶液中离子总浓度增大,离子间相互牵制作用增强,使得弱电解质解离的阴、阳离子结合形成分子的机会减小,从而使弱电解质分子浓度减小,离子浓度相应增大,解离度增大,这种效应称为盐效应。

在弱电解质溶液中，加入不含相同离子的强电解质，由于盐效应，会使弱电解质的电离度增大。例如，0.1mol·L⁻¹醋酸溶液的电离度是 1.3%，若溶液中有 0.1mol·L⁻¹ NaCl 存在，则醋酸的电离度增大到 1.7%。若在弱电解质溶液中，加入含相同离子的强电解质，则盐效应与同离子效应同时发生，但盐效应对电离平衡的影响远不如同离子效应。例如，0.1mol·L⁻¹ 醋酸溶液加入 0.1mol·L⁻¹ 醋酸钠，由于同离子效应，电离度从 1.3% 减小到 0.018%，数量级发生了变化，而盐效应不会使电离度发生数量级的变化，故两种效应共存时，可忽略盐效应。

第三节 缓冲溶液

一、缓冲溶液的组成及作用原理

（一）缓冲作用与缓冲溶液

纯水在 25℃ 时 pH 为 7.0，但只要与空气接触一段时间，因为吸收二氧化碳而使 pH 降到 5.5 左右。1 滴浓盐酸（约 12.4mol·L⁻¹）加入 1L 纯水中，可使 [H⁺] 增加 5000 倍左右（由 $1.0×10^{-7}$ 增至 $5×10^{-4}$ mol·L⁻¹），若将 1 滴氢氧化钠溶液（12.4mol·L⁻¹）加到 1L 纯水中，pH 变化也有 3 个单位。可见纯水的 pH 因加入少量的强酸或强碱而发生很大变化。然而，1 滴浓盐酸加入到 1L HAc-NaAc 混合溶液或 $NaH_2PO_4 - Na_2HPO_4$ 混合溶液中，[H⁺] 的增加不到 1%（从 $1.00×10^{-7}$ 增至 $1.01×10^{-7}$ mol·L⁻¹），pH 没有明显变化。这种能对抗外来少量强酸、强碱或稍加稀释不引起溶液 pH 发生明显变化的作用叫做缓冲作用，具有缓冲作用的溶液，叫做缓冲溶液。

如 HAc 和 NaAc 混合溶液、$NH_4·OH$ 与 NH_4Cl 混合溶液都可组成缓冲溶液。

（二）缓冲溶液的组成

缓冲溶液一般有浓度较大的弱酸（或弱碱）及其共轭碱（或共轭酸）组成，用于控制溶液酸碱度。其中，能对抗外来强碱的称为共轭酸，能对抗外来强酸的称为共轭碱，这一对共轭酸碱通常称为缓冲对、缓冲剂或缓冲系，常见的缓冲对主要有三种类型。

1. 弱酸及其对应的盐

$$HAc(抗碱成分)—NaAc(抗酸成分)$$
$$H_2CO_3(抗碱成分)—NaHCO_3(抗酸成分)$$
$$H_3PO_4(抗碱成分)—KH_2PO_4(抗酸成分)$$

2. 弱碱及其对应的盐

$$NH_3(抗酸成分)—NH_4Cl(抗碱成分)$$

3. 多元弱酸的酸式盐及其对应的次级盐

$$NaHCO_3(抗碱成分)—Na_2CO_3(抗酸成分)$$
$$NaH_2PO_4(抗碱成分)—Na_2HPO_4(抗酸成分)$$

(三) 缓冲溶液的作用原理

现以 HAc – NaAc 缓冲溶液为例，说明缓冲溶液之所以能抵抗少量强酸或强碱使 pH 稳定的原理。醋酸是弱酸，在溶液中的离解度很小，溶液中主要以 HAc 分子形式存在，Ac^- 的浓度很低。醋酸钠是强电解质，在溶液中全部离解成 Na^+ 和 Ac^-，由于同离子效应，加入 NaAc 后使 HAc 离解平衡向左移动，使 HAc 的离解度减小，[HAc]增大。所以，在 HAc – NaAc 混合溶液中，存在着大量的 HAc 和 Ac^-。其中 HAc 主要来自共轭酸 HAc，Ac^- 主要来自 NaAc。这个溶液有一定的 [H^+]，即有一定的 pH。

在 HAc – NaAc 缓冲溶液中，存在着如下的化学平衡：

$$HAc \rightleftharpoons H^+ + Ac^-$$

$$NaAc = Na^+ + Ac^-$$

在缓冲溶液中加入少量强酸（如 HCl），则增加了溶液的 [H^+]。假设不发生其他反应，溶液的 pH 应该减小。但是由于 [H^+] 增加，抗酸成分即共轭碱 Ac^- 与增加的 H^+ 结合成 HAc，破坏了 HAc 原有的离解平衡，使平衡左移即向生成共轭碱 HAc 分子的方向移动，直至建立新的平衡。因为加入 H^+ 较少，溶液中 Ac^- 浓度较大，所以加入的 H^+ 绝大部分转变成弱酸 HAc，因此溶液的 pH 不发生明显的降低。

在缓冲溶液中加入少量强碱（如 NaOH），则增加了溶液中 OH^- 的浓度。假设不发生其他反应，溶液的 pH 应该增大。但由于溶液中的 H^+ 立即和加入的 OH^- 结合成更难离解的 H_2O，这就破坏了 HAc 原有的离解平衡，促使 HAc 的离解平衡向右移动，即不断向生成 H^+ 和 Ac^- 的方向移动，直至加入的 OH^- 绝大部分转变成 H_2O，建立新的平衡为止。因为加入的 OH^- 少，溶液中抗碱成分即共轭酸 HAc 的浓度较大，因此溶液的 pH 不发生明显的升高。

在溶液稍加稀释时，其中 [H^+] 虽然降低了，但 [Ac^-] 同时降低了，同离子效应减弱，促使 HAc 的离解度增加，所产生的 H^+ 可维持溶液的 pH 不发生明显的变化。所以，缓冲溶液具有抗酸、抗碱和抗稀释作用。

多元酸的酸式盐及其对应的次级盐的作用原理与前面讨论的相似。

二、缓冲溶液的 pH 计算

由弱酸 HAc 及其共轭碱 NaAc 构成的缓冲溶液，用 [HAc] 和 [Ac^-] 表示共轭酸和共轭碱的浓度，可推导出计算此缓冲溶液中 [H^+] 及 pH 的最简式，即：

$$[H^+] = K_a \frac{[HAc]}{[Ac^-]}, \quad pH = pK_a + \lg \frac{[Ac^-]}{[HAc]}$$

$$pH = pK_a + \lg \frac{[共轭碱]}{[共轭酸]}, \quad pH = pK_a + \lg \frac{c_{盐}}{c_{酸}} \tag{5-13}$$

同理可得弱碱 – 弱碱盐缓冲溶液 pH 计算公式为：

$$pOH = pK_b + \lg \frac{c_{盐}}{c_{碱}}, \quad pH = 14 - pOH = 14 - pK_b - \lg \frac{c_{盐}}{c_{碱}} \tag{5-14}$$

【例 5 – 3】 某缓冲溶液含有 $0.10 mol \cdot L^{-1}$ 的 HAc 和 $0.15 mol \cdot L^{-1}$ 的 NaAc 溶液，试问该缓冲溶

液的 pH 为多少?

解：根据缓冲溶液中 [H⁺] 及 pH 的最简式得：

$$pH = -\lg(1.8 \times 10^{-5}) + \lg\frac{0.15}{0.10} = 4.92$$

【例 5-4】 预配制 pH = 10.0 缓冲溶液 1L，已知 NH_4Cl 溶液浓度为 $1.0 mol \cdot L^{-1}$，问需要多少毫升浓度为 $14.5 mol \cdot L^{-1}$ 浓氨水？

解：已知 NH_3 的 $K_b = 10^{-4.74}$，

代入式(5-14)得：

$$pH = 14 - pK_b - \lg\frac{c_{盐}}{c_{碱}}$$

$$10 = 14 - 4.74 - \lg\frac{1.0}{c_{碱}}$$

可求出

$$[NH_3] = 5.5 mol \cdot L^{-1}$$

即配成的缓冲溶液中应维持 NH_3 的浓度为 $5.5 mol \cdot L^{-1}$，根据稀释公式得：

$$5.5 mol \cdot L^{-1} \times 1L = 14.5 mol \cdot L^{-1} \times V$$

得出 $V \approx 0.379L \approx 380 mL$

三、缓冲溶液的选择和配制

（一）缓冲溶液的选择

在选择缓冲溶液时应注意以下几点：

（1）所选用的缓冲溶液不能与体系中的物质发生反应。

（2）选择适当缓冲对，使其中弱酸的 pK_a，或弱碱的 $pK_w - pK_b$ 与所要求的 pH 相等或相近，使缓冲容量接近极大值。

（3）配制缓冲溶液要有适当总浓度，总浓度太低，缓冲容量过小。在实际工作中总浓度太高也不必要，一般为 $0.05 \sim 0.5 mol \cdot L^{-1}$。

表 5-3 常用的缓冲溶液及可控制 pH 的范围

缓冲溶液名称	酸的存在形态	碱的存在形态	pK_a	可控制 pH 的范围
氨基乙酸-HCl	⁺NH_3CH_2COOH	⁺$NH_3CH_2COO^-$	2.35	1.4~3.4
一氯乙酸-NaOH	$CH_2ClCOOH$	CH_2ClCOO^-	2.86	1.9~3.9
甲酸-NaOH	$HCOOH$	$HCOO^-$	3.76	2.8~4.8
NH_4Cl-NH_3	NH_4^+	NH_3	9.26	8.3~10.3
氨基乙酸-NaOH	⁺$NH_3CH_2COO^-$	$NH_2CH_2COO^-$	9.60	8.6~10.6
$NaHCO_3$-Na_2CO_3	HCO_3^-	CO_3^{2-}	10.25	9.3~11.3
Na_2HPO_4-NaOH	HPO_4^{2-}	PO_4^{3-}	12.32	11.3~12.0

（二）缓冲溶液的配制

1. 缓冲溶液常用配制方法

（1）采用相同浓度的弱酸及其共轭碱（或弱碱及其共轭酸），按不同体积互相混合制得。这种配制方法直接简便。

【例5-5】 欲配制pH为4.80的缓冲溶液100mL，应如何配制？

解： 首先选择共轭酸碱对，HAc的pK_a = 4.74，接近4.80，所以选用HAc-NaAc缓冲体系。设[HAc] = [NaAc] = 0.10mol·L^{-1}，体积为V_1、V_2，则$V_总 = V_1 + V_2$。

代入缓冲溶液pH的计算公式：

$$pH = pK_a + \lg\frac{[Ac^-]}{[HAc]}$$

得：

$$4.80 = 4.74 + \lg\frac{[V_1]}{100-[V_2]}$$

解得： $V_1 = 47.1\text{mL}, \quad V_2 = 52.9\text{mL}$

将0.1mol·L^{-1}的HAc溶液47.1mL与0.1mol·L^{-1}NaAc溶液52.9mL混合均匀即为100mL pH为4.80的缓冲溶液。

（2）在一定量的弱酸（或弱碱）溶液中加入适量的强碱（或强酸），通过中和反应生成共轭碱（或共轭酸）与剩余的弱酸（或弱碱）组成缓冲溶液。

【例5-6】 欲配制pH = 7.00的缓冲溶液。如果用0.1mol·L^{-1}NaH$_2$PO$_4$溶液100mL，应加入0.1mol·L^{-1} NaOH溶液多少毫升？

解： 由于加入NaOH发生中和反应生成的共轭碱和剩余的共轭酸在同一个溶液中，由于$c = n/V$，它们的体积相同，为简化计算，

$$pH = pK_a - \lg c_a/c_b$$

可写成

$$pH = pK_a - \lg n_a/n_b$$

式中，c_a、c_b分别表示共轭酸、共轭碱的浓度；n_a、n_b分别表示共轭酸、碱的物质的量。

设加入的0.1mol·L^{-1}NaOH溶液的体积为xmL

$$H_2PO_4^- + OH^- = HPO_4^{2-} + H_2O$$

反应前物质的量（mmol）　　0.10×100　　0.10x　　　0
反应后物质的量（mmol）　　10−0.10x　　0　　　　0.10x

查表得H$_3$PO$_4$的pK_{a_2} = 7.20，代入上式得

$$pH = pK_{a_2} - \lg n_a/n_b$$

$$7.00 = 7.20 - \lg\frac{10-0.10x}{0.10x}$$

解得 $x = 38.7\text{mL}$

即在100mL 0.1mol·L^{-1}NaH$_2$PO$_4$溶液中加入38.7mL 0.1mol·L^{-1} NaOH溶液，可得到pH = 7.00的缓冲溶液。

（3）在一定的弱酸（或弱碱）溶液中加入其固体的共轭碱（或共轭酸）来配制缓冲溶液。

【例5-7】 欲配制pH = 9.00的缓冲溶液，应在500mL 0.10mol·L^{-1}氨水溶液中加入固体NH$_4$Cl

多少克?设加入固体 NH_4Cl 后溶液体积不变,已知 $NH_3 \cdot H_2O$ 的 $pK_a = 4.74$,$M(NH_4Cl) = 53.5 \text{g} \cdot \text{mol}^{-1}$。

解:根据公式:
$$pH = pK_a + \lg \frac{[共轭碱]}{[共轭酸]}$$

$$9.00 = 14.0 - 4.74 + \lg \frac{0.1}{[NH_4^+]}$$

$$[NH_4^+] = [NH_4Cl] = 0.182 \text{mol} \cdot L^{-1}$$

所以,500mL 溶液中应加入 NH_4Cl 固体为:

$$m = c \cdot V \cdot M = 0.182 \text{mol} \cdot L^{-1} \times 0.5L \times 53.5 \text{g} \cdot \text{mol}^{-1} = 4.9\text{g}$$

2. 配制一定 pH 的缓冲溶液的步骤

(1) 选择适当的缓冲对,使所选缓冲对中共轭酸的 pK_a 与欲配制的缓冲溶液的 pH 尽可能接近或相等。如配制 pH 为 4.8 的缓冲溶液,可选择 HAc - NaAc 缓冲对,因为 HAc 的 $pK_a = 4.74$。又如配制 pH 为 9.3 的缓冲溶液,应选择用 $NH_4Cl - NH_3$ 缓冲对,因为 NH_4Cl 的 $pK_a = 9.26$,与欲配制溶液的 pH 接近。

(2) 要有一定的总浓度,保证在缓冲溶液中含有足量的抗酸成分(共轭碱)和抗碱成分(共轭酸)。总浓度过小,抗酸成分和抗碱成分较少,则缓冲作用不明显。

(3) 应尽可能使共轭酸和共轭碱浓度接近相等,则缓冲溶液的缓冲作用最大。

3. 常用缓冲溶液的配制方法

(1) 磷酸盐缓冲液(pH 2.5):取磷酸二氢钾 100g,加水 800mL,用盐酸调节 pH 至 2.5,用水稀释至 1000mL 即可。

(2) 醋酸-醋酸钠缓冲液(pH 3.6):取醋酸钠 5.1g,加冰醋酸 20mL,再加水稀释至 250mL 即可。

(3) 邻苯二甲酸盐缓冲液(pH 5.6):取邻苯二甲酸氢钾 10g,加水 900mL,搅拌使溶解,用氢氧化钠试液(必要时用稀盐酸)调节 pH 至 5.6,加水稀释至 1000mL,混匀即可。

(4) 磷酸盐缓冲液(pH 7.2):取 $0.2 \text{mol} \cdot L^{-1}$ 磷酸二氢钾溶液 50mL 与 $0.2 \text{mol} \cdot L^{-1}$ 氢氧化钠溶液 35mL,加新沸过的冷水稀释至 200mL,摇匀即可。

(5) 氨-氯化铵缓冲液(pH 8.0):取氯化铵 1.07g,加水使溶解成 100mL,再加稀氨溶液调节 pH 至 8.0 即可。

(6) 巴比妥缓冲液(pH 8.6):取巴比妥 5.52g 与巴比妥钠 30.9g,加水使溶解成 2000mL 即可。

四、缓冲溶液在生产中的应用

在生化研究工作中,常常要用到缓冲溶液来维持实验体系的酸碱度。研究工作的溶液体系 pH 的变化往往直接影响到我们工作的成效。如果提取酶实验体系的 pH 变化过小或过大,会使酶活性下降甚至完全失活。所以我们要学会配制缓冲溶液。由弱酸及其盐组合一起使具有缓冲作用。生化实验室常常用的缓冲系主要有磷酸、柠檬酸、碳酸、醋酸、巴比妥酸、Tiris(三羟甲基氨基甲烷)等系统,在生化实验或研究工作中要慎重地选择缓冲体系,因为有时影响实验结果的因素并不是缓冲液的 pH,而是缓冲液中的某种离子。如硼酸盐、柠檬酸盐、磷酸盐和三羟甲基甲烷缓冲剂都可能产生不需要的反应。

在药物生产中,药物的疗效、稳定性、溶解性以及对人体的刺激性均必须全面考虑。选择合适的缓冲溶液在药物生产过程中必不可少。如维生素 C 水溶液(5mg/mL) pH=3.0。若直接用于局部注射会产生难受的刺痛,常用 $NaHCO_3$ 调节其 pH 在 5.5~6.0,就可减轻注射的刺痛,并能增加其稳定性。在配制抗生素的注射剂时,常加入适量的维生素 C 与甘氨酸钠作为缓冲剂以减少对机体的刺激,而有利于药物的吸收。有些注射液经高温灭菌后,pH 会发生较大变化,一般可采用适当的缓冲液进行 pH 调整,使加温灭菌后,其 pH 仍保持恒定,可见缓冲溶液在制药工程中是十分重要的。缓冲溶液在物质分离和成分分析等方面应用广泛,如鉴定 Mg^{2+} 离子时,可用下面的反应:白色磷酸铵镁沉淀溶于酸,故反应需在碱性溶液中进行,但碱性太强,可能生成白色 $Mg(OH)_2$ 沉淀,所以反应的 pH 需控制在一定范围内,因此利用 $NH_3·H_2O$ 和 NH_4Cl 组成的缓冲溶液保持溶液 pH 不变的条件下,进行上述反应。

第四节 酸碱滴定法

一、酸碱指示剂

酸碱滴定分析中,确定滴定终点的方法有仪器法与指示剂法两类。本节仅介绍酸碱指示剂法。

指示剂法是借助加入的酸碱指示剂在化学计量点附近的颜色的变化来确定滴定终点的。这种方法简单、方便,是确定滴定终点的基本方法。

(一) 酸碱指示剂的作用原理

酸碱指示剂一般是有机弱酸或弱碱,当溶液的 pH 发生变化时,酸碱指示剂获得质子转化为酸式,或失去质子转化为碱式,由于指示剂的酸式与碱式具有不同的结构因而具有不同的颜色。起到了确定酸碱滴定终点的作用。下面以最常用的甲基橙、酚酞为例简单说明。

甲基橙(Methyl Orange,缩写 MO)是一种有机弱碱,也是一种双色指示剂,它在溶液中的离解平衡可用下式表示:

$$(CH_3)_2N-\underset{黄色(偶氮式)}{\underline{\bigcirc}}-N=N-\underset{}{\underline{\bigcirc}}-SO_3^- \underset{OH^-}{\overset{H^+}{\rightleftharpoons}} (CH_3)_2\overset{+}{N}=\underset{红色(醌式)}{\underline{\bigcirc}}=N-\overset{H}{N}-\underset{}{\underline{\bigcirc}}-SO_3^-$$

由平衡关系式可以看出:当溶液中 [H^+] 增大时,反应向右进行,此时甲基橙主要以醌式存在,溶液呈红色;当溶液中 [H^+] 降低,而 [OH^-] 增大时,反应向左进行,甲基橙主要以偶氮式存在,溶液呈黄色。

酚酞是一种有机弱酸，它在溶液中的电离平衡如下式所示：

无色(羟式)   红色(醌式)

在酸性溶液中，平衡向左移动，酚酞主要以羟式存在，溶液呈无色；在碱性溶液中，平衡向右移动，酚酞则主要以醌式存在，因此溶液呈红色。

由此可见，当溶液的 pH 发生变化时，由于指示剂结构的变化，颜色也随之发生变化，因而可通过酸碱指示剂颜色的变化来确定酸碱滴定的终点。

（二）指示剂的变色范围

若以 HIn 代表酸碱指示剂的酸式（其颜色称为指示剂的酸式色），其离解产物 In⁻ 就代表酸碱指示剂的碱式（其颜色称为指示剂的碱式色），则离解平衡可表示为：

$$HIn \rightleftharpoons H^+ + In^-$$

当离解达到平衡时：

$$K_{HIn} = \frac{[H^+][In^-]}{[HIn]} \quad (5-15)$$

则

$$\frac{[In^-]}{[HIn]} = \frac{[K_{HIn}]}{[H^+]} \quad (5-16)$$

或

$$pH = pK_{HIn} + \lg\frac{[In^-]}{[HIn]} \quad (5-17)$$

溶液的颜色决定于指示剂碱式与酸式的浓度比值，即 $\frac{[In^-]}{[HIn]}$ 值。对一定的指示剂而言，在指定条件下 K_{HIn} 是常数。因此，由式(5-16)可以看出，$\frac{[In^-]}{[HIn]}$ 值只决定于 $[H^+]$，$[H^+]$ 不同时，$\frac{[In^-]}{[HIn]}$ 数值就不同，溶液将呈现不同的色调。

一般说来，当一种形式的浓度大于另一种形式浓度 10 倍时，人眼则通常只看到较浓形式物质的颜色。即 $\frac{[In^-]}{[HIn]} \leq \frac{1}{10}$，看到的是 HIn 的颜色（即酸式色）。此时，由式(5-17)得：$pH \leq pK_{HIn} + \lg 1/10 = pK_{HIn} - 1$。

若 $\frac{[In^-]}{[HIn]} \geq \frac{10}{1}$，看到的是 In⁻ 的颜色（即碱式色）。此时，由式(5-17)得：

$$pH \geq pKpK_{HIn} + \lg\frac{10}{1} = pK_{HIn} + 1$$

若 $\frac{[In^-]}{[HIn]}$ 在 $\frac{1}{10} \sim \frac{10}{1}$ 时，看到的是酸式色与碱式色复合后的颜色。

因此,当溶液的 pH 由 $pK_{HIn}-1$ 向 $pK_{HIn}+1$ 逐渐改变时,理论上人眼可以看到指示剂由酸式色逐渐过渡到碱式色。这种理论上可以看到的引起指示剂颜色变化的 pH 间隔,我们称之为指示剂的理论变色范围。

当指示剂中酸式的浓度与碱式的浓度相同时(即 [HIn] = [In⁻]),溶液便显示指示剂酸式与碱式的混合色。由式(5-17)可知,此时溶液的 pH = pK_{HIn},这一点,我们称之为指示剂的理论变色点。例如,甲基红 pK_{HIn} = 5.0,所以甲基红的理论变色范围为 pH = 4.0~6.0。

理论上说,指示剂的变色范围都是 2 个 pH 单位,但指示剂的变色范围(指从一种色调改变至另一种色调)不是根据 pK_{HIn} 计算出来的,而是依据人眼观察出来的。由于人眼对各种颜色的敏感程度不同,加上两种颜色之间的相互影响,因此实际观察到的各种指示剂的变色范围(见表5-4)并不都是 2 个 pH 单位,而是略有上下。比如甲基红指示剂,它的理论变色点 pK_{HIn} = 5.0,其酸式色为红色,碱式色为黄色。由于人眼对红色更为敏感,因此当指示剂酸式的浓度比碱式大 5 倍时,即可看到指示剂的酸式色(红色);由于黄色没有红色那么明显,因此只有当指示剂碱式的浓度比酸式至少大上 12.5 倍时,才能看到指示剂的碱式色(黄色)。所以甲基红指示剂的变色范围不是理论上的 pH = 4.0~6.0,而是实际上的 pH = 4.4~6.2,这也称之为指示剂的实际变色范围。表 5-4 列出几种常用酸碱指示剂在室温下水溶液中的变色范围,供使用时参考。

表 5-4　几种常用酸碱指示剂在室温下水溶液中的变色范围

指示剂	变色范围 (pH)	颜色变化	pK_{HIn}	指示剂的配制(g/L)	用量(滴/10mL 试液)
百里酚蓝 (第一次变色)	1.2~2.8	红~黄	1.7	1g/L 的 20% 乙醇溶液	1~2
甲基黄	2.9~4.0	红~黄	3.3	1g/L 的 90% 乙醇溶液	1
甲基橙	3.1~4.4	红~黄	3.4	0.5g/L 的水溶液	1
溴酚蓝	3.0~4.6	黄~紫	4.1	1g/L 的 20% 乙醇溶液 或其钠盐水溶液	1
溴甲酚绿	4.0~5.6	黄~蓝	4.9	1g/L 的 20% 乙醇溶液 或其钠盐水溶液	1~3
甲基红	4.4~6.2	红~黄	5.0	1g/L 的 60% 乙醇溶液 或其钠盐水溶液	1
溴百里酚蓝	6.2~7.6	黄~蓝	7.3	1g/L 的 20% 乙醇溶液 或其钠盐水溶液	1

续表

指示剂	变色范围(pH)	颜色变化	pK_{HIn}	指示剂的配制(g/L)	用量(滴/10mL 试液)
中性红	6.8~8.0	红~黄橙	7.4	1g/L 的 60% 乙醇溶液	1
苯酚红	6.8~8.4	黄~红	8.0	1g/L 的 60% 乙醇溶液或其钠盐水溶液	1
酚酞	8.0~10.0	无色~红	9.1	5g/L 的 90% 乙醇溶液	1~3
百里酚蓝(第二次变色)	8.0~9.6	黄~蓝	8.9	1g/L 的 20% 乙醇溶液	1~4
百里酚酞	9.4~10.6	无色~蓝	10.0	1g/L 的 90% 乙醇溶液	1~-2

(三) 混合指示剂

由于指示剂具有一定的变色范围，因此只有当溶液 pH 的改变超过一定数值，也就是说只有在酸碱滴定的化学计量点附近 pH 发生突跃时，指示剂才能从一种颜色突然变为另一种颜色。但在某些酸碱滴定中，由于化学计量点附近 pH 突跃小，使用单一指示剂确定终点无法达到所需要的准确度，这时可考虑采用混合指示剂。

混合指示剂是利用颜色之间的互补作用，使变色范围变窄，从而使终点时颜色变化敏锐。它的配制方法一般有两种：一种是由两种或多种指示剂混合而成。比如溴甲酚绿(pK_{HIn}=4.9)与甲基红(pK_{HIn}=5.0)指示剂，前者当 pH<4.0 时呈黄色(酸式色)，pH>5.6 时呈蓝色(碱式色)；后者当 pH<4.4 时呈红色(酸式色)，pH>6.2 时呈浅黄色(碱式色)。当它们按一定比例混合后，两种颜色混合在一起，酸式色便成为酒红色(即红略带有黄色)，碱式色便成为绿色。当 pH=5.1，也就是溶液中酸式与碱式的浓度大致相同时，溴甲酚绿呈绿色而甲基红呈橙色，两种颜色互为互补色，从而使得溶液呈现浅灰色，因此变色十分敏锐。

另一种混合指示剂是在某种指示剂中加入一种惰性染料(其颜色不随溶液 pH 的变化而变化)，由于颜色互补使变色敏锐，但变色范围不变。常用的混合指示剂见表 5-5。

表 5-5 几种常见的混合指示剂

指示剂溶液的组成	变色时 pH	颜色 酸式色	颜色 碱式色	备注
一份 0.1% 甲基黄乙醇溶液 一份 0.1% 次甲基蓝乙醇溶液	3.25	蓝紫	绿	pH=3.2，蓝紫色； pH=3.4，绿色
一份 0.1% 甲基橙水溶液 一份 0.25% 靛蓝二磺酸水溶液	4.1	紫	黄绿	

续表

指示剂溶液的组成	变色时 pH	颜色 酸式色	颜色 碱式色	备 注
一份 0.1% 溴甲酚绿钠盐水溶液 一份 0.2% 甲基橙水溶液	4.3	橙	蓝绿	pH=3.5，黄色； pH=4.05，绿色； pH=4.3，浅绿色
三份 0.1% 溴甲酚绿乙醇溶液 一份 0.2% 甲基红乙醇溶液	5.1	酒红	绿	
一份 0.1% 溴甲酚绿钠盐水溶液 一份 0.1% 氯酚红钠盐水溶液	6.1	黄绿	蓝绿	pH=5.4，蓝绿色； pH=5.8，蓝色； pH=6.0，蓝带紫色； pH=6.2，蓝紫色
一份 0.1% 中性红乙醇溶液 一份 0.1% 次甲基蓝乙醇溶液	7.0	紫蓝	绿	pH=7.0，紫蓝色
一份 0.1% 甲酚红钠盐水溶液 三份 0.1% 百里酚蓝钠盐水溶液	8.3	黄	紫	pH=8.2，玫瑰红； pH=8.4，清晰的紫色
一份 0.1% 百里酚蓝 50% 乙醇溶液 三份 0.1% 酚酞 50% 乙醇溶液	9.0	黄	紫	从黄到绿，再到紫色
一份 0.1% 酚酞乙醇溶液 一份 0.1% 百里酚酞乙醇溶液	9.9	无色	紫	pH=9.6，玫瑰红色； pH=10，紫色
二份 0.1% 百里酚酞乙醇溶液 一份 0.1% 茜素黄 R 乙醇溶液	10.2	黄	紫	

二、酸碱滴定曲线与指示剂的选择

(一) 强酸(碱)滴定强碱(酸)

1. 滴定过程中溶液 pH 的变化

强酸(碱)滴定强碱(酸)的过程相当于
$$H^+ + OH^- = H_2O$$

这种类型的酸碱滴定，其反应程度是最高的，也最容易得到准确的滴定结果。下面以 $0.1000 mol·L^{-1}$ NaOH 标准滴定溶液滴定 20.00mL $0.1000 mol·L^{-1}$ HCl 为例来说明强碱滴定强酸过程中 pH 的变化与滴定曲线的形状。该滴定过程可分为四个阶段：

(1) 滴定开始前　溶液的 pH 由此时 HCl 溶液的酸度决定。

即
$$[H^+] = 0.1000 mol·L^{-1}$$
$$pH = 1.00$$

(2) 滴定开始至化学计量点前　溶液的 pH 由剩余 HCl 溶液的酸度决定。

例如，当滴入 NaOH 溶液 18.00mL 时，溶液中剩余 HCl 溶液 2.00mL，则

$$[H^+] = \frac{0.1000 \times 2.00}{20.00 + 18.00} \text{mol} \cdot L^{-1} = 5.26 \times 10^{-3} \text{mol} \cdot L^{-1}$$

$$pH = 2.28$$

当滴入 NaOH 溶液 19.80mL 时,溶液中剩余 HCl 溶液 0.20mL,则

$$[H^+] = \frac{0.1000 \times 0.20}{20.00 + 19.80} \text{mol} \cdot L^{-1} = 5.03 \times 10^{-4} \text{mol} \cdot L^{-1}$$

$$pH = 3.30$$

当滴入 NaOH 溶液 19.98mL 时,溶液中剩余 HCl 0.02mL,则

$$[H^+] = \frac{0.1000 \times 0.02}{20.00 + 19.98} \text{mol} \cdot L^{-1} = 5.00 \times 10^{-5} \text{mol} \cdot L^{-1}$$

$$pH = 4.30$$

(3) 化学计量点时 溶液的 pH 由体系产物的离解决定。此时溶液中的 HCl 全部被 NaOH 中和,其产物为 NaCl 与 H_2O,因此溶液呈中性,即

$$[H^+] = [OH^-] = 1.00 \times 10^{-7} \text{mol} \cdot L^{-1}$$

$$pH = 7.00$$

(4) 化学计量点后 溶液的 pH 由过量的 NaOH 浓度决定。

例如,加入 NaOH 20.02mL 时,NaOH 过量 0.02mL,此时溶液中 $[OH^-]$ 为

$$[OH^-] = \frac{0.1000 \times 0.02}{20.00 + 20.02} \text{mol} \cdot L^{-1} = 5.00 \times 10^{-5} \text{mol} \cdot L^{-1}$$

$$pOH = 4.30; \quad pH = 9.70$$

用完全类似的方法可以计算出整个滴定过程中加入任意体积 NaOH 时溶液的 pH,其结果如表 5-6 所示。

表 5-6 用 $0.1000 \text{mol} \cdot L^{-1}$ NaOH 溶液滴定 20.00mL $0.1000 \text{mol} \cdot L^{-1}$ HCl 时 pH 的变化

加入 NaOH(mL)	HCl 被滴定百分数(%)	剩余 HCl(mL)	过量 NaOH(mL)	$[H^+]$	pH
0.00	0.00	20.00	0.00	1.00×10^{-1}	1.00
18.00	90.00	2.00	0.00	5.26×10^{-3}	2.28
19.80	99.00	0.20	0.00	5.02×10^{-4}	3.30
19.98	99.90	0.02	0.00	5.00×10^{-5}	4.30 突
20.00	100.00	0.00	0.00	1.00×10^{-7}	7.00 跃
20.02	100.1	0.00	0.02	2.00×10^{-10}	9.70 范
20.20	101.0	0.00	0.20	2.01×10^{-11}	10.70 围
22.00	110.0	0.00	2.00	2.10×10^{-12}	11.68
40.00	200.0	0.00	20.00	5.00×10^{-13}	12.52

2. 滴定曲线的形状和滴定突跃

以溶液的 pH 为纵坐标,以 NaOH 的滴定百分数为横坐标,可绘制出强碱滴定强酸的滴定曲线,如图 5-1 所示。

由表 5-6 与图 5-1 可以看出,从滴定开始到加入 19.98mL NaOH 滴定溶液,溶液的 pH 仅改变了 3.30 个 pH 单位,曲线比较平坦。而在化学计量点附近,加入 1 滴

NaOH 溶液(相当于 0.04mL,即从溶液中剩余 0.02mL HCl 到过量 0.02mL NaOH)就使溶液的酸度发生巨大的变化,其 pH 由 4.30 急增至 9.70,增幅达 5.4 个 pH 单位,相当于[H^+]降低了 25 万倍,溶液也由酸性突变到碱性,溶液的性质由量变引起了质变。从图 5-1 也可看到,在化学计量点前后 0.1%,此时曲线呈现近似垂直的一段,便称为滴定突跃,而突跃所在的 pH 范围也称之为滴定突跃范围。此后,再继续滴加 NaOH 溶液,则溶液的 pH 变化便越来越小,曲线又趋平坦。

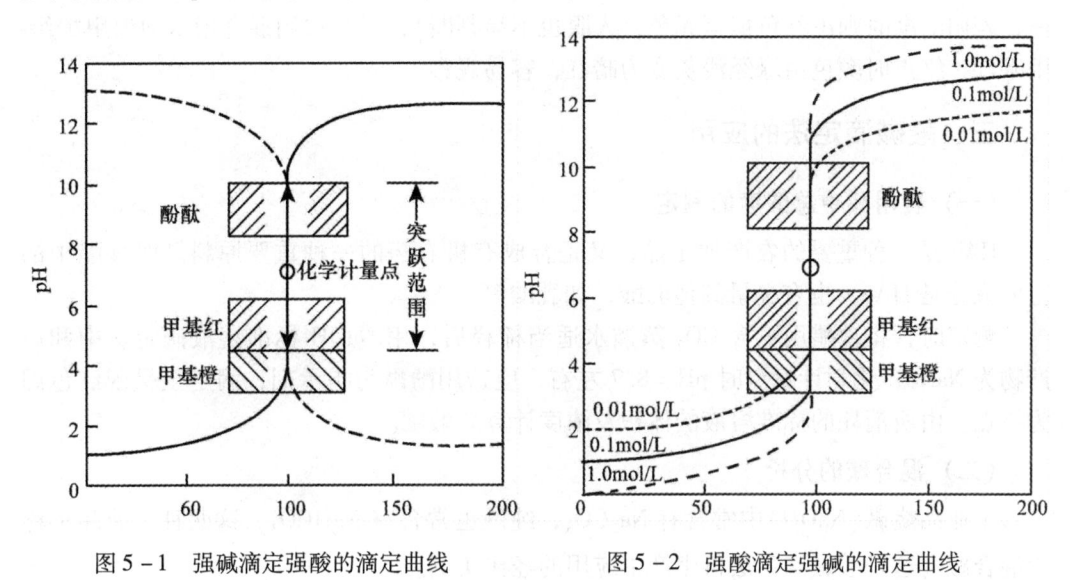

图 5-1 强碱滴定强酸的滴定曲线   图 5-2 强酸滴定强碱的滴定曲线

如果用 0.1000mol·L^{-1} HCl 标准滴定溶液滴定 20.00mL 0.1000mol·L^{-1}NaOH,其滴定曲线如图 5-2 中的虚线所示。显然滴定曲线形状与 NaOH 溶液滴定 HCl 溶液相似,只是 pH 不是随着滴定溶液的加入而逐渐增大,而是逐渐减小。

值得注意的是:从滴定过程 pH 的计算中我们可以知道,滴定的突跃大小还必然与被滴定物质及标准溶液的浓度有关。一般说来,酸碱浓度增大 10 倍,则滴定突跃范围就增加 2 个 pH 单位;反之,若酸碱浓度减小 10 倍,则滴定突跃范围就减少 2 个 pH 单位。如用 1.000mol·L^{-1} NaOH 滴定 1.000mol·L^{-1} HCl 时,其滴定突跃范围就增大为 3.30~10.70;若用 0.01000mol·L^{-1}NaOH 滴定 0.01000mol·L^{-1} HCl 时,其滴定突跃范围就减小为 5.30~8.70。不同浓度的强碱滴定强酸的滴定曲线如图 5-2 所示。滴定突跃具有非常重要的意义,它是选择指示剂的依据。

(二)指示剂的选择

选择指示剂的原则:一是指示剂的变色范围全部或部分地落入滴定突跃范围内;二是指示剂的变色点尽量靠近化学计量点。

例如用 0.1000mol·L^{-1} NaOH 滴定 0.1000mol·L^{-1} HCl,其突跃范围为 4.30~9.70,则可选择甲基红、甲基橙与酚酞作指示剂。如果选择甲基橙作指示剂,当溶液颜色由橙色变为黄色时,溶液的 pH 为 4.4,滴定误差小于 0.1%。实际分析时,为了更好地判断终点，通常选用酚酞作指示剂，因其终点颜色由无色变成浅红色，非常容易辨别。

如果用 0.1000 mol·L^{-1} HCl 标准滴定溶液滴定 0.1000 mol·L^{-1} NaOH 溶液，则可选择酚酞或甲基红作为指示剂。倘若仍然选择甲基橙作指示剂，则当溶液颜色由黄色转变成橙色时，其 pH 为 4.0，滴定误差将有 +0.2%。实际分析时，为了进一步提高滴定终点的准确性，以及更好地判断终点（如用甲基红时终点颜色由黄变橙，人眼不易把握，若用酚酞时则由红色褪至无色，人眼也不易判断），通常选用混合指示剂溴甲酚绿-甲基红，终点时颜色由绿经浅灰变为暗红，容易观察。

三、酸碱滴定法的应用

（一）食用醋中总酸度的测定

HAc 是一种重要的农产加工品，又是合成有机农药的一种重要原料。而食醋中的主要成分是 HAc，也有少量其他弱酸，如乳酸等。

测定时，将食醋用不含 CO_2 蒸馏水适当稀释后，用 NaOH 标准溶液滴定。中和后产物为 NaAc，化学计量点时 pH = 8.7 左右，应选用酚酞为指示剂，滴定至呈现红色即为终点。由所消耗的标准溶液的体积及浓度计算总酸度。

（二）混合碱的分析

工业品烧碱（NaOH）中常含有 Na_2CO_3，纯碱也常含有 $NaHCO_3$，这两种工业品都称为混合碱。这是酸碱滴定法再生产中应用的经典实例。

实例分析：

1. NaOH + Na_2CO_3 的测定

采用双指示剂测定。称取试样质量为 m（单位为 mg），溶解于水中，用 HCl 标准溶液滴定，先用酚酞为指示剂，滴定过程中，溶液的 pH 由高向低变化，滴定反应是

$$NaOH + HCl = NaCl + H_2O$$
$$Na_2CO_3 + HCl = NaHCO_3 + H_2O + NaCl$$

此时，溶液由 $NaHCO_3$、H_2O 和 NaCl 组成，溶液的 pH 由 $NaHCO_3$ 决定，它是两性物质，所以在第一化学计量点时，

$$[H^+] = \sqrt{K_{a_1} K_{a_2}} = 10^{-8.32}$$
$$pH = 8.32$$

滴定至溶液由红色变为无色则达到滴定终点，此时，NaOH 全部被中和，而 Na_2CO_3 被中和一半，所消耗的 HCl 的体积为 V_1。然后加入甲基橙，继续用 HCl 标准溶液滴定使又转化为 H_2CO_3，消耗的 HCl 的体积为 V_2。溶液由黄色恰变为橙色，到达第二滴定终点。因 Na_2CO_3 在两步滴定中所需 HCl 的量相等，故 $V_1 - V_2$ 为中和 NaOH 所消耗的体积，$2V_2$ 为滴定 Na_2CO_3 所需 HCl 的体积。分析结果计算公式为：

$$w_{H_2CO_3} = \frac{c(HCl) \times V_2 \times M_{Na_2CO_3}}{2m} \times 100\%$$

$$w_{\text{NaOH}} = \frac{c(\text{HCl}) \times (V_1 - V_2) \times M_{\text{NaOH}}}{m} \times 100\%$$

2. $Na_2CO_3 + NaHCO_3$ 的测定

工业纯碱中常含有 $NaHCO_3$，此二组分的测定可参照上述 $NaOH + Na_2CO_3$ 的测定方法。滴定过程中，pH 的变化规律、化学计量点 pH 的计算、滴定终点指示剂的颜色变化和分析结果的计算等，可自行分析解决。

（三）硅酸盐中 SiO_2 的测定

矿石、岩石、水泥、玻璃、陶瓷等都是硅酸盐，可用重量法测定其中 SiO_2 的含量，准确度较高，但十分费时。目前生产上的控制分析常常采用氟硅酸钾容量法，它是一种酸碱滴定法，简便、快速，只要操作规范细心，也可以得到比较准确的结果。

试样用 KOH 熔融，使之转化为可溶性硅酸盐 K_2SiO_3，并在钾盐存在下与 HF 作用（或在强酸性溶液中加入 KF），形成微溶的 K_2SiF_6，反应式如下：

$$2K_2SiO_3 + 6HF = 2K_2SiF_6 \downarrow + 3H_2O$$

由于沉淀的溶解度较大，利用同离子效应，常加入固体 KCl 以降低其溶解度。将沉淀物过滤，用 KCl – 乙醇溶液洗涤沉淀，然后将沉淀转入原烧杯中，加入 KCl – 乙醇溶液，以 NaOH 中和游离酸（酚酞指示剂呈现淡红色）。加入沸水，使沉淀物水解释放出 HF：

$$K_2SiF_6 + 3H_2O = 2KF + H_2SiO_3 \downarrow + 4HF$$

HF 的 $K_a = 3.5 \times 10^{-4}$，可用 NaOH 标准溶液直接滴定释放出来的 HF，由消耗的 NaOH 溶液的体积间接计算出 SiO_2 的含量，注意 SiO_2 与 NaOH 的计量关系是 1∶4。

由于 HF 腐蚀玻璃容器，且对人体健康有害，操作必须在塑料容器中进行，在整个分析过程中应特别注意安全。

（四）酯类的测定

常用的酯类的分析方法是在酯类试样中定量加入过量的 NaOH，共热 1~2h，使酯类与强碱发生皂化反应，转化为有机酸的共轭碱和醇，例如：

$$CH_3COOC_2H_5 + NaOH（过量） = CH_3COONa + C_2H_5OH$$

剩余的碱用酸标准溶液回滴，以酚酞为指示剂，滴定至溶液由红色变为无色，即为终点。如酯类试样难溶于水，可用 NaOH – 乙醇标准溶液使之皂化。

阅读材料

绿色化学

人类社会的发展总伴随着科学技术的进步。特别是进入近代以来自然科学迅猛的发展更是以前所未有的速度改变着人类的生活。其中化学科学的应用丰富和美味了人们餐桌上的食物。与此同时，化学物质也危害着人们的身体健康，影响着食品的安全。

化学在给人类带来便利和舒适的同时，也在悄然改变着我们生活的环境，使得我们赖以生存的家园变得日益脆弱。随着人类生态环境的恶化，食品的化学污染问题也越来越被人们重视，人们期盼能得到安全、优质、营养的食品，于是绿色食品应运而生。绿色食品的发展是基于有机农业的应用，而有机农业又是绿色化学的重要组成部分，它代表着绿色化学的发展水平。

绿色化学又称环境无害化学，与其相对应的技术称为绿色技术、环境友好技术。绿色化学采用具有一定转化率的高选择性化学反应生产目的产品，不生成或很少生产副产品或废物，实现或接近废物的"零排放"过程。绿色化学也给化学家提出了一项新的挑战，国际上对此很重视。在美国设立了"绿色化学挑战奖"，表彰那些在绿色化学领域中做出杰出贡献的企业和科学家。绿色化学将使化学工业改变面貌，为子孙后代造福。这些举措有力地推动了绿色食品技术的发展。通过绿色化学起到绿色食品的生产，起到保护自然环境和生态环境的作用，通过绿色食品消费促进人类健康，这是绿色化学开发绿色食品的最根本的目的。

让我们行动起来，为未来而努力，大力发展绿色化学产业，保障食品安全。食用安全、洁净、环保、健康的绿色食品，以环保、绿色、节约、健康的理念参与到绿色化学与食品安全的行动中来，以自己的实际行动保护环境，为社会做出自己的贡献，让人类的未来更加美好！

复习思考题

一、选择题

1. 质子理论认为，下列物质中全部是碱的是（　　）
   A. HAc、H_3PO_4、H_2O
   B. Ac^-、PO_4^{3-}、H_2O
   C. HAc、$H_2PO_4^-$、OH^-
   D. Ac^-、PO_4^{3-}、NH_4^+

2. 用质子理论比较下列物质的碱性由强到弱顺序为（　　）
   A. $CN^- > CO_3^{2-} > Ac^- > NO_3^-$
   B. $CO_3^{2-} > CN^- > Ac^- > NO_3^-$
   C. $Ac^- > NO_3^- > CN^- > CO_3^{2-}$
   D. $NO_3^- > Ac^- > CO_3^{2-} > CN^-$

3. 在下列化合物中，其水溶液的 pH 最高的是（　　）
   A. NaCl　　　　B. Na_2CO_3　　　　C. NH_4Cl　　　　D. $NaHCO_3$

4. 在 pH = 6.0 的溶液中，下列物质浓度最大的为（　　）
   A. H_3PO_4　　　B. $H_2PO_4^-$　　　C. HPO_4^{2-}　　　D. PO_4^{3-}

5. 在 110mL 浓度为 $0.1mol \cdot L^{-1}$ 的 HAc 中，加入 10mL 浓度为 $0.1mol \cdot L^{-1}$ 的 NaOH 溶液，则混合溶液的 pH 为（已知 HAc 的 $pK_a = 4.75$）（　　）
   A. 4.75　　　　B. 3.75　　　　C. 2.75　　　　D. 5.75

6. 欲配制 pH = 9.0 的缓冲溶液，应选用（　　）
   A. 甲酸（$K_a^\ominus = 1.0 \times 10^{-4}$）及其盐　　　B. HAc - NaAc
   C. $NH_3 - NH_4^+$　　　　　　　　　　　　　D. 六亚甲基四胺

7. 在 $0.06mol \cdot L^{-1}$ HAc 溶液中，加入 NaAc，并使 $c(NaAc) = 0.2mol \cdot L^{-1}$。（已知

$K_a^{\ominus} = 1.8 \times 10^{-5}$),混合液的 [$H^+$] 接近于（　　）

A. $10.3 \times 10^{-7} mol \cdot L^{-1}$　　　　B. $5.4 \times 10^{-5} mol \cdot L^{-1}$

C. $3.6 \times 10^{-4} mol \cdot L^{-1}$　　　　D. $5.4 \times 10^{-6} mol \cdot L^{-1}$

8. 某酸碱指示剂的 $pK_{HIn} = 5.0$，其理论变色 pH 范围是（　　）

A. 2~8　　　　B. 3~7　　　　C. 4~6　　　　D. 5~7

9. 用 $0.2000 mol \cdot L^{-1} NaOH$ 滴定 $0.2000 mol \cdot L^{-1} HCl$，其 pH 突跃范围是（　　）

A. 2.0~6.0　　　B. 4.0~8.0　　　C. 4.0~10.0　　　D. 8.0~10.0

10. 用 $0.10 mol \cdot L^{-1}$ 的 NaOH 滴定 $0.10 mol \cdot L^{-1}$ 的弱酸 HA（$pK_a = 4.0$）其 pH 突跃范围是 7.0~9.7，若弱酸的 $pK_a = 3.0$，则其 pH 突跃范围为（　　）

A. 6.0~10.7　　　B. 6.0~9.7　　　C. 7.0~10.7　　　D. 8.0~9.7

11. 下列 $0.1 mol \cdot L^{-1}$ 酸或碱，能借助指示剂指示终点而直接准确滴定的是（　　）

A. HCOOH　　　B. H_3BO_3　　　C. NH_4Cl　　　D. NaAc

12. 用标准酸溶液滴定 Na_2HPO_4 至化学计量点时，溶液的 pH 计算公式为（　　）

A. $\sqrt{cK_{a_1}}$　　B. $\sqrt{K_{a_1} \cdot K_{a_2}}$　　C. $\sqrt{K_{a_2} \cdot K_{a_3}}$　　D. $\sqrt{cK_w/K_{a_1}}$

13. 用 NaOH 标准溶液滴定 $0.1 mol \cdot L^{-1} HCl$ 和 $0.1 mol \cdot L^{-1} H_3BO_3$ 混合液时，最合适的指示剂是（　　）

A. 百里酚酞　　B. 酚酞　　C. 中性红　　D. 甲基红

14. 用 $0.1000 mol \cdot L^{-1} NaOH$ 滴定 $0.1000 mol \cdot L^{-1} H_2C_2O_4$，应选指示剂为（　　）

A. 甲基橙　　B. 甲基红　　C. 酚酞　　D. 溴甲酚绿

15. 以甲基橙为指示剂，用 HCl 标准溶液标定含 CO_3^{2-} 的 NaOH 溶液，然后用此 NaOH 溶液测定试样中的 HAc 含量，则 HAc 含量将会（　　）

A. 偏高　　B. 偏低　　C. 无影响

16. 已知浓度的 NaOH 标准溶液，因保存不当吸收了 CO_2，若用此 NaOH 溶液滴定 H_3PO_4 至第二化学计量点，对 H_3PO_4 浓度分析结果的影响是（　　）

A. 偏高　　B. 偏低　　C. 不确定　　D. 无影响

17. 磷酸试样 1.000g，用 $0.5000 mol \cdot L^{-1} NaOH$ 标液 20.00mL 滴至酚酞终点，H_3PO_4 的百分含量为（　　）

A. 98.00　　B. 49.00　　C. 32.67　　D. 24.50

18. 某混合碱先用 HCl 滴定至酚酞变色，耗去 V_1 mL，继续以甲基橙为指示剂，耗去 V_2 mL，已知 $V_1 < V_2$，其组成是（　　）

A. $NaOH + Na_2CO_3$　　　　B. Na_2CO_3

C. $NaHCO_3 + NaOH$　　　　D. $NaHCO_3 + Na_2CO_3$

19. 含 NaOH 和 Na_2CO_3 混合液，用 HCl 滴至酚酞变色，耗去 V_1 mL，继续以甲基橙为指示剂滴定又耗去 V_2 mL，则 V_1 和 V_2 的关系是（　　）

A. $V_1 = V_2$　　B. $V_1 > V_2$　　C. $V_1 < V_2$

20. 含 $H_3PO_4 - NaH_2PO_4$ 混合液，用 NaOH 标液滴至甲基橙变色耗去 a mL，另一份同量试液改用酚酞为指示剂，耗去 NaOH b mL，则 a 与 b 的关系是（　　）

A. $a > b$　　　　B. $b = 2a$　　　　C. $b > 2a$　　　　D. $a = b$

二、填空题

1. 配制缓冲溶液时，选择缓冲对的原则是_____。

2. 由 NaH_2PO_4 和 Na_2HPO_4 组成缓冲溶液的缓冲对物质是_____，该缓冲溶液的缓冲作用的有效范围 pH 是_____。

3. 根据酸碱质子理论，在水溶液中的下列分子或离子：HSO_4^-、$C_2O_4^{2-}$、$H_2PO_4^-$、$[Al(H_2O)_6]^{3+}$、NO_3^-、HCl、Ac^-、H_2O、$[Al(H_2O)_4(OH)_2]^+$ 中，属于酸(不是碱)的有____；属于碱(不是酸)的有_____；既可作为酸又可作为碱的有_____。

三、问答题、计算题

1. 酸碱滴定选择指示剂的原则是什么？

2. 何谓酸碱滴定的 pH 突跃范围？影响 pH 突跃范围的因素是什么？

3. 有 HCl 与 NH_4Cl 的混合溶液，若两组分浓度大约为 $0.1 mol \cdot L^{-1}$，能否用 $0.1 mol \cdot L^{-1}$ 的 NaOH 标准溶液准确滴定 HCl？应选什么指示剂？

4. 计算以 $0.1000 mol \cdot L^{-1}$ 的 NaOH 标准溶液滴定 20.00mL $0.1000 mol \cdot L^{-1}$ 甲酸时的 pH 突跃范围，化学计量点时的 pH，是否可用溴酚蓝(pH = 3.0 ~ 4.6)或中性红(pH = 6.8 ~ 8.0)作指示剂？

5. 移取 $0.1 mol \cdot L^{-1}$ HCl 和 $0.20 mol \cdot L^{-1} H_3BO_3$ 混合液 25.0mL，以 $0.100 mol \cdot L^{-1}$ NaOH 滴定 HCl 至化学计量点，计算溶液的 pH。

第六章　沉淀溶解平衡与沉淀分析法

学习目标

　　了解难溶电解质的沉淀溶解平衡，并能结合实例进行描述。能描述溶解平衡，能写出溶度积的表达式，知道溶度积常数(溶度积)的含义。能运用平衡移动的观点对沉淀的溶解、生成与转化过程进行分析，理解沉淀转化的本质并能对相关实验的现象以及生活中的一些相关问题进行解释。

学习重点

　　溶度积常数的含义，沉淀的溶解、生成和转化的本质。

学习难点

　　沉淀的转化。

第一节　沉淀溶解平衡

　　严格来说，在水中绝对不溶的物质是不存在的。物质在水中溶解性的大小常以溶解度来衡量。通常大致可以把溶解度(solubility)小于 0.01g/100g H_2O 的物质称为难溶物质；溶解度在 0.01~0.1g/100g H_2O 的物质称为微溶物质；其余的则称为易溶物质。当然，这种分类也不是绝对的。对于难溶物质来说，它们在水中溶解度的大小首先是由其自身的本性所决定的；其次，温度的高低，是否有难溶物质构成组分以外的其他可溶性盐类存在等外界因素也会影响它们的溶解度。

一、溶度积常数

　　将难溶物 AgCl 固体与水混合，AgCl 表面的 Ag^+ 和 Cl^- 在水分子的吸引下将以水合离子的形式进入水中，同时，水合离子 $Ag^+(aq)$ 和 $Cl^-(aq)$ 会去水合重新沉积到 AgCl 固体表面上，最终达成沉淀溶解平衡：

$$AgCl(s) \rightleftharpoons Ag^+(aq) + Cl^-(aq)$$

这一多相平衡的表达式为：

$$K^\ominus = K_{sp}^\ominus(AgCl) = ([Ag^+]/c^\ominus)([Cl^-]/c^\ominus)$$

如果不考虑 $K_{sp}^\ominus$ 单位时，此式可简化为：

$$K_{sp}(AgCl) = [Ag^+][Cl^-]$$

平衡常数 K_{sp} 是难溶电解质饱和溶液的溶度积常数，简称溶度积。溶度积的表达式需根据配平的平衡方程式书写，符合平衡常数的一般书写规则，如对于难溶物 Ag_2CrO_4，平衡方程式为：

$$Ag_2CrO_4(s) \rightleftharpoons 2Ag^+(aq) + CrO_4^{2-}(aq)$$

溶度积为：

$$K_{sp}(Ag_2CrO_4) = [Ag^+]^2[CrO_4^{2-}]$$

又如难溶物 $Ca_5(PO_4)_3F$（氟磷灰石），平衡方程式为：

$$Ca_5(PO_4)_3F(s) \rightleftharpoons 5Ca^{2+} + 3PO_4^{3-} + F^-$$

溶度积为：

$$K_{sp}[Ca_5(PO_4)_3F] = [Ca^{2+}]^5[PO_4^{3-}]^3[F^-]$$

由上述三个例子，可以给出溶度积的一般定义：溶度积是难溶电解质沉淀-溶解平衡的平衡常数，是难溶电解质溶于水形成的水合离子以（已经配平的）溶解平衡方程式中的系数为幂的浓度的连乘积。从附录表3中可查得常见物质的溶度积。

二、溶度积常数与溶解度的换算

溶度积作为平衡常数，可以通过热力学方法计算获得，也可以通过实验方法测定。利用溶度积可以计算以 $mol \cdot L^{-1}$ 为单位的难溶电解质的溶解度，举例如下：

【例6-1】 已知25℃下 Ag_2CrO_4 和 $AgCl$ 的溶度积分别为 1.12×10^{-12} 和 1.77×10^{-10}，问：它们在纯水中哪个溶解度较大？

解： 设 Ag_2CrO_4 的溶解度为 $x\ mol \cdot L^{-1}$，$AgCl$ 的溶解度为 $y\ mol \cdot L^{-1}$，则

$$Ag_2CrO_4(s) \rightleftharpoons 2Ag^+(aq) + CrO_4^{2-}(aq)$$
$$\qquad\qquad\qquad 2x \qquad\quad x$$

$$K_{sp}(Ag_2CrO_4) = [Ag^+]^2[CrO_4^{2-}] = (2x)^2(x) = 4x^3$$

即 $\qquad 4x^3 = 1.12 \times 10^{-12} \qquad x = 1.04 \times 10^{-4} mol \cdot L^{-1}$

$$AgCl(s) \rightleftharpoons Ag^+(aq) + Cl^-(aq)$$
$$\qquad\qquad\quad y \qquad\quad y$$

$$K_{sp}(AgCl) = [Ag^+][Cl^-] = y^2$$

即 $\qquad y^2 = 1.77 \times 10^{-10} \qquad y = 1.33 \times 10^{-5} mol \cdot L^{-1}$

$$x > y$$

所以 Ag_2CrO_4 在纯水中的溶解度较大。

由例6-1可以看出：①在计算难溶物溶解离子的平衡浓度时不要搞错计量关系，如1mol Ag_2CrO_4 溶于水将产生2mol $Ag^+(aq)$，因此 $x\ mol \cdot L^{-1}$ 铬酸银溶于水形成的铬酸银溶液中银离子平衡浓度 $[Ag^+] = 2x$，而不是 x。②铬酸银的溶度积比氯化银的溶

度积小,但计算的结果,铬酸银的溶解度却比氯化银的溶解度大,这说明类型不同的难溶电解质的溶度积大小不能直接反映出它们的溶解度的大小,因为它们的溶度积与溶解度的关系式是不同的。

第二节 溶度积规则及其应用

一、溶度积规则

在 $BaSO_4$ 饱和溶液中,$Ba^{2+}(aq)$ 和 $SO_4^{2-}(aq)$ 浓度的乘积等于溶度积 K_{sp}。若将 $BaCl_2$ 和 Na_2SO_4 等含 $Ba^{2+}(aq)$ 和 $SO_4^{2-}(aq)$ 离子的溶液混合,可将混合溶液中的钡离子和硫酸根离子的起始浓度的乘积标记为:

$$J = c(Ba^{2+}) \cdot c(SO_4^{2-})$$

J 的表达式的形式与溶度积相同,但它不是平衡浓度 $[Ba^{2+}]$ 与 $[SO_4^{2-}]$ 的乘积而是混合物起始浓度 $c(Ba^{2+})$ 与 $c(SO_4^{2-})$ 的乘积,被称为离子积。

则当

$$J = c(Ba^{2+}) \cdot c(SO_4^{2-}) > K_{sp}$$

混合溶液是过饱和溶液,沉淀溶解平衡将向生成沉淀的方向移动,将有 $BaSO_4$ 沉淀生成。

当混合溶液中的钡离子和硫酸根离子的起始浓度的乘积小于溶度积:

$$J = c(Ba^{2+}) \cdot c(SO_4^{2-}) < K_{sp}$$

混合溶液是不饱和溶液,若同时有硫酸钡固体存在,沉淀溶解平衡将向沉淀溶解的方向移动,即该溶液不会有 $BaSO_4$ 沉淀生成。

当

$$J = c(Ba^{2+}) \cdot c(SO_4^{2-}) = K_{sp}$$

混合溶液处于沉淀溶解平衡状态,既不会有 $BaSO_4$ 沉淀产生,也不会有 $BaSO_4$ 沉淀溶解。

对于一般组成的难溶电解质 M_mA_n,其离子积为:

$$J = c(M)^m \cdot c(A)^n$$

当 $J > K_{sp}$ 时,溶液为过饱和溶液,有沉淀生成。
当 $J = K_{sp}$ 时,溶液为饱和溶液,沉淀与溶解达到动态平衡。
当 $J < K_{sp}$ 时,溶液未达到饱和,无沉淀生成或已有的沉淀发生溶解。

以上关系称为溶度积原理,也叫溶度积规则。利用溶度积原理,可以判断沉淀的产生或溶解,或者沉淀和溶液是否处于平衡状态(饱和溶液)。

【例 6-2】 $0.100 mol \cdot L^{-1}$ 的 $MgCl_2$ 溶液和等体积同浓度的氨水混合,会不会生成 $Mg(OH)_2$ 沉淀?已知 $K_{sp}[Mg(OH)_2] = 5.61 \times 10^{-12}$,$K_b(NH_3) = 1.77 \times 10^{-5}$。

解: $c(Mg^{2+}) = c(MgCl_2) = 0.0500 mol \cdot L^{-1}$

$c(OH^-)$ 等于混合溶液中的 NH_3 发生碱式解离产生的 $[OH^-]$：

$$NH_3 + H_2O \rightleftharpoons NH_4^+ + OH^-$$

$K_b(NH_3) = 1.77 \times 10^{-5}$，$c(NH_3) = 0.0500 \text{mol} \cdot L^{-1}$，$c/K_b > 400$，可用最简式计算 $[OH^-]$：

$$[OH^-] = \sqrt{K_b c} = \sqrt{1.77 \times 10^{-5} \times 0.0500} = 9.41 \times 10^{-4} \text{mol} \cdot L^{-1}$$

$$J = c(Mg^{2+}) \cdot c(OH^-)^2 = 0.0500 \times (9.41 \times 10^{-4})^2 = 4.4 \times 10^{-8} > K_{sp}[Mg(OH)_2]$$

所以会生成 $Mg(OH)_2$ 沉淀。

二、沉淀的生成与溶解

（一）沉淀的生成

根据溶度积规则，在难溶电解质溶液中，如果离子积 J 大于该难溶电解质的溶度积常数 K_{sp}，就会有沉淀生成。因此，当我们要求溶液中析出沉淀或某种离子沉淀完全时，就必须创造条件，使 $J > K_{sp}$。一般采用加入沉淀剂的方法使沉淀析出。例如，如果要除去溶液中的 SO_4^{2-} 离子，可往其溶液中加入可溶性的钡盐。此外，由于溶液的 pH 往往影响沉淀的溶解度，故也可以通过控制溶液 pH 的方法，使弱酸的难溶盐或难溶的氢氧化物析出沉淀。

【例 6-3】 AgCl 的 $K_{sp} = 1.80 \times 10^{-10}$，将 $0.001 \text{mol} \cdot L^{-1}$ NaCl 和 $0.001 \text{mol} \cdot L^{-1}$ $AgNO_3$ 溶液等体积混合，是否有 AgCl 沉淀生成？

解：两溶液等体积混合后，Ag^+ 和 Cl^- 浓度都减小到原浓度的 1/2，则

$$c(Ag^+) = c(Cl^-) = 1/2 \times 0.001 \text{mol}/L = 0.005 \text{mol} \cdot L^{-1}$$

在混合溶液中，则 $c(Ag^+) \cdot c(Cl^-) = (0.005)^2 = 2.5 \times 10^{-5} > K_{sp}$

所以有 AgCl 沉淀生成。

根据同离子效应，欲使溶液中某离子沉淀，加入过量的沉淀剂是有利的，但一般以过量理论计算值的 10%~20% 为宜。如果过量太多，溶液中离子总浓度太大，此时盐效应就会显著增大，反而会增大难溶物溶解度。当然，在相当范围内，过量的沉淀剂的同离子效应远大于盐效应。此外，加入过多沉淀剂还会使被沉淀离子发生一些副反应，使难溶电解质的溶解度增加。例如，要沉淀 Ag^+ 离子，若加入太多过量的 NaCl 可形成 $[AgCl_2]^-$ 配离子，反而影响 AgCl 沉淀的生成。

（二）沉淀的溶解

根据溶度积规则，只要在难溶电解质的饱和溶液中加入某种试剂，使溶液中离子的浓度降低，满足 $J < K_{sp}$，沉淀就会不断溶解。促使沉淀溶解常用的方法有。

1. 生成弱电解质

（1）生成弱酸。如 $CaCO_3$、ZnS、FeS 等都可溶解于稀盐酸中，这是因为难溶盐的阴离子能与 H^+ 作用生成难电离的弱酸，致使溶液中弱酸根的浓度减小，结果 $J < K_{sp}$，沉淀溶解。例如 ZnS(s) 溶于盐酸中的反应为：

$$ZnS(s) \rightleftharpoons Zn^{2+}(aq) + S^{2-}(aq) \quad ①$$
$$2H^+(aq) + S^{2-}(aq) = H_2S(aq) \quad ②$$

①+②得到总反应为：$ZnS(s) + 2H^+(aq) \rightleftharpoons Zn^{2+}(aq) + H_2S(aq)$

像这种溶液中有三种平衡同时建立的平衡,称为多重平衡(或竞争平衡),其多重平衡常数为:

$$K = \frac{c(H_2S)c(Zn^{2+})}{c^2(H^+)} = \frac{K_{sp}}{K_{a_2}K_{a_1}}$$

由上式不难看出,K_{sp} 越大,弱酸的 K_a 越小,K 越大,反应进行得越完全。

难溶的弱酸盐在强酸中能否溶解,除与酸的强弱有关外,还与其自身溶解的难易程度有关。有许多金属硫化物,因为它们的溶解度太小而难溶于盐酸等强酸中,如 CuS 只能溶于 HNO_3 中,而 HgS 只能溶于王水中。

【例6-4】 25℃下,于 $0.010mol \cdot L^{-1}$ FeSO₄ 溶液中通入 $H_2S(g)$,使其成为饱和溶液 $[c(H_2S) = 0.10mol \cdot L^{-1}]$。用 HCl 调节 pH,使 $c(HCl) = 0.30mol \cdot L^{-1}$。试判断能否有 FeS 生成。

解: $FeS(s) + 2H^+(aq) \rightleftharpoons Fe^{2+}(aq) + H_2S(aq)$

$$J = \frac{c(Fe^{2+})c(H_2S)}{c(H^+)^2} = \frac{0.01 \times 0.10}{0.30^2} = 0.011$$

因为 $K_{sp} = 600$,$J < K_{sp}$,所以无 FeS 沉淀生成。

(2) 生成弱碱。如 $Mg(OH)_2(s)$ 难溶于水却易溶于 $NH_4Cl(aq)$,这是因为其阴离子与 NH_4^+ 结合生成了弱碱氨水,其反应如下:

$$Mg(OH)_2(s) + 2NH_4^+(aq) \rightleftharpoons Mg^{2+}(aq) + 2NH_3 \cdot H_2O$$

(3) 生成水。难溶的金属氢氧化物可溶于强酸,原因是其阴离子与 H^+ 结合生成了水。如:

$$Cu(OH)_2(s) + 2H^+(aq) \rightleftharpoons Cu^{2+}(aq) + 2H_2O$$

2. 发生氧化还原反应

例如 CuS、Ag_2S 在盐酸中不能溶解,但可溶于硝酸中;而 HgS 不溶于硝酸却能溶于王水中:

$$CuS(s) + 8HNO_3 \rightleftharpoons 3Cu(NO_3)_2 + 2NO\uparrow + 3S\downarrow + 4H_2O$$

$$3HgS(s) + 2HNO_3 + 12HCl \rightleftharpoons 3H_2[HgCl_4] + 2NO\uparrow + 3S\downarrow + 4H_2O$$

3. 生成配合物

例如:AgCl、$Cu(OH)_2$ 可以溶于氨水;HgI_2 可溶于 KI 溶液:

$$Cu(OH)_2(s) + 4NH_3(aq) \rightleftharpoons [Cu(NH_3)_4]^{2+} + 2OH^-$$

$$AgCl(s) + 2NH_3(aq) \rightleftharpoons [Ag(NH_3)_2]^+ + Cl^-$$

$$HgI_2(s) + 2I^- \rightleftharpoons [HgI_4]^{2-}$$

三、分步沉淀与沉淀转化

(一) 分步沉淀

如果溶液中含有几种同时可被同一种沉淀剂所沉淀的离子时,当加入沉淀剂时,由于各种沉淀的溶度积及溶液中被沉淀离子的浓度等因素不同,形成沉淀的先后顺序就不同。这种先后沉淀的现象叫做分步沉淀或分级沉淀。

【例 6-5】 在含有 $0.10\,\text{mol}\cdot\text{L}^{-1}\,\text{Cl}^-$ 和 $0.10\,\text{mol}\cdot\text{L}^{-1}\,\text{CrO}_4^{2-}$ 的溶液中，加入 AgNO_3 固体，问 AgCl 和 Ag_2CrO_4 哪个先开始生成沉淀？

解：
$$\text{AgCl}(s) \rightleftharpoons \text{Ag}^+(aq) + \text{Cl}^-(aq)$$
$$K_{sp}(\text{AgCl}) = [\text{Ag}^+][\text{Cl}^-] = 1.8 \times 10^{-10}$$
$$[\text{Ag}^+] \times 0.10 = 1.8 \times 10^{-10}$$
$$[\text{Ag}^+] = 1.8 \times 10^{-9}\,\text{mol}\cdot\text{L}^{-1}$$

而 $\text{Ag}_2\text{CrO}_4(s) \rightleftharpoons 2\text{Ag}^+(aq) + \text{CrO}_4^{2-}(aq)$
$$K_{sp}(\text{Ag}_2\text{CrO}_4) = [\text{Ag}^+]^2[\text{CrO}_4^{2-}] = 1.2 \times 10^{-12}$$
$$[\text{Ag}^+]^2 \times 0.10 = 1.2 \times 10^{-12}$$
$$[\text{Ag}^+] = 3.5 \times 10^{-6}\,\text{mol}\cdot\text{L}^{-1}$$

可见开始生成 AgCl 沉淀时所需要 Ag^+ 浓度远远小于 Ag_2CrO_4 沉淀所需要的 Ag^+ 浓度，所以在这个过程首先生成的是 AgCl 沉淀。

【例 6-6】 计算例 6-5 中 Ag_2CrO_4 开始沉淀时溶液中 Cl^- 浓度为多少？

解： 在例 6-5 中已经计算出 Ag_2CrO_4 开始沉淀时所需要的 Ag^+ 浓度为 $3.5 \times 10^{-6}\,\text{mol}\cdot\text{L}^{-1}$

根据
$$K_{sp}(\text{AgCl}) = [\text{Ag}^+][\text{Cl}^-] = 1.8 \times 10^{-10}$$
$$[\text{Cl}^-] \times 3.5 \times 10^{-6} = 1.8 \times 10^{-10}$$
$$[\text{Cl}^-] = 5.1 \times 10^{-5}\,\text{mol}\cdot\text{L}^{-1}$$

这就是说，Cl^- 浓度从 0.10 一直减小到 5.1×10^{-5} 以前不会有 Ag_2CrO_4 沉淀生成，在 Ag_2CrO_4 开始沉淀时，溶液中的 Cl^- 浓度仅为原来浓度的 0.04%，不过，因为 $5.1 \times 10^{-5} > 1.0 \times 10^{-5}$，所以当 Ag_2CrO_4 开始沉淀时，Cl^- 还未沉淀完全。

（二）沉淀的转化

在实际工作中，常需要将沉淀从一种形式转化为另一种形式。例如锅垢中含有 CaSO_4，不易除去，可以用 Na_2CO_3 溶液加以处理，使之转化为易溶于酸的 CaCO_3 沉淀，便于除去。这种将难溶的物质通过加入某种试剂使之转化为另一种更难溶的物质的过程，称为沉淀的转化。例如：

$$\text{AgCl}(s) + \text{I}^-(aq) \rightleftharpoons \text{AgI}(s) + \text{Cl}^-(aq)$$

该反应的平衡常数为：$K = \dfrac{c(\text{Cl}^-)}{c(\text{I}^-)} = \dfrac{K_{sp}(\text{AgCl})}{K_{sp}(\text{AgI})} = \dfrac{1.77 \times 10^{-10}}{8.52 \times 10^{-17}} = 2.1 \times 10^6$

K 值很大，说明反应进行得很完全，即 $\text{AgCl}(s)$ 可完全转化为 $\text{AgI}(s)$。

第三节 沉淀滴定法

基于沉淀溶解平衡的沉淀滴定分析是最古老的分析方法之一，在 19 世纪就创立了准确的测定氯的银量法，从而确定了沉淀滴定分析的基础。然而这一分析方法因为其反应慢；一些晶状沉淀易形成过饱和溶液；沉淀溶解度较大，等量点时沉淀不完全；组成不稳定、副反应及共沉淀等对滴定分析结果的影响较大；缺乏合适的指示剂等因素，使其应用受到了限制。本节介绍三种重要的银量法。

一、莫尔法

用 K_2CrO_4 做指示剂的银量法称为莫尔法。其基本原理为在含 Cl^- 的中性溶液中,以 K_2CrO_4 为指示剂,用 $AgNO_3$ 标准溶液滴定。由于 $AgCl(s)$ 的溶解度比 Ag_2CrO_4 的溶解度小,根据分步沉淀的原理,溶液中首先析出 AgCl 沉淀。当 AgCl 定量沉淀后,过量一滴 $AgNO_3$ 标准溶液(0.04mL),就与指示剂中的 CrO_4^{2-} 作用生成 Ag_2CrO_4 砖红色的沉淀,指示滴定终点到达。用化学方程式表示为:

$$Ag^+ + Cl^- \rightleftharpoons AgCl\downarrow(白色沉淀)$$
$$2Ag^+(过量) + CrO_4^{2-} \rightleftharpoons Ag_2CrO_4\downarrow(砖红色沉淀)$$

莫尔法中,指示剂的用量和溶液的酸度是两大关键问题。

(一) 指示剂的用量

根据溶度积规则,在等量点时,Ag^+ 浓度为:

$$c(Ag^+) = c(Cl^-) = \sqrt{K_{sp}(AgCl)} = \sqrt{1.77\times10^{-10}} = 1.33\times10^{-5}\,mol\cdot L^{-1}$$

要求刚好析出 Ag_2CrO_4 沉淀,以指示终点的到达。此时,

$$c(CrO_4^{2-}) = \frac{K_{sp}(Ag_2CrO_4)}{c^2(Ag^+)} = \frac{1.12\times10^{-12}}{(1.33\times10^{-5})^2} = 6.33\times10^{-3}\,mol\cdot L^{-1}$$

一般滴定终点时,K_2CrO_4 的浓度为 $0.005\,mol\cdot L^{-1}$ 较宜。

(二) 滴定条件和应用范围

1. 滴定条件

(1) 滴定在中性或弱碱性溶液中进行,最适宜酸度为 $pH = 6.5\sim10.5$。
(2) 被滴定的溶液中不能有 NH_3 存在。
(3) 滴定须剧烈摇动。

2. 应用范围

莫尔法选择性差,只适用于测定 Cl^- 和 Br^-,不适合 I^- 和 SCN^- 的测定。因为 AgI 及 AgSCN 沉淀对 I^-、SCN^- 有强烈的吸附作用。如测 Ag^+,应用返滴定法,即首先往待测的 Ag^+ 溶液中加入定量过量的 NaCl 标准溶液,待沉淀完全以后,再用 $AgNO_3$ 标准溶液回滴过量的 Cl^-。

二、佛尔哈德法——利用生成有色配合物指示终点

用铁铵矾 $[NH_4Fe(SO_4)_2\cdot12H_2O]$ 作指示剂的银量法称为佛尔哈德法。本法又可分为直接滴定和返滴定两种方式。

(一) 直接滴定法

直接滴定法测定 Ag^+。在含 Ag^+ 的酸性($pH=0\sim1$)溶液中,以硫酸铁铵溶液作指示剂,用 NH_4SCN(或 KSCN)作标准溶液滴定。溶液中先析出 AgSCN 沉淀,当 Ag^+ 定量沉淀后,过量的一滴 NH_4SCN 溶液与 Fe^{3+} 生成浅红色配合物,即为滴定终点。

$$Ag^+ + SCN^- \rightleftharpoons AgSCN\downarrow（白色） \quad K_{sp}^{\ominus} = 1.0 \times 10^{-12}$$

$$Fe^{3+} + SCN^- \rightleftharpoons [Fe(SCN)]^{2+}（红色） \quad K_f^{\ominus} = 1.38 \times 10^2$$

滴定时，溶液酸度控制在 pH = 0~1 范围内，溶液浓度控制在 0.1~1mol·L^{-1}。这时，Fe^{3+} 主要以 [Fe(H$_2$O)$_6$]$^{3+}$ 形式存在，颜色较浅。如果酸度较低，Fe^{3+} 会发生水解生成颜色较深的棕色 [Fe(H$_2$O)$_5$(OH)]$^{2+}$ 或 [Fe(H$_2$O)$_4$(OH)$_2$]$^+$，会影响终点的观察。

在等量点时，SCN$^-$ 浓度为：

$$c(SCN^-) = c(Ag^+) = \sqrt{K_{sp}(AgSCN)} = \sqrt{1.0 \times 10^{-12}} = 1.0 \times 10^{-6}\text{mol·L}^{-1}$$

要求此时刚好生成 [Fe(SCN)]$^{2+}$ 以确定终点，Fe^{3+} 的浓度应为：

$$c(Fe^{3+}) = \frac{c([Fe(SCN)]^{2+})}{1.38 \times 10^2 \times c(SCN^-)}$$

一般 [Fe(SCN)]$^{2+}$ 浓度要达到 6.0×10^{-6}mol·L^{-1} 左右才能观察到明显的浅红色，所以：

$$c(Fe^{3+}) = \frac{6.6 \times 10^{-6}}{1.38 \times 10^2 \times 1.0 \times 10^{-6}} = 4.3 \times 10^{-2}\text{mol·L}^{-1}$$

但在实际中，Fe^{3+} 如此大的浓度呈较深的橙黄色，影响终点的观察，故通常保持 Fe^{3+} 浓度为 0.015mol·L^{-1}。这样引起的误差小，又不影响终点的观察。为防止 Ag$^+$ 被 AgSCN 吸附，滴定时必须充分摇动锥形瓶，以防滴定结果偏低。

（二）返滴定法

返滴定法常用于测定 Cl$^-$、Br$^-$、I$^-$、SCN$^-$。例如测定 Cl$^-$ 离子时，首先要向试液中加入已知量过量的 AgNO$_3$ 标准溶液，然后，以铁铵矾作指示剂，用 NH$_4$SCN 标准溶液返滴定过量的 Ag$^+$。

返滴定时，NH$_4$SCN 标准溶液首先与溶液中剩余的 Ag$^+$ 反应，Ag$^+$ 与 SCN$^-$ 反应完全以后，过量一滴 NH$_4$SCN 便与 Fe^{3+} 反应，生成浅红色配合物，指示终点到达。但是，由于 AgCl 的溶解度比 AgSCN 大，过量的 SCN$^-$ 将使沉淀发生转化，平衡右移。

$$AgCl(s) + SCN^- \rightleftharpoons AgSCN(s) + Cl^-$$

沉淀的转化进行得较慢，所以溶液出现红色后，随着不断地摇动溶液，红色又消失，这样就得不到准确的终点。要想得到持久的红色，就必须继续滴入 NH$_4$SCN 标准溶液，直到 Cl$^-$ 与 SCN$^-$ 建立起平衡关系为止，这样会产生较大的误差。为避免上述误差，通常采用以下两种措施：

（1）将溶液煮沸；

（2）加入保护沉淀的有机溶剂。

用返滴定法测定溴化物或碘化物时，由于生成的 AgBr 或 AgI 沉淀的溶解度比 AgSCN 的小，不至于发生上述转化反应。因而，不必滤去沉淀或加入有机溶剂。但在测定 I$^-$ 时，应先加入过量的 AgNO$_3$ 标准溶液，将 I$^-$ 全部沉淀为 AgI 以后，才能加指示剂，否则将发生以下反应产生误差：

$$2Fe^{3+} + 2I^- \rightleftharpoons 2Fe^{2+} + I_2$$

(三) 应用范围

由于佛尔哈德法比莫尔法选择性好、操作简单、准确度也高，其最大优点是在酸性溶液中滴定。所以，在农业中常用于测定有机氯农药，如六六六、DDT 等；许多弱酸根离子，如 PO_4^{3-}、AsO_4^{3-}、CrO_4^{3-} 等都不干扰测定。但是，强氧化剂、氮的低价氧化物、铜盐及汞盐则干扰测定，应预先除去。

三、沉淀滴定分析的应用

1. 自来水中 Cl^- 含量的测定

自来水中 Cl^- 含量一般采用莫尔法进行测定。准确移取一定量的水样于锥形瓶中，加入适量的 K_2CrO_4 指示剂，用 $AgNO_3$ 标准溶液（$0.005 mol \cdot L^{-1}$）滴定到体系由黄色混浊（AgCl 沉淀在黄色的 K_2CrO_4 溶液中的颜色）变为浅红色（有少量砖红色的 Ag_2CrO_4 沉淀产生），即为终点。分析结果可按下式计算：

$$Cl^-(g \cdot mL^{-1}) = \frac{c(AgNO_3) \cdot V(AgNO_3) \times 10^{-3} \times M}{V_{样}}$$

式中：$c(AgNO_3)$ 为 $AgNO_3$ 标准溶液的浓度，$mol \cdot L^{-1}$；$V(AgNO_3)$ 为水样消耗 $AgNO_3$ 标准溶液体积，mL；M 为 Cl 的摩尔质量，$g \cdot mol^{-1}$；$V_{样}$ 为水样体积，mL。

2. 有机卤化物中卤素的测定

有机物中所含卤素多以共价键结合，需经预处理使之转化为卤素离子后再用银量法测定。以农药"六六六"（六氯环己烷）为例：称取一定质量的试样，先将试样与 KOH 的乙醇溶液一起加热回流，使有机氯转化为 Cl^- 离子而进入溶液。待溶液冷却后，加入 HNO_3 调至溶液呈酸性，再加入一定量过量的 $AgNO_3$ 标准溶液，然后以铁铵矾为指示剂，用 NH_4SCN 标准溶液返滴定过量的 $AgNO_3$。

$$C_6H_6Cl_6 + 3OH^- \longrightarrow C_6H_3Cl_3 + 3Cl^- + 3H_2O$$

$$Cl 含量(\%) = \frac{[c(AgNO_3) \cdot V(AgNO_3) - c(NH_4SCN) \cdot V(NH_4SCN)] \times 10^{-3} \times M}{m_{样}} \times 100\%$$

式中：$c(AgNO_3)$ 为 $AgNO_3$ 标准溶液的浓度，$mol \cdot L^{-1}$；$V(AgNO_3)$ 为 $AgNO_3$ 标准溶液的体积，mL；$c(NH_4SCN)$ 为 NH_4SCN 标准溶液的浓度，$mol \cdot L^{-1}$；$V(NH_4SCN)$ 为消耗 NH_4SCN 标准溶液的体积，mL；M 为 Cl 的摩尔质量，$g \cdot mol^{-1}$；$m_{样}$ 为水样质量，g。

第四节 重量分析法

一、重量分析法的分类和特点

(一) 重量分析法定义

将被测组分与试样中的其他组分分离后，转化为一定的称量形式，然后用称重方法测定该组分的含量的分析方法。

（二）分类

1. 沉淀法

利用沉淀反应使被测组分生成溶解度很小的沉淀，将沉淀过滤、洗涤后，烘干或灼烧成为组成一定的物质，然后称其质量，再计算被测组分的含量。

2. 气化法

通过加热或其他方法使试样中的被测组分挥发逸出，然后根据试样重量的减轻计算该组分的含量；或者当该组分逸出时，选择一吸收剂将其吸收，然后根据吸收剂重量的增加计算该组分的含量。例如：测定试样中的吸湿水或结晶水。

3. 电解法

利用电解原理，使金属离子在电极上析出，然后称重，求得其含量。

（三）特点

对于高组分含量物质的测定，重量分析法比较准确，一般测定的相对误差不大于0.1%，主要用于高含量硅、磷等试样分析。但操作繁琐、费时较多、不适于生产中的控制分析，对低含量组分的测定误差较大。

二、沉淀重量分析法对沉淀形式和称量形式的要求

（一）重量分析法（沉淀法）对沉淀形式的要求

（1）沉淀的溶解度必须很小，才能保证被测组分沉淀完全。一般情况下 $K_{sp} < 10^{-8}$。

（2）沉淀应易于过滤和洗涤。颗粒较大的沉淀好于较小的沉淀，颗粒大的晶形沉淀比同质量的小颗粒沉淀具有较小的总表面积，易于洗净。

（3）沉淀力求纯净，尽量避免其他杂质的沾污。

（4）沉淀应易于转化为称量形式。

（二）重量分析法（沉淀法）对称量形式的要求

（1）称量形式必须有确定的化学组成，否则无法计算分析结果。

（2）称量形式必须十分稳定，不受空气中水分、CO_2 和 O_2 等的影响。

（3）称量形式相对的摩尔质量要大，在称量形式中被测组分的百分含量要小，这样可以提高分析准确度。

【例6-7】 测定铬含量，以哪种称量方式（Cr_2O_3 或 $BaCrO_4$）称量可得较小的误差？

解：对于 Cr_2O_3 来说

$M = 152 g \cdot mol^{-1}$，在 152mg Cr_2O_3 中含 Cr 104mg，在 1mg Cr_2O_3 中含 Cr $= \dfrac{104}{152} = 0.7 mg$

对于 $BaCrO_4$ 来说

$M = 253.4 g \cdot mol^{-1}$，在 253.4mg $BaCrO_4$ 中含 Cr 52mg，在 1mg $BaCrO_4$ 中含有

$$Cr = \dfrac{52}{253.4} = 0.2 mg$$

通过计算可知，以 $BaCrO_4$ 称量形式进行称量可得较小误差。

（三）沉淀剂的选择

（1）沉淀剂应选择性高，而且应为易挥发、易分解，便于灼烧除去。

（2）沉淀剂应具有特效性。

有机沉淀剂具有较大分子量和选择性，具有较小的溶解度，带有鲜艳的颜色和便于洗涤的结构。其所形成的沉淀只需要烘干即可称量。

三、重量分析结果的计算

由称量形式的重量计算被测组分的含量时，需引入换算因子 F。F 是由称量形式与被测组分的定量关系决定的。在计算化学因数 F 时，必须给待测组分的摩尔质量和称量形式的摩尔质量乘以适当系数，使 F 的分子分母中待测元素的原子数目相等。

如用 $BaSO_4$ 沉淀重量法测定试样中硫的含量时，$F = \dfrac{M(S)}{M(BaSO_4)} = 0.1374$。又如，用 $Mg_2P_2O_7$ 的称量形式测定 MgO 的含量时，$F = \dfrac{2 \times M(MgO)}{M(Mg_2P_2O_7)} = 0.3622$。

【例 6-8】 求从 8-羟基喹啉铝$(C_9H_6NO)_3Al$ 的质量计算 Al_2O_3 的质量的换算因子。

解：
$$F = \frac{M(Al_2O_3)}{2M[(C_9H_6NO)_3Al]} = \frac{101.96}{2 \times 459.43} = 0.1110$$

【例 6-9】 重量法测 Fe，试样为 $m_s = 0.1666g$，沉淀 Fe_2O_3 称重为 $0.1370g$，求 $w(Fe)$，$w(Fe_3O_4)$。

解：
$$w(Fe) = \frac{m(Fe_2O_3) \cdot \dfrac{2M(Fe)}{M(Fe_2O_3)}}{m_s} = \frac{0.1370 \times \dfrac{2 \times 55.845}{159.69}}{0.1666} = 57.42\%$$

$$w(Fe_3O_4) = \frac{m(Fe_2O_3) \cdot \dfrac{2M(Fe_3O_4)}{3M(Fe_2O_3)}}{m_s} = \frac{0.1370 \times \dfrac{2 \times 231.54}{3 \times 159.69}}{0.1666} = 79.49\%$$

复习思考题

一、填空题

1. 比较 $Mg(OH)_2$ 在四种液体中的溶解度大小：（A）纯 H_2O，（B）$0.1mol \cdot L^{-1}$ 氨水，（C）$0.1mol \cdot L^{-1} NH_4Cl$，（D）$0.1mol \cdot L^{-1} HCl$ _____。

2. 某溶液中含有 $CaF_2(s)(K_{sp} = 1.5 \times 10^{-10})$ 和 $CaCO_3(s)(K_{sp} = 5.0 \times 10^{-9})$，若 $c(F^+) = 2.0 \times 10^{-4} mol \cdot L^{-1}$，则 $c(CO_3^{2-})$ 为 _____。

3. Ag_2SO_4 饱和水溶液中，溶解浓度为 $2.5 \times 10^{-2} mol \cdot L^{-1}$，其溶度积 K_{sp} 为 _____。Ag_2SO_4 在 $0.5mol \cdot L^{-1}$ 的 $AgNO_3$ 溶液中溶解度应为 _____ $mol \cdot L^{-1}$。将 Ag_2SO_4 溶于 $0.625mol \cdot L^{-1}$ 的硫酸中，溶解度应为 _____ $mol \cdot L^{-1}$。

4. 要将 $Mg(OH)_2$ 与 $Fe(OH)_3$ 沉淀分离，可加入 _____ 试剂。

5. Ag_2S 可溶于 HNO_3，主要原因是 _____，反应式为 _____。

6. J 称 _____，K_{sp} 称 _____，二者不同点是 _____。

7. 溶度积原理是：$J > K_{sp}$ _____，$J < K_{sp}$ _____。

8. $Ba_3(PO_4)_2$ 的溶度积表达式是 _____，而 $Mg(NH_4)PO_4$ 的溶度积表达式是 _____。

9. 难溶电解质 A_3B_2 在水中的 $s = 10^{-6} mol \cdot L^{-1}$，则 $c(A^{2+}) =$ _____ $mol \cdot L^{-1}$，$c(B^{3-}) =$ _____ $mol \cdot L^{-1}$，$K_{sp} =$ _____。

10. 难溶电解质 M_nB_m 的沉淀溶解平衡方程式是 _____，溶度积表达式是 _____。

二、计算题

1. 分别计算 Cd^{2+} 在纯水、酸雨（pH 以 5.6 计）中的溶解度，通过计算说明酸雨对环境的危害。$K_{sp}(Cd(OH)_2) = 5.27 \times 10^{-15}$。

2. 某厂排放废水中含有 $1.47 \times 10^{-3} mol \cdot L^{-1}$ 的 Hg^{2+}，用化学沉淀法控制 pH 为多少时才能达到排放标准 [Hg^{2+} 排放标准为 $0.001 mg \cdot L^{-1}$，Hg 的相对原子质量为 $200.6 g \cdot mol^{-1}$，$K_{sp}(Hg(OH)_2) = 3.0 \times 10^{-26}$]？

3. 水中铁盐会导致红棕色 $Fe(OH)_3$ 在瓷水槽里沉积，通常用草酸（$H_2C_2O_4$）溶液去洗涤，以除去这种沉积物。试计算证明所列两个方程中，哪一个能更好地表达 $Fe(OH)_3$ 的溶解原理。

（1） $2Fe(OH)_3(s) + 3H_2C_2O_4(aq) = 2Fe^{3+}(aq) + 6H_2O + 3C_2O_4^{2-}(aq)$

（2） $Fe(OH)_3(s) + 3H_2C_2O_4(aq) = Fe(C_2O_4)_3^{3-}(aq) + 3H_2O + 3H^+(aq)$

已知 $K_{sp}(Fe(OH)_3) = 2.6 \times 10^{-39}$，$K_f^{\ominus}(Fe(C_2O_4)_3^{3-}) = 1.0 \times 10^{20}$，$K_{a,1}(H_2C_2O_4) = 6 \times 10^{-2}$，$K_{a,2}(H_2C_2O_4) = 6 \times 10^{-5}$。

4. 已知 $K_{sp}(CaF_2) = 3.4 \times 10^{-11}$，$K_{sp}(SrF_2) = 2.9 \times 10^{-9}$，$CaF_2$ 和 SrF_2 共存时，求各自的溶解度？

5. 在离子浓度各为 $0.1 mol \cdot L^{-1}$ 的 Fe^{3+}、Cu^{2+}、H^+ 等离子的溶液中，是否会生成铁和铜的氢氧化物沉淀？当向溶液中逐滴加入 NaOH 溶液时（设总体积不变）能否将 Fe^{3+}、Cu^{2+} 离子分离。

6. 已知 HAc 和 HCN 的 K_a 分别为 1.8×10^{-5} 和 4.93×10^{-10}，$K_{sp}(AgCN) = 1.6 \times 10^{-14}$，求 AgCN 在 $1 mol \cdot L^{-1}$ HAc 和 $1 mol \cdot L^{-1}$ NaAc 混合溶液中的溶解度？

7. 将 50mL 含 0.95g $MgCl_2$ 的溶液与等体积的 $1.8 mol \cdot L^{-1}$ 氨水混合，问在溶液中应加入多少克固体 NH_4Cl 才可防止 $Mg(OH)_2$ 沉淀生成？已知 $K_b(NH_3) = 1.8 \times 10^{-5}$，$Mg(OH)_2$ 的 $K_{sp} = 1.2 \times 10^{-11}$。

8. 某溶液中含有 Ag^+、Pb^{2+}、Ba^{2+}、Sr^{2+}，各种离子浓度均为 $0.10 mol \cdot L^{-1}$，如果逐滴加入 K_2CrO_4 稀溶液（溶液体积变化略而不计），通过计算说明上述多种离子的铬酸盐开始沉淀的顺序。

9. 常温下 Mg(OH)$_2$ 的 $K_{sp} = 1.2 \times 10^{-11}$，求同温度下其饱和溶液的 pH？

10. 将 50mL 含 0.95g MgCl$_2$ 的溶液与等体积 1.80mol·L^{-1} 氨水混合，问在所得的溶液中应加入多少克固体 NH$_4$Cl 才可防止 Mg(OH)$_2$ 沉淀生成？已知：Mg(OH)$_2$ 的 $K_{sp} = 1.8 \times 10^{-11}$。

11. 用 1L Na$_2$S 溶液转化 0.10mol AgI，则 Na$_2$S 的最初浓度为多少？

第七章 配位平衡与配位滴定法

学海导航

学习目标
　　掌握配位化合物的组成及命名,酸碱反应对配位平衡的影响,了解多重平衡常数及其应用。

学习重点
　　配位平衡及有关计算、沉淀反应对配位平衡的影响及有关计算。

学习难点
　　常见的几种配位方法及其应用。

第一节　配位化合物

一、配位化合物的定义及组成

(一) 配位化合物的定义

为了说明配位化合物的定义,先了解由 $CoCl_3$ 衍生出的含 NH_3 化合物的一些实验事实。

将 $CoCl_3$ 水溶液用过量 NH_3 处理,随后氧化,从溶液中析出几种化合物,其中重要的几种化合物见表 7-1。

表 7-1　Co 的一些常见配位化合物

分　子　式	颜　　色
$[Co(NH_3)_6]Cl_3$	橘黄色晶体
$[Co(NH_3)_5(H_2O)]Cl_3$	粉红色晶体
$[Co(NH_3)_5Cl]Cl_2$	紫色化合物
$[Co(NH_3)_4Cl_2]Cl$	绿色化合物

表7-1显示的几种分子式就是配位化合物,可以看出配位化合物在组成上的特点是由正离子(或中性原子)作为中心,有若干个负离子或中性分子按一定的空间位置排列在中心离子(或原子)的周围,以配位键与其结合而形成一类复杂的新型化合物即配位化合物,简称为配合物,在分析化学中通常称为络合物。类似于此类化合物的还有$[Ag(NH_3)_2]Cl$、$K_2[HgI_4]$、$K_4[Fe(CN)_6]$等。

(二)配合物的组成

配位化合物一般由内界和外界构成,内界称为配位个体,一般用方括号标明,内界以外的其他离子称为外界。以$[Co(NH_3)_6]Cl_3$为例,Co是中心原子又称中心离子,它位于配离子中心,是配合物的核心部分,中心离子一般多是带正电荷的离子,常见的配位中心离子有Cu^{2+}、Fe^{2+}、Fe^{3+}、Ag^+、Hg^{2+}等。而Fe、Ni、Co及某些非金属元素B、Si等也可作为配位化合物内界的核心部分,成为中心原子。与中心原子或离子以配位键结合的分子或离子,如NH_3、H_2O、Cl^-、en、EDTA、CN^-称为配位体(简称配体),其数目称为配体数。与中心原子或离子以配位键结合的原子称为该中心原子的配位原子,其数目称为配位数,配位原子一般是电负性较大的非金属原子,如F、Cl、Br、I、P、O、C、N等,中心原子的配位数有2,4,6,8等,其中最常见的是4和6(5和7不常见),$[Co(NH_3)_5Cl]Cl_2$分子中,它的配位数是6。

必须注意,配合物与复盐有本质的区别。例如,由K_2SO_4和$Al_2(SO_4)$可生成复盐$KAl(SO_4)_2$(俗称明矾),它在水溶液中完全解离成其组分离子。

在水中 $KAl(SO_4)_2(s) \rightleftharpoons K^+(aq) + Al^{3+}(aq) + 2SO_4^{2-}(aq)$

但是配合物却不相同,例如$[CoCl_3(NH_3)_6]Cl_3$,它们从表面上看好像是由相应的简单化合物组成的加合物,它们在水溶液中却发生如下解离:

在水中 $[Co(NH_3)_6]Cl_3(s) \rightleftharpoons [Co(NH_3)_6]^{3+}(aq) + 3Cl^-(aq)$

二、配合物的命名

配合物的组成和结构比较复杂,命名也比较困难,因此这里仅简单介绍配合物命名的基本原则。详细的可参阅中国化学会的无机化学命名原则。

(一)命名原则

配合物的命名原则与无机化合物的命名相似,通常是按配合物的化学式从后向前依次读出它们的名称。

1. 内界与外界的命名顺序

如果配合物的外界是一个简单负离子,如Cl^-、S^{2-}和OH^-等则称为"某化某"。如果配合物的外界是一个复杂负离子,如SO_4^{2-}、CO_3^{2-}等,或是一个负配离子,如$[Fe(CN)_6]^{3-}$等,则称为"某酸某"。若外界为氢离子,配离子的名称之后缀以酸字结尾。

2. 内界的命名顺序

配体——(合)——中心离子(或原子),在配体前用汉字一,二,三,…,标明其数目；在中心离子或原子后，用罗马数Ⅰ、Ⅱ、Ⅲ…表示其氧化值。

在内界中含有多种配体时，命名的顺序是：简单离子——→复杂离子——→有机酸根离子——→H_2O——→NH_3——→有机分子，在不同配体中间可加"·"隔开。

（二）具体实例

（1）配离子

含有配正离子的配合物，命名顺序是外界——→配体——→合——→中心离子；含有配负离子的配合物，命名顺序是配体——→（合）——→中心离子——→（酸）——→外界。

$[Ag(NH_3)_2]^+$	二氨合银(Ⅰ)离子
$[Co(NH_3)_6]^{3+}$	六氨合钴(Ⅲ)离子
$[Co(NH_3)_5(H_2O)]^{3+}$	五氨·一水合钴(Ⅲ)离子
$[CrCl(NH_3)_5]^{3+}$	一氯·五氨合铬(Ⅳ)离子
$[Co(C_2O_4)_3]^{3-}$	三草酸根合钴(Ⅲ)离子

（2）配合物分子

$[PtCl_4(NH_3)_2]$	四氯·二氨合铂(Ⅳ)
$[Cu(NH_2CH_2COO)_2]$	二氨基乙酸合铜(Ⅱ)
$K_3[CoCl_3(NO_2)_3]$	三氯·三硝基合钴(Ⅲ)酸钾
$K_2[HgI_4]$	四碘合汞(Ⅱ)酸钾
$NH_4[Cr(SCN)_4(NH_3)_2]$	四(硫氰根)·二氨合铬(Ⅲ)酸铵

由于配合物的组成和结构较复杂，命名也较困难，所以有的资料中往往不写出名称，而直接用化学式表示，或沿用习惯名称，例如，$K_3[Fe(CN)_6]$叫赤血盐或铁氰化钾等。

第二节 配位平衡

一、配合物的稳定性

配合物的内外界之间是以离子键结合的，内界与外界的溶液中的解离类似于强电解质的解离。配离子（或配合分子）的中心离子与配位体间以配位键相结合，内界中的中心离子与配位体之间的解离类似于弱电解质的解离。配合物在溶液中的稳定性，实际是配离子（或配位分子）在溶液中的解离状况。例如：

$$[Ag(NH_3)_2]^+(aq) \rightleftharpoons Ag^+(aq) + 2NH_3(aq)$$

$$[Fe(CN)_6]^{3-} \rightleftharpoons Fe^{3+} + 6CN^-$$

配位平衡是一种化学平衡，它具有化学平衡的一切特点。因而可用一个相应的平衡常数来表示此平衡的特征，其平衡常数的表示方法有两种。

（一）解离常数

配离子在水溶液中像弱电解质一样只能部分解离，存在着解离平衡。将配位平衡反应按配离子解离的方式书写时的平衡常数叫解离常数 $K_{不稳}^{\ominus}$，或称不稳定常数。例如

$[Ag(NH_3)_2]^+$配离子总的解离平衡为：

$$[Ag(NH_3)_2]^+(aq) \rightleftharpoons Ag^+(aq) + 2NH_3(aq)$$

$$K^\ominus = K^\ominus_{不稳} = \frac{\left[\frac{c(Ag^+)}{c^\ominus}\right] \cdot \left[\frac{c(NH_3)}{c^\ominus}\right]^2}{\frac{c[(Ag(NH_3)_2)^+]}{c^\ominus}}$$

对相同配位体数的配离子来说，$K^\ominus_{不稳}$值越大，表示配离子越不稳定，所以称为不稳定常数。

（二）稳定常数

配离子解离反应的逆反应是配离子的生成反应，如

$$Ag^+(aq) + 2NH_3(aq) \rightleftharpoons [Ag(NH_3)_2]^+(aq)$$

$$K^\ominus_{稳} = \frac{\frac{c[(Ag(NH_3)_2)^+]}{c^\ominus}}{\left[\frac{c(Ag^+)}{c^\ominus}\right] \cdot \left[\frac{c(NH_3)}{c^\ominus}\right]^2}$$

对同一类型的配离子来说，$K^\ominus_{稳}$与$K^\ominus_{不稳}$互为倒数关系。$K^\ominus_{稳}$越大，配离子越稳定，反之则越不稳定。

二、配合物稳定常数的应用

1. 利用$K^\ominus_{稳}$的大小可以判别配合物的稳定程度

表7-2列出了几种配离子的稳定常数。

表7-2　几种配离子的稳定常数

配离子	$K^\ominus_{稳}$
$[Ag(CN)_2]^-$	1.26×10^{11}
$[Cu(SCN)_2]^-$	1.5×10^5
$[Ag(NH_3)_2]^+$	1.12×10^7

由表7-2所列数据，我们可以推断出，这些配离子的稳定性顺序为：

$$[Ag(CN)_2]^- > [Ag(NH_3)_2]^+ > [Cu(SCN)_2]^-$$

用$K^\ominus_{稳}$的大小来比较配合物稳定性大小时，应注意在相似的条件下比较。相似条件一般是指同中心离子和不同配体生成的配合物，如$[Co(NH_3)_6]^{3-}$与$[Co(C_2O_4)_3]^{3-}$；相同配位体与不同中心离子生成的配合物，如$[Zn(NH_3)_4]^{2+}$和$[Cu(NH_3)_4]^{2+}$；相同中心离子与相同配位体形成的不同配位体数的配合物，如$[Cu(en)]^+$与$[Cu(en)_2]^{2+}$等。如果中心离子与配位体都不相同，应具有相同的配位体数或相近的组成，这样的比较才有意义。否则，只能通过计算来进行比较。

2. 对于两种配离子参与的复杂反应，可根据配离子的$K^\ominus_{稳}$来判别反应进行的方向

如反应：　　　　$[HgCl_4]^{2-} + 4I^-(aq) = [HgI_4]^{2-}(aq) + 4Cl^-(aq)$

$K_{稳}^{\ominus}\{[HgI_4]^{2-}\}=6.76\times10^{29}$，$K_{稳}^{\ominus}\{[HgCl_4]^{2-}\}=1.17\times10^{15}$，因为$K_{稳}^{\ominus}\{[HgI_4]^{2-}\}\gg K_{稳}^{\ominus}\{[HgCl_4]^{2-}\}$所以上述反应肯定是自左向右进行的。

第三节 配位滴定法

一、配位滴定剂 EDTA

目前在配位滴定法中最广泛使用的是氨羧配位剂，它是以氨基二乙酸—$N(CH_2COOH)_2$为基体的有机配合剂，以 N，O 为配位原子，能与大多数金属离子形成稳定的可溶性配合物。因为其结构中的胺氮和羧氧均具有孤对电子，因此容易与金属形成配合物。

现如今的配位滴定中使用的配位剂主要是一些有机胺羧类配位剂，其中应用最为广泛的配位剂是乙二胺四乙酸(EDTA)。

$$\begin{array}{c}HOOC-CH_2CH_2-COOH\\ \diagdown\diagup\\ N-CH_2-CH_2-N\\ \diagup\diagdown\\ HOOC-CH_2CH_2-COOH\end{array}$$

乙二胺四乙酸简称 EDTA，以 H_4Y 表示。由于它在水中溶解度小(295K 时每 100mL 水溶解 0.02g)，通常用它的二钠盐 $Na_2H_2Y\cdot 2H_2O$，简称 EDTA 或 EDTA 钠盐。EDTA 二钠盐在水中溶解度较大，295K 时每 100mL 水可溶解 11.2g，此时溶液浓度约为 $0.3\text{mol}\cdot L^{-1}$，pH 约为 4.4。

二、金属离子指示剂

(一) 金属离子指示剂的作用原理

在配位滴定中可用各种方法指示终点，但是最简便、使用最广泛的是金属指示剂。金属离子指示剂是一种有机染料，它们作为配合剂可以与待测金属离子 M 发生配位反应，生成一种与染料本身颜色显著不同的配合物。它与金属离子的反应可表示为

$$M + In = MIn$$

其稳定常数：

$$K_{稳}(MIn)=\frac{[MIn]}{[M][In]} \tag{7-1}$$

下面我们以铬黑 T(EBT)为指示剂，用 EDTA 滴定 Mg^{2+} 离子为例来讨论金属离子指示剂的变色原理。

当以 EDTA 滴定 Mg^{2+} 时，开始时，溶液中有大量的 Mg^{2+}。指示剂铬黑 T(少量)和小部分的 Mg^{2+} 结合显现 MgEBT 的红色。

$$Mg^{2+} + EBT \rightleftharpoons MgEBT$$

随着 EDTA 的加入，EDTA 逐渐与 Mg^{2+} 配合，形成稳定的配合物 Mg-EDTA。

$$Mg^{2+} + EDTA \rightleftharpoons MgEDTA$$

滴定到化学计量点附近的时候，溶液的 Mg^{2+} 已经基本上被消耗完全，由于 MgEDTA 比 MgEBT 稳定，过量的 EDTA 可以从 MgEBT 中将金属离子 Mg^{2+} 夺取出来：

$$MgEBT + EDTA \rightleftharpoons MgEDTA + EBT$$
　　　　红　　　　　　　　　　　　蓝

溶液的颜色由红色转变为蓝色。

（二）金属离子指示剂应该具备的条件

（1）在滴定要求的 pH 条件下，In 和 MIn 具有明显的色变。

仍以铬黑 T 为例：

$$H_2EBT^- \xrightarrow{pH=6.3} HEBT^{2-} \xrightarrow{pH=11.6} EBT^{3-}$$
　　紫红　　　　　　蓝　　　　　　橙

由于 MEBT 一般为红色，当 pH < 6.3 时指示剂显紫红色，pH > 11.6 时指示剂显橙色，都会对滴定产生影响。我们使用铬黑 T 的酸度范围至少应该控制在 pH = 6.3~11.6。

（2）金属离子指示剂对金属离子的配位能力要弱于 EDTA 与金属离子的配合能力。否则 EDTA 不能从 MIn 中夺取 M，导致即使过了化学计量点也不变色，失去指示剂的作用。但 MIn 的稳定性也不能太低，否则终点变色不灵敏。因此，MIn 的稳定性要适当，以避免终点过早或过迟到达。一般要求 $K_{稳}(MIn) > 10^4$，以便在近终点时 [M] 很小的情况下，MIn 还能足够稳定。否则将提前变色，此时因形成混合色，使终点不敏锐，甚至无法判断终点。

（三）常见的金属离子指示剂

常见的几种金属离子指示剂及其性质见表 7-3。

表 7-3　常见的几种金属离子指示剂及其性质

指示剂名称	使用 pH 范围	颜色变化 MIn	颜色变化 In	直接滴定的离子	配制方法
铬黑 T	7~10	红	蓝	pH 10：Zn^{2+}，Pb^{2+}，Mg^{2+}，Ca^{2+}，In^{3+}，稀土离子（Cu^{2+}，Ni^{2+}，Co^{2+}，Al^{3+}，Fe^{3+}，Ti^{4+}，铂族封闭）	1:100 NaCl 研磨
酸性铬蓝 K	8~13	红	蓝	pH 10：Zn^{2+}，Mg^{2+} pH 13：Ca^{2+}	1:100 NaCl（或 KNO_3）研磨
钙指示剂	10~13	红	蓝	pH 12~13：Ca^{2+}（Cu^{2+}，Ni^{2+}，Co^{2+}，Al^{3+}，Fe^{3+} 封闭）	同上

续表

指示剂名称	使用pH范围	颜色变化 MIn	颜色变化 In	直接滴定的离子	配制方法
PAN	2~12	红	黄（或黄绿）	pH 2~3:Bi^{3+},Th^{4+},In^{3+} pH 4~5:Cu^{2+},Ni^{2+},Zn^{2+},Cd^{2+},稀土	0.2%乙醇溶液
磺基水杨酸	1.3~3	紫红	无色	pH 2~3:Fe^{3+}加热	2%水溶液
甲酚橙	<6	紫红	亮黄	pH<1:ZrO^{2+} pH 1~2:Bi^{3+} pH 2.5~3.5:Th^{4+} pH 3~6:Zn^{2+},Pb^{2+},Cd^{2+},Hg^{2+},稀土	0.2%水溶液

三、滴定曲线

与酸碱滴定类似，在用配位剂Y滴定金属离子M时，随着滴定剂的加入，溶液中M的浓度不断降低，pM值不断增大，达到化学计量点附近时，溶液的pM值发生突变。由此可见，讨论滴定过程中金属离子浓度的变化规律，即滴定曲线与影响pM突跃的因素是极其重要的。滴定曲线的两个主要因素为条件稳定常数K'_{MY}的影响和金属离子浓度的影响。

当反应达到平衡时，可以得到以[M']、[Y']及[(MY)']表示的络合物的稳定常数—条件稳定常数K'_{MY}。

$$K'_{MY} = \frac{[(MY)']}{[M'][Y']} \tag{7-2}$$

在化学计量点时，[M']$_{sp}$ = [Y']$_{sp}$，只要配合物足够稳定，[MY]$_{sp}$ = c_{sp}[M] − [M]$_{sp}$ ≈ $c(M)/2$，因此

$$[M']_{sp} = \sqrt{\frac{c_{sp}(M)}{K'(MY)}} \tag{7-3}$$

整理即可得到：

$$pM'_{sp} = \frac{[\lg K'(MY) + pc_{sp}(M)]}{2} \tag{7-4}$$

式(7-4)就是计算化学计量点时pM'值的公式。

假设用0.01mol·L^{-1}EDTA滴定金属离子，若$\lg K'_{MY}$=10，$c_{sp}(M)$分别是10^{-5}~1mol·L^{-1}，分别用等浓度的EDTA滴定，所得的滴定曲线如图7-1所示。当$\lg K'_{MY}$分别是2、4、6、8、10、12，应用式(7-4)计算出相应的滴定曲线，如图7-2所示。

配位滴定曲线的形状(滴定突跃范围)受$c_{sp}(M)$和K'_{MY}控制。当浓度$c_{sp}(M)$比较大时，滴定曲线的起点较低；K'_{MY}较大时，滴定曲线的终点比较高。滴定突跃范围随$c_{sp}(M)$和K'_{MY}的变大而变大(图7-1、图7-2)。

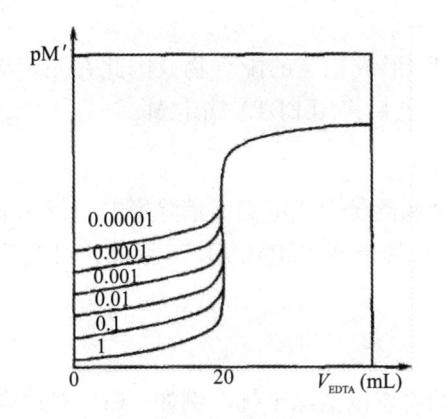

图 7-1 不同浓度 EDTA 与 M 的滴定曲线

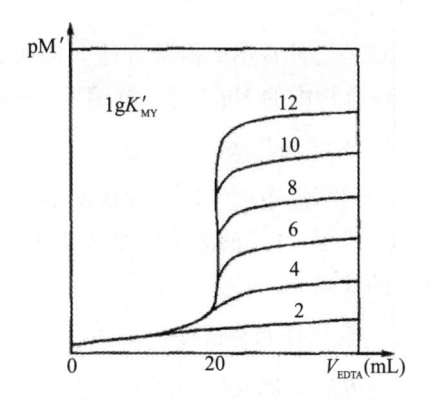

图 7-2 不同 $\lg K'_{MY}$ 时的滴定曲线

四、提高配位滴定选择性的方法

实际的分析对象中往往有多种金属离子共存，而 EDTA 又能与很多金属离子形成稳定的配合物，所以在滴定某一金属离子时常常受到共存离子的干扰。如何在多种离子中进行选择滴定就成为配位滴定的一个重要问题。

（一）控制酸度

当溶液中存在多种金属离子时，有时候它们可能会被同时滴定。当溶液中只含有两种浓度很接近的金属离子 M 和 N 时，它们均可与 EDTA 形成配合物，如果 $K'_{MY} > K'_{NY}$，那么 M 要先于 N 被滴定。如果 M 已经被滴定完全之后，EDTA 才与 N 发生反应，这样，N 的存在并不干扰 M 的准确滴定，两种金属离子的 EDTA 配合物的条件稳定常数相差越大，被测金属离子浓度 $c(M)$ 越大，共存离子浓度 $c(N)$ 越小，则在 N 离子存在下准确滴定 M 离子的可能性就越大。

当滴定突跃范围要求 $\Delta pM' = 0.2$，误差要求 0.3% 时，杂质离子 N 存在下选择滴定 M 的条件是：

$$\frac{c_M K'_{MY}}{c_N K'_{NY}} \geqslant 10^5$$

即：
$$\Delta \lg cK = \lg c_M K'_{MY} - \lg c_M K'_{NY} \geqslant 5$$

例如：在强碱溶液中用 EDTA 滴定 Ca^{2+} 时，强碱与 Mg^{2+} 形成 $Mg(OH)_2$ 沉淀而不干扰 Ca^{2+} 的滴定。

（二）加入掩蔽剂

当配位滴定中不能通过控制溶液酸度的方法消除干扰时，需要加入掩蔽剂来提高选择性。常用的掩蔽方法有：

1. 配位掩蔽法

即加入另一种配位剂，使杂质金属离子与该掩蔽剂生成稳定的配合物，以消除其干扰的方法。

这是一种常用的掩蔽方法。例如 Al^{3+} 与 F^- 形成稳定的配合物，因此在测定 Mg^{2+}、Al^{3+} 混合物中的 Mg^{2+} 时，可用 F^- 掩蔽 Mg^{2+}，然后再用 EDTA 滴定 Mg^{2+}。

2. 沉淀掩蔽法

即向溶液中加入适当的沉淀剂，使杂质金属离子生成沉淀而消除影响。例如铜合金中 Pb^{2+} 干扰 Zn^{2+} 的测定，加入 $BaCl_2$ 和 K_2SO_4 使形成 $BaPb(SO_4)_2$ 混晶，可起到掩蔽 Pb^{2+} 的效果。

3. 氧化还原掩蔽法

此方法是加入某些试剂来改变干扰离子的价态以消除干扰。例如，Cr^{2+} 对络合滴定有干扰，但 CrO_4^{2-}、$Cr_2O_7^{2-}$ 对滴定没有干扰，故将 Cr^{3+} 氧化为 $Cr_2O_7^{2-}$ 后，就可消除其干扰。

五、配位滴定法的应用

（一）盐卤水中 SO_4^{2-} 的测定

盐卤水是电解制备烧碱的原料。卤水中 SO_4^{2-} 的测定原理是在微酸性溶液中，加入一定量的 $BaCl_2 - MgCl_2$ 混合溶液，使 SO_4^{2-} 形成 $BaSO_4$ 沉淀。然后调节至 pH = 10，以铬黑 T 为指示剂，用 EDTA 滴定至纯蓝色，设滴定体积为 V，滴定的是 Mg^{2+} 和剩余的 Ba^{2+}。另取同样体积的 $BaCl_2 - MgCl_2$ 混合液，用同样步骤作空白测定，设滴定体积为从 V_0，显然两者之差 $V_0 - V$ 即为与 SO_4^{2-} 反应的 Ba^{2+} 的量。

（二）水的硬度的测定

一般含有钙、镁盐类的水称为硬水，总硬度指钙盐和镁盐的合量。水的硬度是水质控制的一个重要指标。

测定 Ca^{2+}、Mg^{2+} 总量时，在 pH = 10 的氨性缓冲溶液中，以铬黑 T 为指示剂，用 EDTA 滴定至酒红色变为纯蓝色。

测定 Ca^{2+} 时，调节 pH = 12，使 Mg^{2+} 形成 $Mg(OH)_2$ 沉淀，用钙指示剂作指示剂，用 EDTA 滴定至红色变成纯蓝色。

两者相减就是 Mg^{2+} 的含量。

阅读材料

配合物在生物化学、医药、食品工业中的应用

一、在生命科学中的应用

生物体内的结合酶都是金属螯合物。生命的基本特征之一是新陈代谢，生物体在新陈代谢过程中，几乎所有的化学反应都是在酶的作用下进行的，故酶是一种生物催化剂。目前发现的 2000 多种酶，很多是 1 个或几个微量的金属离子与生物高分子结合成

的牢固的配合物。若失去金属离子，酶的活性就丧失或下降，若获得金属离子，酶的活性就恢复。

另外，生命体中存在着许多金属配合物，对生命的各种代谢活动、能量转换、传递电荷、转移 O_2 的输送等都起着重要的作用。如铁的配合物血红素担负着人体血液中输送 O_2 的任务。植物的叶绿素是镁的配合物，生物体中起特殊催化作用的酶几乎都是以配合物形式存在的金属元素，如铁酶、铜酶、锌酶等。由于酶的生物催化活性高效专一，因此在生命过程中起着重要作用。

二、在医药上的应用

医学上常利用配合反应治疗疾病，例如，EDTA 或其钠盐能与 Pb^{2+}、Hg^{2+} 形成稳定的可溶于水且不被人体吸收的螯合物，随新陈代谢排除体外达到缓解 Pb^{2+}、Hg^{2+} 中毒的目的，柠檬酸钠也是治疗职业性铅中毒的有效药物，它能与 Pb^{2+} 形成稳定配合物并迅速排出体外。此外许多金属配合物还具有杀菌抗癌的作用，例如，$[Pt(NH_3)_2Cl_2]$ 具有明显的抗癌作用。其他还有柠檬酸铁配合物可以治疗缺铁性贫血，酒石酸锑钾不仅可以治疗糖尿病，而且和维生素 B_{12} 等含钴螯合物一样可用于治疗血吸虫病，博莱霉素自身并无明显的亲肿瘤性，与钴离子配合后则活性增强，阿霉素的铜、铁配合物较之阿霉素更易被小肠吸收，并透入细胞。在抗菌作用方面，8-羟基喹啉和铜、铁各自都无抗菌活性。它们之间的配合物却呈明显的抗菌作用。镁、锰的硫酸盐和钙、铁的氧化物可使四环素（螯合剂）对金黄色葡萄球菌、大肠杆菌的抗菌活性大增。在抗风湿炎症方面，抗风湿药物，如阿司匹林及水杨酸的衍生物等，与铜配合后可增加疗效。

三、在食品工业上的应用

配合物用在食品工业上是一个新兴的产业，配合物的应用也是很广泛的，例如 Zn-多肽配合物是由微量元素（锌）与多肽按一定比例配合形成的，集多肽和微量元素于一体的一类独特结构物质。多肽与金属离子形成配合物时，除小肽的 N-端氨基和 C-端羧基以及氨基酸侧链的某些基团可供配位之外，肽链中的羰基和亚氨基也可能参与配位。微量元素与小肽形成的配合盐，能借助小肽的吸收特点和机制以配合盐整体的形式通过小肠被主动吸收，从而促进微量元素的吸收，并增强体内酶的活性，提高蛋白质、脂肪和维生素的利用率，具有较高的生物学效价。因此，Zn-多肽配合物是补锌的优质营养品和功能保健品。

总之，随着配合物化学研究的不断发展和深入，配合物将在人类的生产和生活中起到更加重要的作用。

复习思考题

一、选择题

1. 指出下列配离子的中心离子的配位数。

(1) $[Zn(NH_3)_4]^{2+}$　　　（　　）

(2) $[Ag(SCN)_2]^-$　　　（　　）

(3) $[Fe(CN)_6]^{3-}$　　　　　（　　）

(4) $[Cr(H_2O)_4Cl_4]^+$　　　（　　）

A. 1　　　　　　B. 2　　　　　　C. 4　　　　　　D. 6

2. 下列说法中错误的是（　　）

A. 配合物就是复杂化合物

B. 配合物是指金属原子或离子通过配键与中性分子或负离子结合而形成的化合物

C. 含有配键的化合物就是配合物

D. 在所有的配合物里，中心原子或离子必须是金属

3. $[Co(NH_3)_5H_2O]Cl_3$ 的正确命名是：（　　）

A. 三氯化五氨·水合钴　　　　　　B. 三氯化一水·五氨合钴(Ⅲ)

C. 三氯化五氨·水合钴(Ⅲ)　　　　D. 三氯化水氨合钴(Ⅲ)

4. 在下列相同浓度的哪一种溶液中，Hg^{2+} 浓度最大（　　）

A. $K_2[HgCl_4]$　　B. $K_2[HgBr_4]$　　C. $K_2[HgI_4]$　　D. $K_2[Hg(CN)_4]$

二、计算题和问答题

1. EDTA 与金属离子配位有哪些特点？

2. 命名下列配合物，并指出配位数

$[Cu(NH_3)_4]SO_4$　$Fe_3[Fe(CN)_6]_2$　$Na_2[SiF_6]$　$K_2[PtCl_4]$　$Fe_4[Fe(CN)_6]_3$
$[Ni(CO)_4]$　$Na_3[Ag(S_2O_3)_2]$　$[Co(NH_3)_6Cl_3]$　$K_2[Zn(OH)_4]$

3. 判断下列反应进行的方向，并简单说明理由

(1) $[Cu(NH_3)_2]^+ + 2CN^- \rightleftharpoons [Cu(CN)_2]^- + 2NH_3$

(2) $[Cu(NH_3)_4]^{2+} + Zn \rightleftharpoons [Zn(NH_3)_4]^{2+} + Cu^{2+}$

(3) $CuS + 4NH_3 \rightleftharpoons [Cu(NH_3)_4]^{2+} + S^{2-}$

4. 计算含有 $1.0×10^{-3} mol·L^{-1}$ $[Zn(NH_3)_4]^{2+}$ 和 $0.10 mol·L^{-1}$ NH_3 的混合溶液中 Zn^{2+} 的浓度。

5. 在 $50cm^3$ $0.1mol·L^{-1}$ $AgNO_3$ 溶液中，加入密度为 $0.932g·cm^{-3}$，含氨 18.24% 的氨水 $20cm^3$，然后再加水稀释至 $100cm^3$。求溶液中的各组分浓度？

6. 影响滴定突跃范围的因素有哪些？准确滴定的条件是什么？

第八章　氧化还原平衡与氧化还原滴定法

学海导航

学习目标

了解氧化还原反应基本概念、影响氧化还原反应进行的各种因素及条件电位的各种因素；熟悉离子-电子法配平氧化还原方程式的技巧；理解标准电极电位和条件电极电位的意义和它们的区别；掌握电极电势的应用、氧化还原滴定法终点指示方法和正确选择指示剂的依据；熟练掌握高锰酸钾法、重铬酸钾法及碘量法的原理、特点、滴定条件、标准溶液的制备及方法的应用范围。

学习重点

氧化还原反应的实质；氧化还原滴定法终点指示方法和正确选择指示剂的依据；高锰酸钾法、重铬酸钾法及碘量法的原理、特点、滴定条件、标准溶液的制备及方法的应用范围。

学习难点

离子-电子法配平氧化还原方程式；应用能斯特方程式计算电极电位；高锰酸钾法、重铬酸钾法及碘量法的原理、特点、滴定条件、标准溶液的制备及方法的应用范围。

第一节　氧化还原反应

一、氧化还原反应的基本概念

氧化还原的概念在历史上有个演变过程。人们最早把与氧结合的过程叫做氧化，后来产生的定义是，失去电子的过程叫做氧化。在引入氧化数（也称氧化值）的概念之后，对氧化还原以及有关的概念将给以新的表述。

(一) 氧化数

氧化数是指元素一个原子的表观电荷数，这种表观电荷数由假设把每个键中的电子指定给电负性较大的原子求得。例如：在氯化钠中，Na 的一个电子转移给 Cl，氯的氧化数为 -1，钠为 +1；PCl_3 分子中，P 分别与三个 Cl 形成三个共价键，将共用电子对划归电负性较大的 Cl 原子，P 的氧化数为 +3，Cl 为 -1。

这种方法确定原子的氧化数有时会遇到困难，我们可以按如下规则确定一般元素原子的氧化数：

(1) 在单质中，元素的氧化数皆为零；

(2) 在正常氧化物中，氧的氧化数为 -2，但在过氧化物、超氧化物和 OF_2 中，氧的氧化数分别为 -1、-1/2 和 +2；

(3) 氢除了在活泼金属氢化物中氧化数为 -1 外，在一般氢化物中氧化数为 +1；

(4) 碱金属和碱土金属在化合物中氧化数分别为 +1 和 +2；

(5) 单原子离子的氧化数等于它所带的电荷数，多原子离子中所有原子的氧化数的代数和等于该离子所带的电荷数，中性分子中，各原子氧化数的代数和为零；

(6) 氧化数除整数外，也可为分数。

【例 8-1】 通过计算确定下列化合物中 S 原子的氧化数：

$$H_2SO_4 \quad Na_2S_2O_3 \quad K_2S_2O_8 \quad SO_3^{2-} \quad S_4O_6^{2-}$$

解：设所给化合物中 S 的氧化数分别为 x_1、x_2、x_3、x_4 和 x_5，根据上述有关规则可得：

$$2 \times (+1) + 1x_1 + 4 \times (-2) = 0 \qquad x_1 = +6$$
$$2 \times (+1) + 2x_2 + 3 \times (-2) = 0 \qquad x_2 = +2$$
$$2 \times (+1) + 2x_3 + 8 \times (-2) = 0 \qquad x_3 = +7$$
$$1x_4 + 3 \times (-2) = -2 \qquad x_4 = +4$$
$$1x_5 + 6 \times (-2) = -2 \qquad x_5 = +2.5$$

(二) 氧化还原反应

根据氧化数的概念，我们可以定义：在反应前后元素的氧化数发生变化的反应为氧化还原反应。氧化数降低的过程称为还原，氧化数升高的过程称为氧化。

1. 氧化剂与还原剂

氧化还原反应中，元素的氧化数变化，实质是反应物之间发生电子的得失或电子对的偏移，失去电子的元素氧化数升高，得到电子的元素氧化数降低。也就是说，一个氧化还原反应必然包括氧化和还原两个同时发生的过程。氧化数降低的物质是氧化剂，发生还原反应，得到还原产物；氧化数升高的物质是还原剂，发生氧化反应，得到氧化产物；如果氧化数的升高和降低都发生在同一化合物中，这种氧化还原反应称为自氧化还原反应。例如：$2K\overset{+5}{Cl}\overset{-2}{O_3} = 2K\overset{-1}{Cl} + 3\overset{0}{O_2}$。如果氧化数的升降都发生在同一物质的同一元素上，则这种氧化还原反应称为歧化反应。例如：$\overset{0}{Cl_2} + H_2O = H\overset{+1}{Cl}O + H\overset{-1}{Cl}$。

2. 氧化还原半反应和氧化还原电对

在氧化还原反应中，氧化剂发生还原反应，还原剂发生氧化反应，它们各自与自己的反应产物构成一个半反应。如：

$$Cu^{2+} + Zn \longrightarrow Cu + Zn^{2+}$$

氧化反应： $Zn - 2e^- \longrightarrow Zn^{2+}$

还原反应： $Cu^{2+} + 2e^- \longrightarrow Cu$

氧化还原半反应式中，同一元素的两个不同氧化数的物种组成了一个氧化还原电对，其中氧化数较高的物质称为氧化型物质，常用 Ox 表示，氧化数较低的物质称为还原型物质，常用 Red 表示。电对常用"氧化型/还原型"表示，如 Cu^{2+}/Cu 电对，Zn^{2+}/Zn 电对。

氧化还原电对中存在着共轭关系：$n_2Ox_1 + n_1Red_2 = n_1Ox_2 + n_2Red_1$

可以写成： 氧化型 $+ ne^- \longrightarrow$ 还原型

或者记作： $Ox + ne^- \longrightarrow Red$

这种共轭关系与酸碱共轭相似，如果氧化型物质的氧化能力越强，则其共轭还原型物质的还原能力越弱；同样，若还原型物质的还原能力越强，则其共轭氧化型物质的氧化能力越弱。

氧化还原反应实质上就是电子在两对电对 Ox_1/Red_1 和 Ox_2/Red_2 之间发生交换。

二、氧化还原反应方程式的配平

氧化还原反应方程式往往比较复杂，除氧化剂和还原剂外，往往还有第三种物质参加。这种物质在反应过程中氧化值不发生变化，称为介质，介质常为酸或碱。此外，H_2O 也常常作为反应物或生成物存在于反应方程式中，因此需要按一定的方法将其配平。配平氧化还原方程式最常用的方法是氧化数法和离子–电子法。

中学已经学过氧化数法配平方程式，这种方法简单便捷，但对于比较复杂的氧化还原反应，特别是有有机化合物参加的氧化还原反应，如：

$$Cu^{2+} + C_6H_{12}O_6 \longrightarrow Cu_2O\downarrow + C_6H_{12}O_7（在碱性介质中）$$

由于其中有些元素的氧化数较难确定，用氧化数法配平存在困难，对于这类反应，用离子–电子法可以避免求氧化数的麻烦。

以酸性溶液中 $KMnO_4$ 与 K_2SO_3 的反应为例说明离子–电子法配平方程式的具体步骤。

（1）将反应物和产物以离子的形式写出，只写氧化数发生了变化的物种。

$$MnO_4^- + SO_3^{2-} \longrightarrow Mn^{2+} + SO_4^{2-}$$

（2）由于任何一个氧化还原反应都是由两个共轭氧化还原电对组成的，因此可以将上式分成两个未配平的半反应式，一个代表氧化，一个代表还原。

$$MnO_4^{2-} \longrightarrow Mn^{2+}$$

$$SO_3^{2-} \longrightarrow SO_4^{2-}$$

（3）调整化合物前的计量系数使反应前后各种元素的原子数相等。如果半反应式两边的氢、氧原子数不相等,则应按反应进行的酸碱条件添加适当数目的 H^+、OH^- 或 H_2O。

例如,上步所得的两个半反应是在酸性条件下进行的,在氧原子数目少的一边添加 H_2O,在另一边加上 H^+,调整系数使半反应前后原子数目相等。

$$MnO_4^{2-} + 8H^+ \longrightarrow Mn^{2+} + 4H_2O$$
$$SO_3^{2-} + H_2O \longrightarrow SO_4^{2-} + 2H^+$$

(4) 加入一定数目的电子,使半反应式两端的电荷数目都相等。

$$MnO_4^{2-} + 8H^+ + 5e^- \longrightarrow Mn^{2+} + 4H_2O$$
$$SO_3^{2-} + H_2O \longrightarrow SO_4^{2-} + 2H^+ + 2e^-$$

(5) 根据氧化剂获得的电子数和还原剂失去的电子数必须相等的原则,将两个半反应式合并为一个配平的离子反应式。

$$MnO_4^{2-} + 8H^+ + 5e^- \longrightarrow Mn^{2+} + 4H_2O \quad \times 2$$
$$+) \quad SO_3^{2-} + H_2O \longrightarrow SO_4^{2-} + 2H^+ + 2e^- \quad \times 5$$
$$\overline{2MnO_4^{2-} + 6H^+ + 5SO_3^{2-} = 2Mn^{2+} + 5SO_4^{2-} + 3H_2O}$$

【例 8-2】 配平 $CrO_2^- + H_2O_2 \longrightarrow CrO_4^{2-} + H_2O$ (在碱性介质中)

解:第一步: $CrO_2^- + H_2O_2 \longrightarrow CrO_4^{2-} + H_2O$

第二步: $CrO_2^- \longrightarrow CrO_4^{2-}$

$$H_2O_2 \longrightarrow H_2O$$

第三步:在碱性介质中,在半反应式中氧原子数目少的一边加 OH^-,另一边加 H_2O 并调整系数使半反应式两边各种原子数目相等。

$$CrO_2^- + 4OH^- \longrightarrow CrO_4^{2-} + 2H_2O$$
$$H_2O_2 + H_2O \longrightarrow H_2O + 2OH^-,\quad 即 \quad H_2O_2 \longrightarrow 2OH^-$$

第四步:加一定数目的电子使半反应式两边的电荷数相等。

$$CrO_2^- + 4OH^- \longrightarrow CrO_4^{2-} + 2H_2O + 3e^-$$
$$H_2O_2 + 2e^- \longrightarrow 2OH^-$$

第五步:合并

$$CrO_2^- + 4OH^- \longrightarrow CrO_4^{2-} + 2H_2O + 3e^- \quad \times 2$$
$$+) \quad H_2O_2 + 2e^- \longrightarrow 2OH^- \quad \times 3$$
$$\overline{2CrO_2^- + 2OH^- + 3H_2O_2 = 2CrO_4^{2-} + 4H_2O}$$

应当指出的是,如果反应在酸性介质中进行,反应式中不能出现 OH^-;同样,如果反应在碱性介质中进行,反应式中不能出现 H^+。对于上述例子,若配平成:

$$2CrO_2^- + 3H_2O_2 = 2CrO_4^{2-} + 2H_2O + 2H^+$$

表面上看是配平了,但与事实不符。

氧化数法配平化学反应方程式,对于在水溶液和非水溶液中进行的反应,高温反应及熔融态物质间的反应均适用。离子-电子法则只适用于配平水溶液中进行的化学反应,但学习这种方法可以比较方便地配平用氧化值法难以配平的反应方程式,此外可以很好地掌握书写半反应式的方法,而半反应式是电极反应的基本反应式。

第二节 原电池和电极电势

一、原电池

(一) 原电池的组成

氧化还原反应在发生过程中，会涉及电子的转移。例如在硫酸铜溶液中放入锌片，将发生如下反应：$Zn + Cu^{2+} \longrightarrow Zn^{2+} + Cu$。这是一个自发的氧化还原反应，由于反应中锌片和 $CuSO_4$ 溶液接触，所以电子直接从 Zn 转移给 Cu^{2+}，反应释放出的化学能转变为了热能。如果如图 8-1 所示，在一个盛有 $CuSO_4$ 溶液的烧杯中插入 Cu 片，组成铜电极，在另一个盛有 $ZnSO_4$ 溶液的烧杯中插入 Zn 片，组成锌电极，把两个烧杯中溶液用一个倒置的 U 型管(盐桥)连接起来。当用导线把铜电极和锌电极连接起来时，检流计指针就会发生偏转。从指针的偏转方向我们可以看出，导线中有电流从 Cu 极流向 Zn 极。

把这类利用自发氧化还原反应产生电流的装置叫做原电池。原电池即是由盐桥沟通两个半电池而组成的。每个半电池由元素的氧化态和还原态组成，常称为电对。电对可以是由金属和金属离子组成，也可以由同一金属的不同氧化态的离子组成，或由非金属与相应的离子组成，如 Zn^{2+}/Zn，Fe^{3+}/Fe^{2+}，Cl_2/Cl^-，O_2/OH^-。每个半电池中有一个电极，有的电极只起导电作用，有些电极也参加氧化还原反应(例如铜锌电池中的锌电极)。盐桥由饱和氯化钾溶液和琼脂装入 U 型管中制得。当电池反应发生后，Zn 半电池溶液中，由于 Zn^{2+} 增加，正电荷过剩；铜半电池溶液中由于 Cu^{2+} 减少，负电荷过剩。这样会阻碍电子从 Zn 极流向 Cu 极而使电流中断。通过盐桥，离子运动的方向总是氯离子向锌半电池运动，钾离子向铜半电池运动，从而使锌盐和铜盐溶液维持着电中性。使得锌的溶解和铜的析出得以继续进行，电流得以继续流通。

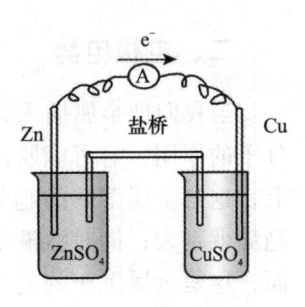

图 8-1 铜锌原电池

(二) 原电池的电动势

原电池的两极当用导线连接时就有电流通过，说明两极之间存在着电势差，用电位计所测得的正极和负极间的电势差就是原电池的电动势，电动势用符号 E 表示。例如，铜锌电池的标准电动势经测定为 1.10V。原电池电动势的大小主要取决于组成原电池物质的本性。如果改变溶液中离子的浓度，也会引起电动势的变化。此外，电动势还与温度有关，一般是在 25℃(即室温)下测定。为了比较各种原电池电动势的大小，通常在标准状态下测定，所测得的电动势为标准电动势，标准电动势以 $E^{\ominus}$ 表示。

(三) 原电池符号的书写

原电池的结构可以用简单的电池符号表示出来，以 Cu-Zn 原电池为例，其电池符号为：

$$(-)Zn \mid Zn^{2+}(c_1) \parallel Cu^{2+}(c_2) \mid Cu(+)$$

在书写电池符号时，一般把负极写在左边，正极写在右边；以化学式表示电池中物质的组成，注明物质的状态，气体物质要注明压力，溶液要注明浓度（严格地讲应该用活度，若溶液的浓度很小，也可用体积摩尔浓度代替活度）。其中单垂线"｜"表示不同物相的界面，双垂线"‖"表示盐桥。

在原电池中有电流的产生，说明组成原电池的两个电极的电极电势大小不同，由于电流是从电势高的地方流向电势低的地方，可知在铜锌原电池中，接受电子的铜电极电势比较高。

我们定义电势高的电极为正极，正极接受电子，发生还原反应；电势低的电极为负极，负极流出电子，发生氧化反应。原电池的电动势表示电池正负极之间的电势差，即：

$$E_{电池} = E_{正} - E_{负} \tag{8-1}$$

二、电极电势

当我们把金属插入含有该金属盐的溶液中时，金属晶体中的金属离子受到极性水分子的作用，有可能脱离金属晶格以水合离子的状态进入溶液，而把电子留在金属上，这是金属溶解的趋势，金属越活泼或者溶液中金属离子浓度越小，金属溶解的趋势就越大；同时溶液中的金属离子也有可能从金属表面获得电子而沉积在金属表面，这是金属沉积的趋势，金属越不活泼或溶液中金属离子浓度越大，金属沉积的趋势越大。在一定条件下，这两种相反的倾向可达到动态平衡，如果溶解倾向大于沉积倾向，达到平衡后金属表面将有一部分金属离子进入溶液，使金属表面带负电，由于这些负电荷的静电引力的作用，使金属附近的溶液带正电（如图 8-2a）。反之，如果沉积倾向大于溶解倾向，达到平衡后金属表面则带正电，而金属附近的溶液带负电（图 8-2b）。

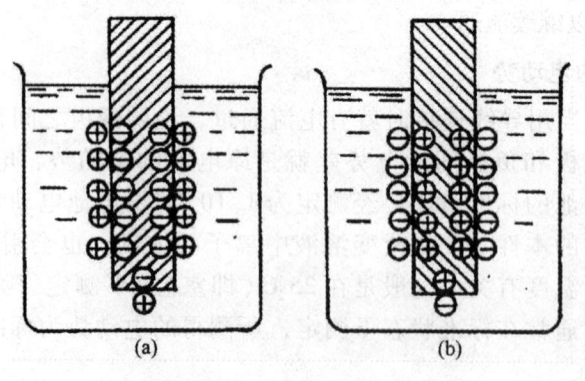

图 8-2 金属的电极电势

无论是上述哪一种情况，金属与其盐溶液界面之间会因带相反电荷而形成双电层结构，这种由于双电层的作用在金属和它的盐溶液之间产生的电位差称为电极的电极电势。

三、标准电极电势

1. 标准氢电极

金属电极电势的大小可以反映金属在水溶液中失电子能力的大小。如果能确定电极电势的绝对值，就可以定量地比较金属在溶液中的活泼性。迄今为止电极电势的绝对值仍无法测量，我们采用比较的方法确定出其相对值。通常所说的"电极电势"就是相对电极电势。为了获得各种电极的电极电势，必须选用一个通用的标准电极，正如测量某山的高度选用海洋的平均高度为零一样，测量电极电势时选用标准氢电极作为比较的标准。标准氢电极的构造如图8-3所示。

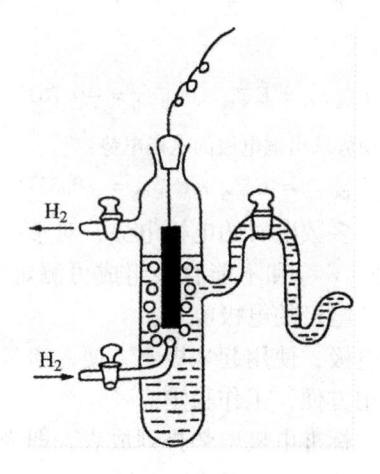

图8-3 标准氢电极构造

将镀有铂黑的铂片置于H^+浓度为$1mol·L^{-1}$的硫酸溶液中，不断通入压力为$10^5 Pa$的纯氢气，使铂黑吸附氢气达到饱和，这时产生在用标准压力的氢气所饱和了的铂片与氢离子浓度为$1mol·L^{-1}$的溶液间的电势差，就是标准氢电极的电极电势，并规定标准氢电极电极电势为零，即：$E^{\ominus}(H^+/H_2)=0$，右上角的符号"$\ominus$"代表标准状态。

2. 标准电极电势的测定

当电对处于标准状态时的电极电势称为标准电极电势，以$E^{\ominus}$表示。

测量电极的标准电极电势，可以将处在标准态下的该电极与标准氢电极组成一个原电池，测定该原电池的电动势，由电流方向判断出正负极，根据$E_{电池}=E_{正}-E_{负}$式求出被测电极的标准电极电势。

例如：测定Zn/Zn^{2+}电对的标准电极电势，是将纯净的Zn片放在$1mol·L^{-1}$的硫酸锌溶液中，把它和标准氢电极用盐桥连接起来，组成一个原电池(如图8-4所示)，用电流表测定可知，电流从氢电极流向锌电极，即在原电池中，氢电极为正极，锌电极为负极。

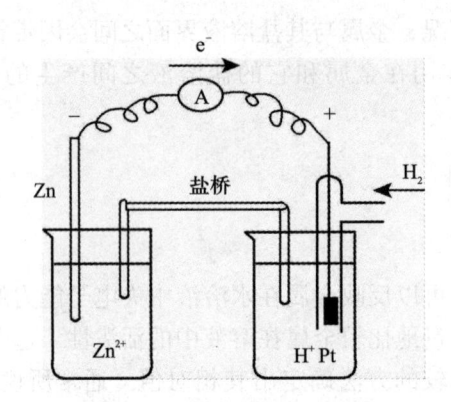

图 8-4 电极电势的测定

测出原电池的电动势：$E_{电池}^{\ominus} = 0.763V$

因为：$E_{电池}^{\ominus} = E_{正}^{\ominus} - E_{负}^{\ominus} = E_{H^+/H_2}^{\ominus} - E_{Zn^{2+}/Zn}^{\ominus} = 0.763V$

可以求出锌电极的电极电势：

$$E_{Zn^{2+}/Zn}^{\ominus} = E_{电池}^{\ominus} - E_{H^+/H_2}^{\ominus} = -0.763V$$

同样，也可由铜氢电池的电动势求出铜电极的电极电势：

$$E_{Cu^{2+}/Cu}^{\ominus} = E_{电池}^{\ominus} + E_{H^+/H_2}^{\ominus} = +0.337V$$

利用这种方法可以测定大多数电对的电极电势，对于一些与水剧烈反应而不能直接测定的电极（如：Na^+/Na；F_2/F^-）和不能直接组成可测定电动势的原电池的电极，可通过热力学数据间接计算出其电极的电极电势。

由于标准氢电极为气体电极，使用起来极不方便，通常采用甘汞电极或氯化银电极作为参比电极，这些电极使用方便，工作稳定。

将测定和计算所得电极的标准电极电势排列成表，即为标准电极电势表。

四、条件电极电位

（一）能斯特方程

对于任一个电极反应： $bOx + ne^- \longrightarrow aRed$

电极电势与浓度和温度的关系可用下式来表示：

$$E = E^{\ominus} - \frac{RT}{nF} \ln \frac{\{a_{Red}\}^a}{\{a_{Ox}\}^b} \tag{8-2}$$

忽略离子强度和副反应的影响则：

$$E = E^{\ominus} - \frac{RT}{nF} \ln \frac{\{c_{Red}\}^a}{\{c_{Ox}\}^b} \tag{8-3}$$

这个关系式称为能斯特(Nernst)方程，式中 E 是氧化型物质和还原型物质为任意浓度时电对的电极电势；$E^{\ominus}$ 是电对的标准电极电势；R 是气体常数，等于 $8.314 J \cdot mol^{-1} \cdot K^{-1}$；$n$ 是电极反应得失的电子数；F 是法拉第常数。

298K 时，将各常数代入上式，并将自然对数换算成常用对数，即得：

$$E = E^{\ominus} - \frac{0.0592}{n} \lg \frac{\{c_{Red}/c^{\gamma}\}^a}{\{c_{Ox}/c^{\gamma}\}^b} (298K) \tag{8-4}$$

（二）条件电极电位

实际应用中，通常知道的是物质在溶液中的浓度，而不是其活度。为简化起见，常常忽略溶液中离子强度的影响，用浓度值代替活度值进行计算。但是只有在浓度极稀时，这种处理方法才是正确的，当浓度较大，尤其是高价离子参与电极反应时，或有其他强电解质存在下，计算结果就会与实际测定值发生较大偏差。因此，若以浓度代替活度，应引入相应的活度系数 γ_{Ox} 及 γ_{Red}，即：

$$a_{Ox} = \gamma_{Ox}[Ox] \qquad a_{Red} = \gamma_{Red}[Red]$$

此外，当溶液中的介质不同时，氧化态、还原态还会发生某些副反应。如酸效应、沉淀反应、配位效应等而影响电极电位，所以必须考虑这些副反应的发生，引入相应的副反应系数 a_{Ox} 和 a_{Red}。

则：$a_{Ox} = \gamma_{Ox}[Ox] = \gamma_{Ox}\dfrac{c_{Ox}}{a_{Ox}}$；$a_{Red} = \gamma_{Red}[Red] = \gamma_{Red}\dfrac{c_{Red}}{a_{Red}}$

将上述关系代入能斯特方程式得：

$$E_{Ox/Red} = E^{\ominus}_{Ox/Red} + \frac{0.059}{n} \lg \frac{\gamma_{Ox} \alpha_{Red} c_{Ox}}{\gamma_{Red} \alpha_{Ox} c_{Red}} \tag{8-5}$$

$E_{Ox/Red}$ 称为电对的条件电位。

当 $c(Ox) = c(Red) = 1 mol \cdot L^{-1}$ 时得：

$$E^{\ominus'}_{Ox/Red} = E^{\ominus}_{Ox/Red} + \frac{0.059}{n} \lg \frac{\gamma_{Ox} \alpha_{Red}}{\gamma_{Red} \alpha_{Ox}} \tag{8-6}$$

$E^{\ominus'}_{Ox/Red}$ 称为标准条件电极电位，它是在一定的介质条件下，氧化态和还原态的总浓度均为 $1 mol \cdot L^{-1}$ 时的电极电位。

条件电极电位反映了离子强度和各种副反应影响的总结果，是氧化还原电对在客观条件下的实际氧化还原能力。它在一定条件下为一常数。在进行氧化还原平衡计算时，应采用与给定介质条件相同的条件电极电位。若缺乏相同条件的 $E^{\ominus'}_{Ox/Red}$ 数值，可采用介质条件相近的条件电极电位数据。对于没有相应条件电极电位的氧化还原电对，则采用标准电极电位。

【例 8-3】 已知 $E^{\ominus}_{Fe^{3+}/Fe^{2+}}$，当 $[Fe^{3+}] = 1.0 mol \cdot L^{-1}$，$[Fe^{2+}] = 0.0001 mol \cdot L^{-1}$ 时，计算该电对的电极电位。

解：根据能斯特方程式得：

$$E_{Fe^{3+}/Fe^{2+}} = E^{\ominus}_{Fe^{3+}/Fe^{2+}} + \frac{0.059}{1} \lg \frac{[Fe^{3+}]}{[Fe^{2+}]}$$

则 $E_{Fe^{3+}/Fe^{2+}} = 0.77 + 0.059 \lg \dfrac{1.0}{0.0001} = 1.0 V$

【例 8-4】 计算 $1.0 mol \cdot L^{-1}$ HCl 溶液中，若 $c(Ce^{4+}) = 0.01 mol \cdot L^{-1}$，$c(Ce^{3+}) = 0.001 mol \cdot L^{-1}$ 时，电对 Ce^{4+}/Ce^{3+} 的电极电位值。

解：已知 $c(Ce^{4+}) = 0.01 mol \cdot L^{-1}$，$c(Ce^{3+}) = 0.001 mol \cdot L^{-1}$

在 1.0mol·L^{-1} HCl 溶液中：$E^{\ominus}_{Ce^{4+}/Ce^{3+}} = 1.28V$

因为
$$E_{Ce^{4+}/Ce^{3+}} = E^{\ominus}_{Ce^{4+}/Ce^{3+}} + \frac{0.059}{1}\lg\frac{[Ce^{4+}]}{[Ce^{3+}]}$$

所以
$$E_{Ce^{4+}/Ce^{3+}} = 1.28 + 0.059\lg\frac{0.01}{0.001} = 1.34V$$

如若不考虑介质的影响，用标准电极电位计算，则

$$E_{Ce^{4+}/Ce^{3+}} = E^{\ominus}_{Ce^{4+}/Ce^{3+}} + \frac{0.059}{1}\lg\frac{[Ce^{4+}]}{[Ce^{3+}]}$$

所以
$$E_{Ce^{4+}/Ce^{3+}} = 1.61 + 0.059\lg\frac{0.01}{0.001} = 1.67V$$

由结果看出，差异是明显的。

五、电极电势的应用

（一）判断氧化剂和还原剂的相对强弱

电极电势代数值的大小反映了组成电对的物质氧化还原能力的强弱。电极电势的代数值越大，表示该电对氧化型物种氧化性越强，与其相对应的还原型物种的还原性越弱。

【例 8-5】 根据标准电极电势，列出下列各电对中氧化型物种的氧化能力和还原型物种还原能力的强弱：MnO_4^-/Mn^{2+}　Fe^{3+}/Fe^{2+}　I_2/I^-

解：查表得各电对的标准电极电势

$$I_2 + 2e^- \longrightarrow 2I^- \quad E^{\ominus} = +0.535V$$
$$Fe^{3+} + e^- \longrightarrow Fe^{2+} \quad E^{\ominus} = +0.770V$$
$$MnO_4^- + 8H^+ + 5e^- \longrightarrow Mn^{2+} + 4H_2O \quad E^{\ominus} = -1.49V$$

由于电极电势越大，氧化型物种的氧化能力越强；电极电势越小，还原型物种的还原能力越强。因此：

各氧化型物种氧化能力的顺序为：$MnO_4^- > Fe^{3+} > I_2$

各还原型物种还原能力的顺序为：$I^- > Fe^{2+} > Mn^{2+}$

在实验室或生产上使用的氧化剂，一般是电极电势较大的电对的氧化型物种，如 $KMnO_4$、$K_2Cr_2O_7$、O_2、$(NH_4)_2S_2O_8$ 等；使用的还原剂一般是电极电势较小的电对的还原型物种，如活泼金属、Sn^{2+}、I^- 离子等，选用时视具体情况而定。

（二）判断氧化还原反应进行的方向

从标准电极电势的相对大小比较出氧化剂和还原剂的相对强弱，就能预测出氧化还原反应进行的方向。由于氧化还原反应进行的方向是强氧化剂和强还原剂反应生成弱氧化剂和弱还原剂，也就是说，总是电极电势较大的电对中的氧化型物质与电极电势较小的电对中的还原型物质作用，发生氧化还原反应。

【例 8-6】 有 Cl^-、Br^-、I^- 三种离子的酸性混合溶液，若要使 I^- 氧化为 I_2 而不使 Cl^-、Br^- 被氧化，在 $KMnO_4$、Fe^{3+} 中选哪一种最合适？

解：查表可知：

$$I_2 + 2e^- \longrightarrow 2I^- \quad E^{\ominus} = +0.535V$$
$$Fe^{3+} + e^- \longrightarrow Fe^{2+} \quad E^{\ominus} = +0.770V$$

$$Br_2 + 2e^- \longrightarrow 2Br^- \quad E^{\ominus} = +1.085V$$
$$Cl_2 + 2e^- \longrightarrow 2Cl^- \quad E^{\ominus} = +1.353V$$
$$MnO_4^- + 8H^+ + 5e^- = Mn^{2+} + 4H_2O \quad E^{\ominus} = -1.49V$$

由于要使 I^- 氧化为 I_2 而不使 Cl^-、Br^- 被氧化，即选择一种氧化剂，氧化能力比 I_2 强，而又比 Br_2 和 Cl_2 弱，应选择 Fe^{3+}。

(三) 判断氧化还原反应进行的程度

所有的氧化还原反应原则上都可以构成原电池，正极电势高，负极电势低。随着反应的进行，正极氧化态物质浓度越来越低，电势不断降低；负极电势则随着还原态和氧化态物质浓度比的降低而增大，最终正极和负极电势相等，达到氧化还原的平衡状态。根据两个电极的电极电势，我们可以计算出氧化还原反应的平衡常数。

【例 8-7】 计算 Cu-Zn 原电池反应的平衡常数(忽略离子强度和副反应的影响)。

解： Cu-Zn 原电池反应式为 $Zn + Cu^{2+} \rightleftharpoons Zn^{2+} + Cu$

此反应处于平衡时，反应的平衡常数为：

$$K^{\ominus} = \frac{c(Zn^{2+})/c^{\ominus}}{c(Cu^{2+})/c^{\ominus}} = \frac{c(Zn^{2+})/c^{\ominus}}{c(Zn^{2+})/c^{\ominus}}$$

反应刚开始时，$E(Zn^{2+}/Zn) < E(Cu^{2+}/Cu)$，随着反应进行，锌电极电极电势不断升高，铜电极电极电势不断降低，直到二者相等，达到氧化还原平衡状态。

$$E(Zn^{2+}/Zn) = E^{\ominus}(Zn^{2+}/Zn) - \frac{0.059}{2}\lg\frac{1}{c(Zn^{2+})/c^{\ominus}}$$

$$= E(Cu^{2+}/Cu) = E^{\ominus}(Cu^{2+}/Cu) - \frac{0.059}{2}\lg\frac{1}{c(Cu^{2+})/c^{\ominus}}$$

即

$$\frac{0.059}{2}\lg\frac{c(Zn^{2+})/c^{\ominus}}{c(Cu^{2+})/c^{\ominus}} = E^{\ominus}_{Cu^{2+}/Cu} - E^{\ominus}_{Zn^{2+}/Zn}$$

由于

$$K^{\ominus} = \frac{c(Zn^{2+})/c^{\ominus}}{c(Cu^{2+})/c^{\ominus}}$$

所以

$$\lg K^{\ominus} = \frac{2\{E^{\ominus}(Cu^{2+}/Cu) - E^{\ominus}(Zn^{2+}/Zn)\}}{0.059} = 37.2$$

$$K^{\ominus} = 1.6 \times 10^{37}$$

对任一氧化还原反应：

$$\lg K^{\ominus} = \frac{z(E^{\ominus}_{正} - E^{\ominus}_{负})}{0.059} \quad (8-7)$$

可以看出，对于氧化还原反应，两个电对的标准电极电势的差值越大，平衡常数越大，正反应进行越彻底。需要注意的是，E 的大小可以用来判断氧化还原反应进行的程度，但不能说明反应的速率。

(四) 元素电势图及应用

具有多种氧化态的元素可以形成多对氧化还原电对，为了方便比较其各种氧化态的氧化还原性质，可以将这些电对的电极电势以图示的方式表示出来。以铁元素为例：

$$Fe^{3+} \xrightarrow{0.771} Fe^{2+} \xrightarrow{-0.440} Fe$$
$$\underline{\phantom{Fe^{3+}\quad} -0.0363 }$$

将铁元素按氧化态由高到低排列，横线左端是电对的氧化态，右端是电对的还原态，横线上的数字是电对 $E^\ominus$ 值。这种表明元素各种氧化态之间标准电极电势关系的图叫做元素电势图。

由于元素的电极电势受溶液酸碱性的影响，所以元素电势图也分为酸表和碱表，例如锰在不同介质中的电势图如下：

酸性介质（$E_A^\ominus$/V，下角标 A 代表酸性介质）

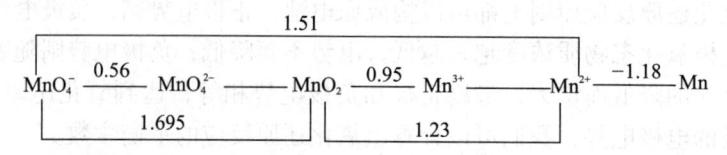

$$MnO_4^- \xrightarrow{0.56} MnO_4^{2-} \xrightarrow{} MnO_2 \xrightarrow{0.95} Mn^{3+} \xrightarrow{1.51} Mn^{2+} \xrightarrow{-1.18} Mn$$

$$\underset{1.695}{} \qquad \underset{1.23}{}$$

碱性介质（$E_B^\ominus$/V，下角标 B 代表碱性介质）

$$MnO_4^- \xrightarrow{0.56} MnO_4^{2-} \xrightarrow{0.06} MnO_2 \xrightarrow{-0.2} Mn(OH)_3 \xrightarrow{0.1} Mn(OH)_2 \xrightarrow{-1.55} Mn$$

$$\underset{0.59}{} \qquad \underset{-0.05}{}$$

元素电势图与标准电极电势表相比，简明、综合、直观、形象，元素电势图对了解元素及其化合物的各种氧化还原性能、各物种的稳定性与可能发生的氧化还原反应，以及元素的自然存在形式等都有重要意义，下面从两个方面予以说明。

1. 判断某物质能否发生歧化反应

一些氧化还原反应是某元素由其一种中间氧化态同时向较高和较低氧化态转化，这种反应常称为歧化反应；相应，如果是有元素的较高和较低的两种氧化态相互作用生成其中间氧化态的反应，则是歧化反应的逆反应，或称逆歧化反应。

【例 8-8】 根据 Mn 元素在酸性溶液中的电势图

$$E_A^\ominus \quad MnO_4^- \xrightarrow{0.56} MnO_4^{2-} \xrightarrow{2.26} MnO_2$$

判断在酸性溶液中 MnO_4^{2-} 能否稳定存在。

解：
$$MnO_4^- + e^- \longrightarrow MnO_4^{2-} \qquad E^\ominus = +0.56V$$
$$MnO_4^{2-} + 4H^+ + 2e^- \longrightarrow MnO_2 + 2H_2O \qquad E^\ominus = +2.26V$$

因为 $E^\ominus(MnO_4^{2-}/MnO_2) > E^\ominus(MnO_4^-/MnO_4^{2-})$，在两个电对中，较强的氧化剂和较强的还原剂都是 MnO_4^{2-}，所以发生 MnO_4^{2-} 的歧化反应。

以此类推，如果某元素有三种氧化态，氧化数由高到低为 A、B、C，其元素电势图为：

$$A \xrightarrow{E_{左}^\ominus} B \xrightarrow{E_{右}^\ominus} C$$

若 $E_{右}^\ominus > E_{左}^\ominus$，则 B 会发生歧化反应：B $\longrightarrow$ A + C

若 $E_{左}^\ominus > E_{右}^\ominus$，则会发生逆歧化反应：A + C $\longrightarrow$ B

2. 综合评价元素及其化合物的氧化还原性质

全面分析比较酸、碱介质中的元素电势图，可对元素及其化合物的氧化还原性质作出综合评价，得出许多有实际意义的结论。以 Cl 的电势图为例进行讨论。

酸性介质（$E_A^\ominus$ V）

$$\mathrm{ClO_4^-} \xrightarrow{1.20} \mathrm{ClO_3^-} \xrightarrow{1.18} \mathrm{ClO_2} \xrightarrow{1.70} \mathrm{HClO} \xrightarrow{1.63} \mathrm{Cl_2} \xrightarrow{1.36} \mathrm{Cl^-}$$

上方连线：1.39；下方连线：1.451

碱性介质（$E_B^\ominus$ V）

$$\mathrm{ClO_4^-} \xrightarrow{0.36} \mathrm{ClO_3^-} \xrightarrow{0.33} \mathrm{ClO_2} \xrightarrow{0.66} \mathrm{ClO^-} \xrightarrow{0.40} \mathrm{Cl_2} \xrightarrow{1.36} \mathrm{Cl^-}$$

上方连线：0.76；下方连线：0.62

从元素电势图可以看出：

(1) 无论是酸性或碱性介质中，$HClO_2$ 或 ClO_2^- 都是 $E_右^\ominus > E_左^\ominus$，即都会发生歧化反应，因而它们很难在溶液中稳定存在，迄今还未从溶液中制得其纯物质。Cl_2 在碱性介质中有 $E_右^\ominus > E_左^\ominus$，会发生歧化反应。所以实验室的氯气尾气，乃至工厂的含氯量较低的废气的处理方法都是将其通入碱性溶液中吸收。

(2) 除 $E^\ominus(Cl_2/Cl^-)$ 值不受介质影响外，其他各电对的 $E^\ominus$ 均受介质影响，且 $E_A^\ominus \gg E_B^\ominus$，所以氯的含氧酸较其盐都有较强的氧化性，而其盐比酸更为稳定。如果要利用其氧化性，最好在酸性溶液中；如果要从低价制备 +3，+5，+7 价的物种，最好在碱性介质中。

(3) 氯元素所有电对的 $E^\ominus$ 均大于 0.33V，大部分大于 0.66V，所以氧化性是氯元素及其化合物的主要性质，在运输、贮存中，不让它们接触还原性物质是保证安全的重要条件。

(4) 虽然 $HClO_4$、ClO_4^- 是氯的最高氧化态，但其相关电对的 $E^\ominus$ 值并不是最大的，因此其稳定性较高。可见，氧化型强弱与氧化数高低无直接关系。

第三节　氧化还原滴定法

氧化还原滴定法是应用范围很广的一种滴定分析方法，是以氧化还原反应为基础的滴定分析法，既可直接测定许多具有还原性或氧化性的物质，也可间接测定某些不具氧化还原性的物质。

一、氧化还原滴定曲线

在氧化还原滴定的过程中，反应物和生成物的浓度不断改变，使有关电对的电位也发生变化，这种电位改变的情况可以用滴定曲线来表示。滴定过程中各点的电位可用仪器方法进行测量，也可以根据能斯特公式进行计算。尤其是化学计量点的电位以及滴定突跃电位，这是选择指示剂终点的依据。

（一）滴定过程电对电位的计算

1. 化学计量点时的电位计算

对于 $n_1 \neq n_2$ 对称电对（指氧化态与还原态系数相同）的氧化还原反应。

$$n_2 Ox_1 + n_1 Red_2 \rightleftharpoons n_1 Ox_2 + n_2 Red_1$$

两个半反应及对应的电位值为：

$$Ox_1 + n_1 e^- \longrightarrow Red_1 \qquad E_1 = E_1^{\ominus'} + \frac{0.059}{n_1}\lg\frac{[Ox_1]}{[Red_1]}$$

$$Ox_2 + n_2 e^- \longrightarrow Red_2 \qquad E_1 = E_2^{\ominus'} + \frac{0.059}{n_2}\lg\frac{[Ox_2]}{[Red_2]}$$

达到化学计量点时，$E_{sp} = E_1 = E_2$，将以上两式通分后相加，整理后得

$$(n_1 + n_2)E_{sp} = n_1 E_1^{\ominus'} + n_2 E_2^{\ominus'} + 0.059\lg\frac{[Ox_1]\cdot[Ox_2]}{[Red_1]\cdot[Red_2]}$$

因为化学计量点时：

$$[Ox_1]/[Red_2] = n_2/n_1; \qquad [Ox_2]/[Red_1] = n_1/n_2$$

则

$$\lg\frac{[Ox_1]\cdot[Ox_2]}{[Red_1]\cdot[Red_2]} = 0$$

所以

$$E_{sp} = \frac{n_1 E_1^{\ominus'} + n_2 E_2^{\ominus'}}{n_1 + n_2} \tag{8-8}$$

式(8-8)是 $n_1 \neq n_2$ 对称电对的氧化还原滴定化学计量点时电位的计算公式。若 $n_1 = n_2 = 1$，则

$$E_{sp} = \frac{E_1^{\ominus'} + E_2^{\ominus'}}{2} \tag{8-9}$$

2. 滴定突跃的计算

对于 $n_1 \neq n_2$ 对称电对的氧化还原反应，化学计量点前后的电位突跃可用能斯特方程式计算。

（1）化学计量点前的电位，可用被测物电对的电位计算。若被测物为 Red_2，则

$$E_{Ox_2/Red_2} = E_{Ox_2/Red_2}^{\ominus'} + \frac{0.059}{n_2}\lg\frac{[Ox_2]}{[Red_2]} \tag{8-10}$$

（2）化学计量点后的电位，可用滴定剂电对的电位计算，若滴定剂为 Ox_1，则

$$E_{Ox_1/Red_1} = E_{Ox_1/Red_1}^{\ominus'} + \frac{0.059}{n_2}\lg\frac{[Ox_1]}{[Red_1]} \tag{8-11}$$

（二）滴定过程电对电位的计算实例

用 $0.1000 \text{mol} \cdot \text{L}^{-1}$ Ce$(SO_4)_2$ 溶液，在 $1 \text{mol} \cdot \text{L}^{-1}$ H_2SO_4 溶液中滴定 20.00mL $0.1000 \text{mol} \cdot \text{L}^{-1}$ FeSO$_4$ 溶液，其滴定反应为：

$$Ce^{4+} + Fe^{2+} = Ce^{3+} + Fe^{3+}$$

滴定过程中溶液的组成发生的变化如表8-1所示。

表8-1　Ce(SO₄)₂滴定FeSO₄过程中溶液组成变化

滴定过程	溶液组成
滴定前	Fe^{2+}
化学计量点	Fe^{2+}、Fe^{3+}、Ce^{3+}（反应完全，$[Ce^{4+}]$很小）
化学计量点后	Fe^{3+}、Ce^{3+}、Ce^{4+}（$[Fe^{2+}]$很小）

（1）化学计量点前。因为加入的Ce^{4+}几乎全部被Fe^{2+}还原为Ce^{3+}，到达平衡时$c(Ce^{4+})$很小，电位值不易直接求得。但如果知道了滴定的百分数，就可求得$c(Fe^{3+})/c(Fe^{2+})$，进而计算出电位值。假设Fe^{2+}被滴定了$a\%$，则按式(8-10)计算：

$$E_{Fe^{3+}/Fe^{2+}} = E^{\ominus\prime}_{Fe^{3+}/Fe^{2+}} + 0.059\lg\frac{a}{100-a}$$

（2）化学计量点后。Fe^{2+}几乎全部被Ce^{4+}氧化为Fe^{3+}，$c(Fe^{2+})$很小不易直接求得，但只要知道加入过量的Ce^{4+}的百分数，就可以用$c(Ce^{4+})/c(Ce^{3+})$按式(8-11)计算电位值。设加入了$b\%\ Ce^{4+}$，则过量的Ce^{4+}为$(b-100)\%$，得

$$E_{Ce^{4+}/Ce^{3+}} = E^{\ominus\prime}_{Ce^{4+}/Ce^{3+}} + 0.059\lg\frac{b}{100-b}$$

（3）化学计量点。Ce^{4+}和Fe^{2+}分别定量地转变为Ce^{3+}和Fe^{3+}，未反应的$C_{Ce^{4+}}$和$C_{Fe^{2+}}$很小不能直接求得，可从式(8-9)求得：

$$E_{sp} = \frac{E^{\ominus\prime}_{Fe^{3+}/Fe^{2+}} + E^{\ominus\prime}_{Ce^{4+}/Ce^{3+}}}{2}$$

计算结果见表8-2。

表8-2　Ce(SO₄)₂滴定FeSO₄过程中滴加不同体积Ce^{4+}时的电极电位

加入Ce^{4+}溶液体积(mL)	Fe^{2+}被滴定的百分率($a\%$)	电位(V)
1.00	5.0	0.60
2.00	10.0	0.62
4.00	20.0	0.64
8.00	40.0	0.67
10.00	50.0	0.68
12.00	60.0	0.69
18.00	90.0	0.74
19.80	99.0	0.80 ⎤ 突
19.98	99.9	0.86 ⎥ 跃
20.00	100.0	1.06 ⎥ 范
20.02	100.1	1.26 ⎦ 围
22.00	110.0	1.38
30.00	150.0	1.42
40.00	200.0	1.44

（4）滴定曲线。以滴定剂加入的体积为横坐标，电对的电位为纵坐标作图，可得到如图8-5滴定曲线。

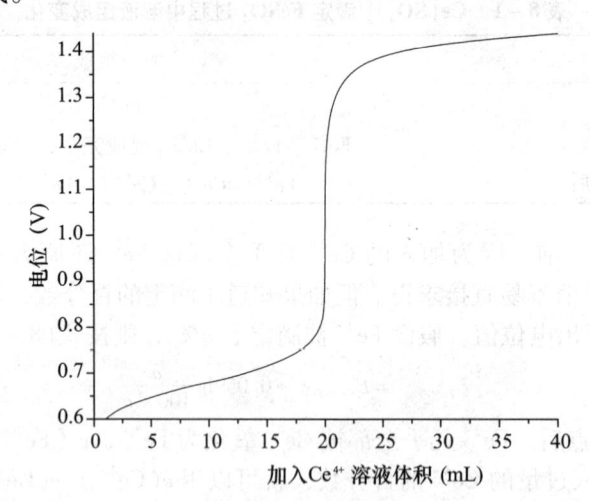

图8-5 0.1000mol·L^{-1}Ce(SO$_4$)$_2$溶液滴定20.00mL 0.1000mol·L^{-1}FeSO$_4$溶液滴定曲线

二、氧化还原滴定法的指示剂

在氧化还原滴定中，可以用电位法确定终点，也可以用指示剂确定终点，氧化还原滴定中所用的指示剂有以下几类：

（一）以滴定剂本身颜色指示滴定终点（又称自身指示剂）

有些滴定剂本身有很深的颜色，而滴定产物为无色或颜色很浅，在这种情况下，滴定时可不必另加指示剂，例如KMnO$_4$本身显紫红色，用它来滴定Fe^{2+}、C$_2$O$_4^{2-}$溶液时，反应产物Mn^{2+}、Fe^{3+}等颜色很浅或是无色，滴定到化学计量点后，只要KMnO$_4$稍微过量半滴就能使溶液呈现淡红色，指示滴定终点的到达。

（二）显色指示剂

这种指示剂本身并不具有氧化还原性，但能与滴定剂或被测定物质发生显色反应，而且显色反应是可逆的，因而可以指示滴定终点。这类指示剂最常用的是淀粉，如可溶性淀粉与碘溶液反应生成深蓝色的化合物，当I$_2$被还原为I$^-$时，蓝色就突然褪去。因此，在碘量法中，多用淀粉溶液作指示液。用淀粉指示液可以检出约10^{-5}mol·L^{-1}的碘溶液，但淀粉指示液与I$_2$的显色灵敏度与淀粉的性质和加入时间、温度及反应介质等条件有关，如温度升高，显色灵敏度下降。Fe^{3+}溶液滴定Sn^{2+}时，可用KSCN为指示剂，当溶液出现红色（Fe^{3+}与SCN$^-$形成的硫氰配合物的颜色）即为终点。

（三）氧化还原指示剂

这类指示剂本身是氧化剂或还原剂，它的氧化态和还原态具有不同的颜色。在滴定过程中，指示剂由氧化态转为还原态，或由还原态转为氧化态时，溶液颜色随之发生变化,从而指示滴定终点。例如用 $K_2Cr_2O_7$ 滴定 Fe^{2+} 时,常用二苯胺磺酸钠为指示剂。二苯胺磺酸钠的还原态无色,当滴定至化学计量点时,稍过量的 $K_2Cr_2O_7$ 使二苯胺磺酸钠由还原态转变为氧化态,溶液显紫红色,因而指示滴定终点的到达。若以 $In_{(Ox)}$ 和 $In_{(Red)}$ 分别代表指示剂的氧化态和还原态,滴定过程中,指示剂的电极反应可用下式表示:

$$In_{(Ox)} + ne^- \rightleftharpoons In_{(Red)}$$

$$E = E_{In}^{\ominus} \pm \frac{0.059}{n}\lg\frac{[In_{(Ox)}]}{[In_{(Red)}]} \tag{8-12}$$

显然,随着滴定过程中溶液电位值的改变,$\frac{[In_{(Ox)}]}{[In_{(Red)}]}$ 比值也在改变,因而溶液的颜色也发生变化。与酸碱指示剂在一定 pH 范围内发生颜色转变一样,我们只能在一定电位范围内看到这种颜色变化,这个范围就是指示剂变色电位范围,它相当于两种形式浓度比值从 1/10 变到 10 时的电位变化范围。即

$$E = E_{In}^{\ominus'} \pm \frac{0.059}{n}V \tag{8-13}$$

当被滴定溶液的电位值恰好等于 $E_{In}^{\ominus'}$ 时,指示剂呈现中间颜色,称为变色点。若指示剂的一种形式的颜色比另一种形式深得多,则变色点电位将偏离 $E_{In}^{\ominus'}$ 值。部分常用的氧化还原指示剂见表 8-3。

表 8-3 常用的氧化还原指示剂

指示剂	$E_{In}^{\ominus'}$(In)(V) [H^+]=1	颜色变化 还原态	颜色变化 氧化态	配制方法
次甲基蓝	+0.52	无	蓝	0.5g/L 水溶液
二苯胺磺酸钠	+0.85	无	紫红	0.5g 指示剂,2g Na_2CO_3,加水稀释至 100mL
邻苯氨基苯甲酸	+0.89	无	紫红	0.11g 指示剂溶于 20mL 50g/L Na_2CO_3 溶液中,用水稀释至 100mL
邻二氮菲-亚铁	+1.06	红	浅蓝	1.485g 邻二氮菲,0.695g $FeSO_4 \cdot 7H_2O$,用水稀释至 100mL

氧化还原指示剂不仅对某种离子特效,而且对氧化还原反应普遍适用,因而是一种通用指示剂,应用范围比较广泛。选择这类指示剂的原则是,指示剂变色点的电位应当处在滴定体系的电位突跃范围内。例如,在 $1mol \cdot L^{-1} H_2SO_4$ 溶液中,用 Ce^{4+} 滴定 Fe^{2+},前面已经计算出滴定到化学计量点后 0.1% 的电位突跃范围是 0.86~1.26V。显然,选择邻苯氨基苯甲酸和邻二氮菲-亚铁是合适的。若选二苯胺磺酸钠,终点会提前,终点误差将会大于允许误差。

应该指出,指示剂本身会消耗滴定剂。例如,0.1mL 0.2% 二苯胺磺酸钠会消耗

0.1mL 0.017mol·L^{-1} 的 K$_2$Cr$_2$O$_7$ 溶液，因此如若 K$_2$Cr$_2$O$_7$ 溶液的浓度是 0.01mol·L^{-1} 或更稀，则应作指示剂的空白校正。

第四节　常用的氧化还原滴定法

氧化还原滴定法可以根据待测物的性质来选择合适的滴定剂，并常根据所用滴定剂的名称来命名，如常用的有高锰酸钾法、重铬酸钾法、碘量法、铈量法、溴酸钾法。各种方法都有其特点和应用范围，应根据实际情况正确选用。下面介绍几种常用的氧化还原滴定法。

一、高锰酸钾法

（一）方法概述

KMnO$_4$ 是一种强氧化剂，它的氧化能力和还原产物与溶液的酸度有关。

在强酸性溶液中，KMnO$_4$ 与还原剂作用被还原为 Mn^{2+}。

$$MnO_4^- + 8H^+ + 5e^- \longrightarrow Mn^{2+} + 4H_2O \quad E^\ominus = 1.51V$$

由于在强酸性溶液中 KMnO$_4$ 有更强的氧化性，因而高锰酸钾滴定法一般多在 0.5~1mol·L^{-1} H$_2$SO$_4$ 强酸性介质下使用，而不使用盐酸介质，这是由于盐酸具有还原性，能诱发一些副反应干扰滴定。硝酸由于含有氮氧化物容易产生副反应也很少采用。

在弱酸性、中性或碱性溶液中，KMnO$_4$ 被还原为 MnO$_2$。

$$MnO_4^- + 2H_2O + 3e^- \longrightarrow MnO_2\downarrow + 4OH^- \quad E^\ominus = 0.588V$$

由于反应产物为棕色的 MnO$_2$ 沉淀，妨碍终点观察，所以很少使用。

在 pH>12 的强碱性溶液中用高锰酸钾氧化有机物时，由于强碱性（大于 2mol·L^{-1} NaOH）条件下的反应速度比在酸性条件下更快，所以常利用 KMnO$_4$ 在强碱性溶液中与有机物的反应来测定有机物。

$$MnO_4^- + e^- \longrightarrow MnO_4^{2-} \quad E^\ominus = 0.564V$$

KMnO$_4$ 法有如下特点：

（1）KMnO$_4$ 氧化能力强，应用广泛，可直接或间接地测定多种无机物和有机物。如可直接滴定许多还原性物质 Fe^{2+}、As(Ⅲ)、Sb(Ⅲ)、W(Ⅴ)、U(Ⅳ)、H$_2$O$_2$、C$_2$O$_4^{2-}$、NO$_2^-$ 等；返滴定时可测 MnO$_2$、PbO$_2$ 等物质；也可以通过 MnO$_4^-$ 与 C$_2$O$_4^{2-}$ 反应间接测定一些非氧化还原物质如 Ca^{2+}、Th^{4+} 等。

（2）KMnO$_4$ 溶液呈紫红色，当试液为无色或颜色很浅时，滴定不需要外加指示剂；

（3）由于 KMnO$_4$ 氧化能力强，因此方法的选择性欠佳，而且 KMnO$_4$ 与还原性物质的反应历程比较复杂，易发生副反应。

（4）KMnO$_4$ 标准溶液不能直接配制，且标准溶液不够稳定，不能久置。

（二）高锰酸钾标准滴定溶液的制备 (GB/T601—2002)

市售高锰酸钾试剂常含有少量的 MnO$_2$ 及其他杂质，使用的蒸馏水中也含有少量如尘埃、有机物等还原性物质。这些物质都能使 $KMnO_4$ 还原,因此 $KMnO_4$ 标准滴定溶液不能直接配制,必须先配成近似浓度的溶液后再标定。配制时,首先称取略多于理论用量的 $KMnO_4$,溶于一定体积的蒸馏水中,缓缓煮沸 15min,冷却,于暗处放置两周,用已处理过的 4 号玻璃滤埚过滤,贮于棕色试剂瓶中待标定。

标定 $KMnO_4$ 溶液的基准物很多,如 $Na_2C_2O_4$、$H_2C_2O_4 \cdot 2H_2O$、$(NH_4)_2Fe(SO_4)_2 \cdot 6H_2O$ 和纯铁丝等。其中常用的是 $Na_2C_2O_4$,这是因为它易提纯且性质稳定,不含结晶水,在 105~110℃ 烘至恒重,即可使用。

MnO_4^- 与 $C_2O_4^{2-}$ 的标定反应在 H_2SO_4 介质中进行,其反应如下:

$$2MnO_4^- + 5C_2O_4^{2-} + 16H^+ \longrightarrow 2Mn^{2+} + 10CO_2\uparrow + 8H_2O$$

此时,$KMnO_4$ 的基本单元为 $(1/5\ KMnO_4)$,而 $Na_2C_2O_4$ 的基本单元为 $(1/2\ Na_2C_2O_4)$。

为了使标定反应能定量地较快进行,标定时应注意以下滴定条件:

(1) 温度。$Na_2C_2O_4$ 溶液加热至 70~85℃ 再进行滴定。不能使温度超过 90℃,否则 $H_2C_2O_4$ 分解,导致标定结果偏高。

$$H_2C_2O_4 \xrightarrow{\geqslant 90℃} H_2O + CO_2\uparrow + CO\uparrow$$

(2) 酸度。溶液应保持足够大的酸度,一般控制酸度为 $0.5~1mol \cdot L^{-1}$。如果酸度不足,易生成 MnO_2 沉淀,酸度过高则又会使 $H_2C_2O_4$ 分解。

(3) 滴定速度。MnO_4^- 与 $C_2O_4^{2-}$ 的反应开始时速度很慢,当有 Mn^{2+} 离子生成之后,反应速度逐渐加快。因此,开始滴定时,应该等第一滴 $KMnO_4$ 溶液褪色后,再加第二滴。此后,因反应生成的 Mn^{2+} 有自动催化作用而加快了反应速度,随之可加快滴定速度,但不能过快,否则加入的 $KMnO_4$ 溶液会因来不及与 $C_2O_4^{2-}$ 反应,就在热的酸性溶液中分解,导致标定结果偏低。

$$4MnO_4^- + 12H^+ \longrightarrow 4Mn^{2+} + 6H_2O + 5O_2\uparrow$$

若滴定前加入少量的 $MnSO_4$ 为催化剂,则在滴定的最初阶段就以较快的速度进行。

(4) 滴定终点。用 $KMnO_4$ 溶液滴定至溶液呈淡粉红色 30s 不褪色即为终点。放置时间过长,空气中还原性物质能使 $KMnO_4$ 还原而褪色。

标定好的 $KMnO_4$ 溶液在放置一段时间后,若发现有 $MnO(OH)_2$ 沉淀析出,应重新过滤并标定。标定结果按下式计算:

$$c(\frac{1}{5}KMnO_4) = \frac{m_{Na_2C_2O_4}}{(V - V_0) \times M(\frac{1}{2}Na_2C_2O_4) \times 10^{-3}} \tag{8-14}$$

式中:$m_{Na_2C_2O_4}$ 为称取 $Na_2C_2O_4$ 的质量,g;V 为滴定时消耗 $KMnO_4$ 标准滴定溶液的体积,mL;V_0 为空白试验时消耗 $KMnO_4$ 标准滴定溶液的体积,mL;$M(\frac{1}{2}Na_2C_2O_4)$ 为以 $(\frac{1}{2}Na_2C_2O_4)$ 为基本单元的 $Na_2C_2O_4$ 摩尔质量($67.00g \cdot mol^{-1}$)。

【例 8-9】 配制 1.5L $c(\frac{1}{5}KMnO_4) = 0.2mol \cdot L^{-1}$ 的 $KMnO_4$ 溶液,应称取 $KMnO_4$ 多少克?配制

1L $T_{Fe^{2+}/KMnO_4}=0.00600g/mL$ 的溶液应称取 $KMnO_4$ 多少克？

解：已知 $M(KMnO_4)=158g/mol$；$M(Fe)=55.85g/mol$

（1）因为
$$m_{KMnO_4}=c(\frac{1}{5}KMnO_4)\cdot V_{KMnO_4}\cdot M(\frac{1}{5}KMnO_4)$$

所以
$$m_{KMnO_4}=(1.5\times 0.2\times \frac{1}{5}\times 158)g=9.5g$$

（2）按题意，$KMnO_4$ 与 Fe^{2+} 的反应为：
$$KMnO_4+5Fe^{2+}+8H^+\longrightarrow Mn^{2+}+5Fe^{3+}+4H_2O$$

在该反应中，Fe^{2+} 的基本单元为自身，

所以
$$c(\frac{1}{5}KMnO_4)=\frac{T\times 1000}{M(Fe)}$$

$$c(\frac{1}{5}KMnO_4)=\frac{0.00600\times 1000}{55.85\times 1}=0.108 mol\cdot L^{-1}$$

所需 $KMnO_4$ 的质量为：
$$m_{KMnO_4}=c(\frac{1}{5}KMnO_4)\cdot V_{KMnO_4}\cdot M(\frac{1}{5}KMnO_4)$$

即
$$m_{KMnO_4}=0.108\times 1\times \frac{1}{5}\times 158g=3.4g$$

（三）$KMnO_4$ 法的应用

1. 直接滴定法测定 H_2O_2

在酸性溶液中 H_2O_2 被 MnO_4^- 定量氧化：
$$2MnO_4^-+5H_2O_2+6H^+\longrightarrow 2Mn^{2+}+5O_2\uparrow+8H_2O$$

此反应在室温下即可顺利进行。滴定开始时反应较慢，随着 Mn^{2+} 生成而加速，也可先加入少量 Mn^{2+} 作为催化剂。

若 H_2O_2 中含有机物质，后者会消耗 $KMnO_4$，使测定结果偏高。这时，应改用碘量法或铈量法测定 H_2O_2。

2. 间接滴定法测定 Ca^{2+}

Ca^{2+}、Th^{4+} 等在溶液中没有可变价态，通过生成草酸盐沉淀，可用高锰酸钾法间接测定。

以 Ca^{2+} 的测定为例，先沉淀为 CaC_2O_4，再经过滤、洗涤后将沉淀溶于热的稀 H_2SO_4 溶液中，最后用 $KMnO_4$ 标准溶液滴定 $H_2C_2O_4$。根据所消耗的 $KMnO_4$ 的量，间接求得 Ca^{2+} 的含量。

为了保证 Ca^{2+} 与 $C_2O_4^{2-}$ 间的 1:1 的计量关系，以及获得颗粒较大的 CaC_2O_4 沉淀以便于过滤和洗涤，必须采取相应的措施。

（1）在酸性试液中先加入过量 $(NH_4)_2C_2O_4$，后用稀氨水慢慢中和试液至甲基橙显黄色，使沉淀缓慢地生成。

（2）沉淀完全后须放置陈化一段时间。

（3）用蒸馏水洗去沉淀表面吸附的 $C_2O_4^{2-}$。若在中性或弱碱性溶液中沉淀，会有

部分 $Ca(OH)_2$ 或碱式草酸钙生成，使测定结果偏低。为减少沉淀溶解损失，应用尽可能少的冷水洗涤沉淀。

3. 返滴定法测定软锰矿中 MnO_2

软锰矿中 MnO_2 的测定是利用 MnO_2 与 $C_2O_4^{2-}$ 在酸性溶液中的反应，其反应式如下：

$$MnO_2 + C_2O_4^{2-} + 4H^+ = Mn^{2+} + 2CO_2\uparrow + 2H_2O$$

加入过量的 $Na_2C_2O_4$ 于磨细的矿样中，加 H_2SO_4 并加热，当样品中无棕黑色颗粒存在时，表示试样分解完全。用 $KMnO_4$ 标准溶液趁热返滴定剩余的草酸。由 $Na_2C_2O_4$ 的加入量和 $KMnO_4$ 溶液消耗量之差求出 MnO_2 的含量。

4. 水中化学耗氧量 COD_{Mn} 的测定

化学耗氧量 COD（Chemical Oxygen Demand）是 1L 水中还原性物质（无机的或有机的）在一定条件下被氧化时所消耗的氧含量。通常用 $COD_{Mn}(O, mg \cdot L^{-1})$ 来表示。它是反映水体被还原性物质污染的主要指标。还原性物质包括有机物、亚硝酸盐、亚铁盐和硫化物等，但多数水受有机物污染极为普遍，因此，化学耗氧量可作为有机物污染程度的指标，目前它已经成为环境监测分析的主要项目之一。

COD_{Mn} 的测定方法是：在酸性条件下，加入过量的 $KMnO_4$ 溶液，将水样中的某些有机物及还原性物质氧化，反应后在剩余的 $KMnO_4$ 中加入过量的 $Na_2C_2O_4$ 还原，再用 $KMnO_4$ 溶液回滴过量的 $Na_2C_2O_4$，从而计算出水样中所含还原性物质所消耗的 $KMnO_4$，再换算为 COD_{Mn}。测定过程所发生的有关反应如下：

$$4KMnO_4 + 6H_2SO_4 + 5C = 2K_2SO_4 + 4MnSO_4 + 5CO_2\uparrow + 6H_2O$$
$$MnO_4^- + 5C_2O_4^{2-} + 16H^+ = 2Mn^{2+} + 8H_2O + 10CO_2\uparrow$$

$KMnO_4$ 法测定的化学耗氧量 COD_{Mn} 只适用于较为清洁水样测定。

5. 有机物的测定

氧化有机物的反应在碱性溶液中比在酸性溶液中快，采用加入过量 $KMnO_4$ 并加热的方法可进一步加速反应。例如测定甘油时，加入过量的 $KMnO_4$ 标准溶液到含有试样的 $2mol \cdot L^{-1} NaOH$ 溶液中，放置片刻，溶液中发生如下反应：

$$H_2OHC-OHCH-CHOH_2 + 14MnO_4^- + 20OH^- = 3CO_3^{2-} + 14MnO_4^{2-} + 14H_2O$$

待溶液中反应完全后将溶液酸化，MnO_4^{2-} 歧化成 MnO_4^- 和 MnO_2，加入过量的 $Na_2C_2O_4$ 标准溶液还原所有高价锰为 Mn^{2+}。最后再以 $KMnO_4$ 标准溶液滴定剩余的 $Na_2C_2O_4$。由两次加入的 $KMnO_4$ 量和 $Na_2C_2O_4$ 的量，计算甘油的质量分数。甲醛、甲酸、酒石酸、柠檬酸、苯酚、葡萄糖等都可按此法测定。

二、重铬酸钾法

（一）方法概述

$K_2Cr_2O_7$ 是一种常用的氧化剂，它具有较强的氧化性，在酸性介质中 $Cr_2O_7^{2-}$ 被还

原为 Cr^{3+}，其电极反应如下：

$$Cr_2O_7^{2-} + 14H^+ + 6e^- \longrightarrow 2Cr^{3+} + 7H_2O \qquad E^{\ominus}_{Cr_2O_7^{2-}/Cr^{3+}} = 1.33V$$

$K_2Cr_2O_7$ 的基本单元为 $\frac{1}{6}K_2Cr_2O_7$。

重铬酸钾的氧化能力不如高锰酸钾强，因此重铬酸钾可以测定的物质不如高锰酸钾广泛，但与高锰酸钾法相比，它有自己的优点。

(1) $K_2Cr_2O_7$ 易提纯，可以制成基准物质，在 140~150℃ 干燥 2h 后，可直接称量，配制标准溶液。$K_2Cr_2O_7$ 标准溶液相当稳定，保存在密闭容器中，浓度可长期保持不变。

(2) 室温下，当 HCl 溶液浓度低于 $3mol \cdot L^{-1}$ 时，$Cr_2O_7^{2-}$ 不会诱导氧化 Cl^-，因此 $K_2Cr_2O_7$ 法可在盐酸介质中进行滴定。$Cr_2O_7^{2-}$ 的滴定还原产物是 Cr^{3+}，呈绿色，滴定时须用指示剂指示滴定终点。常用的指示剂为二苯胺磺酸钠。

(二) $K_2Cr_2O_7$ 标准滴定溶液的制备

1. 直接配制法

$K_2Cr_2O_7$ 标准滴定溶液可用直接法配制，但在配制前应将 $K_2Cr_2O_7$ 基准试剂在 140~150℃ 温度下烘至恒重。

2. 间接配制法（执行 GB/T 601—2002）

若使用分析纯 $K_2Cr_2O_7$ 试剂配制标准溶液，则需进行标定。其标定原理是：移取一定体积的 $K_2Cr_2O_7$ 溶液，加入过量的 KI 和 H_2SO_4，用已知浓度的 $Na_2S_2O_3$ 标准滴定溶液进行滴定，以淀粉指示液指示滴定终点，其反应式为：

$$Cr_2O_7^{2-} + 6I^- + 14H^+ \longrightarrow 2Cr^{3+} + 3I_2 + 7H_2O$$

$$I_2 + 2S_2O_3^{2-} \longrightarrow S_4O_6^{2-} + 2I^-$$

$K_2Cr_2O_7$ 标准溶液的浓度按下式计算：

$$c(\frac{1}{6}K_2Cr_2O_7) = \frac{(V_1 - V_2) \cdot c(Na_2S_2O_3)}{V} \qquad (8-15)$$

式中：$c(\frac{1}{6}K_2Cr_2O_7)$ 为重铬酸钾标准溶液的浓度，$mol \cdot L^{-1}$；$c(Na_2S_2O_3)$ 为硫代硫酸钠标准滴定溶液的浓度，$mol \cdot L^{-1}$；V_1 为滴定时消耗硫代硫酸钠标准滴定溶液的体积，mL；V_2 为空白试验消耗硫代硫酸钠标准滴定溶液的体积，mL；V 为重铬酸钾标准溶液的体积，mL。

(三) 重铬酸钾法的应用

1. 铁矿石中全铁量的测定

重铬酸钾法是测定矿石中全铁量的标准方法。根据预氧化还原方法的不同分为 $SnCl_2 - HgCl_2$ 法和 $SnCl_2 - TiCl_3$（无汞测定法）。

(1) $SnCl_2 - HgCl_2$ 法。试样用热浓 HCl 溶解，用 $SnCl_2$ 趁热将 Fe^{3+} 还原为 Fe^{2+}。

冷却后，过量的 $SnCl_2$ 用 $HgCl_2$ 氧化，再用水稀释，并加入 H_2SO_4-H_3PO_4 混合酸和二苯胺磺酸钠指示剂，立即用 $K_2Cr_2O_7$ 标准溶液滴定至溶液由浅绿（Cr^{3+}色）变为紫红色。

用盐酸溶解时，反应为：$Fe_2O_3 + 6HCl \longrightarrow 2FeCl_3 + 3H_2O$

滴定反应为：$Cr_2O_7^{2-} + 6Fe^{2+} + 14H^+ \longrightarrow 2Cr^{3+} + 6Fe^{3+} + 7H_2O$

测定中加入 H_3PO_4 的目的有两个：一是降低 Fe^{3+}/Fe^{2+} 电对的电极电位，使滴定突跃范围增大，让二苯胺磺酸钠变色点的电位落在滴定突跃范围之内；二是使滴定反应的产物生成无色的 $Fe(HPO_4)_2$，消除 Fe^{3+} 离子黄色的干扰，有利于滴定终点的观察。

（2）无汞测定法。样品用酸溶解后，以 $SnCl_2$ 趁热将大部分 Fe^{3+} 还原为 Fe^{2+}，再以钨酸钠为指示剂，用 $TiCl_3$ 还原剩余的 Fe^{3+}，反应为

$$2Fe^{3+} + Sn^{2+} \longrightarrow 2Fe^{2+} + Sn^{4+}$$

$$Fe^{3+} + Ti^{3+} \longrightarrow Fe^{2+} + Ti^{4+}$$

当 Fe^{3+} 定量还原为 Fe^{2+} 之后，稍过量的 $TiCl_3$ 即可使溶液中作为指示剂的六价钨还原为蓝色的五价钨合物（俗称"钨蓝"），此时溶液呈现蓝色。然后滴入重铬酸钾溶液，使钨蓝刚好褪色，或者以 Cu^{2+} 为催化剂使稍过量的 Ti^{3+} 被水中溶解的氧所氧化，从而消除少量的还原剂的影响。最后以二苯胺磺酸钠为指示剂，用重铬酸钾标准滴定溶液滴定溶液中的 Fe^{2+}，即可求出全铁含量。

2. 利用 $Cr_2O_7^{2-}$-Fe^{2+} 反应测定其他物质

$Cr_2O_7^{2-}$ 与 Fe^{2+} 的反应可逆性强，速率快，计量关系好，无副反应发生，指示剂变色明显。此反应不仅用于测铁，还可利用它间接地测定多种物质。

（1）测定氧化剂。NO_3^-（或 ClO_3^-）等氧化剂被还原的反应速率较慢，测定时可加入过量的 Fe^{2+} 标准溶液与其反应：

$$3Fe^{2+} + NO_3^- + 4H^+ \longrightarrow 3Fe^{3+} + NO\uparrow + 2H_2O$$

待反应完全后用 $K_2Cr_2O_7$ 标准溶液返滴定剩余的 Fe^{2+}，即可求得 NO_3^- 含量。

（2）测定还原剂。一些强还原剂如 Ti^{3+} 等极不稳定，易被空气中的氧所氧化。为使测定准确，可将 Ti^{4+} 流经还原柱后，用盛有 Fe^{3+} 溶液的锥形瓶接收，此时发生如下反应：

$$Ti^{3+} + Fe^{3+} \longrightarrow Ti^{4+} + Fe^{2+}$$

置换出的 Fe^{2+}，再用 $K_2Cr_2O_7$ 标准溶液滴定。

（3）测定污水的化学耗氧量（COD_{Cr}）。$KMnO_4$ 法测定的化学耗氧量（COD_{Mn}）只适用于较为清洁水样测定。若需要测定污染严重的生活污水和工业废水则需要用 $K_2Cr_2O_7$ 法。用 $K_2Cr_2O_7$ 法测定的化学耗氧量用 COD_{Cr}（O，$mg·L^{-1}$）表示。COD_{Cr} 是衡量污水被污染程度的重要指标。

其测定原理是：水样中加入一定量的重铬酸钾标准溶液，在强酸性（H_2SO_4）条件下，以 Ag_2SO_4 为催化剂，加热回流 2h，使重铬酸钾与有机物和还原性物质充分作用。过量的重铬酸钾以邻二氮菲-亚铁为指示剂，用硫酸亚铁铵标准滴定溶液返滴定，其滴定反应为：

$$Cr_2O_7^{2-} + 6Fe^{2+} + 14H^+ \longrightarrow 2Cr^{3+} + 6Fe^{3+} + 7H_2O$$

由所消耗的硫酸亚铁铵标准滴定溶液的量及加入水样中的重铬酸钾标准溶液的量，按下式计算出水样中还原性物质消耗氧的量。

$$COD_{Cr} = \frac{(V_0 - V_1) \cdot c(Fe^{2+}) \times 8.000 \times 1000}{V} \tag{8-16}$$

式中：V_0 为滴定空白时消耗硫酸亚铁铵标准溶液体积，mL；V_1 为滴定水样时消耗硫酸亚铁铵标准溶液体积，mL；V 为水样体积，mL；$c(Fe^{2+})$ 为硫酸亚铁铵标准溶液浓度，mol·L^{-1}；8.000 为氧($\frac{1}{2}$O)摩尔质量，g·mol^{-1}。

（4）测定非氧化、还原性物质。测定 Pb^{2+}（或 Ba^{2+}）等物质时，一般先将其沉淀为 $PbCrO_4$，然后过滤沉淀，沉淀经洗涤后溶解于酸中，再以 Fe^{2+} 标准滴定溶液滴定 $Cr_2O_7^{2-}$，从而间接求出 Pb^{2+} 的含量。

三、碘量法

（一）方法概述

碘量法是利用 I_2 的氧化性和 I^- 的还原性来进行滴定的方法，其基本反应是：

$$I_2 + 2e^- \longrightarrow 2I^-$$

固体 I_2 在水中溶解度很小（298K 时为 1.18×10^{-3} mol·L^{-1}）且易于挥发，通常将 I_2 溶解于 KI 溶液中，此时它以 I_3^- 配离子形式存在，其半反应为：

$$I_3^- + 2e^- \longrightarrow 3I^-$$

I_2 是较弱的氧化剂，能与较强的还原剂作用；I^- 是中等强度的还原剂，能与许多氧化剂作用，因此碘量法可以用直接或间接的两种方式进行。

碘量法既可测定氧化剂，又可测定还原剂。I_3^-/I^- 电对反应的可逆性好，副反应少，又有很灵敏的淀粉指示剂指示终点，因此碘量法的应用范围很广。

1. 直接碘量法

用 I_2 配成的标准滴定溶液可以直接测定 S^{2-}、SO_3^{2-}、Sn^{2+}、$S_2O_3^{2-}$、$As(Ⅲ)$、维生素 C 等还原性物质，这种碘量法称为直接碘量法，又叫碘滴定法。直接碘量法不能在碱性溶液中进行滴定，因为碘与碱发生歧化反应。

$$I_2 + 2OH^- \longrightarrow IO^- + I^- + H_2O$$
$$3IO^- \longrightarrow IO_3^- + 2I^-$$

2. 间接碘量法

一些氧化性物质，可在一定的条件下，用 I^- 还原，然后用 $Na_2S_2O_3$ 标准溶液滴定释放出的 I_2，这种方法称为间接碘量法，又称滴定碘法。间接碘量法的基本反应为：

$$2I^- - 2e^- \longrightarrow I_2$$
$$I_2 + 2S_2O_3^{2-} \longrightarrow S_4O_6^{2-} + 2I^-$$

利用这一方法可以测定很多氧化性物质，如 Cu^{2+}、$Cr_2O_7^{2-}$、IO_3^-、BrO_3^-、AsO_4^{3-}、

ClO^-、NO_2^-、H_2O_2、MnO_4^-、Fe^{3+} 等。

间接碘量法多在中性或弱酸性溶液中进行，因为在碱性溶液中 I_2 与 $S_2O_3^{2-}$ 将发生如下反应：

$$S_2O_3^{2-} + 4I_2 + 10OH^- \longrightarrow SO_4^{2-} + 8I^- + 5H_2O$$

同时，I_2 在碱性溶液中还会发生歧化反应：

$$3I_2 + 6OH^- \longrightarrow IO_3^- + 5I^- + 3H_2O$$

在强酸性溶液中，$Na_2S_2O_3$ 溶液会发生分解反应：

$$S_2O_3^{2-} + 2H^+ \longrightarrow SO_2 + S\downarrow + H_2O$$

同时，I^- 在酸性溶液中易被空气中的 O_2 氧化。

$$4I^- + 4H^+ + O_2 \longrightarrow 2I_2 + 2H_2O$$

3. 碘量法的终点指示——淀粉指示剂法

I_2 与淀粉呈现蓝色，其显色灵敏度除与 I_2 的浓度有关以外，还与淀粉的性质、加入的时间、温度及反应介质等条件有关。因此在使用淀粉指示液指示终点时要注意以下几点：

（1）所用的淀粉必须是可溶性淀粉。

（2）I_3^- 与淀粉的蓝色在热溶液中会消失，因此，不能在热溶液中进行滴定。

（3）要注意反应介质的条件，淀粉在弱酸性溶液中灵敏度很高，显蓝色；当 pH < 2 时，淀粉会水解成糊精，与 I_2 作用显红色；若 pH > 9 时，I_2 转变为 IO^- 离子与淀粉不显色。

（4）直接碘量法用淀粉指示液指示终点时，应在滴定开始时加入。终点时，溶液由无色突变为蓝色。间接碘量法用淀粉指示液指示终点时，应等滴至 I_2 的黄色很浅时再加入淀粉指示液（若过早加入淀粉，它与 I_2 形成的蓝色配合物会吸留部分 I_2，往往易使终点提前且不明显）。终点时，溶液由蓝色转无色。

（5）淀粉指示液的用量一般为 2～5mL（5g·L^{-1} 淀粉指示液）。

4. 碘量法的误差来源和防止措施

碘量法的误差来源于两个方面：一是 I_2 易挥发；二是在酸性溶液中 I^- 易被空气中的 O_2 氧化。为了防止 I_2 挥发和空气中的氧氧化 I^-，测定时要加入过量的 KI，使 I_2 生成 I_3^- 离子，并使用碘瓶，滴定时不要剧烈摇动，以减少 I_2 的挥发。由于 I^- 被空气氧化的反应，随光照及酸度增高而加快，因此在反应时，应将碘瓶置于暗处；滴定前调节好酸度，析出 I_2 后立即进行滴定。此外，Cu^{2+}、NO_2^- 等离子催化空气对 I^- 离子的氧化，应设法消除干扰。

（二）碘量法标准滴定溶液的制备

碘量法中需要配制和标定 I_2 和 $Na_2S_2O_3$ 两种标准滴定溶液。

1. $Na_2S_2O_3$ 标准滴定溶液的制备（GB/T601—2002）

市售硫代硫酸钠（$Na_2S_2O_3 \cdot 5H_2O$）一般都含有少量杂质，因此配制 $Na_2S_2O_3$ 标准滴定溶液不能用直接法，只能用间接法。

配制好的 $Na_2S_2O_3$ 溶液在空气中不稳定，容易分解，这是由于在水中的微生物、CO_2、空气中 O_2 作用下，发生下列反应：

$$Na_2S_2O_3 \xrightarrow{微生物} Na_2SO_3 + S \downarrow$$

$$Na_2S_2O_3 + CO_2 + H_2O \longrightarrow NaHSO_4 + NaHCO_3 + S \downarrow$$

$$Na_2S_2O_3 + O_2 \longrightarrow 2Na_2SO_4 + 2S \downarrow$$

此外，水中微量的 Cu^{2+} 或 Fe^{3+} 等也能促进 $Na_2S_2O_3$ 溶液分解，因此配制 $Na_2S_2O_3$ 溶液时，应当用新煮沸并冷却的蒸馏水，并加入少量 Na_2CO_3，使溶液呈弱碱性，以抑制细菌生长。配制好的 $Na_2S_2O_3$ 溶液应贮于棕色瓶中，于暗处放置 2 周后，过滤去沉淀，然后再标定；标定后的 $Na_2S_2O_3$ 溶液在贮存过程中如发现溶液变混浊，应重新标定或弃去重配。

标定 $Na_2S_2O_3$ 溶液的基准物质有 $K_2Cr_2O_7$、KIO_3、$KBrO_3$ 及升华 I_2 等。除 I_2 外，其他物质都需在酸性溶液中与 KI 作用析出 I_2 后，再用配制的 $Na_2S_2O_3$ 溶液滴定。若以 $K_2Cr_2O_7$ 作基准物为例，则 $K_2Cr_2O_7$ 在酸性溶液中与 I^- 发生如下反应：

$$Cr_2O_7^{2-} + 6I^- + 14H^+ \longrightarrow 2Cr^{3+} + 3I_2 + 7H_2O$$

反应析出的 I_2 以淀粉为指示剂用待标定的 $Na_2S_2O_3$ 溶液滴定。

$$I_2 + 2S_2O_3^{2-} \longrightarrow 2I^- + S_4O_6^{2-}$$

用 $K_2Cr_2O_7$ 标定 $Na_2S_2O_3$ 溶液时应注意：$Cr_2O_7^{2-}$ 与 I^- 反应较慢，为加速反应，须加入过量的 KI 并提高酸度，不过酸度过高会加速空气氧化 I^-。因此，一般应控制酸度为 $0.2 \sim 0.4 mol \cdot L^{-1}$ 左右。并在暗处放置 10min，以保证反应顺利完成。

根据称取 $K_2Cr_2O_7$ 的质量和滴定时消耗 $Na_2S_2O_3$ 标准溶液的体积，可计算出 $Na_2S_2O_3$ 标准溶液的浓度。计算公式如下：

$$c(Na_2S_2O_3) = \frac{m_{K_2Cr_2O_7} \times 1000}{(V - V_0) \times M(1/6\ K_2Cr_2O_7)} \tag{8-17}$$

式中：$m_{K_2Cr_2O_7}$ 为 $K_2Cr_2O_7$ 的质量，g；V 为滴定时消耗 $Na_2S_2O_3$ 标准溶液的体积，mL；V_0 为空白试验消耗 $Na_2S_2O_3$ 标准溶液的体积，mL；$M(\frac{1}{6} K_2Cr_2O_7)$ 为以 $(\frac{1}{6} K_2Cr_2O_7)$ 为基本单元的 $K_2Cr_2O_7$ 摩尔质量（$49.03g \cdot mol^{-1}$）。

2. I_2 标准滴定溶液的制备（GB/T601—2002）

（1）I_2 标准滴定溶液配制。用升华法制得的纯碘，可直接配制成标准溶液。但通常是用市售的碘先配成近似浓度的碘溶液，然后用基准试剂或已知准确浓度的 $Na_2S_2O_3$ 标准溶液来标定碘溶液的准确浓度。由于 I_2 难溶于水，易溶于 KI 溶液，故配制时应将 I_2、KI 与少量水一起研磨后再用水稀释，并保存在棕色试剂瓶中待标定。

（2）I_2 标准滴定溶液的标定。I_2 溶液可用 As_2O_3（砒霜，有剧毒）基准物标定。As_2O_3 难溶于水，多用 NaOH 溶解，使之生成亚砷酸钠，再用 I_2 溶液滴定 AsO_3^{3-}。

$$As_2O_3 + 6NaOH \longrightarrow 2Na_3AsO_3 + 3H_2O$$

$$AsO_3^{3-} + I_2 + H_2O \longrightarrow AsO_4^{3-} + 2I^- + 2H^+$$

此反应为可逆反应，为使反应快速定量地向右进行，可加 NaHCO$_3$，以保持溶液 pH=8 左右。

根据称取的 As$_2$O$_3$ 质量和滴定时消耗 I$_2$ 溶液的体积，可计算出 I$_2$ 标准溶液的浓度。计算公式如下：

$$c(1/2\ I_2) = \frac{m_{As_2O_3} \times 1000}{(V - V_0) \times M(1/4\ As_2O_3)} \tag{8-18}$$

式中：$m_{As_2O_3}$ 为称取 As$_2$O$_3$ 的质量，g；V 为滴定时消耗 I$_2$ 溶液的体积，mL；V_0 为空白试验消耗 I$_2$ 溶液的体积，mL；$M(\frac{1}{4} As_2O_3)$ 为以 ($\frac{1}{4} As_2O_3$) 为基本单元的 As$_2$O$_3$ 摩尔质量，g·mol^{-1}。

由于 As$_2$O$_3$ 为剧毒物，一般常用已知浓度的 Na$_2$S$_2$O$_3$ 标准滴定溶液标定 I$_2$ 溶液。

（三）碘量法的应用

1. 水中溶解氧的测定

溶解于水中的氧称为溶解氧(Dissolved Oxygen)，常以 DO 表示。水中溶解氧的含量与大气压力、水的温度有密切关系，大气压力减小，溶解氧含量也减小。温度升高，溶解氧含量将显著下降。溶解氧的含量用 1L 水中溶解的氧气量(O$_2$，mg·L^{-1})表示。

(1) 测定水体溶解氧的意义。水体中溶解氧含量的多少，反映出水体受到污染的程度。清洁的地面水在正常情况下，所含溶解氧接近饱和状态。如果水中含有藻类，由于光合作用而放出氧，就可能使水中含过饱和的溶解氧。但当水体受到污染时，由于氧化污染物质需要消耗氧，水中所含的溶解氧就会减少。因此，溶解氧的测定是衡量水污染的一个重要指标。

(2) 水中溶解氧的测定方法。清洁的水样一般采用碘量法测定。若水样有色或含有氧化性或还原性物质、藻类、悬浮物时将干扰测定，则须采用叠氮化钠修正的碘量法或膜电极法等其他方法测定。

碘量法测定溶解氧的原理：往水样中加入硫酸锰和碱性碘化钾溶液，使生成氢氧化亚锰沉淀。氢氧化亚锰性质极不稳定，迅速与水中溶解氧化合生成棕色锰酸锰沉淀。

$$MnSO_4 + 2NaOH \longrightarrow Mn(OH)_2 \downarrow + Na_2SO_4$$
白色沉淀

$$Mn(OH)_2 + O_2 \longrightarrow 2H_2MnO_3 \downarrow$$
棕色沉淀

$$Mn(OH)_2 + H_2MnO_3 \longrightarrow MnMnO_3 \downarrow + 2H_2O$$
棕色沉淀

加入硫酸酸化，使已经化合的溶解氧与溶液中所加入的 I$^-$ 起氧化还原反应，析出与溶解氧相当量的 I$_2$。溶解氧越多，析出的碘也越多，溶液的颜色也就越深。

$$MnMnO_3 + 3H_2SO_4 + 2KI \longrightarrow 2MnSO_4 + K_2SO_4 + I_2 + 3H_2O$$

最后取出一定量反应完毕的水样，以淀粉为指示剂，用 Na$_2$S$_2$O$_3$ 标准溶液滴定至终

点。滴定反应为:

$$2Na_2S_2O_3 + I_2 \longrightarrow Na_2S_4O_6 + 2NaI$$

测定结果按下式计算:

$$DO = \frac{(V_0 - V_1) \cdot c(Na_2S_2O_3) \times 8.000 \times 1000}{V_{水}} \quad (8-19)$$

式中:DO 为水中溶解氧,$mg \cdot L^{-1}$;V_1 为滴定水样时消耗硫代硫酸钠标准溶液体积,mL;$V_{水}$ 为水样体积,mL;$c(Na_2S_2O_3)$ 为硫代硫酸钠标准溶液浓度,$mol \cdot L^{-1}$;8.000 为氧($\frac{1}{2}O$)摩尔质量,$g \cdot mol^{-1}$。

2. 维生素 C(Vc) 的测定

维生素 C 又称抗坏血酸($C_6H_8O_6$,摩尔质量为 171.62g/mol)。由于维生素 C 分子中的烯二醇基具有还原性,所以能被 I_2 定量地氧化成二酮基,其反应为:

维生素 C 的半反应式为:

$$C_6H_6O_6 + 2H^+ + 2e^- \longrightarrow C_6H_8O_6 \qquad E^{\ominus}_{C_6H_6O_6/C_6H_8O_6} = +0.18V$$

由于维生素 C 的还原性很强,在空气中极易被氧化,尤其在碱性介质中容易被氧化,测定时应加入 HAc 使溶液呈现弱酸性,以减少维生素 C 的副反应。

维生素 C 含量的测定方法:准确称取含维生素 C 试样,溶解在新煮沸且冷却的蒸馏水中,以 HAc 酸化,加入淀粉指示剂,迅速用 I_2 标准溶液滴定至终点(呈现稳定的蓝色)。

维生素 C 在空气中易被氧化,所以在 HAc 酸化后应立即滴定。由于蒸馏水中溶解有氧,因此蒸馏水必须事先煮沸,否则会使测定结果偏低。如果试液中有能被 I_2 直接氧化的物质存在,则对测定有干扰。

3. 铜合金中 Cu 含量的测定——间接碘量法

将铜合金(黄铜或青铜)试样溶于 $HCl + H_2O_2$ 溶液中,加热分解除去 H_2O_2。在弱酸性溶液中,Cu^{2+} 与过量 KI 作用,定量释出 I_2。释出的 I_2 再用 $Na_2S_2O_3$ 标准滴定溶液滴定。反应如下:

$$Cu + 2HCl + H_2O_2 \longrightarrow CuCl_2 + 2H_2O$$
$$2Cu^{2+} + 4I^- \longrightarrow 2CuI\downarrow + I_2$$
$$I_2 + 2S_2O_3^{2-} \longrightarrow 2I^- + S_4O_6^{2-}$$

加入过量 KI、Cu^{2+} 离子的还原可趋于完全。由于 CuI 沉淀强烈地吸附 I_2,使测定结果偏低。故在滴定近终点时,应加入适量 KSCN,使 CuI($K_{sp} = 1.1 \times 10^{-12}$)转化为溶解度更小的 CuSCN($K_{sp} = 4.8 \times 10^{-15}$),转化过程中释放出 I_2。

$$CuI + SCN^- \longrightarrow CuSCN\downarrow + I^-$$

测定过程中要注意：

（1）SCN^- 只能在近终点时加入，否则会直接还原 Cu^{2+} 离子，使结果偏低。

（2）溶液的 pH 应控制在 3.3~4.0 范围。若 pH<4，则 Cu^{2+} 离子水解使反应不完全，结果偏低；酸度过高，则 I^- 离子被空气氧化为 I_2（Cu^{2+} 离子催化此反应），使结果偏高。

（3）合金中的杂质 As、Sb 在溶样时氧化为 As(Ⅴ)、Sb(Ⅴ)，当酸度过大时，As(Ⅴ)、Sb(Ⅴ)能与 I^- 离子作用析出 I_2，干扰测定。控制适宜的酸度可消除其干扰。

（4）Fe^{3+} 离子能氧化 I^- 离子而析出 I_2，可用 NH_4HF_2 掩蔽（生成 FeF_6^{3-}）。这里 NH_4HF_2 又是缓冲剂，可使溶液的 pH 保持在 3.3~4.0。

（5）淀粉指示液应在近终点时加入，过早加入会影响终点观察。

4. 直接碘量法测定海波（$Na_2S_2O_3$）的含量

$Na_2S_2O_3$ 俗称大苏打或海波，是无色透明的单斜晶体，易溶于水，水溶液呈弱碱性，有还原作用，可用作定影剂、去氯剂和分析试剂。

$Na_2S_2O_3$ 的含量可在 pH=5 的 HAc-NaAc 缓冲溶液存在下，用 I_2 标准滴定溶液直接滴定测得。样品中可能存在的杂质（亚硫酸钠）的干扰，可借加入甲醛来消除。

分析结果按下式计算：

$$w_{(Na_2S_2O_3\cdot 5H_2O)} = \frac{c(\frac{1}{2}I_2)\cdot V_{I_2}\cdot M(Na_2S_2O_3\cdot 5H_2O)}{m_s\times 1000}\times 100 \quad (8-20)$$

式中：$c(1/2\ I_2)$ 为以 $(1/2\ I_2)$ 为基本单元时 I_2 标准滴定溶液的浓度，$mol\cdot L^{-1}$；V_{I_2} 为滴定时消耗 I_2 标准滴定溶液的体积，mL；$M(Na_2S_2O_3\cdot 5H_2O)$ 为以 $(Na_2S_2O_3\cdot 5H_2O)$ 为基本单元时 $Na_2S_2O_3\cdot 5H_2O$ 的摩尔质量，$g\cdot mol^{-1}$；m_s 为样品的质量，g。

四、其他氧化还原滴定法

（一）硫酸铈法

1. 方法原理

$Ce(SO_4)_2$ 在酸性溶液中是一种强氧化剂，其氧化性与 $KMnO_4$ 差不多，凡 $KMnO_4$ 能够测定的物质几乎都能用铈量法测定。在酸性溶液中，Ce^{4+} 与还原剂作用被还原为 Ce^{3+} 离子。其半反应为

$$Ce^{4+} + e^- = Ce^{3+} \qquad E^{\ominus}_{Ce^{4+}/Ce^{3+}} = 1.61V$$

Ce^{4+}/Ce^{3+} 电对的电极电位值与酸性介质的种类和浓度有关。由于在 $HClO_4$ 中不形成配合物，所以在 $HClO_4$ 介质中，Ce^{4+}/Ce^{3+} 的电极电位值最高，因此应用也较多。

2. 方法特点

（1）$Ce(SO_4)_2$ 标准溶液可以用提纯的 $Ce(SO_4)_2\cdot 2(NH_4)_2SO_4\cdot 2H_2O$（该物质易提纯）配制，不必进行标定，溶液很稳定，放置较长时间或加热煮沸也不分解；

(2) Ce(SO$_4$)$_2$ 不会使 HCl 氧化，可在 HCl 溶液中直接用 Ce^{4+} 标准滴定溶液滴定还原剂；

(3) Ce^{4+} 离子还原为 Ce^{3+} 离子时，没有中间价态的产物，反应简单，副反应少；

(4) Ce(SO$_4$)$_2$ 溶液为橙黄色，而 Ce^{3+} 离子无色，一般采用邻二氮菲–Fe(Ⅱ)作指示剂，终点变色敏锐；

(5) Ce^{4+} 在酸度较低的溶液中易水解，所以 Ce^{4+} 离子不适宜在碱性或中性溶液中滴定。

3. 硫酸铈法的应用

可用硫酸铈滴定法测定的物质有 Fe(CN$_6$)$^{4-}$、NO$_2^-$ 等离子。由于铈盐价格高，实际工作中应用不多。

（二）溴酸钾法

KBrO$_3$ 在酸性溶液中是一种强氧化剂，在酸性溶液中，其电对的半反应式为：

$$BrO_3^- + 6H^+ + 6e^- \longrightarrow Br^- + 3H_2O \qquad E^{\ominus}_{BrO_3^-/Br^-} = 1.44V$$

KBrO$_3$ 容易提纯，在 180℃ 烘干后，可以直接配制成标准溶液，在酸性溶液中，直接滴定一些还原性物质，如 As(Ⅲ)、Sb(Ⅲ)、Sn^{2+}、联氨(N$_2$H$_4$)等。

由于 KBrO$_3$ 本身与还原剂反应速度慢，实际上常是在 KBrO$_3$ 标准溶液中加入过量 KBr，当溶液酸化时，BrO$_3^-$ 即氧化 Br$^-$ 析出 Br$_2$。

$$BrO_3^- + 5Br^- + 6H^+ + 6e^- \longrightarrow 3Br_2 + 3H_2O$$

定量析出的 Br$_2$ 与待测还原性物质反应，反应达化学计量点后，稍过量的 Br$_2$ 可使指示剂（如甲基橙或甲基红）变色，从而指示终点。

溴酸钾法常与碘量法配合使用，即在酸性溶液中，加入一定量过量的 KBrO$_3$–KBr 标准溶液，与被测物反应完全后，过量的 Br$_2$ 与加入的 KI 反应，析出 I$_2$，再以淀粉为指示剂，用 Na$_2$S$_2$O$_3$ 标准滴定溶液滴定。

$$Br_2(过量) + 2I^- \longrightarrow 2Br^- + I_2$$
$$I_2 + S_2O_3^{2-} \longrightarrow 2I^- + S_4O_6^{2-}$$

这种间接溴酸钾法在有机物分析中应用较多。特别是利用 Br$_2$ 的取代反应可测定许多芳香化合物，例如苯酚的测定就是利用苯酚与溴的反应：

$$C_6H_5OH + 2Br_2 \longrightarrow C_6H_2Br_3OH \downarrow + 3HBr$$

待反应完全后，使剩余的 Br$_2$ 与过量的 KI 作用，析出相当量的 I$_2$，再用 Na$_2$S$_2$O$_3$ 标准溶液进行滴定。从加入的 KBrO$_3$–KBr 标准溶液的量中减去剩余量，即可计算出试样中苯酚含量。应用相同的方法还可测定甲酚、间苯二酚及苯胺等。

> **阅读材料**

电化学理论创始人——能斯特

能斯特(Walther Hermann Nernst，1864—1941)，德国卓越的物理学家、物理化学家和化学史家，W. 奥斯特瓦尔德的学生，热力学第三定律创始人，能斯特灯的创造者。1864 年 6 月 25 日生于西普鲁士的布里森。1887 年毕业于维尔茨堡大学，并获博士学位。在那里，他认识了阿仑尼乌斯。阿仑尼乌斯把他推荐给奥斯特瓦尔德当助手。第二年，他得出了电极电势与溶液浓度的关系式，即能斯特方程。1887 年开始任莱比锡大学奥斯特瓦尔德教授助手；1892 年任格丁根大学副教授。1894 年升任该校第一任物理化学教授。1905 年任柏林大学物理化学主任教授兼第二化学研究所所长，1924 年还兼任实验物理研究所长。1932 年当选英国皇家学会会员。1934 年退休。他在莱比锡大学设立贫苦学生奖学金，经常和研究生们共度周末，以严谨的学术作风影响他们。应特别一提的是，他曾以拒绝讲学等方式抗议希特勒法西斯暴政，并斥责"希特勒一伙是摧毁和反抗人类文明的暴徒"。能斯特一生心血倾注在科学研究和培养学生身上。能斯特的主要成就有：发现热力学第三定律："绝对零度不能达到"，并应用这个定律解决了许多工业生产上的实际问题，如炼铁炉设计、金刚石人工制造和合成氨生产以及直接计算平衡常数等。他还用量子论研究低温下固体比热(容)。用实验证明，在绝对零度下理想固体的比热(容)也是零。与老师奥斯特瓦尔德共同研究溶液的沉淀和其平衡关系。提出溶度积等重要概念，用以解释沉淀平衡等。同时，他还独立地研究金属和溶液界面的性质。导出能斯特方程，开创用电化学方法来测定热力学函数值。提出光化学反应链式理论——光引发后以一个键一个键传递下去，直至链结束为止，并用它解释氯气和氢气在光催化下的合成氯化氢反应。发明新的白炽灯代替旧的碳精灯，即能使光能和热能集中于一点的能斯特灯。

他把成绩的取得归功于导师奥斯特瓦尔德的培养，因而自己也毫无保留地把知识传给学生，先后有三位获得诺贝尔物理奖(米利肯 1923 年，安德森 1936 年，格拉泽 1960 年)。师徒五代相传是诺贝尔奖史上空前的。

由于纳粹迫害，能斯特于 1933 年离职，1941 年 11 月 18 日在德逝世，终年 77 岁。1951 年，他的骨灰移葬格丁根大学，使这位该校第一任物理化学教授安息在校园内。

复习思考题

一、选择题

1. 半反应 $CuS + H_2O \longrightarrow SO_4^{2-} + H^+ + Cu^{2+} + e^-$ 的配平系数从左至右依次为(　　)
A. 1，4，1，8，1，1　　　　　　　B. 1，2，2，3，4，2
C. 1，4，1，8，1，8　　　　　　　D. 2，8，2，16，2，8

2. 将反应 $Fe^{2+} + Ag^+ \longrightarrow Fe^{3+} + Ag$ 构成原电池，其电池符号为（   ）

A. $(-)Fe^{2+} \mid Fe^{3+} \parallel Ag^+ \mid Ag(+)$

B. $(-)Pt \mid Fe^{2+} \mid Fe^{3+} \parallel Ag^+ \mid Ag(+)$

C. $(-)Pt \mid Fe^{2+}, Fe^{3+} \parallel Ag^+ \mid Ag(+)$

D. $(-)Pt \mid Fe^{2+}, Fe^{3+} \parallel Ag^+ \mid Ag \mid Pt(+)$

3. 已知 $MnO_4^- + 8H^+ + 5e = Mn^{2+} + 4H_2O$，$E^{\ominus} = 1.51V$；$MnO_2 + 4H^+ + 2e = Mn^{2+} + 2H_2O$，$E^{\ominus} = 1.23V$，则电对 MnO_4^-/MnO_2 的 E 为（   ）

A. 0.28V   B. 1.70V

C. 5.05V   D. 3.28V

4. 根据电势图 $Au^{3+} \xrightarrow{1.41V} Au^+ \xrightarrow{1.68V} Au$ 判断能自发进行反应的是（   ）

A. $Au^{3+} + 2Au \longrightarrow 3Au^+$ B. $Au + Au^+ \longrightarrow 2Au^{3+}$

C. $2Au \longrightarrow Au^+ + Au^{3+}$ D. $3Au^+ \longrightarrow Au^{3+} + 2Au$

5. 用 $Na_2C_2O_4$ 基准物标定 $KMnO_4$ 溶液，应掌握的条件有（   ）

A. 终点时，粉红色应保持30秒内不褪色

B. 温度在70~80℃

C. 需加入 Mn^{2+} 催化剂

D. 滴定速度开始要快

6. 已知在 $1mol \cdot L^{-1}$ HCl 溶液中，$E^{\ominus}_{Cr_2O_7^{2-}/Cr^{3+}} = 1.00V$，$E^{\ominus}_{Fe^{3+}/Fe^{2+}} = 0.68V$，以 $K_2Cr_2O_7$ 滴定 Fe^{2+} 时，选择下列指示剂中的哪一种最适合（   ）

A. 二苯胺（$E = 0.76V$）   B. 二甲基邻二氮菲（$E = 0.97V$）

C. 亚甲基蓝（$E = 0.53V$）   D. 中性红（$E = 0.24V$）

7. $Na_2S_2O_3$ 标准溶液只能用间接法配制的原因有（   ）

A. $Na_2S_2O_3$ 试剂纯度不高   B. $Na_2S_2O_3 \cdot 5H_2O$ 容易风化

C. 不能与 $K_2Cr_2O_7$ 直接反应   D. $Na_2S_2O_3 \cdot 5H_2O$ 的化学式与组成不一致

8. 间接碘量法中正确使用淀粉指示剂的做法是（   ）

A. 滴定开始时就应该加入指示剂   B. 为使指示剂变色灵敏，应适当加热

C. 指示剂须终点时加入   D. 指示剂必须在接近终点时加入

9. 配制 $Na_2S_2O_3$ 溶液时，应当用新煮沸并冷却的纯水，其原因是（   ）

A. 使水中杂质都被破坏   B. 除去 NH_3

C. 除去 CO_2 和 O_2 D. 杀死细菌

二、判断题

（   ）1. 氧化数在数值上就是元素的化合价。

（   ）2. Na_2S、$Na_2S_2O_3$、Na_2SO_4 和 NaS_4O_6 中，硫原子的氧化数分别为 -2，2，4，6 和 $+5/2$。

（   ）3. NH_4^+ 中，氮原子的氧化数为 -3，其共价数为4。

（   ）4. 氧化数发生改变的物质不是还原剂就是氧化剂。

（　　）5. 任何一个氧化还原反应都可以组成一个原电池。

（　　）6. 两根银丝分别插入盛有 $0.1\text{mol}\cdot\text{L}^{-1}$ 和 $1\text{mol}\cdot\text{L}^{-1}$ $AgNO_3$ 溶液的烧杯中，且用盐桥将两只烧杯中的溶液连接起来，便可组成一个原电池。

（　　）7. 对电极反应 $S_2O_8^{2-} + 2e^- \longrightarrow 2SO_4^{2-}$ 来说，$S_2O_8^{2-}$ 是氧化剂被还原，SO_4^{2-} 是还原剂被氧化。

（　　）8. 电极反应为 $Cl_2 + 2e^- \longrightarrow 2Cl^-$ 的电对 Cl_2/Cl^- 的 $E^{\ominus} = 1.36\text{V}$；电极反应为 $\frac{1}{2}Cl_2 + e^- \longrightarrow Cl^-$ 时 $E(Cl_2/Cl^-) = 1/2 \times 1.36 = 0.68\text{V}$。

（　　）9. 电极电势大的氧化态物质氧化能力大，其还原态物质还原能力小。

三、计算题

1. 求下列电极在 25℃ 时的电极电势。

(1) 金属锌放在 $0.5\text{mol}\cdot\text{L}^{-1}$ Zn^{2+} 盐溶液中；

(2) 非金属碘在 $0.1\text{mol}\cdot\text{L}^{-1}$ KI 溶液中；

(3) $0.1\text{mol}\cdot\text{L}^{-1}$ Fe^{3+} 和 $0.01\text{mol}\cdot\text{L}^{-1}$ Fe^{2+} 盐溶液中。

2. 设溶液中 MnO_4^- 离子和 Mn^{2+} 离子浓度相等，根据计算结果判断（1）pH=3 时；(2) pH=6 时 MnO_4^- 是否都能把 I^- 离子和 Br^- 离子分别氧化成 I_2 和 Br_2？

3. 已知 $E^{\ominus}(Cu^{2+}/Cu) = 0.337\text{V}$，$E^{\ominus}(Cu^{2+}/Cu) = 0.159\text{V}$。

(1) 计算反应 $Cu + Cu^{2+} \rightleftharpoons 2Cu^+$ 的平衡常数；

(2) 已知 $K_{sp}^{\ominus}(CuCl) = 1.2 \times 10^{-6}$，计算反应 $Cu + Cu^{2+} + 2Cl^- \rightleftharpoons 2CuCl(s)$ 的平衡常数。

4. 已知 25℃ 下电池反应 $Cl_2(100\text{KPa}) + Cd(s) \rightleftharpoons 2Cl^-(0.1\text{mol}\cdot\text{L}^{-1}) + Cd^{2+}(1\text{mol}\cdot\text{L}^{-1})$。

(1) 判断反应进行的方向；

(2) 写出原电池符号；

(3) 计算该原电池电动势和标准平衡常数；

(4) 增加 Cl_2 压力时，原电池电动势有何影响？

5. 测定钢样中铬的含量。称取 0.1650g 不锈钢样，溶解并将其中的铬氧化成 $Cr_2O_7^{2-}$，然后加入 $c(Fe^{2+}) = 0.1050\text{mol}\cdot\text{L}^{-1}$ 的 $FeSO_4$ 标准溶液 40.00mL，过量的 Fe^{2+} 在酸性溶液中用 $c(KMnO_4) = 0.02004\text{mol}\cdot\text{L}^{-1}$ 的 $KMnO_4$ 溶液滴定，用去 25.10mL，计算试样中铬的含量。

6. 为测定水体中的化学耗氧量(COD)，常采用 $K_2Cr_2O_7$ 法，在一次测定中取废水样 100.0mL，用硫酸酸化后，加入 25.00mL $0.02000\text{mol}\cdot\text{L}^{-1}$ 的 $K_2Cr_2O_7$ 溶液，在 Ag_2SO_4 存在下煮沸以氧化水样中还原性物质，再以邻二氮菲-亚铁为指示剂，用 $0.1000\text{mol}\cdot\text{L}^{-1}$ 的 $FeSO_4$ 溶液滴定剩余的 $Cr_2O_7^{2-}$，用去 18.20mL，计算废水样中的化学耗氧量$(\text{mg}\cdot\text{L}^{-1})$。

7. 要测定甲酸和硫酸混合酸水溶液中的浓度。取此混合酸试液 25.00mL，用浓度为 $0.1025\text{mol}\cdot\text{L}^{-1}$ 的 NaOH 溶液滴定至终点，消耗 26.34mL；另取试液 25.00mL，加入

0.02541mol·L^{-1}的 KMnO$_4$ 强碱溶液 50.00mL，充分反应后，调节溶液至酸性，滤去 MnO$_2$，滤液用 0.1024mol·L^{-1}的 Fe^{2+}标准溶液滴定至终点，消耗 20.49mL，计算甲酸和硫酸各自浓度。

主要反应为：HCOO$^-$ + 2MnO$_4^-$ + 3OH$^-$ = CO$_3^{2-}$ + 2MnO$_4^{2-}$ + 2H$_2$O

$$3MnO_4^{2-} + 4H^+ = 2MnO_4^- + MnO_2\downarrow + 2H_2O$$

8. 相等质量的纯 KMnO$_4$ 和 K$_2$Cr$_2$O$_7$ 混合物，在强酸性和过量 KI 条件下作用，析出的 I$_2$ 用 0.1000mol·L^{-1}Na$_2$S$_2$O$_3$ 溶液滴定至终点，用去 30.00mL，求：

（1）KMnO$_4$、K$_2$Cr$_2$O$_7$ 的质量；

（2）它们各消耗 Na$_2$S$_2$O$_3$ 溶液多少毫升。

第九章 吸光光度法

学习目标

掌握吸收定律成立的条件、表达式及物理意义；掌握吸光光度法在定量分析中的应用。熟悉分光光度计的基本机构和工作原理。了解电磁辐射的波粒二象性，建立光学分析法的基础。

学习重点

吸收定律成立的条件、表达式及物理意义；分光光度计的工作原理。

学习难点

分光光度计的基本结构和工作原理；吸光光度法在定量分析中的应用。

吸光光度法是基于被测物质对光具有选择性吸收而建立起来的分析方法。比色分析和分光光度分析统称为吸光光度法。吸光光度法所检测组分的浓度下限可达 10^{-5} ~ 10^{-6} mol·L^{-1}，因而它具有较高的灵敏度，相对误差为 2% ~ 5%，适合于微量组分的分析。近年来合成了卟啉类、双偶氮类和荧光酮类系列新显色剂，将吸光光度法应用领域拓宽到痕量组分的测定。

吸光光度法应用非常广泛，几乎所有的无机物质和大多数有机物质都能用此方法测定。它还常用于测定配合物的配合比、配合物及酸碱物质的平衡常数等。此外，吸光光度法使用的仪器比较简单，操作简便，测定迅速，因此，吸光光度法在实际应用和科学研究领域具有重要的意义。

第一节 吸光光度法概述

一、吸光光度法的特点

(一) 光的波粒二象性

光从本质上来讲是一种电磁辐射(又称电磁波)。光具有波粒二象性,即波动性和微粒性。

光的波动性体现在折射、衍射、干涉以及散射等波动现象。可以用波长 λ,频率 ν 和速度 v 等参数描述。辐射的速度、频率和波长之间的关系为:

$$v = \lambda\nu$$

上式中波长 λ 是光波移动一个周期的距离,在不同的电磁波谱区采用不同的波长单位,在吸光光度法中常用纳米(nm)为波长单位。频率 ν 指的是单位时间内光振动的次数,单位是赫兹,用 Hz 表示。速度 v 是光传播的速度,单位为 $cm \cdot s^{-1}$。光在真空中的传播速度有最大值,用 c 表示,并且已准确测定 $c = 2.9979 \times 10^{10} cm \cdot s^{-1}$。

光的微粒性体现在热辐射、光电效应、光压现象以及光的化学作用等方面。光是不连续的粒子流,这种粒子称为光子(或光量子)。光子是具有能量的,每个光子的能量用 E 表示。光子的能量与频率成正比,与波长成反比。它们的关系为:

$$E = h\nu = hc/\lambda$$

式中:h 为普朗克(Planck)常数,其值为 $6.626 \times 10^{-34} J \cdot s$。不同波长的光具有不同的能量,波长越短,能量越高;波长越长,能量越低。

(二) 电磁波谱

当一束光照射到某物质的溶液时,该物质的质点(分子、原子或离子)与光子发生碰撞,光子的能量可能转移到该质点上,使这些质点由最低能态(基态)跃迁到较高能态(激发态),这个过程称为辐射的吸收。

$$M + h\nu \longrightarrow M^*$$
$$\text{(基态)} \quad \text{(激发态)}$$

式中:h 为普朗克常数;ν 为光子的频率;$h\nu$ 为光子能量。

处于激发态的微粒很不稳定,被激发的质点在瞬间(约 $10^{-8}s$)后又回到基态,以热或荧光等形式放出多余的能量,这个过程成为辐射的发射。物质的分子、原子或离子具有不连续的能级,不同的物质,能级也不同。所以,只有当照射光的光子能量 $h\nu$ 与被照射物质的分子、原子或离子由基态到激发态之间的能量之差相当时,这个波长的光才可能被吸收,所以物质对光的吸收具有选择性。

光根据波长的不同分为不同的区域,远红外区($10 \sim 100 \mu m$),近红外区($1000 nm \sim 10 \mu m$),可见光区($380 \sim 750 nm$),近紫外区($100 \sim 380 nm$)。

吸光光度法就是基于物质对不同波长的光选择性吸收而建立起来的分析方法,主要包括比色法、紫外及可见吸光光度法、红外吸收光谱法。本章主要学习可见光区的吸光光度法。

二、物质对光的选择性吸收

(一) 物质颜色的产生

同一波长的光称为单色光,由不同波长的光组成的光称为复合光,人们日常所熟悉的白光就是复合光。凡是能够被肉眼所感受到的光称为可见光,它在波长 380~750nm 范围内,不同的波长会让人感觉到不同的颜色,按照波长从长到短的变化,而呈现红、橙、黄、绿、青、蓝、紫等各种颜色。

一种物质呈现何种颜色,与入射光的组成和物质本身的结构有关,而溶液呈现不同的颜色是由于溶液中的吸光质点(离子或分子)选择性地吸收某种颜色的光而引起的。当一束白光通过某一透明溶液时,如果该溶液对可见光区各波长的光都不吸收,则此溶液是透明无色溶液;当该溶液对各种波长的光全部吸收时,则该溶液是黑色溶液;如果该溶液吸收了一部分波长的光,而另一部分波长的光则透过溶液,则溶液呈现出被吸收光的互补色光的颜色。绿色光与紫色光互补,黄色光与蓝色光互补。例如,$KMnO_4$ 溶液吸收绿色的光,透过紫红色的光,因而 $KMnO_4$ 溶液呈现紫红色。绿色光和紫色光为互补色光。在可见光区,溶液的颜色由透射光的波长所决定。一些溶液的颜色与吸收光颜色的互补对应关系,如表 9-1 所示。溶液呈现的颜色是物质对不同波长的光选择性吸收的结果。

表 9-1 溶液颜色和吸收光颜色的关系

溶液颜色		绿	黄	橙	红	紫红	紫	蓝	青蓝	青
吸收光	颜色	紫	蓝	青蓝	青	青绿	绿	黄	橙	红
	波长 (nm)	400~450	450~480	480~490	490~500	500~560	560~580	580~600	600~650	650~760

(二) 吸收曲线

为了更准确地描述物质对各种波长光选择性吸收情况,可以用不同波长的光依次照射某一固定浓度和液层厚度的有色溶液,并测得每一波长下溶液对光的吸收程度(及吸光度 A),以吸光度为纵坐标,相应波长为横坐标所得 A-λ 曲线称为吸收曲线(表 9-1)。从图 9-1 中可以看出:

(1) $KMnO_4$ 溶液对不同波长光的吸收程度不同,对波长 525nm 黄绿色光吸收最多,在吸收曲线中形成一个最高峰,称为吸收峰。吸光度最大处所对应波长称为最大吸收波长,用 λ_{max} 表示。

(2) 不同浓度 $KMnO_4$ 溶液,吸收曲线的形状相同,λ_{max} 也不变。但在同一波长处的吸光度随溶液的浓度增加而增大。

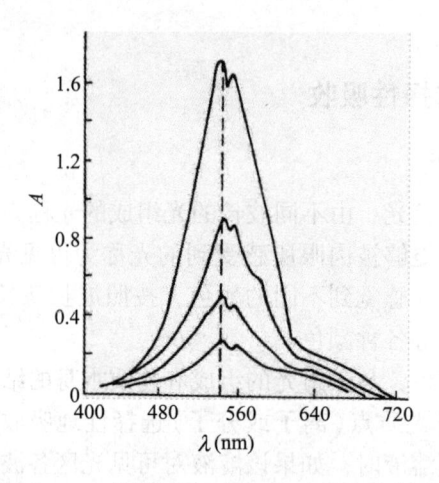

图 9-1　不同浓度 KMnO₄ 溶液的吸收曲线

三、光的吸收定律

（一）朗伯-比尔定律

朗伯-比尔定律是吸收光谱的基本定律，是描述物质对单色光吸收的强弱与吸光物质的厚度和浓度间关系的定律。

当一束平行单色光通过液层厚度 b 的有色溶液时（如图 9-2 所示，I_0 为入射光强度，I_t 为透射光强度），溶质吸收了光能，光的强度就要减弱。溶液的浓度愈大，通过的液层厚度愈大，入射光强度 I_0 愈强，则光被吸收得愈多，光强度的减弱也愈显著。

溶液对光的吸收程度可用吸光度 A 表示。A 的取值范围为 $0.00 \sim \infty$。A 愈小，物质对光的吸收愈少；A 愈大，物质对光的吸收愈大。$A = 0.00$ 表示光全部透过；$A \longrightarrow \infty$ 表示光全部被吸收。

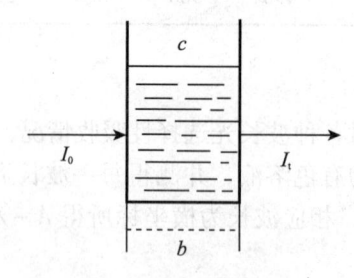

图 9-2　光通过溶液示意

在 1760 年朗伯（Lambert）研究指出，如果溶液的浓度一定，则光的吸收程度与液层厚度成正比，此关系称为朗伯定律。表达式如下：

$$A = \lg \frac{I_0}{I} = k_1 b \tag{9-1}$$

式中：I_0 为入射光强度；I 为透射光强度；A 为吸光度；k_1 为比例常数；b 为吸收池（亦称

比色皿)液层厚度。

1852 年,比尔(Beer)进行了大量研究工作后指出:如果吸收池液层厚度一定,吸光强度与物质浓度成正比,这种关系称为比尔定律,如下式:

$$A = \lg \frac{I_0}{I} = k_2 c \qquad (9-2)$$

式中:c 为有色物质溶液的浓度;k_2 为比例常数。

如果同时考虑溶液的浓度及液层厚度对光吸收的影响,就可将式(9-1)和式(9-2)结合起来,则称为物质对光吸收的基本定律,即朗伯-比尔定律,用下式表示:

$$A = \lg \frac{I_0}{I} = abc \qquad (9-3)$$

朗伯-比尔定律是吸光光度法进行定量分析的理论依据,式(9-3)是它的数学表达式,其物理意义是:当一束单色光平行照射并通过均匀的、非散射的吸光物质的溶液时,溶液的吸光度 A 与溶液浓度 c 和液层厚度 b 的乘积成正比。

式(9-3)中的比例常数 a 称为吸光系数,其数值及单位随 b、c 所取单位的不同而不同。当 b 的单位用 cm,c 的单位用 $g \cdot L^{-1}$ 时,吸光系数的单位为 $L \cdot g^{-1} \cdot cm^{-1}$;如果溶液浓度 c 的单位用 $mol \cdot L^{-1}$,b 单位用 cm,则吸光系数就称为摩尔吸光系数,用符号 ε 表示,单位为 $L \cdot mol^{-1} \cdot cm^{-1}$。摩尔吸光系数是物质吸光能力大小的量度。吸光光度法中常运用 ε 值估算显色反应的灵敏度,ε 值大说明显色反应的灵敏度高,ε 值小则显色反应的灵敏度低,大多数 ε 在 $10^4 \sim 10^5$ 数量级,根据 ε 值的大小可选择适宜的显色反应体系。

显然不能直接采用 c 为 $1 mol \cdot L^{-1}$ 这样高的浓度来测定 ε,一般在很稀浓度下实验,所得数据按下式计算。

$$A = \varepsilon bc \qquad (9-4)$$

a 与 ε 关系可用下式计算。

$$\varepsilon = Ma \qquad (9-5)$$

式中:M 为所测物质的摩尔质量。

【例 9-1】 有一浓度为 $55.85 mg \cdot L^{-1}$ 的 Fe^{2+} 溶液,取此溶液 1.0mL 在 50mL 容量瓶中显色、定容。用 1cm 比色皿在 640nm 处测得吸光度 $A = 0.263$,求有色物质的吸光系数 a 和摩尔吸光系数 ε。

解: $\qquad c_{Fe^{2+}} = 56mg \cdot L^{-1} \times 1.0mL/50mL = 1.12 \times 10^{-3} g \cdot L^{-1}$

根据式(9-3)得到:

$$a = \frac{A}{bc} = 0.263/1cm \times 1.12 \times 10^{-3} g \cdot L^{-1} = 2.35 \times 10^2 L \cdot g^{-1} \cdot cm^{-1}$$

根据式(9-5)计算得:

$$\varepsilon = Ma = 2.35 \times 10^2 L \cdot g^{-1} \cdot cm^{-1} \times 55.85 g \cdot mol^{-1}$$
$$= 1.31 \times 10^4 L \cdot mol^{-1} \cdot cm^{-1}$$

在吸光光度法中,有时也用透射比 T 来表示物质吸收光的能力大小,透射比 T 是透射光强度 I 与入射光强度 I_0 之比,即 $T = \dfrac{I}{I_0}$。T 与 A 之间的关系为:

$$-\lg T = -\lg \frac{I}{I_0} = A \qquad (9-6)$$

或者
$$A = \lg \frac{1}{T}$$

此外，在含有多种吸光物质的溶液中，只要各种组分之间相互不发生化学反应，朗伯-比尔定律适用于溶液中每一种吸收物质。故当某一波长的单色光通过这样一种多组分溶液时，由于各种吸光物质对光均有吸收作用，溶液的总吸光度应等于各吸收物质的吸光度之和，即吸光度具有加和性。

（二）偏离朗伯-比尔定律的原因

采用吸光光度法定量分析某组分时，通常先配制一系列标准溶液，按所需条件显色后，选择测定波长和比色皿厚度，分别测定它们的吸光度 A。以 A 为纵坐标，浓度 c 为横坐标，绘制浓度与吸光度的关系曲线，称为工作曲线（或称标准曲线）。当溶液中待测组分服从朗伯-比尔定律时，此曲线为通过原点的一条直线，如图 9-3 所示。在相同条件下测得试液的吸光度，从工作曲线上查得试液的浓度，进而计算试样中待测组分的含量，这就是工作曲线法（也称标准曲线法）。

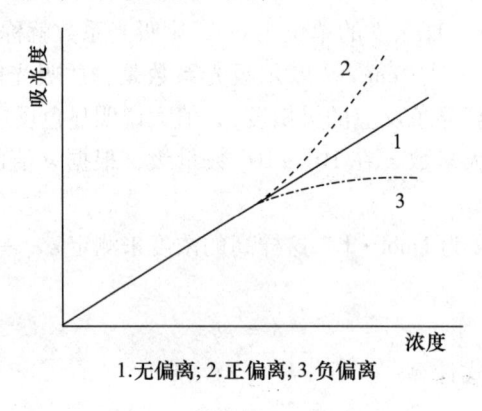

1.无偏离；2.正偏离；3.负偏离

图 9-3 光度分析工作曲线

在实际工作中，溶液浓度大时，所得工作曲线将呈往上或往下的弯曲形状，这种现象称为偏离朗伯-比尔定律。采用工作曲线法进行测定时，只能使用工作曲线的直线部分，若使用弯曲部分将引起较大误差。偏离朗伯-比尔定律的主要原因如下。

1. 非单色光

严格地说，朗伯-比尔定律只适用于单色光，实际上仪器提供的入射光是波长范围较窄的复合光，即单色光的纯度不够，由于吸光物质对不同波长的光吸收程度不同，就会发生对朗伯-比尔定律的偏离。通常选择吸光物质的最大吸收波长 λ_{max} 为入射光的波长，既保证测定有较高的灵敏度，又能减小测定误差。

2. 化学因素

溶液中的吸光物质常因解离、缔合或产生副反应而改变其浓度，导致偏离。例如，冶金分析中常利用 SCN^- 与 $Mo(V)$ 形成 $MoO(SCN)_5^{2-}$ 橙色配合物，在 460nm 波长下测定，如 SCN^- 的量控制不合适，则配合物不稳定，会发生解离，形成一系列配位数不同的配合物。

$$Mo(SCN)_3^{2+} \rightleftharpoons Mo(SCN)_5 \rightleftharpoons Mo(SCN)_6^-$$
$$\text{浅红} \qquad \text{橙红} \qquad \text{浅红}$$

由于配位数不同的钼化合物的颜色不同，对光的吸收也不同，故导致偏离。因此应严格控制显色剂的用量，减少或避免这类偏离。

3. 比尔定律的局限性

比尔定律是一个有限制性的定律，它假定吸光质点（分子或离子）之间是无相互作用的，因此仅在稀溶液的情况下才适用。在高浓度（$c > 0.01 \text{mol} \cdot L^{-1}$）时，吸光质点间的平均距离缩小，使相邻的吸光质点相互影响，从而改变了它对光的吸收能力，因而导致了 A 与 c 之间线性关系的偏离。因此在实际工作中，溶液浓度应控制在 $0.01 \text{mol} \cdot L^{-1}$ 以下。

第二节 比色法与分光光度法

一、显色反应和显色剂

在光度分析中，将试样中被测组分转变成有色化合物的化学反应叫显色反应。

（一）显色反应

显色反应可分两大类，即配位反应和氧化还原反应，而配位反应是最主要的显色反应。与被测组分化合成有色物质的试剂称为显色剂。同一被测组分常可与若干种显色剂反应，生成多种有色化合物，其原理和灵敏度亦有差别。一种被测组分究竟应该用哪种显色反应，可根据所需标准加以选择。

1. 选择性要好

一种显色剂最好只与一种被测组分起显色反应。或干扰离子容易被消除，或者显色剂与被测组分和干扰离子生成的有色化合物的吸收峰相隔较远。

2. 灵敏度要高

灵敏度高的显色反应有利于微量组分的测定。灵敏度的高低，可从摩尔吸光系数值的大小来判断（但灵敏度高，同时应注意选择性）。

3. 有色化合物的组成要恒定，化学性质要稳定

有色化合物的组成若不符合一定的化学式，测定的再现性就较差。有色化合物若易受空气的氧化，光的照射而分解，就会引入测量误差。

4. 显色剂和有色化合物之间的颜色差别要大

这样，试剂空白一般较小。一般要求有色化合物的最大吸收波长与显色剂最大吸收波长之差在 60nm 以上。

5. 显色反应的条件要易于控制

如果条件要求过于严格，难以控制，测定结果的再现性就差。

（二）显色剂

许多无机试剂能与金属离子起显色反应，如 Cu^{2+} 与氨水生成 $Cu(NH_3)_4^{2+}$；硫氰酸盐与 Fe^{3+} 生成红色的配离子 $FeSCN^{2+}$ 或 $Fe(SCN)_5^{2-}$ 等。

许多有机试剂在一定条件下能与金属离子生成有色的金属螯合物。它的优点如下。

1. 灵敏度高

大部分金属螯合物呈现鲜明的颜色，摩尔吸光系数都大于 10^4。而且螯合物中金属所占比率很低，提高了测定灵敏度。

2. 稳定性好

金属螯合物都很稳定，一般离解常数很小，而且能抗辐射。

3. 选择性好

绝大多数有机螯合剂在一定条件下只与少数或某一种金属离子配位。而且同一种有机螯合物与不同的金属离子配位时，生成各有特征颜色的螯合物。

4. 扩大光度法应用范围

虽然大部分金属螯合物难溶于水，但可被萃取到有机溶剂中，大大发展了萃取光度法。有机显色剂与金属离子能否生成具有特征颜色的化合物，主要与试剂的分子结构密切相关。

常用的有机显色剂有邻二氮菲、双硫腙、偶氮胂（Ⅲ）、铬天青 S 等。

二、目视比色法

用眼睛观察、比较待测溶液颜色深浅以确定物质含量的分析方法称为目视比色法。常用的目视比色法采用标准系列法，这种方法是使用一套由同种材料制成、大小形状相同的平底玻璃管（称为比色管），依次分别在比色管中加入一系列不同量的标准溶液，向另外一只比色管中加入待测溶液，在实验条件相同的情况下，再加入等量的显色剂和其他试剂进行显色反应，稀释至一定刻度，充分摇匀后，放置。然后从管口垂直向下观察，比较待测溶液与标准溶液颜色的深浅。若待测液与某一标准溶液颜色一致，则说明两者浓度相等；若待测液颜色介于两标准溶液之间，则取其算术平均值作为待测液的浓度。

目视比色法的优点是仪器简单，操作简便，适用于大批试样的分析。因为是在复合光——白光下进行测定，故某些显色反应不符合朗伯-比尔定律时，仍可用该法进行测定。因而它广泛用于准确度要求不高的常规分析中，例如土壤和植株中氮、磷、钾的速测等。

其缺点是准确度不高，相对误差约为 5%～20%，如果待测液中存在第二种有色物质，就无法进行测定。由于许多有色溶液不够稳定，标准系列不能长期保存，常需临时配制标准色阶，比较费时费事。另外，人眼睛的辨色力有限，目视测定往往带有主观误差，使测定的准确度不高。

目视比色法主要用于限界分析（确定试样中待测杂质含量是否在规定的最高限界以下）。

三、分光光度法

应用分光光度计测量溶液的吸光度，以确定物质含量的分析方法称为分光光度法。这种方法具有灵敏、准确、快速及选择性好等特点，此外，适用的波长范围也较广，不仅可测定在可见光区有吸收的物质，还可测定在紫外或红外光区有吸收的物质。

（一）测量条件的选择

1. 入射光波长的选择

入射光波长的选择应根据吸收曲线，通常以选择溶液具有最大吸收时的波长为宜。这是因为在此波长处吸收系数最大，测定有较高的灵敏度。同时，此波长处的小范围内，吸光度 A 随波长的变化不大，使测定有较高的准确度。

2. 参比溶液的选择

分光光度法测定吸光度时，是将待测溶液盛放于比色皿内，放入分光光度计光路中，测量入射光减弱的程度。由于比色皿对入射光的反射、吸收以及溶剂、试剂等对光的吸收也会使光的强度减弱，为了使光强度渐弱仅与待测组分的浓度有关，需要选择合适组成的参比溶液，将其放入一比色皿内并放置于光路中，调节仪器，使 $T = 100\%$（$A = 0$），然后再测定盛放于另一相同规格比色皿中试液的吸光度，这样就消除了由于比色皿、溶剂及试剂对入射光的反射和吸收等带来的误差。

选择参比溶液的原则是使试液的吸光度真正反映待测组分的浓度。常用的参比溶液有以下几种。

（1）溶剂。当试液、显色剂及所用的其他试剂在测量波长处均无吸收，仅待测组分与显色剂的反应产物有吸收时，可用溶剂作为参比溶液，以消除溶剂和比色皿等因素的影响。

（2）试剂空白。如果显色剂或加入的其他试剂在测量波长处略有吸收，应采用试剂空白（不加试样而其余试剂全加的溶液）做参比溶液，以消除试剂因素的影响。

（3）试液。如显色剂在测量波长处无吸收，但待测试液中共存离子有吸收，此时可用不加入显色剂的试液作为参比溶液，以消除有色离子的干扰。

（二）分光光度法

1. 标准曲线法

标准曲线法又叫工作曲线法。本法应用广泛，简便易行。先以标准样品配制一系列浓度不同的标准溶液，在测定条件相同的情况下，分别测定其吸光度，然后以标准溶液的浓度为横坐标，以相应的吸光度为纵坐标，绘制吸光度—浓度曲线，即 $A-c$ 关系图，如图9-4所示。理论上应该得到一条过原点的直线,称为标准曲线。在相同条件下测出样品溶液的吸光度,就可从标准曲线上查得它的浓度,这就是化学分析中最常用的标准曲线法。标准曲线法适合于样品中的单组分(样品中只有一种吸收物质)或互相不干扰的吸收组分进行定量测定。但要注意以下几点。

(1) 进行定量测定用的波长最好在待测样品的吸收峰处。
(2) 制作一条标准曲线至少要5~7个点。
(3) 待测样品的浓度范围要在标准曲线范围内。
(4) 标准样品和待测样品必须使用相同的溶剂系统和反应系统,在相同的条件下测定。

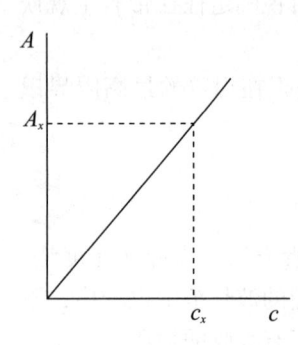

图9-4 标准曲线

(5) 如仪器进行维修,更换元件,或重新校正波长时,必须重新制作标准曲线待用。

2. 比较法

取含有已知准确浓度被测组分的标准溶液,将标准溶液及被测试液在完全相同的条件下显色、测定吸光度,分别以 A_s 和 A_x 表示标液和试液的吸光度,以 c_s 和 c_x 表示标液和试液的浓度,根据朗伯-比尔定律可得:

$$A_x = \varepsilon b c_x \qquad A_s = \varepsilon b c_s$$

则

$$c_x = \frac{A_x}{A_s} \times c_s \tag{9-7}$$

式中:c_s 已知,A_s 和 A_x 可以测得,c_x 便很容易求得。

【例9-2】 准确取含磷30μg的标液,于25mL容量瓶中显色定容,在690nm处测得吸光度为0.410;称取10.0g含磷试样,在同样条件下显色定容,在同一波长处测得吸光度为0.320。计算试样中磷的含量。

解: 因定容体积相同,所以浓度之比等于质量之比,由公式(9-7)可得:

$$\frac{A_x}{A_s} = \frac{c_x}{c_s} = \frac{m_x}{m_s}$$

即

$$m_x = \frac{A_x}{A_s} \times m_s = \frac{0.320}{0.410} \times 30\mu g = 23\mu g$$

则磷的质量分数

$$w = \frac{m_x}{m} = \frac{23\mu g}{10.0 \times 10^6 \mu g} = 2.3 \times 10^{-6}$$

采用比较法时应注意,所选择的标准溶液浓度要与被测试液浓度尽量接近,以避免产生大的测定误差。测定的样品数较少,采用比较法较为方便,但准确度不甚理想。

分光光度法的优点是因为入射光是纯度较高的单色光,故使偏离朗伯-比尔定律的情况大为减少,标准曲线直线部分的范围更大,分析结果的准确度较高。操作简便,所需设备不复杂,通常只需经历显色就可得出结果。由于入射光的波长范围扩大了,几乎所有的无机离子和有机化合物都可直接或间接测定,是应用最广泛的一种分析方法。

3. 光度分析仪器的基本部件

光度分析仪器主要由光源、单色器、吸收池、检测器和显示记录系统五大部件组成。

$$\boxed{光源} \longrightarrow \boxed{单色器} \longrightarrow \boxed{吸收池} \longrightarrow \boxed{检测器} \longrightarrow \boxed{显示记录系统}$$

（1）光源。可见光区通常用 6～12V 钨丝灯作光源，发出的连续光谱波长在 360～1000nm 范围内。为了获得准确的测定结果，要求光源要稳定，通常要配置稳压器；为了得到平行光，仪器中都装有聚光镜和反射镜等。

（2）单色器。入射光为单色光是朗伯－比尔定律的前提条件之一，单色器就是将光源发出的连续光分解为单色光，并可从中分出任一波长单色光的装置，一般由狭缝、色散元件及透镜系统组成。

光电比色计中单色器是滤光片。常用的滤光片是有色玻璃制成的，它只允许和它颜色相同的光通过，可得到具有一定波长范围的近似单色光。选择滤光片的原则是滤光片透过的光应是被测溶液吸收的光，也就是说，滤光片的颜色应与被测溶液的颜色为互补色。

分光光度计中的单色器是棱镜和光栅。棱镜对于不同波长的光具有不同的折射率，因而可以把复合光分解为单色光。光栅是利用光的衍射和干涉作用制成的高分辨率的色散元件，其优点是色散均匀、分辨率高、适用波长范围较宽等。由于分光光度计的单色器能获得纯度较高的单色光，适用的波长范围也较广，所以分光光度法的灵敏度、选择性和准确度等均比光电比色法高。

（3）吸收池。吸收池是用于盛装参比液和被测试液的容器，也称比色皿，一般由无色透明、耐腐蚀的光学玻璃制成，也有的用石英玻璃制成（紫外光区必须采用石英池）。厚度有 0.5、1.0、2.0、3.0、5.0cm 等数种规格，同一规格的吸收池间透光率的差应小于 0.5%。使用过程中要注意保持比色皿的光洁，特别要保护其透光面不受磨损。

（4）检测器。检测器是利用光电效应，将透过的光信号转变为电信号，进行测量的装置。常用的有光电池、光电管、光电倍增管等。

光电池一般在光电比色计及 72 型分光光度计上采用，硒光电池对光敏感范围为 300～800nm，对 500～600nm 的光最灵敏。光电池受强光照射或长久连续使用，会出现"疲劳"现象，即光电流逐渐下降，这时应将光电池置于暗处，使之恢复原有的灵敏度，严重时应更换新的硒光电池。

光电管是由一个阳极和一个光敏阴极构成的真空或充有少量惰性气体的二极管，阴极表面镀有碱金属或碱土金属氧化物等光敏材料，当被光照射时，阴极表面发射电子，电子流向阳极而产生电流，电流大小与光强度成正比。光电管的特点是灵敏度高，不易疲劳。

光电倍增管是在普通光电管中引入具有二次电子发射特性的倍增电极组合而成，比普通光电管灵敏度高 200 多倍，是目前高中档分光光度计中常用的一种检测器。

(5) 显示记录系统。显示记录系统的作用是把电信号以吸光度或透光率的方式显示或记录下来。光电流的大小通常用检流计测量，在检流计标尺上有透射比 T 和吸光度 A 两种不同的刻度，因为 $A = -\lg T$，即吸光度与透射比是负对数关系，所以吸光度标尺的刻度是不均匀的。读数时要注意标尺上的刻度（透光率是等刻度的，吸光度刻度是不均匀的，由于溶液的吸光度与其浓度成正比，所以测定时一般都读取吸光度）。

现代的分光光度计在主机中装备有微处理机或外接微型计算机，控制仪器操作和处理测量数据。装有屏幕显示、打印机和绘图仪等，使测量精密度、自动化程度提高，应用功能增加。

四、光度法在食品工业中的应用

（一）在食品成分分析中的主要应用

1. 在食品酶分析中的应用

（1）酶对食品加工的影响。酶是生物活细胞产生的一类具有催化功能的蛋白质。酶除了具有很高的催化效率特性外，还具有很高的专一性，利用它能选择性地将个别食品组分改性，而不影响到其他组分。因此，酶在食品科学中相当重要，通过酶的作用能引起食品原料的品质发生变化，也能在比较温和的条件下加工和改良食品。

（2）紫外－可见分光光度法测定酶活性。

1）超氧化物歧化酶。超氧化物歧化酶（SOD）是一种十分重要的生物体防止氧化损伤的酶类，是生物体内超氧阴离子清除剂，保护细胞免受损伤。SOD 广泛存在于各类生物体内，所有好氧微生物细胞中都含有 SOD，它具有抗衰老、抗肿瘤、抗辐射、抗缺血、提高人体免疫力等作用。欧美国家已开始将其应用于医疗、食品、保健、化妆品等领域。

在 25℃，往 4.5mL、50mmol·L^{-1}、pH = 8.3 的 K$_2$HPO$_4$ – KH$_2$PO$_4$ 缓冲液中加入待测 SOD 样液，再加入 10μL 50mmol·L^{-1} 的连苯三酚，迅速摇匀，倒入光径 1cm 的比色杯，在 325nm 波长下每隔 30s 测一次 A 值。同时测定 SOD 标准品，对所测样品 SOD 活性进行校正。

2）多酚氧化酶。多酚氧化酶（PPO）是一类由核基因编码在细胞质中合成的含铜质体的金属酶，其作用机理在于铜的氧化－还原作用。大麦中的多酚物质经过 PPO 的催化氧化后，具有单宁性质，易和蛋白质起交联作用而沉淀出来，进而影响啤酒的色泽、泡沫、风味和非生物稳定性。

0.1mL 酶液与 1mL 0.1mol·L^{-1} 邻苯二酚（用 pH 8.4 柠檬酸-磷酸缓冲液配制）于 80℃ 下反应 3min，用 2mL 20% TCA 终止反应，于波长 450nm 处用分光光度计测定吸收值。

2. 分析食品成分

（1）酸奶中维生素 A 的测定。酸奶是一种发酵奶制品，由于其丰富的营养成分以及独特的风味、口感而深受人们的喜爱。酸奶中含有一定量的维生素A，作为人体必需的营养元素，分析测定维生素A的含量具有重要的意义。目前分析维生素A的方法很多，有荧光分光光度法、气相色谱仪、高压液相色谱法、可见分光光度法。

（2）水果汁中果糖的测定。果糖的测定法有高效液相色谱法、离子选择电极法、傅里叶变换近红外光谱法和分光光度法等，前三种方法的操作都较复杂，而分光光度法报道的方法中均加入显色剂，如间苯二酚、铁氰化钾等，这些物质对环境有污染。用紫外分光光度法测定苹果鲜汁、鸭梨鲜汁和橘子鲜汁中的果糖含量具有很好的选择性和较高的灵敏度，适用于组成较复杂的分析对象中的果糖含量测定。

（3）番茄红素的测定。番茄红素是一种具有多种生理功能的类胡萝卜素，通常状况下与其他类胡萝卜素同时存在于多种生物体中。目前的测定方法主要有：①以苏丹红代替番茄红素作为标准品，绘制标准曲线，用以测定番茄红素的含量；②以石油醚或正己烷为溶剂，在472nm比色测定其吸收光度，用摩尔消光系数来计算其中番茄红素的含量；③依高压液相色谱法，通过与标准样品的峰面积比来测定样品中番茄红素的含量。现有这几种测定番茄红素的方法普遍存在着一定的缺陷，①和②不需要标准品，但其系统误差较大，同时又不能排除B-胡萝卜素等其他类胡萝卜素的干扰；③要求番茄红素的标准样品，而高纯度的番茄红素本身稳定性很差，不宜长期存放，且价格非常昂贵，日常测定难度很大。

（4）食品中甜蜜素的测定。用乙酸乙酯在酸性条件下提取食品中的甜蜜素，再以碱性水反提取，加入过量的次氯酸钠将甜蜜素转变为N，N-二氯环己胺，溶于环己烷，在波长304nm处测定。

（二）在食品安全检测中的主要应用

1. 检测食品中的镉

分光光度法是利用显色剂与镉离子形成稳定的显色络合物后可用分光光度计测定。此法具有简便、仪器简单等优点。

2. 测定食品中的苏丹红Ⅲ

苏丹红Ⅲ号是一种人工合成的化工染料，化学名称为1-[4-(苯基偶氮)]偶氮-2-萘酚。苏丹红Ⅲ号为致癌物质，被禁止作为食品添加剂使用。我国和欧盟标准检测方法为液相色谱法，许多分析化学工作者对苏丹红染料的测定开展了研究，建立了一些有价值的测定方法，如HPLC法、分子印迹固相萃取法、毛细管液相色谱-质谱法、电离质谱同位素稀释法已应用于苏丹红染料的测定。但是上述方法由于仪器和试剂昂贵而难以普及。

3. 测定食品中吊白块的含量

吊白块在使用过程中会分解出甲醛和二氧化硫，用分光光度法测量其在食品中的残留量，判断是否含有吊白块。本方法简单、快速、灵敏度高。

4. 测定甲醛的含量

我国已有的甲醛测定方法主要是针对包装材料、化工原料、化妆品、大气等。而食品中甲醛含量的测定方法还没有国家标准，甲醛的测定方法有分光光度法、气相色谱法、液相色谱法、离子色谱法、示波极谱法等。

复习思考题

一、选择题

1. 在符合朗伯－比尔定律的范围内，有色物的浓度、最大吸收波长、吸光度三者的关系是（　　）

　A. 增加，增加，增加　　　　　　B. 减小、不变、减小
　C. 减小，增加，增加　　　　　　D. 增加，不变，减小

2. 在分光光度分析中，常出现工作曲线不过原点的情况。下列说法中不会引起这一现象的是（　　）

　A. 测量和参比溶液所用吸收池不对称　　B. 参比溶液选择不当
　C. 显色反应的灵敏度太低　　　　　　D. 显色反应的检测下限太高

3. 光度分析中，在某浓度下以 1.0cm 吸收池测得透光度为 T。若浓度增大 1 倍，透光度为（　　）

　A. T^2　　　B. $T/2$　　　C. $2T$　　　D. $\sqrt{T}$

4. 用普通分光光度法测得标液 c_1 的透光度为 20%，试液的透光度 12%；若以示差分光光度法测定，以 c_1 为参比，则试液的透光度为（　　）

　A. 40%　　　B. 50%　　　C. 60%　　　D. 70%

5. 在光度分析中，用 1cm 的比色皿测得的透光率为 T，若改用 2cm 的比色皿，测得的透光率为（　　）

　A. $2T$　　　B. $T/2$　　　C. T^2　　　D. $\sqrt{T}$

6. 在分光光度计中，光电转换装置接收和测定的是（　　）

　A. 入射光强度　　　　　　　　B. 透射光强度
　C. 吸收光强度　　　　　　　　D. 散射光强度

二、判断题

（　）1. 不同浓度的高锰酸钾溶液，它们的最大吸收波长也不同。
（　）2. 物质呈现不同的颜色，仅与物质对光的吸收有关。
（　）3. 绿色玻璃是基于吸收了紫色光而透过了绿色光。
（　）4. 单色器是一种能从复合光中分出一种所需波长的单色光的光学装置。
（　）5. 比色分析时，待测溶液注到比色皿的 3/4 高度处。
（　）6. 分光光度计使用的光电倍增管，负高压越高灵敏度就越高。
（　）7. 不少显色反应需要一定时间才能完成，而且形成的有色配合物的稳定性

也不一样，因此必须在显色后一定时间内进行。

（　　）8. 用分光光度计进行比色测定时，必须选择最大的吸收波长进行比色，这样灵敏度高。

（　　）9. 摩尔吸光系数越大，表示该物质对某波长光的吸收能力愈强，比色测定的灵敏度就愈高。

（　　）10. 仪器分析测定中，常采用校准曲线分析方法。如果要使用早先已绘制的校准曲线，应在测定试样的同时，平行测定零浓度和中等浓度的标准溶液各两份，其均值与原校准曲线的精度不得大于5%～10%，否则应重新制作校准曲线。

第十章　有机化合物概述

学习目标

理解有机化学及有机化合物的含义,掌握有机化合物的特性;掌握共价键理论的基本内容;掌握有机化合物的分类方法,熟悉常见的官能团。

学习重点

共价键的本质;有机化合物的分类方法。

学习难点

共价键的本质。

第一节　有机化合物和有机化学

一、有机化合物

有机化合物是碳氢化合物及碳氢化合物中的氢原子被其他原子或基团直接或间接取代后所生成的衍生物。有机化合物中的元素除碳和氢以外,常见的还有氧、氮、卤素、硫和磷。碳本身和一些简单的碳化合物,如碳酸钙、一氧化碳、金属羰基化合物、二氧化碳、碳酸盐、二硫化碳、氰酸、氢氰酸、硫氰酸及它们的盐,仍被看作无机化合物。

二、有机化合物的研究内容

有机化合物的研究内容非常广泛,至少包括以下几个方面。

(一) 天然产物的研究

从天然产物中分离、提取纯粹的有机化合物,从有机化学发生开始,一直是一个非常活跃,并且成绩很大的研究领域。随着实验和分析技术的进步,已经能够分离含量极少的天然产物,如维生素、激素、植物生长素、昆虫信息素。

(二)有机化合物的结构测定

由天然产物中分离或用合成方法得到的有机化合物都要经过结构测定,了解他们与其他有机化合物之间的关系或研究有机化合物的结构与性质之间的关系。以前结构测定全靠化学方法,测定一个复杂的天然产物需要多年的艰苦工作。现在,广泛利用近代的物理方法来测定有机化合物的结构所需的样品量和时间都大幅度减少。

(三)有机合成

从天然产物中分离的有机化合物经过结构测定后,就可以根据结构,按照一定的方法从容易得到的原料合成。通过合成不但能够验证天然产物结构的正确性,还可以得到一系列与天然产物相似的化合物,从中筛选出性能更好的产物,进一步发展为工业产品。在已知的几百万种有机化合物中大部分是合成产物。许多工业部门,如染料、医药、农药、洗涤剂等都是在合成工作的基础上建立起来的。天然产物的合成,新化合物的合成以及合成方法都是有机合成研究的内容。

(四)反应机理的研究

反应机理的研究可以加深对有机反应的理解,有助于合理的改变实验条件,提高合成效率。通过反应机理的研究还可以了解结构与反应活性之间的关系。

化学科学是一个整体,它的各个分支,如无机化学、分析化学、有机化学、物理化学、生物化学等是相互联系、相互渗透、相互促进的。无论从事化学中哪一个领域的工作,都必须具备有机化学的基础知识。因此,有机化学的基本知识和实验技能对各专业都是必需的。

三、有机化学及其任务

有机化学是研究碳氢化合物及其衍生物的化学,是化学学科的一个分支,它的学科内容是研究有机化合物的性质、分子结构、合成方法、有机化合物之间的相互转变规律以及根据这些事实、资料归纳出来的规律和理论等。

有机化学属于一门基础学科,其主要任务是不断发现新的有机化合物,认识有机化合物原本的性质和新性质、寻找新的有机合成路线,认识新规律(有机化合物和结构之间的关系规律,有机反应历程等)。

有机化学与人民生活密切相关,随着它的不断发展,人类的生活发生了很大的变化,各种有机制品的出现,给人类生活带来了极大的方便,例如有机染料的出现,使我们的生活变得绚丽多彩;高分子化合物的出现,使我们的生活变得方便而新奇。但有机化工的发展也给人类带来了不利的一面,比如:有些有机化合物是有毒的,生活污水、化工污水中的有机物使河流、空气都遭到严重的污染,这些问题都有待解决。

第二节 有机化合物的特性

有机化合物绝大多数是以共价键相结合，而许多无机化合物是以离子键相结合的，这使它们在性质方面有较大的差异。一般来说有机物主要具有以下特性。

（一）数量庞大和结构复杂

构成有机化合物的元素虽然种类不多，但有机化合物的数量却非常庞大，目前，已知由合成或分离方法获得的1000多万种化合物中，绝大多数是有机化合物。

有机化合物的数量庞大与其结构的复杂性密切相关，有机化合物中普遍存在着多种异构现象，如构造异构、顺反异构、旋光异构等，这是有机化合物的一个重要特性，也是造成有机化合物数目较多的重要原因。

（二）热稳定性差和结构复杂

碳和氢容易与氧结合而形成能量较低的 CO_2 和 H_2O，所以绝大多数有机物受热易分解，且容易燃烧，人们常利用这个性质来初步区别有机化合物和无机化合物。

（三）熔点和沸点低

有机化合物基本上是共价化合物，共价分子之间主要靠色散力为主的分子间力相联系。分子间力比无机物的正负离子间的静电引力要小得多，所以常温下有机物通常是以气体、液体或低熔点（大多在400℃以下）固体的形式存在。一般来说，纯净的有机化合物都有一定的熔点和沸点。因此熔沸点是有机化合物非常重要的物理常数。

（四）难溶于水

溶解是一个复杂的过程，一般服从"相似相溶"规则，有机化合物是以共价键相连接的碳链或碳环，一般是弱极性或非极性化合物。对水的亲和力很小。故大多数难溶或不溶于水，而易溶于有机溶剂。正因如此，有机反应常在有机溶剂中进行。

（五）化学反应速率慢

有机化合物在化学反应时要经过旧共价键的断裂和新共价键的形成，所以有机反应一般比较慢。因此，许多有机化学反应常常需要加热、加压或用催化剂来加快反应速率。

（六）反应产物复杂

有机化合物的分子大多是多个原子构成的，在化学反应中，反应中心往往不局限于分子的某一固定部位，常常可以在几个部位同时发生反应，得到多种产物，所以，有机反应一般比较复杂，除了主反应外，常伴有副反应发生，因此，有机反应产物常为比较复杂的混合物，需要分离提纯。

第三节 共价键的性质

一、共价键的本质

价键理论最早在应用量子力学处理氢分子时获得成功。价键理论认为，如果两个氢原子的单电子自旋方向相同，当两个原子相互靠近时，则相互排斥，此时，两原子核间电子密度最小，体系能量高于两个孤立氢原子能量之和。两原子越靠近，体系能量越高，说明两原子不能键合成氢分子。如果两个氢原子的单电子自旋方向相反，当两个氢原子相互靠近时，两原子轨道发生重叠，两核间电子密度最大，此时体系能量最低，且低于两个孤立氢原子能量之和，形成的共价键最牢固。

价键理论认为，成键的电子只定义在成键的两原子之间。一个原子的未成对电子与另一个原子的未成对电子配对成键后，就不能再与其他未成对电子配对成键，所以共价键具有饱和性。原子轨道重叠时遵守最大重叠原理，即原子轨道沿键轴方向重叠程度最大，形成的共价键最牢固。所以共价键具有方向性。

二、共价键的属性

（一）键长

成键两原子的核间距离称为键长。因为共价键在分子中不是孤立的，会受到其他键的相互影响，因此相同的共价键的键长在不同的化合物分子中也有一定的差异。键长越短，键越牢固。键长越长，越易发生化学反应。

（二）键角

因为共价键有方向性，所以任何两价以上的原子与其他原子形成共价键时，两个共价键的空间夹角成为键角。例如水分子的 H—O—H 键角为 104.5°。氢分子中的 H—H 键角为 107°。

（三）键能

共价键的形成或断裂都伴随着能量的变化。对于气态双原子分子，破坏其共价键时所需提供的能量就是该共价键的离解能，也称键能，但多原子分子的键能与键的离解能并不完全一致。如甲烷分子断开四个 C—H 键，每断开一个 C—H 键所需的能量是不一样的。因此，离解能指的是离解特定共价键的键能，而键能则泛指多原子分子中几个同类型键的离解能的平均值。

（四）键的极性

同种原子之间形成的共价键叫非极性共价键。不同种原子间形成的共价键称为极性共价键。电负性较强的原子一端带有电负性，可用 δ^- 表示，另一端带正电，用 δ^+ 表示，用——→表示其电性方向，箭头指向负电中心。

第四节 有机化合物的分类

有机化合物种类、数目繁多。一般从结构上进行比较，常按以下两种方法进行分类。

一、按碳架分类

（一）开链化合物

碳架成直链或带支链，其中包括：烷烃、烯烃、炔烃等。由于此类化合物最初是从油脂中发现的，也称为脂肪族化合物。例如：

$$H_3C-\underset{\underset{CH_3}{|}}{\overset{\overset{H}{|}}{C}}-CH_3 \qquad CH_3CH=CHCH_3 \qquad CH_3C\equiv CCH_2CH_3$$

　2-甲基丙烷　　　　　　　2-丁烯　　　　　　　2-戊炔

（二）环状化合物

1. 脂环族化合物

这类化合物可以看作是由开链族化合物连接闭合成环而得。它们的性质和脂肪族化合物相似，所以又叫脂环族化合物。例如：

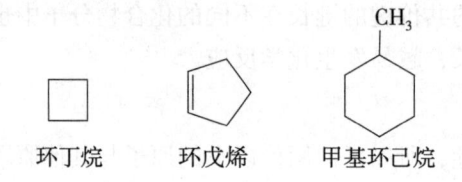

　　环丁烷　　　　环戊烯　　　　甲基环己烷

2. 芳香族化合物

分子中含有一个或多个苯环。它们是由碳原子组成的在同一平面内的闭环共轭体系，在性质上与脂环族化合物区别很大。例如：

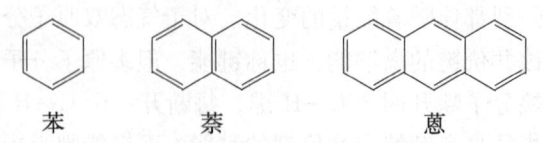

　　苯　　　　　　萘　　　　　　蒽

3. 杂环化合物

由碳原子和其他元素如氧、硫、氮等共同组成的环状化合物。例如：

　　呋喃　　　　　噻吩　　　　　吡咯

二、按官能团分类

官能团是指分子中比较活泼且易发生反应的原子和基团,它决定化合物的主要性质。含有相同官能团的有机化合物都具有类似的性质,所以按官能团分类就为研究数目庞大的有机化合物提供了更方便更系统的研究方法。一些重要官能团的结构和名称见表10-1。

表 10-1 一些重要官能团的结构和名称

官能团	名称	分类名
C=C	双键	烯烃
—C≡C—	叁键	炔烃
—X(F, Cl, Br, I)	卤素	卤代烃
—OH	羟基	醇(脂族),酚(芳香族)
—CHO	醛基	醛
C=O	酮基	酮
—COOH	羧基	羧酸
—O—	醚基	醚
—SO$_3$H	磺基	磺酸
—NO$_2$	硝基	硝基化合物
—NH$_2$	氨基	胺
—CN	氰基	腈

第五节 有机化学的地位及与食品科学的关系

一、有机化学的重要性

有机化学与人民生活、国民经济和国防建设等方面都有密切的关系。这些部门的发展都离不开有机化学的成就。有机化学是有机化工的理论基础。有机化学和有机化学工业愈发展,对人类文明的贡献越大。人们除了研究天然有机化合物之外,还研究合成了大量有机化合物。19世纪后期至20世纪初期的有机化学工业是以煤为基础的,应用炼焦副产品煤焦油中的芳烃来发展燃料,合成药物和香料等,应用焦炭做电石,生产乙炔,从而合成了许多有机化合物。第二次世界大战之后,石油不仅是一种优质动力燃料,还是有机化工原料的新来源,目前已占了很大的比重。当今许多有机化学家进行复杂分子合成，其目的就是寻找新的合成方法，提高合成的技巧，获得新的分子。在合成过程中往往还能发现新的规律，为我们的生活领域开辟了合成新物质的途径。但与此同时，也产生了环境的污染问题。

有机化学还影响着其他学科的发展，尤其是对生物学和医学。例如，生物化学就是有机化学和生物学相结合的一门学科，它已从分子水平上来研究许多生物问题，进一步探索生命的奥秘等，都需要有坚实的有机化学知识。

二、有机化学与食品科学的关系

有机化学是碳化合物的化学，食品又是以碳化合物为主要组成成分，如：蛋白质、脂肪、维生素、核酸、糖类、醋酸等，所以说有机化学和食品是息息相关的。再者，把有机化学知识应用在食品添加剂中，能让食品增加色感，使其味道更鲜美，也能延长食品的保质期。而通过有机化学，食品的加工能够变得更有效率，食品的储存能够应用的更为广泛。还有，食品在生命体内的转化，本质上就是一个个有机化学反应，是我们有机化学所要研究的主要对象。可以看出，食品稳定性、成本、质量、加工、安全、营养价值和卫生等方面都是与有机化学紧密相连。

阅读材料

有机化学发展史

有机化学作为一门独立的学科，奠基于18世纪中叶，但直至19世纪初，许多化学家还对有机化学和有机化合物的涵义有不正确的理解，即认为有机化合物只能在有生机的生物体中制造。生物是具有生命力的，因此生命力的存在是制造或合成有机物质的必要条件(生命力学说)。

1828年，德国化学家韦勒(F. Wöhler)首次发现：可以由公认为无机物的氰酸铵(NH_4CONH_4)在实验室中制得有机化合物尿素(NH_2CONH_2)。随后其他一些有机物也从无机物合成出来。

19世纪下半叶，有机合成工作取得了迅猛的发展，在此基础上，在20世纪初开始建立了以煤焦油为原料，生产合成染料、药物和炸药为主的有机化学工业。20世纪40年代开始的基本有机合成的研究又迅速地发展了以石油为主要原料的有机化学工业，这些有机化学工业，特别是以生产合成纤维、合成橡胶、合成树脂和塑料为主的有机合成材料工业，促进了现代工业和科学技术的迅速发展。

复习思考题

1. 解释下列术语
   (1)有机化学　(2)键能　(3)键长　(4)键角　(5)共价键　(6)极性共价键

2. 什么叫有机化合物？有机化合物的特性有哪些？

3. 根据官能团区分下列化合物，哪些属于同一类化合物？是什么类化合物？按碳架分，哪些同属一族？属于什么族？

(1) $H_2C=C-CH_3$
   |
   CH_3

(2) $H_3C-C\equiv C-CH_2CH_3$

(3) CH_3CH_2CHCl
    |
    CH_3

(4) CH_3CH_2CHOH
    |
    CH_3

(5) 苯甲醛 (C₆H₅CHO)

(6) 环己醇

(7) 环己基-O-CH₂CH₃

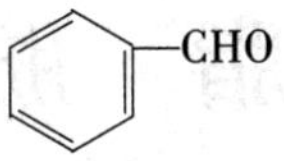

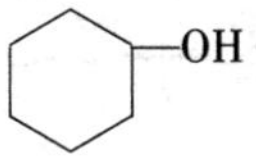

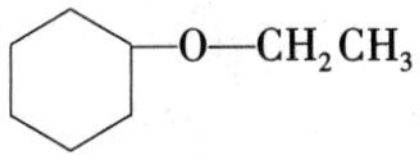

(8) $CH_3CH_2CH_2CH_2NH_2$

(9)  呋喃

第十一章 脂 肪 烃

学海导航

学习目标

掌握烷烃、烯烃、炔烃的系统命名原则；掌握 σ 键的形成、结构特点及特征；熟悉烷烃、烯烃、炔烃的结构和物理性质；掌握烷烃、烯烃、炔烃的化学性质；能利用烯烃、炔烃的重要性质来鉴别有机化合物；掌握共轭二烯烃的性质。

学习重点

烷烃、烯烃、炔烃的系统命名法，烷烃、烯烃、炔烃的化学性质；共轭二烯烃的性质。

学习难点

σ 键的形成、结构特点及特征；烷烃、烯烃、炔烃的化学性质中的一些反应。

由碳和氢两种元素组成的有机化合物称为烃。烃分子的碳架既可是链状的，亦可是环状的。因为脂肪族化合物具有链状碳架，所以具有链状碳架的烃称为脂肪烃，或开链烃。脂肪烃有饱和与不饱和之分。碳与碳仅以单链相连的称为饱和烃或烷烃。分子中含有碳碳双键或碳碳三键的属于不饱和烃。分子中含有一个碳碳双键的不饱和烃，称为烯烃，分子中含有两个碳碳双键的不饱和烃称为二烯烃，分子中含有碳碳三键的不饱和烃叫炔烃。

第一节 烷 烃

一、烷烃的结构

（一）甲烷的结构

甲烷是最简单的烷烃，甲烷分子中四个氢原子的地位完全相同，用其他原子取代其中任何一个氢原子，只能形成一个取代甲烷，例如构造为 CH_3Cl 的化合物只有一个，构造式 CH₃Cl 只代表一个化合物。

用物理方法测得甲烷分子为一正四面体结构，碳原子居于正四面体的中心，和碳原子相连的四个氢原子，居于四面体的四个角（图 11 - 1），四个碳氢键键长都为 0.110nm，所有 H—C—H 的键角都是 109.5°。

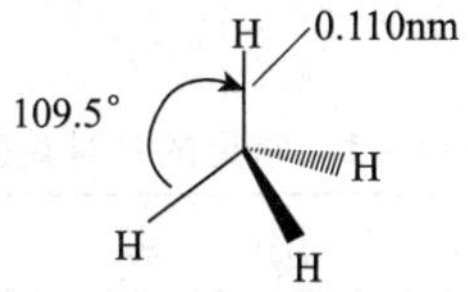

图 11 - 1　甲烷的四面体结构

这种键的电子云排布是圆柱形的轴对称，长轴在两个原子核的连接线上。凡是成键电子云对称轴呈圆柱形对称的键都称为 σ 键。以 σ 键连接的两个原子可以相对旋转而不影响电子云的分布。

（二）其他烷烃的结构

用正四面体模型能很好地说明甲烷结构的实际情况。其他烷烃分子中的碳原子，也都具有四面体的结构。例如：乙烷（CH₃CH₃）分子中的 C—C 键长为 0.154nm，C—H 键长为 0.110nm，键角也是 109.5°。

烷烃分子中各碳原子的结构都可以用正四面体模型来表示。但除甲烷外，其他烷烃的各个碳原子上相连的四个原子或原子团并不完全相同，因此，每个碳上的键角并不完全相等，但都接近于 109.5°。例如，丙烷分子中 C—C—C 键角为 112°。根据物理方法测定，除乙烷外，烷烃分子的碳链并不排布在一条直线上，而是曲折地排布在空间。这是烷烃碳原子的四面体结构所决定的。烷烃分子中各原子之间都是以 σ 键（凡是成键电子云对称轴呈圆柱形对称的键都称为 σ 键。以 σ 键连接的两个原子可以相对旋转而不影响电子云的分布）相连接的，所以两个碳原子可以相对旋转，这样就形成了不同的空间排布。

虽然碳链实际上是曲折的，但为了方便，一般在书写构造式时，仍写成直链的形式。现在也常用键线式来书写分子结构，键线式中只需写出锯齿形骨架，用锯齿形线的角（120°）及其端点代表碳原子，不需写出每个碳上所连的氢原子。但除氢原子以外的其他原子必须写出。例如：

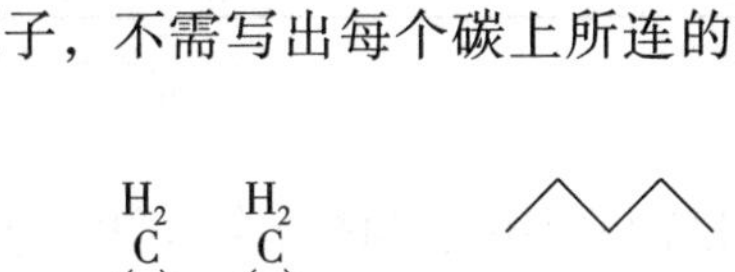

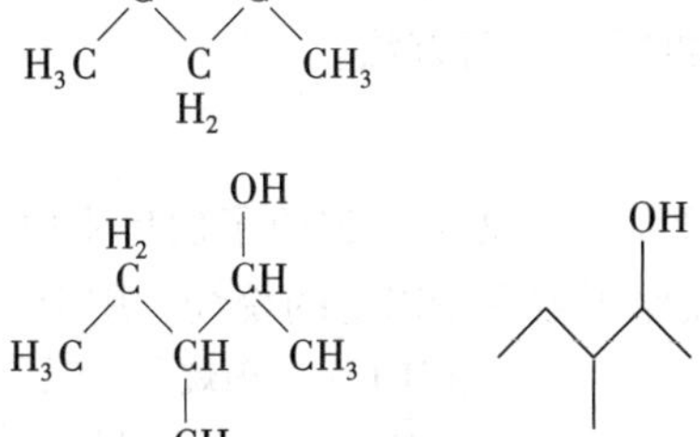

二、烷烃的命名

(一) 烷基的命名

烷烃分子去掉一个 H 原子生成的部分叫做烷基，通式为 C_nH_{2n+1}，常用符号 R—表示(R—也代表烃基)。常用的烷基见表 11-1。

表 11-1 常见的几种烷基

母体	烷基	名称	符号
CH_4(甲烷)	CH_3—	甲基	Me
CH_3—CH_3(乙烷)	CH_3—CH_2—	乙基	Et
$CH_3CH_2CH_3$(丙烷)	$CH_3CH_2CH_2$— (或 n-C_3H_7—)	正丙基	n-Pr
	CH_3CHCH_3 | (或 i-C_3H_7—)	异丙基	i-Pr
$CH_3CH_2CH_2CH_3$(正丁烷)	$CH_3CH_2CH_2CH_2$— (或 n-C_4H_9—)	正丁基	n-Bu
	$CH_3CHCH_2CH_3$ | (或 s-C_4H_9—)	仲丁基	s-Bu
CH_3CHCH_3 | CH_3 (异丁烷)	CH_3CHCH_2 | CH_3 (或 i-C_4H_9—)	异丁基	i-Bu
	CH_3 | CH_3CCH_3 | (或 t-C_4H_9—)	叔丁基	t-Bu

(二) 系统命名法

系统命名法是根据国际纯粹与应用化学联合会(IUPAC)的命名原则，结合我国的文字特点定制的，是一种普遍通用的命名方法。

1. 直链烷烃的命名

按照分子中碳原子的数目称为"某烷"碳原子数目十以下的用甲、乙、丙、丁、戊、己、庚、辛、壬、癸表示，碳原子数目十以上的烷烃，用十一、十二等数目表示。例如：

$$CH_3CH_2CH_3 \quad 丙烷$$
$$CH_3CH_2CH_2CH_2CH_3 \quad 己烷$$

$$CH_3(CH_2)_{10}CH_3 \quad 十二烷$$

2. 支链烷烃的命名

带支链的烷烃是把支链作为取代基进行命名，其命名原则如下：

（1）选择分子最长的碳链做主链，其余的当做支链，如果主链的选择有多种可能，应选择支链最多的作为主链，把它作为母体，依主链所含碳原子的个数称为"某烷"。

例如：

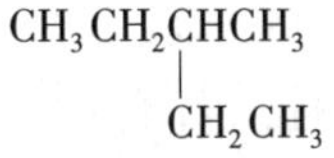

$$\begin{array}{c} CH_3CH_2CHCH_3 \\ | \\ CH_2CH_3 \end{array}$$

主链为：CH_3CH_2CH- ，而不是 $CH_3CH_2CHCH_3$ ，母体的名称为戊烷。
　　　　　　　|
　　　　　　CH_2CH_3

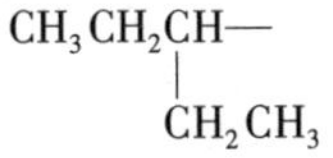

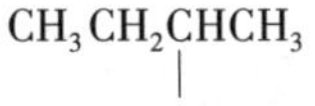

（2）将主链上的碳原子从靠近支链的一端开始依次用阿拉伯数字编号，取代基的位置由他所在的主链上碳原子的号数表示；

（3）把支链视为取代基，把取代基的名称写在烷烃名称之前，取代基的位置（用阿拉伯数字表示）和名称写在母体名称之前（阿拉伯数字与汉字之间加一短划线"-"）。例如：

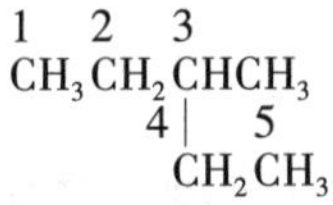

$$\begin{array}{cc}
\overset{1}{C}H_3\overset{2}{C}H_2\overset{3}{C}HCH_3 & \overset{1}{C}H_3\overset{2}{C}H\overset{3}{C}H_2\overset{4}{C}H_2\overset{5}{C}H_3 \\
\quad \overset{4}{|}\overset{5}{\ } & \quad | \\
\quad CH_2CH_3 & \quad CH_3 \\
3\text{-甲基戊烷} & 2\text{-甲基戊烷}
\end{array}$$

有几个相同的取代基时，应并在一起，其数目用汉字表示，表示取代基位置的两个或几个阿拉伯数字之间加一逗号。如：

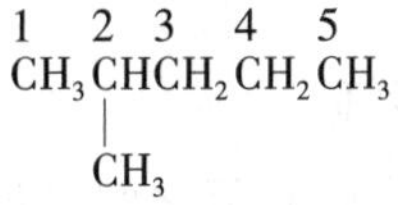

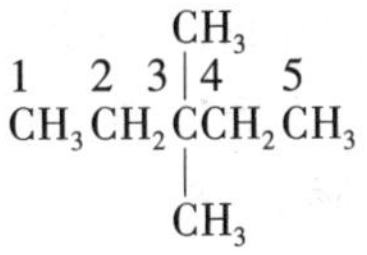

$$\begin{array}{c}
\quad\quad\quad CH_3 \\
\overset{1}{C}H_3\overset{2}{C}H_2\overset{3}{\underset{|}{C}}\overset{4}{C}H_2\overset{5}{C}H_3 \\
\quad\quad\quad CH_3 \\
3,3\text{-二甲基戊烷}
\end{array}$$

有几种取代基时，应按"次序规则"排列，指定较优基团后列出。常见几种烷基的次序，较优基团在后：

甲基，乙基，丙基，丁基，戊基，异戊基，异丁基，新戊基，异丙基，仲丁基，叔丁基。例如：

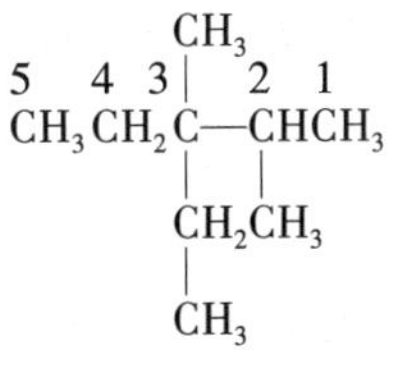

$$\begin{array}{c}
\quad\quad\quad CH_3 \\
\overset{5}{C}H_3\overset{4}{C}H_2\overset{3}{\underset{|}{C}}-\overset{2}{C}H\overset{1}{C}H_3 \\
\quad\quad CH_2CH_3 \\
\quad\quad\quad CH_3
\end{array}$$

2,3-二甲基-3-乙基戊烷

如果从主链的任一端开始编号,第一个支链的位置相同,则要使所有支链所在位置的编号之和最小。例如:

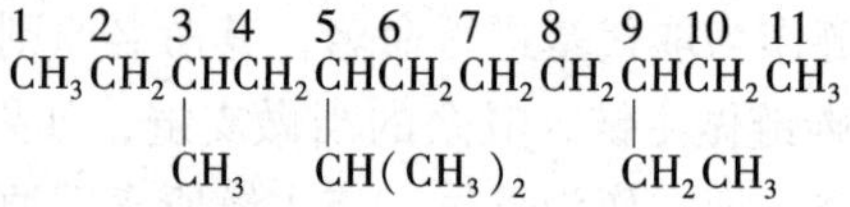

$$\begin{matrix} 1 & 2 & 3 & 4 & 5 & 6 & 7 & 8 & 9 & 10 & 11 \\ CH_3 & CH_2 & CH & CH_2 & CH & CH_2 & CH_2 & CH_2 & CH & CH_2 & CH_3 \\ & & | & & | & & & & | & & \\ & & CH_3 & & CH(CH_3)_2 & & & & CH_2CH_3 & & \end{matrix}$$

从左端开始编号,命名为 3-甲基-9-乙基-5-异丙基十一烷(Ⅰ);而不是从右端开始编号,命名为 9-甲基-3-乙基-7-异丙基十一烷(Ⅱ)。

(4) 在选择最长碳链作为主链时,若有两种可能,应该选择取代基最多的碳链。如:

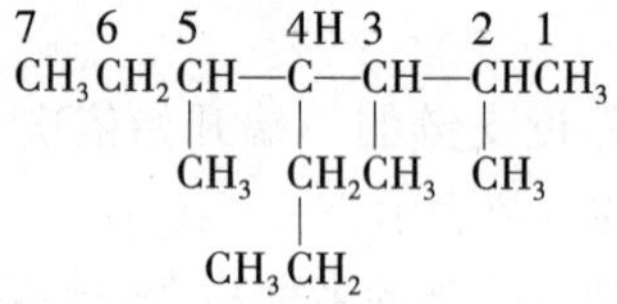

$$\begin{matrix} 7 & 6 & 5 & 4H & 3 & 2 & 1 \\ CH_3 & CH_2 & CH & -C & -CH & -CH & CH_3 \\ & & | & | & | & & \\ & & CH_3 & CH_2CH_3 & CH_3 & & \\ & & & | & & & \\ & & & CH_3CH_2 & & & \end{matrix}$$

2,3,5-三甲基-4-丙基庚烷

三、烷烃的性质

(一) 烷烃的物理性质

由于烷烃的组成元素碳和氢之间电负性差别很小,碳原子又具有四面体结构的对称性,因此烷烃为非极性分子,分子间作用力主要是色散力。含有 1~4 个碳原子的烷烃为无色气体;含有 5~16 个碳原子的为液体;从含有 17 个碳原子的正烷烃开始为固体。

1. 沸点

直链烷烃的沸点随着分子量的增加而有规律地升高。这是因为随着分子中碳原子数目的增加,相对分子质量增大,所以范德华力(分子间作用力)增大,沸点随之升高。每增加一个 CH_2 所引起的沸点升高值随着分子量的增加而逐渐减小。例如:乙烷的沸点比甲烷的高 73℃,丙烷比乙烷高 46℃,而十一烷比癸烷只高 22℃。

支链烷烃的沸点受碳链的分支及分子的对称性影响显著,在含同数碳原子的烷烃异构体中,含直链的异构体沸点最高,支链越多,沸点越低。这是因为随着分子中支链数目增多,空间位阻增大,分子的距离增大,分子间的色散力减弱,从而分子间的范德华力减小,沸点必然随之下降。例如:戊烷、异戊烷和新戊烷的沸点分别是 31.6℃、28℃ 和 9℃,己烷、2-甲基戊烷、3-甲基戊烷、2,3-二甲基丁烷和 2,2-二甲基丁烷的沸点分别是 68.7℃、60.3℃、63.3℃、58℃、49.7℃。

直链烷烃的沸点曲线见图 11-2。

2. 熔点

烷烃熔点的变化,基本上也是随着分子中碳原子数目增加熔点升高。含奇数碳原子的烷烃和含偶数碳原子的烷烃构成两条熔点曲线,偶数在上,奇数在下(如图 11-3)。

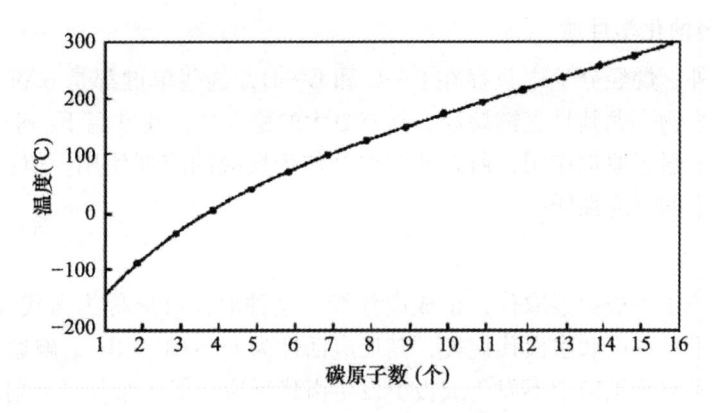

图 11-2 直链烷烃的沸点曲线

随着碳原子数的增加，两条曲线逐渐接近。因为在晶体中，分子之间的作用力不仅取决于分子的大小，而且还取决于晶体中碳链的空间排布情况。熔融就是在晶格中的质点从高度有秩序的排列变成较混乱的排列。在共价化合物晶体晶格中的质点是分子，偶数碳链的烷烃具有较高的对称性，凡对称性高的物体必然紧密排列，分子也是如此，紧密的排列必然导致分子间的作用力加强。在偶数烷烃分子中，碳链之间的排列比奇数的紧密，分子间的色散力作用也就大些。因此，含偶数的烷烃比奇数的烷烃升高就多一些。

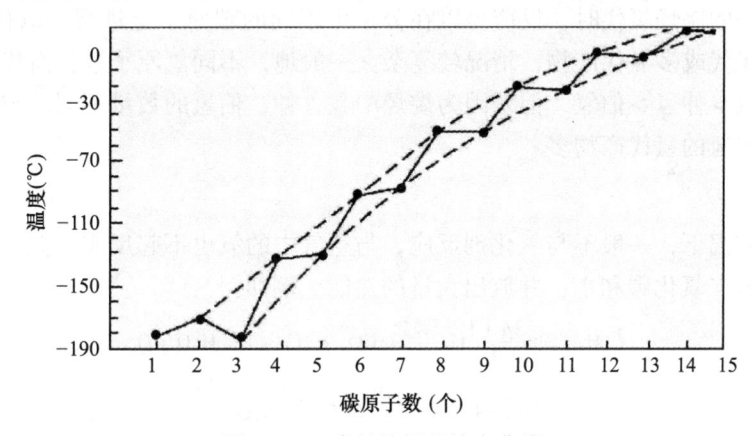

图 11-3 直链烷烃的熔点曲线

3. 相对密度

烃类化合物的相对密度都小于1，比水轻。直链烷烃的相对密度随着碳原子数目的增加而逐渐增大。

4. 溶解度

烷烃几乎不溶于水，而易溶于某些有机溶剂，例如：四氯化碳、乙醇、乙醚。根据"相似相溶"原理，烃类分子没有极性或极性较弱，而水是极性分子，因此烃类难溶于水，易溶于有机溶剂。

(二) 烷烃的化学性质

除甲烷以外，烷烃分子中只存在 C—C 和 C—H，这些单键都是 σ 键，因此，烷烃是很稳定的化合物。尤其是直链烷烃，具有更大的稳定性，在常温下一般不与强酸、强碱、强氧化剂、强还原剂作用，所以常把烷烃作为反应的溶剂使用。但在一定条件下，烷烃也显示一定的反应性能。

1. 卤代反应

烷烃的氢原子可被卤素取代，生成卤代烃，这种取代反应称为卤代反应。氟、氯、溴与烷烃反应生成一卤和多卤代烷类，其反应活性为 $F_2 > Cl_2 > Br_2$，碘通常不反应。除氟外，烷烃在常温和黑暗中不发生或极少发生卤代反应，但在紫外光漫射或高温下，与氯和溴易发生反应，有时甚至剧烈到爆炸的程度。例如：

$$CH_4 + 4Cl_2 \begin{cases} \xrightarrow{黑暗中} 不发生反应 \\ \xrightarrow{强烈日光} 4HCl + CCl_4 \quad 反应剧烈 \end{cases}$$

甲烷的氯代反应较难停留在一氯代甲烷阶段。因为生成的氯甲烷还会继续被氯代，生成二氯甲烷、三氯甲烷和四氯化碳，往往生成四种产物的混合物。工业上把这种混合物作为溶剂使用。

碳链较长的烷烃氯代时，反应可以在分子中不同的碳原子上进行，取代不同的氢，得到各种一氯代或多氯代产物，情况较复杂。一般地，不同氢原子进行卤代反应的反应活性为：叔氢 > 仲氢 > 伯氢，但是因为烷烃中叔、仲、伯氢的数量不同，叔氢的氯代产物往往没有伯氢的氯代产物多。

2. 氧化反应

烷烃在室温下，一般不与氧化剂反应，与空气中的氧也不起反应，但是在空气中可以燃烧，生成二氧化碳和水，并放出大量的热能。例如：

$$C_nH_{2n+2} + \frac{3n+1}{2}O_2 \xrightarrow{燃烧} nCO_2 + (n+1)H_2O + Q$$

$$C_6H_{14} + 9\frac{1}{2}O_2 \xrightarrow{燃烧} 6CO_2 + 7H_2O + Q$$

这正是汽油、柴油等用以作为内燃机燃料的基本原理。但这种燃烧通常是不完全的，特别在 O_2 很不充足的情况下，会生成大量的 CO。

3. 裂化反应

烷烃在没有氧气存在下进行的热分解反应叫裂化反应。裂化反应是个复杂的过程，其产物为许多化合物的混合物。而且烷烃分子中所含碳原子数越多，产物也越复杂，反应条件不同，产物也相应不同。但从主要反应的实质上看，无非是 C—C 和 C—H 键断裂分解的反应。

烷烃在 800~1100℃ 的热裂产物主要是乙烯，其次为丙烯、丁烯、丁二烯和氢。乙烯不仅是重要的化工原料，而且在生物制药方面也有广泛的用途。

四、烷烃的来源和用途

（一）甲烷

甲烷大量存在于自然界中，是石油气、天然气和沼气的主要成分。埋藏在水底或地下的生物尸体，在腐烂和分解时所产生的气体都含有大量的甲烷。此外，甲烷也存在于焦炉煤气中。

甲烷是无色、无味的可燃性气体，沸点为-164℃，微溶于水，易溶于有机溶剂中。

甲烷的用途，一是作为热源，二是作为化工原料。

甲烷是烷烃中第一个成员，性质不活泼。但在一定的温度，压力或催化剂的作用下也能发生氧化、裂解和卤代等反应。

1. 氧化

甲烷易燃烧，燃烧时火焰青白色，生成二氧化碳和水，并放出大量的热能。

$$CH_4 + 2O_2 \longrightarrow CO_2 + 2H_2O + 878.6 kJ \cdot mol^{-1}$$

所以，天然气是一种很好的燃料。早在公元前3世纪末我国就会利用天然气作为煮盐的燃料。

当空气中含甲烷5.3%~14%（体积计）时，点燃或遇火时就会发生爆炸。煤矿的煤层也会有甲烷，因为在形成煤的同时，也产生甲烷。采煤时，甲烷便从煤层渗入到矿井的空气中，遇到一点火，就会造成爆炸的危险。

当甲烷不完全燃烧时，生成炭黑。这是生产炭黑的一种方法。

$$CH_4 + O_2 \longrightarrow C + 2H_2O$$

炭黑是黑色颜料，大量用作橡胶的填料，具有补强作用。

甲烷在适当的条件下能发生部分氧化，得到氧化产物如甲醇、甲醛或甲酸。例如：

$$CH_4 + O_2 \xrightarrow[400 \sim 500℃]{V_2O_5} HCHO + H_2O$$

2. 裂解

把甲烷（实际上是用天然气或焦煤气的甲烷）通入电弧炉中，经过3000℃左右的电弧区，使甲烷加热到1500℃，发生裂解反应生成乙炔和氢气等。然后很快导入骤冷器，被直接喷入冷水骤冷至100℃以下，阻止其进一步分解，就可得产品乙炔等。

$$5CH_4 + 3O_2 \longrightarrow C_2H_2 + 3CO + 6H_2 + 2H_2O$$

这是生产乙炔的一种方法。

3. 生成合成气

将甲烷与水蒸气混合在725℃通过镍催化剂，可以转变为一氧化碳和氢。

$$CH_4 + H_2O \xrightarrow[Ni]{725℃} CO + H_2$$

这种气体称为合成气，用来合成氨、尿素、甲醇等。最近采用含铜催化剂，大大地降低反应压力，可从20~30MPa降低至5MPa左右。

4. 取代

甲烷和氯气在黑暗中很难起反应，但在光照或受热(400℃)的情况下，甲烷分子中的氢原子就可被氯原子取代生成氯甲烷等。

天然气的主要成分是甲烷，此外还含有其他烷烃如乙烷、丙烷和丁烷等。根据天然气中含甲烷的多少而分为两种，把含甲烷在80%以上的叫做干天然气，含甲烷在80%以下的叫做湿天然气。我国所产的天然气，甲烷含量高，含硫量也较少，是一种很好的化工原料。我国天然气蕴藏量很丰富，所以天然气的综合利用已成为当前重要课题之一。

（二）其他烷烃

烷烃的来源除天然气外主要来源于石油的加工。我国石油蕴藏量也极丰富，年产量日益增加，如何综合利用石油加工产品，早已成为石油化工的主要任务，也是我们今后学习的一个重点。

此外，我国从油页岩加工制取汽油、煤油，其主要成分是烷烃和烯烃。植物来源的烷烃主要是正烷烃，如成熟的水果中主要含 $C_{27} \sim C_{33}$ 的烷烃。

第二节 烯 烃

一、烯烃的结构

乙烯是最简单的烯烃，气体，分子式为 C_2H_4。构造式为 $CH_2{=}CH_2$，为平面结构（图11-4）。

乙烯分子含有一个双键。可通过乙烯来了解烯烃双键的结构。许多事实说明碳碳双键并不是由两个单键所构成，而是由一个 σ 键和一个 π 键（由成键原子轨道以"肩并肩"的方式侧面重叠成键，不能自由旋转，重叠程度小于 σ 键，π 电子云对称地分布在分子平面的上方和下方，在外界试剂的作用下，易发生变形、极化、断裂，表现为活泼的化学性质，如烯烃的加成反应、聚合反应等）构成的。现代物理方法证明，乙烯分子的所有原子在同一平面上，每个碳原子只和三个原子相连，键长和键角为：

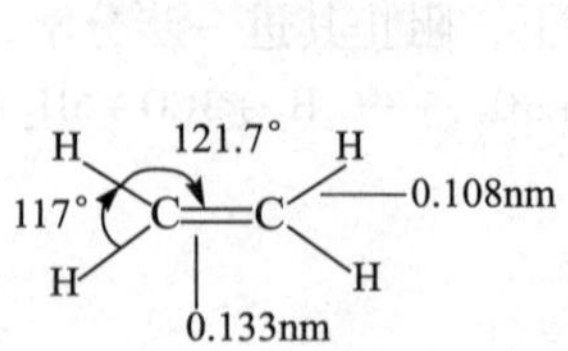

图11-4 乙烯的结构

其他烯烃的结构与乙烯相似，与双键碳原子相连的各个原子在同一平面上，碳碳双键都是由一个 σ 键和一个 π 键构成的。

二、烯烃的命名

(一) 烯基的命名

从烯烃分子中去掉一个氢原子后剩下的基团叫烯基。较常见的烯基有以下几种。

$$H_2C=CH- \qquad CH_3CH=CH- \qquad H_2C=CHCH_2- \qquad H_3C-\underset{\|}{C}=CH_2$$

乙烯基　　　　　丙烯基　　　　　　烯丙基　　　　　　异丙烯基

(二) 烯烃的命名

1. 习惯名称法

个别烯烃具有习惯名称。例如：

$$H_3C-\underset{\underset{CH_3}{|}}{C}=CH_2$$

异丁烯

2. 衍生命名法

简单烯烃可以以乙烯作为母体，把其他烯烃看作乙烯的烷基衍生物来命名。例如：

$$CH_3CH_2-\underset{\underset{CH_2CH_3}{|}}{C}=CH_2 \qquad CH_3\underset{\underset{CH_3}{|}}{CH}-\underset{\underset{H}{|}}{C}=CH_2$$

1,1-二乙基乙烯　　　异丙基乙烯

3. 系统命名法

复杂烯烃一般采用系统命名法命名，其命名基本原则和烷烃相似，但由于烯烃分子中存在 C=C 双键官能团，因此，命名方法与烷烃又有所不同，命名规则如下：

(1) 选主链：选择一个含双键的最长碳链作为主链（母体），依主链碳原子的数目称为"某烯"。

(2) 编号：从最靠近双键的一端起，把主链碳原子依次编号。

(3) 命名：命名原则和烷烃基本相同。只是双键的位次必须标明出来，写出双键两个碳原子中位次较小的一个，放在烯烃名称的前面，若双键的位次在 1 位时，1 烯烃中的"1"往往省去。例如：

$$\overset{1}{H_3C}-\overset{2}{C}=\overset{3}{CH}-\overset{4}{\underset{\underset{CH_3}{|}}{CH}}-\overset{5}{CH_2}-\overset{6}{CH_3} \qquad CH_3(CH_2)_{15}CH=CH_2 \qquad \overset{3}{CH_3}-\overset{2}{\underset{\underset{\overset{|}{\overset{4}{CH_2}}-\overset{5}{CH_2}-\overset{6}{CH_3}}{|}}{C}}=\overset{1}{CH_2}$$

2,4-二甲基-2-己烯　　　　1-十八碳烯　　　　3-甲基-2-乙基-1-己烯

4. 烯烃的顺反异构和命名

(1) 顺反命名法。对于较简单的顺反异构体，经常用顺反命名法命名。即相同的两个原子或基团处于双键的同一侧的，称为顺式，反之称为反式。书写时分别冠以顺、反，并用短横线与化合物名称相连。例如：

$$\underset{\text{顺-2-戊烯}}{\overset{H_3C\quad CH_2CH_3}{\underset{H\quad\quad H}{C=C}}}\qquad\underset{\text{反-2-戊烯}}{\overset{H_3C\quad\quad H}{\underset{H\quad\quad CH_2CH_3}{C=C}}}$$

（2）Z、E 命名法。对于双键碳原子连有四个互不相同的原子或基团，以及结构较复杂的顺反异构体，不能使用顺反命名法，而需用 Z、E 命名法。在学习 Z、E 命名法之前，首先要了解"顺序规则"。"顺序规则"主要内容可归纳如下：

1）将与双键碳直接相连的两个原子按原子序数由大到小排出次序，原子序数较大者为优先基团。按此规则，一些常见基团的优先次序应为：

$$—I>—Br>—Cl>—SH>—OH>—NH_2>—R>—D>—H$$

2）若基团中与双键碳原子直接相连的原子相同而无法确定次序时，则比较与该原子相连的其他原子的原子序数和，直到比出大小为止。例如：$—CH_3$ 和 $—CH_2CH_3$，第一个原子都是碳，所以再比较该碳原子上所连的原子，在 $—CH_3$ 中，与碳原子相连的分别为 H、H、H；但在 $—CH_2CH_3$ 中，与碳原子相连的分别为 H、H、C。由于 C 的原子序数大于 H，因此，$—CH_2CH_3>—CH_3$。

3）若基团中含有不饱和键时，可以认为双键或叁键原子连有两个或三个相同的原子。例如：$—CH=CH_2$ 中的碳原子相当于连接 1 个 H 和 2 个 C 原子；$—C_6H_5$ 中的碳原子相当于连接 3 个 C 原子。

（3）Z、E 命名法的命名步骤。

1）确定分子的构型：按照以上的"顺序规则"，比较双键碳原子上所连接的原子或基团的优先顺序，如果两个优先的原子或基团位于双键的同侧，则为 Z 式（Z 是德文 Zusammen 的字头，是同一侧的意思）；反之，为 E 式（E 是德文 Entgegen 的字头，是相反的意思）。

2）命名：将确定的分子构型 Z 式或 E 式，写在括号里放在名称的前面，然后按照系统命名法对化合物进行命名。例如：

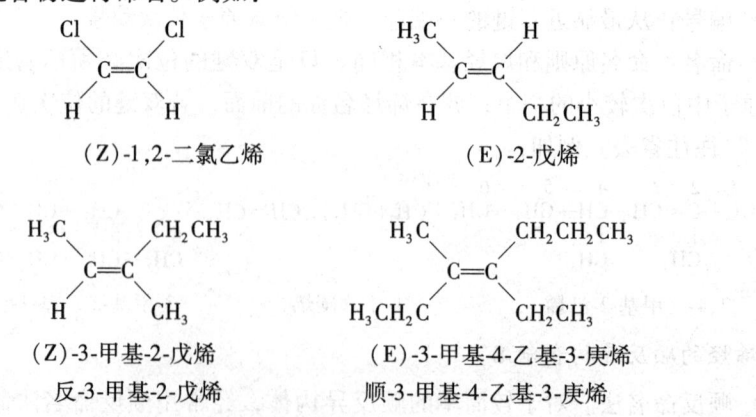

$$\underset{\substack{(Z)\text{-1,2-二氯乙烯}}}{\overset{Cl\quad\quad Cl}{\underset{H\quad\quad H}{C=C}}}\qquad\underset{(E)\text{-2-戊烯}}{\overset{H_3C\quad\quad H}{\underset{H\quad\quad CH_2CH_3}{C=C}}}$$

$$\underset{\substack{(Z)\text{-3-甲基-2-戊烯}\\ \text{反-3-甲基-2-戊烯}}}{\overset{H_3C\quad CH_2CH_3}{\underset{H\quad\quad CH_3}{C=C}}}\qquad\underset{\substack{(E)\text{-3-甲基-4-乙基-3-庚烯}\\ \text{顺-3-甲基-4-乙基-3-庚烯}}}{\overset{H_3C\quad CH_2CH_2CH_3}{\underset{H_3CH_2C\quad CH_2CH_3}{C=C}}}$$

值得注意的是顺反命名和 Z、E 命名不是一一对应的。

三、烯烃的性质

(一) 烯烃的物理性质

烯烃的物理性质与烷烃类似,熔点、沸点、密度、折光率等在同系列中的变化规律与烷烃相似。直链烯烃的沸点比支链的异构体略高;双键在链端的烯烃的沸点比双键在链中间的异构体略高;顺式异构体一般具有比反式异构体较高的沸点和较低的熔点。烯烃的密度都小于1。烯烃几乎不溶于水,但溶于苯、四氯化碳和乙醚等非极性和极性很弱的有机溶剂。一些常见烯烃的物理常数如表11-2所示。

表11-2 常见烯烃的物理常数

名称	结构式	熔点(℃)	沸点(℃)	相对密度
乙烯	$CH_2=CH_2$	-169.5	-103.7	0.570(在沸点时)
丙烯	$CH_3CH=CH_2$	-185.2	-47.7	0.610(在沸点时)
1-丁烯	$CH_3CH_2CH=CH_2$	-184.3	-6.4	0.625(在沸点时)
顺-2-丁烯	(顺式结构)	-139.3	3.5	0.6213
反-2-丁烯	(反式结构)	-105.5	0.9	0.6042
1-戊烯	$CH_3(CH_2)_2CH=CH_2$	-166.2	30.1	0.641
1-己烯	$CH_3(CH_2)_3CH=CH_2$	-139	63.5	0.673
1-庚烯	$CH_3(CH_2)_4CH=CH_2$	-119	93.6	0.697
1-十八烯	$CH_3(CH_2)_{15}CH=CH_2$	17.5	179	0.791

另外,在顺、反异构体中,顺式异构体的沸点通常较反式高,但熔点较反式低。

(二) 烯烃的化学性质

碳碳双键是烯烃的官能团,但是双键并不是两个单键的简单加合,其中有一个是稳定的σ键;另一个是不稳定的π键,使得烯烃的化学性质比较活泼,容易发生加成、氧化、聚合等反应。其发生的化学反应主要表现在C═C双键和α碳原子上。

1. 加成反应

加成反应是烯烃的典型反应。在反应中π键断开,双键上的两碳原子上各加上一个原子或基团,形成两个σ键,这种反应称为加成反应。

(1) 催化加氢。烯烃在催化剂[铂黑、钯粉、瑞尼(RANEY)Ni等]存在下,可以和H_2发生加成反应,生成烷烃;在室温时与卤素起加成反应生成邻二卤化物,其中,溴的四氯化碳溶液与烯烃反应时,溴的颜色很快变浅或消失。在实验室里,常用于烯烃的定性检验。

$$R-\underset{H}{C}=CH_2 + H_2 \xrightarrow{催化剂} RCH_2CH_3$$

$$CH_3-HC=CH_2 + Br_2 \xrightarrow{CCl_4} CH_3-\underset{Br}{CH}-\underset{Br}{CH_2}$$

红棕色　　1,2-二溴丙烷（无色）

烯烃的加成反应活性如下：

$(CH_3)_2C=C(CH_3)_2 > (CH_3)_2C=C(CH_3) > (CH_3)_2C=CH_2 > CH_3CH=CH_2 > CH_2=CH_2$

卤素的活性次序为：F > Cl > Br > I。其中氟与烯烃的反应太剧烈，往往使碳链断裂，而碘与烯烃难于发生加成反应，烯烃与卤素的加成往往是指加溴或氯。

（2）与含氢化合物加成。烯烃能与卤化氢（氯化氢、溴化氢和碘化氢）、水和硫酸等含氢化合物发生加成反应，分别生成或水解生成相应的卤烷和醇。其通式为：

$$\diagup C=C\diagdown + HZ \longrightarrow -\underset{H}{C}-\underset{Z}{C}-$$

Z = —X；—OH；—O—SO_3H

不对称烯烃和卤化氢加成时，可能生成两种产物。实验事实表明：凡是不对称结构的烯烃和 HZ 加成时，氢原子主要加到含氢原子较多的双键碳原子上，卤原子加到含氢较少的双键碳原子上，这称为马尔科夫尼科夫规则（简称马氏规则）。如：

$$CH_3-HC=CH_2 + HBr \longrightarrow \begin{cases} CH_3-\underset{H}{CH}-\underset{Br}{CH_2} & 1\text{-溴丙烷} \\ CH_3-\underset{Br}{HC}-\underset{H}{CH_2} & 2\text{-溴丙烷（主要产物）} \end{cases}$$

$$CH_3-HC=CH_2 \xrightarrow{H_2SO_4} CH_3\underset{OSO_3H}{CHCH_3} \xrightarrow{H_2O} CH_3\underset{OH}{CHCH_3} + H_2SO_4$$

硫酸氢异丙酯　　　异丙醇

$$CH_3-HC=CH_2 + H_2O \xrightarrow[250℃，4MP]{H_3PO_4，硅藻土} CH_3\underset{OH}{CHCH_3}$$

其中，烯烃与卤化氢加成时，卤化氢的活性顺序是 HI > HBr > HCl。

另外，烯烃与 HBr 加成，如果是在过氧化物存在下进行时，得到的主要产物与马氏规则不一致，是反马氏加成，这是由于存在过氧化物而引起的加成定位的改变，叫做过氧化物效应。烯烃与卤化氢的加成，只有 HBr 有此效应。例如：

$$CH_3-HC=CH_2 + HBr \xrightarrow{过氧化物} CH_3-\underset{H}{HC}-\underset{Br}{CH_2} \quad 1\text{-溴丙烷}$$

(3) 其他加成。烯烃与次卤酸加成生成卤(代)醇。

$$CH_3-HC=CH_2 + HOCl \longrightarrow CH_3-\underset{OH}{\underset{|}{HC}}-\underset{Cl}{\underset{|}{CH_2}}$$

烯烃可以和硼氢化物进行加成反应，生成烷基硼烷，该反应叫做硼氢化反应。此反应定位效应好，产率高。

$$\underset{}{\underset{}{>}}C=C\underset{}{\underset{}{<}} + 1/2\ B_2H_6 \longrightarrow -\underset{H}{\underset{|}{C}}-\underset{BH_2}{\underset{|}{C}}-$$

此反应中，若为不对称的烯烃进行反应，则硼原子加到含氢较多的碳原子上。生成的烷基硼烷，若用过氧化氢的氢氧化钠水溶液处理，则被氧化，同时水解生成醇。

$$(CH_3)_3CCH=CH_2 + 1/2\ B_2H_6 \longrightarrow (CH_3)_3CCH_2CH_2-\underset{H}{\underset{|}{B}}-H \xrightarrow{H_2O,\ OH^-} (CH_3)_3CCH_2CH_2-OH$$

2. 氧化

(1) $KMnO_4$ 氧化。烯烃很容易被 $KMnO_4$ 氧化，用冷的稀 $KMnO_4$ 就可将烯烃氧化，生成连二醇。该反应速度较快，现象明显，紫色逐渐消失，并生成褐色的沉淀。因此，常用于定性检验不饱和烃。例如：

$$3CH_3-HC=CH_2 + 2KMnO_4 + 4H_2O \xrightarrow{\text{碱性或}\atop\text{中性}} 3CH_3-\underset{OH}{\underset{|}{CH}}-\underset{OH}{\underset{|}{CH_2}} + 2MnO_2 + 2KOH$$

如果是用酸性 $KMnO_4$，氧化反应进行得更快，烯烃的 C=C 完全断裂，得到低级酮或羧酸。该反应可以用于鉴别烯烃；制备一定结构的有机酸和酮；推测原烯烃的结构。

$$R-HC=CH_2 \xrightarrow[H_2SO_4]{KMnO_4} R-COOH + CO_2 + H_2O$$

$$\underset{R}{\underset{|}{\overset{R'}{\overset{|}{C}}}}=CHR'' \xrightarrow[H_2SO_4]{KMnO_4} \underset{R}{\underset{|}{\overset{R'}{\overset{|}{C}}}}=O + R''-COOH$$

(2) 臭氧化。烯烃可以被臭氧氧化成臭氧化物。臭氧化物在还原剂作用下(如锌粉)或催化氢化下进行水解，产生醛和酮。例如：

$$CH_3CH_2CH=CH_2 \xrightarrow[\text{②}H_2,\ Pd]{\text{①}O_3} CH_3CH_2CHO + \underset{H}{\underset{|}{\overset{H}{\overset{|}{C}}}}=O + H_2O$$

$$CH_3-\underset{CH_3}{\underset{|}{C}}=CH_2 \xrightarrow[\text{②}Zn/H_2O]{\text{①}O_3} CH_3-\underset{CH_3}{\underset{|}{C}}=O + \underset{H}{\underset{|}{\overset{H}{\overset{|}{C}}}}=O$$

(3) 过氧酸氧化。烯烃被过氧酸氧化生成环氧化物，此反应叫做环氧化反应。此反应是在无水的惰性溶剂中，在较温和的条件下进行，产物容易分离和提纯，产率通常也较高。它为环氧乙烷及其衍生物的制备提供了一个很好的方法。

$$CH_3CH=CHCH_3 + CH_3\overset{O}{\overset{\|}{C}}-O-OH \longrightarrow CH_3CH\underset{O}{-}CHCH_3 + CH_3COOH$$
过氧乙酸

环氧化合物在酸性条件下可水解生成邻位二元醇。

（4）催化氧化。不同烯烃在不同催化剂存在下能被氧气氧化生成不同产物。

$$CH_2=CH_2 + O_2 \xrightarrow[250℃]{Ag} H_2C\underset{O}{-}CH_2$$

$$CH_2=CH_2 + O_2 \xrightarrow{PbCl_2-CuCl_2} H_2C\underset{O}{-}CH_2 + CH_3-CHO$$

$$CH_3-HC=CH_2 + O_2 \xrightarrow{PbCl_2-CuCl_2} CH_3-\overset{O}{\overset{\|}{C}}-CH_3$$

3. α 氢的反应

官能团的邻位统称为 α 位，α 位（α 碳）上连接的氢原子称为 α-H，烯烃的 α-H 由于受 C=C 的影响，比其他类型的氢易起反应，在高温或光照下，可以和卤素发生卤代反应，生成不饱和卤代烃，卤代反应中 α-H 的反应活性为：叔氢 > 仲氢 > 伯氢。

$$CH_3-\overset{CH_3}{\overset{|}{CH}}-CH=CH-CH_3 + Br_2 \xrightarrow{>500℃} CH_3-\overset{CH_3}{\overset{|}{\underset{Br}{C}}}-CH=CH-CH_3 + CH_3-\overset{CH_3}{\overset{|}{CH}}-CH=CH-\overset{}{\underset{Br}{CH_2}}$$
主要产物　　　　　　　　　次要产物

注意：有 α-H 的烯烃与氯或溴在高温下（500~600℃）发生 α-H 原子被卤原子取代的反应不是加成反应。

4. 聚合反应

烯烃在一定条件下，π 键断裂，分子间一个接一个地互相加成，成为相对分子质量巨大的高分子化合物。这种由低分子化合物加成为高分子化合物的反应称为聚合反应。参加聚合的小分子叫单体，聚合后生成的产物叫聚合物。如：

$$n(CH_2=CH_2) \longrightarrow \text{\textemdash}(HC=CH)_n\text{\textemdash}$$
乙烯　　　　　聚乙烯

四、烯烃的来源和用途

（一）石油的裂解和热裂气的分离

乙烯和丙烯等低级烯烃是重要的化工原料，其中乙烯的产量被看做是衡量一个国家石油化学发展水平的标志。工业上它们主要来源于石油裂解气和炼厂气。

石油的一个馏分在高温（>750℃）裂解，生成大量的气体产物，成为石油裂解气。其中含有氢、C_1~C_4 烷烃、C_2~C_4 烯烃和 1,3-丁二烯等。

炼油厂将原油加工成各种石油产品（如汽油、煤油、柴油）的过程中，还产生大量的气体，通称炼厂气。其中含有氢、$C_1 \sim C_4$ 烷烃、$C_2 \sim C_4$ 烯烃和少量其他气体。

（二）醇的脱水

醇在催化剂作用下加热，则醇脱去一分子水生成烯烃。这是实验室制备烯烃的一种重要方法。例如：

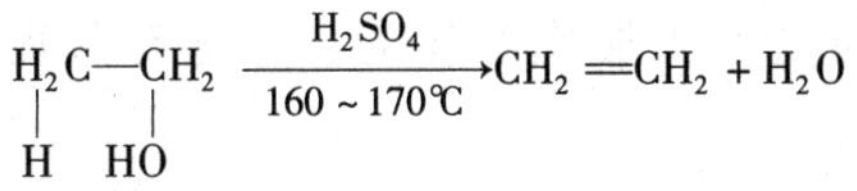

$$\underset{\text{乙醇}}{\underset{H \quad HO}{\overset{|}{H_2C}-\overset{|}{CH_2}}} \xrightarrow[160 \sim 170℃]{H_2SO_4} \underset{\text{乙烯}}{CH_2 = CH_2} + H_2O$$

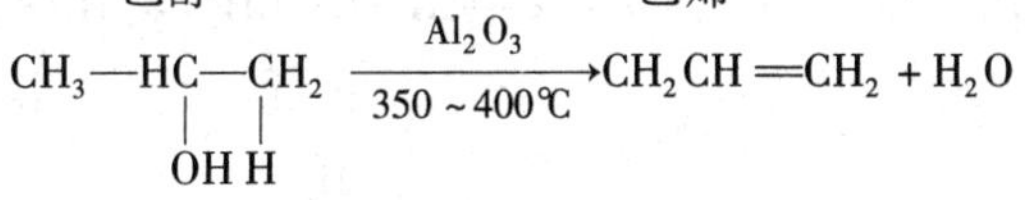

$$\underset{\text{异丙醇}}{\underset{OH \ H}{CH_3-\overset{|}{HC}-\overset{|}{CH_2}}} \xrightarrow[350 \sim 400℃]{Al_2O_3} \underset{\text{丙烯}}{CH_2CH = CH_2} + H_2O$$

（三）卤代烃脱卤化氢

卤代烃与强碱的醇溶液（一般采用 KOH 或 NaOH 的乙醇溶液）供热，则卤代烃脱去一分子卤化氢生成烯烃。例如：

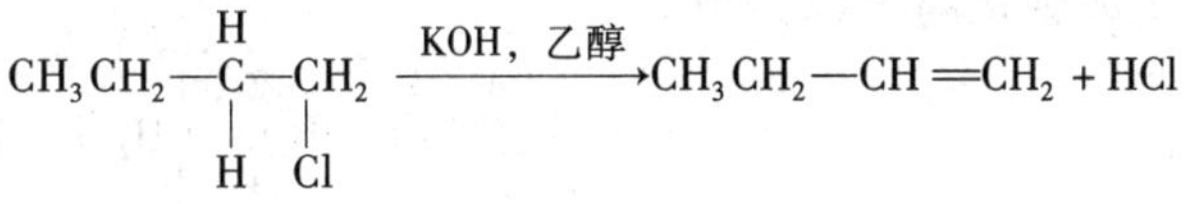

$$\underset{H \ Cl}{CH_3CH_2-\overset{|}{C}-\overset{|}{CH_2}} \xrightarrow{KOH, 乙醇} CH_3CH_2-CH = CH_2 + HCl$$

第三节 共轭二烯烃

两个双键被一个单键隔开，即含有体系的二烯烃。例如 1,3-丁二烯（$CH_2 = CH — CH = CH_2$），这样的体系叫共轭体系。像 1,3-丁二烯的两个双键叫共轭双键。

一、共轭二烯烃的结构

以 1,3-丁二烯为例说明共轭二烯烃的结构。近代实验方法测定结果表明，1,3-丁二烯分子中的 4 个碳原子和 6 个氢原子在同一个平面内，所有键角都接近 120°，结构如图 11-5 所示。

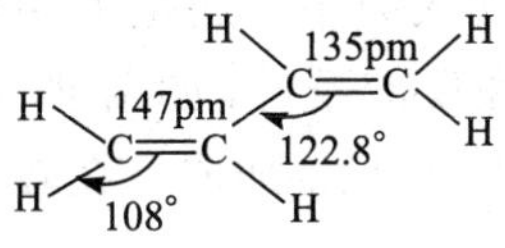

图 11-5 1,3-丁二烯的结构

二、共轭二烯烃的性质

由于共轭二烯烃具有共轭体系的结构，所以除具有一般单烯烃的性质外，还具有某些特殊的性质。

（一）1,2-加成和1,4-加成

共轭二烯烃与一分子亲电试剂加成时，有两种加成方式，一种是1,2-加成，另一种是1,4-加成，并且产物以1,4-加成产物为主，这与共轭二烯烃的结构特征有关。例如：

$$H_2C=CH-HC=CH_2 + Br_2 \longrightarrow H_2C=CH-\underset{Br}{\overset{H}{\underset{|}{C}}}-CH_2Br + H_2C-\underset{H}{\overset{}{C}}=\underset{H}{\overset{}{C}}-CH_2$$
$$ Br Br$$

$$H_2C=CH-HC=CH_2 + HBr \longrightarrow H_2C=CH-\underset{Br}{\overset{H}{\underset{|}{C}}}-CH_3 + H_2C-\underset{H}{\overset{}{C}}=\underset{H}{\overset{}{C}}-CH_3$$
$$ Br$$
$$ 1,2\text{-加成} 1,4\text{-加成}$$

共轭二烯烃的亲电加成是分两步进行的，例如1,3-丁二烯与溴的加成，第一步也是加上溴正离子，生成碳正离子(1)和(2)。

$$H_2C=CH-HC=CH_2 + Br_2 \longrightarrow \begin{cases} \overset{4}{H_2C}=\overset{3}{CH}-\overset{2}{H_2C}-\overset{1}{\underset{|}{C}H_2} + Br^- \quad (1) \\ Br \\ \overset{4}{H_2C}=\overset{3}{CH}-\overset{2}{\underset{|}{C}H}-\overset{+}{CH_2} + Br^- \quad (2) \\ Br \end{cases}$$

反应的第二步，溴可以加在这个共轭体系的两端，分别生成1,2-加成产物及1,4-加成产物。

$$H_2\overset{+}{C} \cdots CH \cdots CH-CH_2Br + Br^- \longrightarrow \begin{cases} H_2C=CH-\underset{Br}{\overset{H}{\underset{|}{C}}}-CH_2Br \\ H_2C-\underset{H}{\overset{}{C}}=\underset{H}{\overset{}{C}}-CH_2 \\ \underset{Br}{|} \underset{Br}{|} \end{cases}$$

共轭二烯烃的加成是以1,2-加成为主，还是1,4-加成为主，则取决于反应物的结构、试剂的性质、产物的稳定性和反应条件（如温度、催化剂和溶剂的性质）等。一般情况下，低温和非极性溶剂中有利于1,2-加成，在较高温度和极性溶剂中有利于1,4-加成。

（二）双烯合成

共轭二烯烃和某些具有碳碳双键（或碳碳叁键）的不饱和化合物进行1,4-加成，生成环状化合物的反应，称为双烯合成，又叫狄尔斯－阿尔德(Diels-Alder)反应。

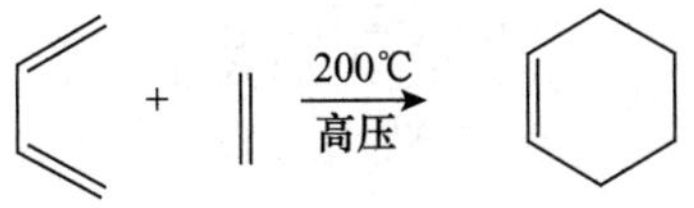

$$\text{1,3-丁二烯} + \text{乙烯} \xrightarrow[\text{高压}]{200℃} \text{环己烯}$$

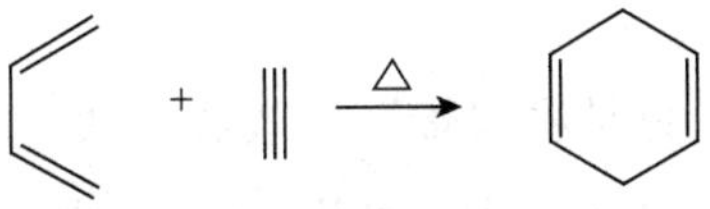

$$\text{1,3-丁二烯} + \text{乙炔} \xrightarrow{\triangle} \text{1,4-环己烯}$$

在上述反应中，含有共轭双键的二烯烃叫双烯体；含有碳碳双键（或碳碳叁键）的化合物叫做亲双烯体。若亲双烯体的双键碳原子上连有吸电子基团（如—CHO、—COOR、—CN、—NO$_2$）或双烯体含有供电子基团时，反应更容易进行。例如：

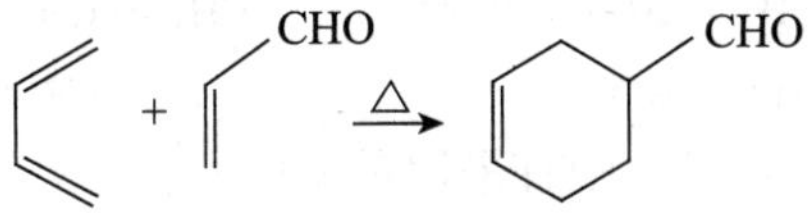

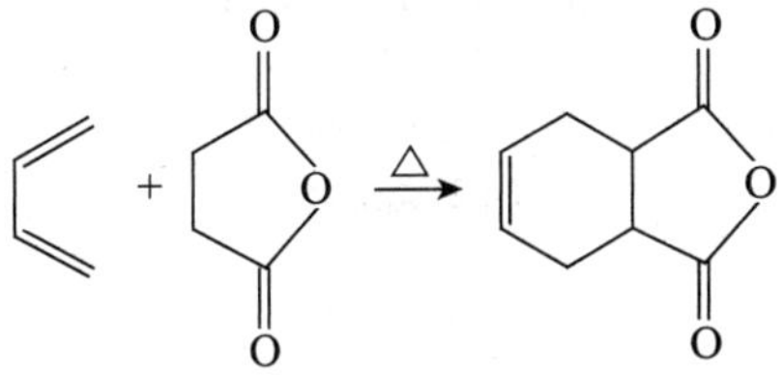

$$\text{丁二烯} + \text{丙烯醛(CHO)} \xrightarrow{\triangle} \text{环己烯-CHO}$$

$$\text{丁二烯} + \text{马来酸酐} \xrightarrow{\triangle} \text{四氢邻苯二甲酸酐}$$

狄尔斯-阿尔德反应是一步完成的。反应时，反应物分子彼此靠近，互相作用，形成环状过渡态，然后转化为产物分子。即新键的生成和旧键的断裂是相互协调在同一步骤中完成的，没有活性中间体生成，这种类型的反应称协同反应。

第四节 炔 烃

分子中含有碳碳叁键的不饱和烃，称为炔烃。碳碳叁键（C≡C）为炔烃的官能团。它比相应的烯烃少两个碳原子，故炔烃的通式为 C_nH_{2n-2}。碳原子数目相同的炔烃与二烯烃互为构造异构体。

一、炔烃的结构

乙炔是最简单的炔烃，分子式为 C_2H_2。根据近代物理方法测知，乙炔分子中2个碳原子和2个氢原子都排布在一条直线上，其构造式以及分子中各键的键长与键角如图 11-6 所示。

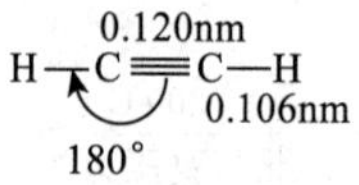

$$H-C\equiv C-H$$
0.120nm / 0.106nm / 180°

图 11-6 乙炔结构

二、炔烃的命名

炔烃的命名与烯烃相似，只是将"烯"字改成"炔"。例如：

$CH_3C\equiv CCH_3$　　$(CH_3)_2CHC\equiv CH$

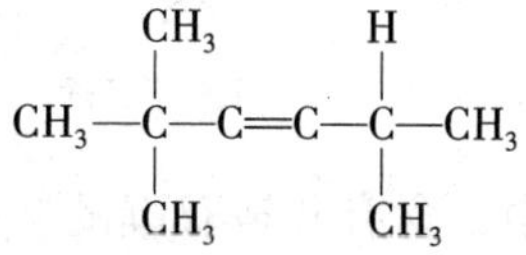

2-丁炔　　　　3-甲基-1-丁炔

(2-甲基乙炔)　(异丙基乙炔)

$$CH_3-\underset{\underset{CH_3}{|}}{\overset{\overset{CH_3}{|}}{C}}-C\equiv C-\underset{\underset{CH_3}{|}}{\overset{\overset{H}{|}}{C}}-CH_3$$

2,2,5-三甲基-3-己炔

同时含有叁键和双键的分子称为烯炔。它的命名首先选取含双键和叁键最长的碳链为主链，位次的编号通常使双键具有最小的位次。例如：

$CH_2=CH-CH=CH-C\equiv CH$　　$CH_2=CH-CH_2-C\equiv CH$

1,3-己二烯-5-炔　　　　　　　　1-戊烯-4-炔

但若两种编号中一种较高时，则宜采取最低的一种。

$$CH_3-\overset{\overset{H}{|}}{C}=\overset{\overset{H}{|}}{C}-C\equiv CH$$

3-戊烯-1-炔

不叫 2-戊烯-4-炔

三、炔烃的性质

（一）炔烃的物理性质

炔烃的物理性质与烷烃和烯烃相似，$C_2 \sim C_4$ 炔烃是气体，$C_5 \sim C_8$ 的炔烃是液体，18个碳原子以上的炔烃是固体。炔烃微溶于水，易溶于苯、丙酮、乙醚等有机溶剂中。一些炔烃的物理性质如表 11-3 所示。

表 11-3　一些炔烃的物理性质

名称	构造式	熔点（℃）	沸点（℃）	相对密度
乙炔	$CH\equiv CH$	-81.8(891mmHg)	-83.4	0.618(-82/4℃)
丙炔	$CH_3C\equiv CH$	-101.5	-23.3	0.671
1-丁炔	$CH_3CH_2C\equiv CH$	-112.5	8.5	0.668
1-戊炔	$CH_3CH_2CH_2C\equiv CH$	-98	39.7	0.695
1-己炔	$CH_3(CH_2)_3C\equiv CH$	-124	71.4	0.719
1-庚炔	$CH_3(CH_2)_4C\equiv CH$	-80.9	99.8	0.733
1-十八碳炔	$CH_3(CH_2)_{15}C\equiv CH$	22.5	180(2kPa)	0.8695(0℃)

（二）炔烃的化学性质

1. 加成反应

（1）催化加氢。炔烃能与两分子的 H_2 加成，完全还原成烷烃。反应都在叁键的 π 键上发生。断开一个 π 键，加一分子 H_2，成为烯烃，然后再断开第二个 π 键，加入另一分子 H_2 成为烷烃。例如：

$$R-C \equiv CH \xrightarrow[催化剂]{H_2} R-HC=CH_2 \xrightarrow[催化剂]{H_2} R-H_2C-CH_3$$

若使反应停留在烯烃阶段，则应使用反应活性较低的催化剂。常用的是林德拉催化剂（Lindlar Pd），它是金属钯沉淀于碳酸钙上，用醋酸铅和喹啉处理得到的加氢催化剂。例如：

$$CH_2-CH_2-C \equiv C-CH_2-CH_3 \xrightarrow[H_2]{林德拉催化剂} CH_3-CH_2-CH=CH-CH_2-CH_3$$

炔烃在催化剂表面的吸附比烯烃快，因此炔烃比烯烃更容易进行催化加氢。若分子中同时含有双键和叁键，则催化加氢反应会优先在叁键上，而双键仍保留。工业上常利用此反应除去乙烯中含有的少量乙炔，以提高乙烯的纯度。例如：

$$CH_3-\underset{H}{\overset{}{C}}=\underset{H}{\overset{}{C}}-C \equiv C \xrightarrow[H_2]{Pd-CaSO_4/喹啉} CH_3-\underset{H}{\overset{}{C}}=\underset{H}{\overset{}{C}}-C=CH_2$$

（2）亲电加成。炔烃与烯烃相似，可以与卤素、卤化氢、水等发生亲电加成反应，但炔烃原子较难给出电子，亲电加成比烯烃难。

1）炔烃与卤素加成　炔烃与卤素（X 主要是 Cl 和 Br）进行加成反应，生成烯烃或烷烃的卤素衍生物。例如：

$$HC \equiv CH \xrightarrow[FeCl_3, 80\sim 85℃]{Cl_2,CCl_4} ClHC=CHCl \xrightarrow[FeCl_3, 80\sim 85℃]{Cl_2,CCl_4} Cl_2HC-CHCl_2$$

1,2-二氯乙烯　　　　　1,1,2,2-四氯乙烷

$$HC \equiv CH \xrightarrow{Br_2} \underset{Br}{\overset{}{HC}}=\underset{Br}{\overset{}{CH}} \xrightarrow{Br_2} \underset{Br}{\overset{Br}{HC}}-\underset{Br}{\overset{Br}{CH}}$$

炔烃与溴加成后，溴的红棕色褪去，因此可通过溴的四氯化碳溶液褪色来检验炔烃。

2）炔烃与卤化氢加成　炔烃可与卤化氢发生加成反应，既可加成一分子也可加成两分子卤化氢。例如：

$$HC \equiv CH + HCl \xrightarrow[150\sim 160℃]{HgCl_2} H_2C=CHCl \xrightarrow{HCl} H_3C-CHCl_2$$

不对称炔烃与卤化氢的加成，符合马氏规则。

需要注意的是，炔烃与卤素、卤化氢作用可以停留在一分子加成阶段。若分子中同时存在碳碳双键和叁键，则反应首先发生在碳碳双键上。例如：

$$H_3C-C \equiv CH \xrightarrow[HCl]{HgCl_2} H_3C-\underset{Cl}{\overset{}{C}}=CH_2 \xrightarrow[HCl]{HgCl_2} H_3C-\underset{Cl}{\overset{Cl}{C}}-CH_3$$

3）炔烃与水加成　炔烃在催化剂（如硫酸汞的硫酸溶液）作用下，也能与水进行加成反应。首先生成烯醇式化合物，烯醇式化合物不稳定，会立即进行分子内重排，生成羰基化合物。例如：

$$HC\equiv CH + HOH \xrightarrow[H_2SO_4]{HgSO_4} [HC=CH_2 \atop OH] \xrightarrow{重排} CH_3-CHO$$

这一反应是库切洛夫在1881年发现的，故称为库切洛夫反应。这是工业上生产乙醛的方法之一。

其他炔烃与水加成，则变成酮。例如：

$$R-C\equiv CH + HOH \xrightarrow[H_2SO_4]{HgSO_4} [R-C=CH_2 \atop OH] \xrightarrow{重排} R-\overset{O}{\underset{\|}{C}}-CH_3$$

（3）亲核加成。炔烃比烯烃较难发生亲电加成反应。相反，能与易给出电子的亲核试剂（如 CN^-、$RCOO^-$、ROH 等）带有负电荷的离子或提供未共用电子对的分子发生加成反应，这种由亲核试剂的进攻而进行的加成反应，成为亲核加成。

1）加醇　在碱（如 NaOH 或醇钠）催化下，炔烃可以与醇进行加成反应，生成乙烯基醚。例如：

$$HC\equiv CH + CH_3OH \xrightarrow[加热，加压]{KOH} HC=CH-OCH_3$$
甲基乙烯基醚

甲基乙烯基醚是合成高分子材料、涂料、增塑剂和黏结剂等的原料。

2）加羧酸　在醋酸锌的催化下，将乙炔通入到乙酸中，则生成乙酸乙烯酯。

$$HC\equiv CH + CH_3COOH \xrightarrow[170\sim210℃]{Zn(OAc)_2/活性炭} CH_3-\overset{O}{\underset{\|}{C}}-O-HC=CH_2$$
乙酸乙烯酯

乙酸乙烯酯是合成维尼纶的主要原料，也可用于制造橡胶、油漆、胶黏剂等。

3）加氢氰酸　乙炔与氢氰酸发生加成反应，生成丙烯腈。

$$HC\equiv CH + HCN \xrightarrow{CuCl_2} HC=CH-CN$$
丙烯腈

丙烯腈是工业上合成腈纶和丁腈橡胶的重要单体，但丙烯腈的生产，因需高浓度乙炔，且氢氰酸有毒，现被丙烯氨氧化法代替。

2. 氧化反应

炔烃受氧化剂（如高锰酸钾、重铬酸钾、臭氧等）氧化时，叁键断裂生成羧酸、二氧化碳等产物。

$$3R-C\equiv CH + 8KMnO_4 + KOH \longrightarrow 3R-\overset{O}{\underset{\|}{C}}-OK + 8MnO_2 + 3K_2CO_3 + 2H_2O$$

反应后高锰酸钾溶液的颜色逐渐褪去，析出棕褐色的 MnO_2 沉淀。因此，可利用此反应检验炔烃及含有叁键化合物的存在。

和烯烃相似，还可以通过所得氧化产物的结构来推断炔烃的结构。

$$R-C\equiv CH \xrightarrow[H^+]{KMnO_4} R-C=O + CO_2 + H_2O$$

$$R-C\equiv C-R' \xrightarrow[H^+]{KMnO_4} R-\overset{O}{\underset{\|}{C}}-OH + R'-\overset{O}{\underset{\|}{C}}-OH$$

3. 炔化物的生成

炔键碳原子上的氢原子有微弱的酸性（$pK_a = 25$），可以被金属取代，生成炔化物。如将乙炔通入硝酸银的氨溶液或氯化亚铜的氨溶液中，析出白色的乙炔银沉淀或棕红色的乙炔亚铜沉淀：

$$HC\equiv CH + 2AgNO_3 + 2NH_4OH \longrightarrow Ag-C\equiv C-Ag\downarrow + 2NH_4NO_3 + 2H_2O$$
乙炔银（白色）

$$HC\equiv CH + Cu_2Cl_2 + 2NH_4OH \longrightarrow Cu-C\equiv C-Cu\downarrow + 2NH_4Cl + 2H_2O$$
乙炔亚铜（棕红色）

上述两个反应现象明显，而 R—C≡C—R′ 型的炔烃不能进行这两个反应。可用来鉴定乙炔和 R—C≡CH 型的炔烃。

干燥的银或亚铜的炔化物受热或震动时易发生爆炸生成金属和碳。为了避免发生意外，应及时将生成的金属炔化物用硝酸或盐酸处理，使之转变成炔烃。

$$Ag-C\equiv C-Ag + 2HCl \longrightarrow HC\equiv CH + 2AgCl\downarrow$$

$$Cu-C\equiv C-Cu + 2HCl \longrightarrow HC\equiv CH + Cu_2Cl_2\downarrow$$

乙炔和 R—C≡CH 型的炔烃在液态氨中与氨基钠发生中和作用生成炔化钠：

$$HC\equiv CH + NaNH_2 \xrightarrow{液态氨} HC\equiv CNa + NH_3$$

$$R-C\equiv CH + NaNH_2 \xrightarrow{液态氨} R-C\equiv CNa + NH_3$$

炔化钠的性质活泼，能与伯卤烷反应，在原炔烃分子中引入烷基，生成高级炔烃。例如：

$$HC\equiv CNa^+ + CH_3^- \xrightarrow{液氨} HC\equiv CCH_3$$

$$^+NaC\equiv CNa^+ + CH_3CH_2^- \xrightarrow{液氨} H_3CH_2CHC\equiv CHCH_2CH_3$$

这类反应称为炔烃的烷基化反应，是制备炔烃的方法之一，也是有机合成中用来增长碳链的一种方法。

复习思考题

1. 由大到小排列下列化合物的熔点和沸点。

(1) 正己烷，正新烷，正壬烷，正癸烷

(2) $CH_3(CH_2)_6CH_3$, $CH_3CH_2C(CH_3)_2CH_2CH_2CH_3$, $(CH_3)_3CC(CH_3)_3$

2. 以系统命名法命名下列化合物。

(1) $(CH_3)_2CHCH_2\underset{\underset{CH_2CH_3}{|}}{\overset{\overset{CH_3}{|}}{C}}-CH_3$

(2) $CH_3CH_2\underset{\underset{CH_3}{|}}{\overset{\overset{CH_3}{|}}{\underset{H}{C}}}-\underset{\underset{\underset{CHCH_2}{|}}{CH_2}}{\overset{\overset{CH_2CH_3}{|}}{\underset{H}{C}}}-\overset{\overset{CH_3}{|}}{C}-CHCH_3$

(3) $CH_3CH_2\overset{\overset{CH_3}{|}}{\underset{\underset{CH_3}{|}}{C}}-\underset{\underset{H}{|}}{\overset{\overset{CH_2}{|}}{C}}-\underset{\underset{\underset{CH_3}{|}}{CH-CH_3}}{\overset{\overset{CH_3}{|}}{C}}-(CH_2)_3-CH_2CH_3$

(4) $CH_3CH_2\underset{\underset{CH_2CH_2CH_2CH_3}{|}}{CHCH_2CH_3}$

(5) $CH_3CH=CH\underset{\underset{CH_3}{|}}{\overset{\overset{CH_3}{|}}{C}}CH=CH_2$

(6) $H_2C=\underset{\underset{H}{|}}{C}-\underset{\underset{H}{|}}{C}=\underset{\underset{H}{|}}{\overset{\overset{CH_3}{|}}{C}}-C=CH_2$

3. 以系统命名法命名下列化合物如有顺反异构体，用 Z/E 命名法命名。

(1) $CH_3(C_2H_5)C=C(CH_3)CH_2CH_3$

(2) $CH_3CH=C(CH_3)C_2H_5$

(3) $(CH_3)_2CHCH_2\underset{\underset{CH_2}{||}}{C}CH_3$

(4) $(CH_3)_3CCH=CHCH_2CH_3$

4. 指出下列化合物可由哪些原料通过双烯合成制得。

(1) 环己烯-CH=CH₂ (2) 环己烯-CH₂Cl (3) 环己烯-CHO

5. 完成下列反应。

(1) $H_2C=CH-HC=CH_2 + HBr \longrightarrow$

(2) $H_2C=CH-HC=CH_2 + \underset{\underset{CH}{|||}}{CH} \longrightarrow$

(3) $H_3C-C\equiv CH + H_2O \longrightarrow$

(4) $H_3C-C\equiv CNa + H_2O \longrightarrow$

(5) $H_2C=CH-HC=CH_2 + Br_2 \xrightarrow{15℃}$

(6) $CH_3CH_2-C\equiv CH \xrightarrow{Br_2\ (1mol)}$

(7) $CH_3CH_2-C\equiv CH \xrightarrow{HBr\ (1mol)}$

(8) $CH_3CH_2-C\equiv CH \xrightarrow[H_2SO_4]{ZnSO_4}$

(9) $CH_3CH_2-C\equiv CH \xrightarrow[液氨]{NaNH_2}$

(10) $CH_3CH_2-C\equiv CH \xrightarrow{KMnO_4}$

6. 用简单的化学方法区别下列各组化合物。

(1) 乙烷；乙烯；乙炔　　(2) 丁烷；1,3-丁二烯；乙烯基乙炔　　(3) 1-戊炔；2-戊炔；1,3-戊二烯

7. 以丙炔为原料，选用必要的无机试剂合成下列化合物。

(1) 丙酮　　(2) 2-溴丙烷　　(3) 2,2-二溴丙烷

8. 脂肪烃 A 和 B 的分子时都是 C_6H_{10}，催化加氢都生成2-甲基戊烷，A 与氯化亚铜氨溶液反应，生成棕红色沉淀，B 不与氯化亚铜氨溶液反应，推测 A，B 可能的结构式。

第十二章 环 烃

学习目标

掌握脂环烃的分类、命名及其重要的化学性质；了解环的大小与稳定性的关系；熟悉苯分子的结构、掌握其命名方法；了解单环芳烃的物理性质；掌握单环芳烃的化学性质：取代反应、加成反应、氧化反应；了解芳烃的来源与几种重要芳烃的用途。

学习重点

脂环烃的分类、命名及其重要的化学性质；单环芳烃的化学性质：取代反应、加成反应、氧化反应。

学习难点

脂环烃的命名；单环芳烃的化学性质：取代反应、加成反应、氧化反应。

第一节 脂 环 烃

一、脂环烃的结构、命名和分类

（一）脂环烃的结构

1. 张力学说

环的稳定性与环的大小有关，三碳环最不稳定，四碳环比三碳环稍稳定一点，五碳环较稳定，六碳环及六碳环以上的环，即使十几个碳原子乃至三十多个碳原子的碳环都较稳定。如何解释这一事实呢？1885年拜耳提出了"张力学说"。其中公认的合理部分的要点如下：当碳与其他四个原子连结时，任何两个键之间的夹角都是四面体角，但环丙烷的环是三角形，夹角应是60°；环丁烷的是正方形，夹角应是90°。任何原子都要使键角与成键轨道的角相一致，所以烷烃的正常键一般都是四面体角，即109.5°。现在环丙烷和环丁烷中，每个碳原子上的两个键，不能是四面体角度，必须压缩到60°或90°以适应变换的几何形状。这些与正常的四面体键角有所偏差，引起了分子的张力，力图恢复正常键角的趋势，这种张力称作角张力。这样的环叫作"张力环"。张力环和键角与四面体的分子相比不稳定，为了减小张力，有生成更稳定的开链化合物的倾向。由于环丙烷键角的偏差大于环丁烷，所以环丙烷更不稳定，比环丁烷更易起开环反应。正五边形的夹角（108°）非常接近四面体的夹角，因此，环戊烷基本上没有张力。

2. 近代理论

近代共价键认为，要形成一个化学键，两个原子必须处于使两个原子轨道重叠的位置，重叠的越大，则键越强。环烷烃的C—C键都是σ键，键角为109.5°。但根据量子力学计算，环丙烷分子中C—C—C键键角为105.5°，H—C—H键角为114°。因此，当成键时，两个成键的电子云并非在一根直线上，而是以弯曲方向进行重叠，形成碳碳"弯曲键"，如下图所示。

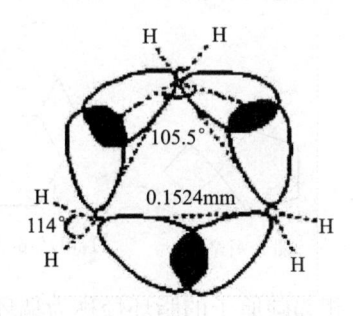

环丙烷的化学键示意图

这种"弯曲键"表明，杂化轨道的重叠程度没有一般σ键大，因而分子有一种力量趋向于能量最小、重叠最大的可能，我们把这种力当成拜尔所说的"张力"。这是造成环丙烷在化学性质上最不稳定的根本原因。

环丁烷的结构与环丙烷相似，但它比环丙烷稳定，是由于其环中C—C键的弯曲度不如环丙烷那样强烈，角张力没有环丙烷大。环戊烷分子中，C—C—C夹角为108°，环张力甚微，是比较稳定的环。环己烷中，碳碳键夹角可保持109.5°，因此，环很稳定。

（二）脂环烃的命名

1. 单环烃

单环脂烃的命名与开链烃相似，只需在相应的链烃名称前加"环"字，若环上有取代基，编号应以取代基位置为小。例如：

环丙烷　　　　　环丁烷　　　　　环戊烷

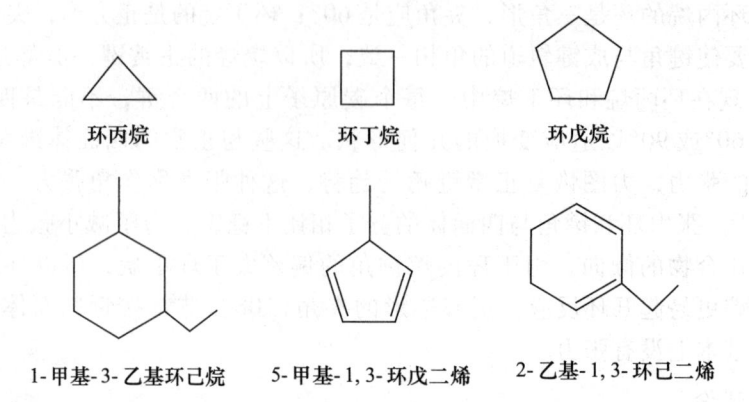

1-甲基-3-乙基环己烷　　5-甲基-1,3-环戊二烯　　2-乙基-1,3-环己二烯

2. 多环烃

分子中两个碳环共有一个碳原子的脂环烃称为螺环烃。螺环烃的命名是根据成环碳原子的总数称为螺某烷，在螺字后面的方括号中，用阿拉伯数字标出两个碳环除了共有碳原子以外的碳原子数目，将小的数字排在前面，编号是从较小环中与螺原子(共有碳原子)相邻的一个碳原子开始，经过共有碳原子而到较大的环，数字之间用圆点隔开，数字指碳原子数。例如：

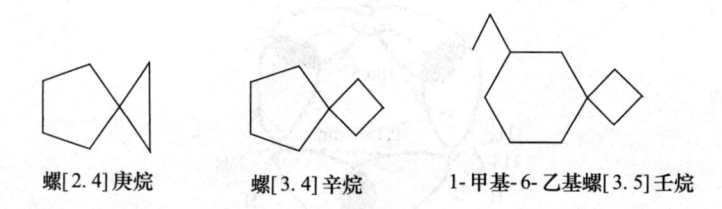

螺[2.4]庚烷　　　螺[3.4]辛烷　　　1-甲基-6-乙基螺[3.5]壬烷

分子中两个碳环共用两个相邻碳原子的脂环烃称为稠环烃。稠环烃可以当作相应芳烃的氢化物来命名，或按照桥环烃的方法命名。例如：十氢萘也可叫做二环[4.4.0]癸烷或双环[4.4.0]癸烷。

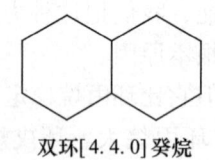

双环[4.4.0]癸烷

脂环烃分子中两个或两个以上碳环共有两个碳原子的脂肪烃称为桥环烃。桥环烃的命名，①可用二环、三环等做词头，然后根据成环碳原子总数目称为某烷。②在环后面的方括号中用阿拉伯数字标出桥头碳原子(指两个环连接处的碳原子)之间的碳原子数。二环桥环烃可以看作是两个桥头碳原子之间用三道桥连接起来的，因此方括号中有三个数字，依照他们由大到小的次序排列。数字之间用下角圆点隔开。③编号是从一个桥头碳原子开始沿最长的桥到另一桥头碳原子，再沿次长的桥回到第一个桥头碳原子，最短的桥上的碳原子最后编号。例如：

— 190 —

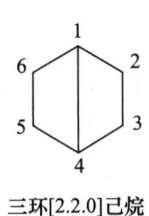

三环[2.2.0]己烷 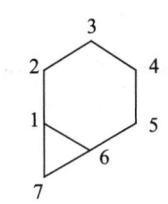　　　三环[4.1.0]庚烷 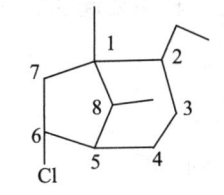　　　6-氯-1,8-二甲基-2-乙基二环[3.2.1]辛烷

（三）脂环烃的分类

脂环烃分为饱和脂环烃和不饱和脂肪烃两大类。饱和脂环烃即为环烷烃；不饱和脂环烃可分为环烯烃和环炔烃。

根据成环碳原子的数目，脂环烃可分为小环（$C_3 \sim C_4$）、常见环（$C_5 \sim C_6$）、中环（$C_7 \sim C_{12}$）及大环（C_{12}环以上）四类。

根据所含环的数目，脂环烃还可分为单环、双环和多环脂环烃。在双环和多环烃中，根据环的结合方式，又分为螺环烃和桥环烃两类。螺环烃是指分子中仅公用一个碳原子的多环脂环烃，桥环烃则指分子中共用两个或两个以上碳原子的多环脂环烃。

二、脂环烃的性质

（一）脂环烃的物理性质

环烷烃的熔点、沸点和相对密度都较含同碳原子的脂肪烃高。某些环烷烃的物理常数见表12-1。

表12-1　某些环烷烃的物理常数

名称	熔点（℃）	沸点（℃）	相对密度（d_4^{20}）
环丙烷	-127.4	-32.7	0.720(-79℃)
环丁烷	-187.7	12	0.703(0℃)
环戊烷	-94	49.3	0.745
环己烷	6.5	80.8	0.779
环庚烷	-12	118	0.810
环辛烷	11.5	148	0.836

（二）脂环烃的化学性质

脂环烃能进行与开链烃一样的化学反应。例如环烷烃与烷烃一样主要起自由基取代反应：

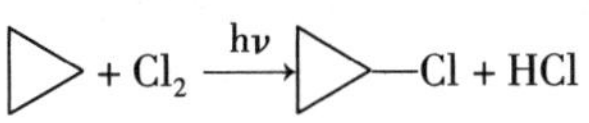

$$\triangle + Cl_2 \xrightarrow{h\nu} \triangle-Cl + HCl$$

基础化学

环烯烃与烯烃一样主要起加成反应：

$$\text{环己烯} + Br_2 \xrightarrow{300℃} \text{1,2-二溴环己烷}$$

臭氧氧化能得到二醛：

$$\underset{\text{环戊烯衍生物}}{} \xrightarrow{O_3} \xrightarrow{H_2O/Zn} O=CH-\underset{\underset{CH_3}{|}}{CH}-CH_2-\underset{\underset{CH_3}{|}}{CH}-HC=O$$

环烷、环烯、环炔的化学性质与烷、烯、炔基本相同。但是，脂环烃中有些环比较特殊。这里集中讨论这些环的特殊性质。

环丙烷和环丁烷是两个最小的环烷烃，但却能起加成反应。例如，在催化剂如 Ni 的存在下，环丙烷在 80℃ 即开始加氢，120℃ 时反应很容易；环丁烷在 120℃ 即开始加氢，200℃ 时反应很容易；而环戊烷、环己烷等较大的环烷烃须在 300℃ 以上才开始加氢。

$$\triangle \xrightarrow[80℃]{Ni, H_2} CH_3CH_2CH_3$$

$$\square \xrightarrow[120℃]{Ni, H_2} CH_3CH_2CH_2CH_3$$

$$\pentagon \xrightarrow[300℃]{Pt, H_2} CH_3CH_2CH_2CH_2CH_3$$

又如加卤素和氢卤酸。环丙烷及其衍生物不仅容易加氢，在常温下也易与卤素、氢卤酸起反应。

$$\triangle + Br_2 \longrightarrow \underset{\underset{Br}{|}}{CH_2}CH_2\underset{\underset{Br}{|}}{CH_2}$$

$$\triangle + HBr \longrightarrow CH_3CH_2CH_2-Br$$

环丙烷的烷基衍生物与氢卤酸加成时，符合马氏规则，氢原子加在含氢较多的碳原子上，即加成的位置发生在连结最少和最多烷基的碳原子间。

$$\triangle-CH_3 + HBr \longrightarrow CH_3\underset{\underset{Br}{|}}{CH}CH_2CH_3$$

环丁烷在常温时与氢卤酸或卤素不起加成反应。

另外，环丙烷也不同于烯烃，环丙烷对氧化剂较稳定，如不与高锰酸钾水溶液或臭氧作用，故可用高锰酸钾溶液来区别烯烃和环丙烷衍生物。当环丙烷含有微量丙烯时可用此试剂除去。

第二节 芳 香 烃

在有机化学发展的初期,把有机化合物主要分为脂肪族化合物和芳香族化合物两大类,前者主要指开链化合物,后者主要指从香树脂和香精油等天然产物中提取的具有芳香气味的有机化合物。随着科学的发展,人们又发现了许多类似的化合物,虽然有的并没有香味,但按其化学性质来说应属于芳香族化合物。以气味为化合物分类的依据是不够科学的。现代研究认为:芳香烃是指分子内含有苯环结构或类似苯环结构的烃类。芳香族化合物是指芳香烃及其衍生物。分子中不含苯环结构的芳烃称为非苯芳烃。

本章重点介绍含有苯环结构的芳香烃。

一、芳香烃的结构、命名和分类

(一) 苯的结构

用物理方法研究证明苯分子中的六个碳原子都在一个平面上,六个碳原子组成一个正六边形,C—C 键完全相等,约为 0.139nm,由此可知苯分子中既不是碳碳单键也不是碳碳双键,苯分子中的碳原子键角都是 120°。每个碳原子上的氢所处的位置完全相同。环中的所有成键原子都在同一个平面上。

对苯分子的结构式,习惯上用共振杂化体中最稳定的结构之一的凯库勒式表示:

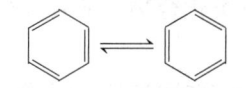

共振杂化体中最稳定的结构

但不能因此认为苯是单、双键交替组成的。也常用 ⬡ 的书写方法来表示苯分子。

(二) 芳烃的异构现象和命名

单环芳烃可以看作是苯环上的氢原子被烃基取代的衍生物分为一烃基苯、二烃基苯和三烃基苯。

一烃基苯只有一种,没有异构体。

苯衍生物的命名法是将取代基的名称放在苯字的前面,取代基的位置用阿拉伯数字表示或用邻、间、对(简写作 o-、m-、p-)等字表示。

简单的烃基苯的命名是以苯环作母体,烃基作为取代基,称为某烃基苯("基"字常略去)。如烃基较复杂或有不饱和键时,也可把链烃当作母体,苯环当作取代基(即苯基)。例如:

甲苯　　　乙苯　　　异丙苯　　　乙烯苯（或苯乙烯）

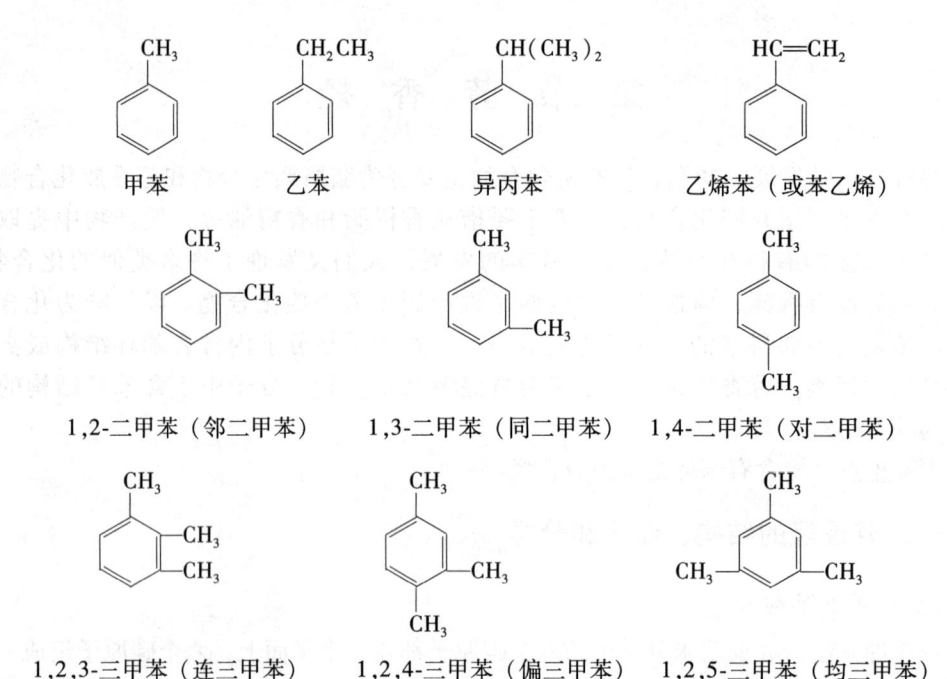

1,2-二甲苯（邻二甲苯）　　1,3-二甲苯（间二甲苯）　　1,4-二甲苯（对二甲苯）

1,2,3-三甲苯（连三甲苯）　　1,2,4-三甲苯（偏三甲苯）　　1,2,5-三甲苯（均三甲苯）

苯分子中减去一个氢原子剩下来的原子团 C_6H_5-叫作苯基。苯基又可简写作 ph-或 φ-。甲苯分子中减去一个氢原子得到甲苯基，如 o-$C_6H_4CH_3$，为邻甲苯基，也可能是 p-$C_6H_4CH_3$，对甲苯基，或 m-$C_6H_4CH_3$，间甲苯基。甲苯分子支链上去掉一个氢原子，则得到苯甲基又叫苄基或 $C_6H_5CH_2$-。

不管是含苯型或是非苯型芳香类化合物，芳香烃分子中去掉一个氢原子剩下的基团都叫芳基，可用 Ar-表示。

若苯环与其他氧化态更高级的官能团连接，通常以相应官能团为母体命名（参见后续章节）。

（三）苯的分类

芳烃按照其结构可以分为两类。

1. 单环芳烃

分子中含有一个苯环的芳烃。它包括苯及其同系物、乙烯苯和乙炔苯等。

2. 多环芳烃

分子中含有两个以上苯环的芳烃，根据苯环连接的方式，又可再分为三类。

（1）联苯。苯环各以环上的一个碳原子直接相连的。例如：

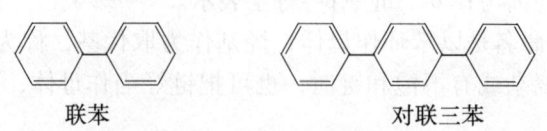

联苯　　　　　　对联三苯

（2）多苯代脂肪烃。可以看成是以苯环取代脂肪分子中的氢原子而成的。

二苯甲烷　　　三苯甲烷　　　1,2-二苯乙烯

（3）稠环烃。如萘、蒽等分子中的苯环是共用相邻的两个以上碳原子稠和而成的。

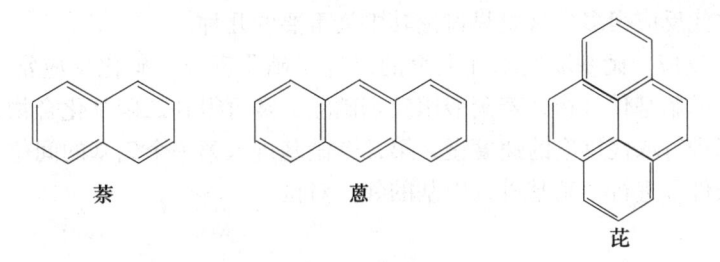

萘　　　蒽　　　芘

芳烃是芳香族化合物的母体，它们都是有机化学工业的原料。

二、芳香烃的性质

（一）单环芳烃的物理性质

一般为无色有芳香气味的液体，不溶于水，相对密度在 0.86~0.93，燃烧时火焰带有较浓的黑烟。芳烃具有一定的毒性。液态芳烃是一种良好的溶剂。单环芳烃的一些常见物理常数见表 12-2。

表 12-2　单环芳烃的一些常见物理常数

名　称	熔点（℃）	沸点（℃）	相对密度（d_4^{20}）	折射率（n^{20}）
苯	5.333	80.1	0.8765	1.5001
甲苯	-94.991	110.625	0.8669	1.4961
乙苯	-94.975	136.286	0.8670	1.4959[10]
邻二甲苯	-25.185	144.411	0.8802	1.5055
间二甲苯	-47.872	139.103	0.8642	1.4972
对二甲苯	13.263	138.351	0.8611	1.4958
异丙苯	-96.035	152.392	0.8618	1.4915
正丙苯	-99.5	159.2	0.8620	1.4920
乙烯苯	-30.628	145.14	0.906	1.5468
乙炔苯	-44.8	142.1	0.9281	1.5485
均三甲苯	-44.72	164.716	—	—
对甲基异丙基苯	-67.935	177.10	—	—

（二）单环芳烃的化学性质

单环芳烃与其他烃类相似，容易燃烧，特别是低沸点的芳烃，其蒸气极易着火，在使用时要特别小心，单环芳烃燃烧的特征是冒大量黑烟，这是由于分子中含碳百分率较

高的缘故。

单环芳烃的结构特征是具有特殊闭合的共轭体系,因此苯环相当稳定,键不易打开,难于发生氧化反应和加成反应,在一定条件下却能发生取代反应,苯环的这种特性称为芳香性,它是芳香化合物的共性。

1. 取代反应

芳烃的取代反应很多,这里只讨论其中最重要的几种。

(1) 硝化反应。硝基取代苯环上氢的反应叫硝化反应。硝化反应常在浓硝酸及浓硫酸作用下生成硝基化合物,若硝酸用发烟硝酸,常可得到二硝基化合物,第二个硝基比第一个硝基进行取代反应的速度慢,第二个硝基进入第一个硝基的间位。甲苯硝化时在较温和的条件下进行,硝基进入甲基的邻、对位。

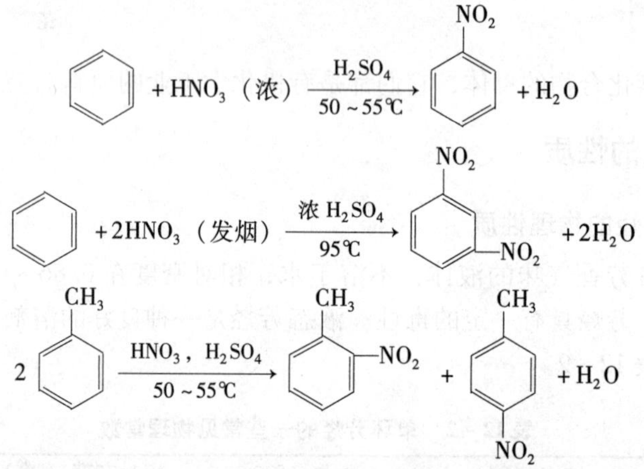

$$\bigcirc + HNO_3(浓) \xrightarrow[50\sim55℃]{H_2SO_4} \bigcirc\text{-}NO_2 + H_2O$$

$$\bigcirc + 2HNO_3(发烟) \xrightarrow[95℃]{浓 H_2SO_4} \bigcirc(NO_2)_2 + 2H_2O$$

$$2\,C_6H_5CH_3 \xrightarrow[50\sim55℃]{HNO_3, H_2SO_4} \text{邻硝基甲苯} + \text{对硝基甲苯} + H_2O$$

芳烃的取代反应是亲电取代,这里所用的浓硫酸,不仅起脱水作用,而且他们首先与硝酸作用能生成 $\overset{\oplus}{N}O_2$,这一正离子是进攻苯环的亲电试剂。所以硝化反应时,加入浓硫酸会加快反应的速度。

(2) 卤化反应。苯与 Br_2、Cl_2 在常温下不发生反应,但加入相应的催化剂时,反应立即进行。

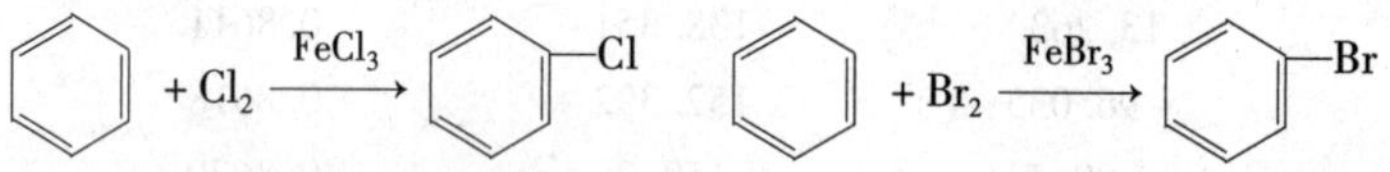

$$\bigcirc + Cl_2 \xrightarrow{FeCl_3} \bigcirc\text{-}Cl \qquad \bigcirc + Br_2 \xrightarrow{FeBr_3} \bigcirc\text{-}Br$$

若卤素过量,则可以得到二卤代苯,第二个卤原子进行取代反应的速度慢,并且第二个卤素原子将主要取代第一个卤素原子邻位或对位上的氢。甲苯卤化时,卤素也进入甲苯的邻位或对位。

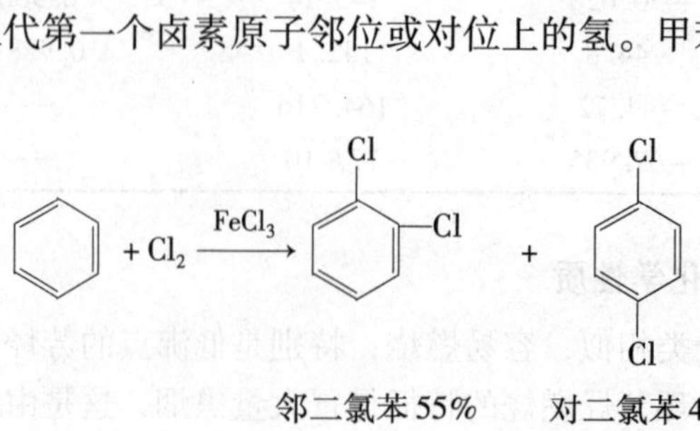

$$\bigcirc + Cl_2 \xrightarrow{FeCl_3} \text{邻二氯苯} + \text{对二氯苯}$$

邻二氯苯 55%　　对二氯苯 45%

$$\text{甲苯} + Cl_2 \xrightarrow{FeCl_3} \text{邻氯甲苯 } 58\% + \text{对氯甲苯 } 42\%$$

甲苯在光照无催化剂存在下，卤代烃在烷烃上进行。当卤素过量时，烷烃中的多个氢可被卤素取代。

$$\text{甲苯} + Cl_2 \xrightarrow{\text{光照}} \text{苄基氯}$$

（3）磺化反应。使苯环上带上磺基（—SO_3H）的反应。例如：

$$\text{甲苯} + H_2SO_4 \xrightarrow{\text{室温}} \text{邻甲基苯磺酸 } 60\% + \text{对甲基苯磺酸 } 32\%$$

$$\text{苯} + H_2SO_4 \longrightarrow \text{苯磺酸} \xrightarrow[280 \sim 290℃]{H_2SO_4（\text{发烟}）} \text{1,3,5-苯三磺酸}$$

若苯环上有一个磺酸根，再导入第二个磺酸根时，应进入第一个磺酸根的间位。

磺化反应是可逆的，苯磺酸与水共热可以脱去磺酸根。磺酸分子中因有磺酸根这样的亲水基团，而在水中有较大的溶解度。因此，可以利用这一反应使苯进入水中，也可以将不溶于水的其他烃类化合物与苯分离。利用这一反应，可以进行一些分离，例如，从煤焦油中得到的二甲苯馏分中，含有邻二甲苯、对二甲苯和间二甲苯，利用磺化反应可以将其中的间二甲苯分离出来。这是因为，三种二甲苯磺化时，以间二甲苯最容易，其他两种都比较困难。在室温下将混合的二甲苯馏分溶解在 80% 硫酸中，主要生成 2,4-二甲基苯磺酸，它溶于硫酸中，在此条件下，其他两种二甲苯不反应，浮于反应液上，从而达到分离的目的。最后将 2,4-二甲基苯磺酸水解可得纯的间二甲苯。

$$\text{间二甲苯} + H_2SO_4 \xrightarrow[80\% H_2SO_4]{\text{室温}} \text{2,4-二甲基苯磺酸} \xrightarrow{\text{稀 } H_2SO_4} \text{间二甲苯}$$

(4) 傅-克反应。1877年法国化学家傅瑞德和美国化学家克拉夫茨发现了制备烷基苯和芳酮的反应，常简称为傅-克反应，前者又叫傅-克烷基化反应；后者又叫傅-克酰基化反应。

1) 烷基化反应。在无水氯化铝的催化剂下，苯与烷基化试剂作用，生成烷基苯的反应。

$$\text{C}_6\text{H}_6 + \text{CH}_3\text{CH}_2\text{Br} \xrightarrow[0\sim25℃]{\text{AlCl}_3} \text{C}_6\text{H}_5\text{CH}_2\text{CH}_3 \ (76\%) + \text{HBr}$$

乙苯是无色油状液体。沸点136℃，微溶于水，易溶于有机溶剂。具有麻醉与刺激作用。主要用于合成树脂单体苯乙烯，也是医药工业的原料。

像溴乙烷能将烷基引入芳环上的试剂叫做烷基化试剂。常用的烷基化试剂为卤代烃、烯烃、醇、醚、硫酸酯、烷烃、环烷烃等。

当烷基化试剂中的碳原子数≥3时，烷基往往发生异构化。例如：

$$\text{C}_6\text{H}_6 + \text{CH}_3\text{CH}_2\text{CH}_2\text{Cl} \xrightarrow[\Delta]{\text{AlCl}_3} \text{C}_6\text{H}_5\text{CH(CH}_3\text{)}_2 \ (76\%) + \text{C}_6\text{H}_5\text{CH}_2\text{CH}_2\text{CH}_3 \ (30\%)$$

异丙苯是无色液体。沸点152.5℃，不溶于水，可溶于有机溶剂，主要用于制备苯酚和丙酮，也用作其他化工原料。

无水三氯化铝是烷基化反应最有效的催化剂，此外，三氯化铁、四氯化锡、三氟化硼、二氯化锌等也可作催化剂。

2) 酰基化反应。在催化剂作用下，苯与酰基化试剂反应，生成芳酮的反应。例如：

$$\text{C}_6\text{H}_6 + \text{CH}_3\text{COCl} \xrightarrow{\text{AlCl}_3} \text{C}_6\text{H}_5\text{COCH}_3 + \text{HCl}$$

$$\text{C}_6\text{H}_5\text{CH}_3 + (\text{CH}_3\text{CO})_2\text{O} \xrightarrow{\text{AlCl}_3} \text{4-CH}_3\text{C}_6\text{H}_4\text{COCH}_3 + \text{CH}_3\text{COOH}$$

像乙酰氯、乙酰酐这样能在芳环上引入酰基的试剂叫做酰基化试剂。

因酰基不发生异构化，而且当芳环上连有强吸电子基如硝基、磺基、酰基等时，则不能进行酰基化反应。故酰基化反应的特点是产物纯，产量高。

2. 氧化反应

由于苯环很稳定，常用的氧化剂如高锰酸钾、重铬酸钾、硫酸和稀硝酸等，即使在加热时都不能使苯环氧化。烷基苯在这些氧化剂存在下，支链被氧化，氧化剂不强或不过量时，一般氧化产物可以是芳醛或芳酮，但当氧化剂过量时，芳环上的烷基全部被氧化成酸。

$$\text{C}_6\text{H}_5\text{CH}_3 \xrightarrow{\text{KMnO}_4} \text{C}_6\text{H}_5\text{CHO} \xrightarrow[\Delta]{\text{KMnO}_4} \text{C}_6\text{H}_5\text{COOH}$$

$$\text{C}_6\text{H}_5\text{CH}_2\text{CH}_3 \xrightarrow{[O]} \text{C}_6\text{H}_5\text{COCH}_3 \xrightarrow[\Delta]{[O]} \text{C}_6\text{H}_5\text{COOH}$$

$$m\text{-C}_6\text{H}_4(\text{CH}_3)_2 \xrightarrow[\Delta]{\text{KMnO}_4} m\text{-C}_6\text{H}_4(\text{COOH})_2$$

烷烃单独存在时不易被氧化，苯环单独存在时也不易被氧化。取代苯的烷烃一旦被芳环活化，易于被氧化，但芳环并没有因烷烃的取代而易于被氧化。在过量氧化剂存在的条件下，不论烃基支链有多长，最后都氧化成与苯环直接相连的羧酸。

$$\text{C}_6\text{H}_5\text{CH}_2\text{CH}_2\text{CH}_3 \xrightarrow[\Delta]{\text{KMnO}_4} \text{C}_6\text{H}_5\text{COOH}$$

从这些氧化反应可以看出，芳环是非常稳定的。支链被氧化时，首先发生反应的是距离苯环最近的碳原子上的 C—H 键与氧化剂之间的作用。

但和苯环直接相连的碳原子上必须至少有一个氢原子，在氧化时芳环才保持不变。如果和一个三级碳原子相连，氧化时侧链则保持不变，苯环被氧化成羧基。另外，当苯环上连结不同长度的烷基时，通常是长的侧链首先被氧化。

3. 加成反应

苯及其同系物只有在特殊条件下才能发生加成反应。例如：苯在较高的温度下有催化剂（如铂、钯、镍）存在时，与氢加成生成环己烷。

$$\text{C}_6\text{H}_6 + 3\text{H}_2 \xrightarrow[175\,^\circ\text{C}]{\text{Pt}} \text{C}_6\text{H}_{12}$$

在紫外光照射下，苯与氯加成生成六氯环己烷。

$$\text{C}_6\text{H}_6 + 3\text{Cl}_2 \xrightarrow[50\,^\circ\text{C}]{\text{日光或紫外线}} \text{C}_6\text{H}_6\text{Cl}_6$$

六氯环己烷俗称"六六六"，有较强的杀虫活性，曾经是应用广泛的杀虫剂。但因其化学性质稳定，残存毒性大，已对环境造成很大污染，目前已经被各国禁止使用。

三、芳香烃的来源与用途

（一）芳烃的来源

工业上芳烃的主要来源于煤和石油。

1. 炼焦副产品回收芳烃

煤干馏时得到的焦炉气和煤焦油中含有芳烃，可通过溶剂提取或分馏等方法将它们分离出来。

（1）从焦炉煤气中提取。焦炉煤气中含有的芳烃主要是苯和甲苯以及少量二甲苯。可用重油把它们溶解，吸收，然后再蒸馏即得粗苯混合物。粗苯混合物中含苯为50%～70%，甲苯为15%～22%，二甲苯为4%～8%。可用分馏的方法将它们进一步分离开。

（2）从煤焦油中分离。煤焦油为黑色黏稠状液体，组成十分复杂，估计有上万种有机化合物，现已确定的就有几百种。其中含有一系列的芳烃以及芳烃的含氧、含氮衍生物。可先按沸点范围不同将它们分馏成若干馏分，然后再采取萃取、磺化或分子筛吸附等方法将不同芳烃从各馏分中分离出来。

2. 石油的芳构化

在加压、加热和催化剂存在下，将石油中的烷烃和环烷烃转化为芳烃的过程叫做芳构化，也叫做石油的重整。常用的催化剂是铂，用铂催化进行的重整又叫铂重整。

石油的芳构化主要有三种情况。

（1）环烷烃催化脱氢。在催化剂存在下，环烷烃可发生脱氢反应生成芳烃，例如：

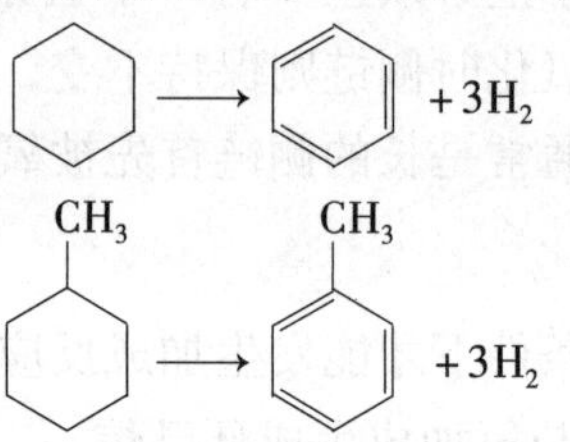

$$\text{环己烷} \longrightarrow \text{苯} + 3H_2$$

$$\text{甲基环己烷} \longrightarrow \text{甲苯} + 3H_2$$

（2）环烷烃异构化、脱氢。在高温和催化剂存在下，环烷烃先发生异构化反应，再脱氢得到芳烃。例如：

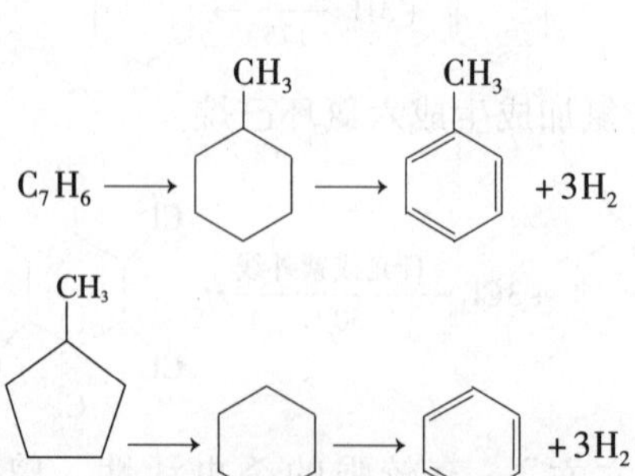

$$C_7H_6 \longrightarrow \text{甲基环己烷} \longrightarrow \text{甲苯} + 3H_2$$

$$\text{甲基环戊烷} \longrightarrow \text{环己烷} \longrightarrow \text{苯} + 3H_2$$

（3）烷烃脱氢环化、再脱氢。在高温和催化剂存在下，开链烷烃可发生脱氢生成脂环化合物，脂环化合物进一步脱氢则生成芳烃。例如：

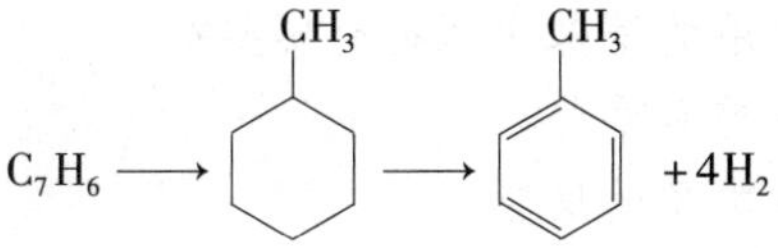

$$C_7H_6 \longrightarrow \underset{}{\text{甲基环己烷}} \longrightarrow \underset{}{\text{甲苯}} + 4H_2$$

（二）芳烃的用途

芳烃主要用作化工原料及有机溶剂。大多数芳烃的生物活性很小，但是它们的衍生物却具有一定的生物活性。化学工业中常用的八大原料"三烯、三苯、一炔、一萘"中，苯、甲苯、二甲苯、萘占了一半，可见芳香烃在化学工业中的地位。此处主要介绍常见的芳烃及其用途。

1. 甲苯

甲苯是无色、易燃、易挥发的液体，主要用来制造硝基甲苯、TNT、苯甲醚和苯甲酸等重要物质。甲苯也作溶剂。

甲苯和混酸在较高温度下，则生成 2,4,6-三硝基甲苯，俗称 TNT。

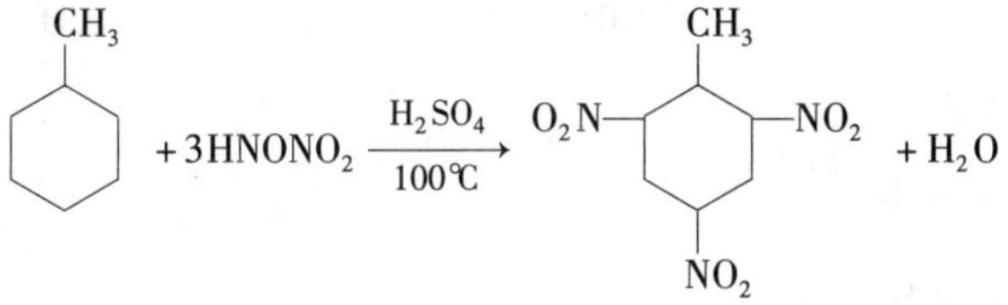

$$\text{甲苯} + 3HNONO_2 \xrightarrow[100\,^\circ\!C]{H_2SO_4} \text{2,4,6-三硝基甲苯} + H_2O$$

TNT 为黄色结晶，是一种烈性炸药。有毒，味苦，不溶于水，而溶于有机溶剂。

2. 二甲苯

二甲苯主要由原油在石油化工过程中制造，它广泛用于合成医药、涂料、树脂、燃料、炸药和农药等，并作为颜料、油漆等的稀释剂，印刷、橡胶、皮革工业的溶剂。作为清洁剂、去油污剂和航空燃料的一种成分，化学工厂和合成纤维工业的原料和中间产物，以及织物、纸张、涂料等的浸渍料。

3. 苯乙烯

苯乙烯是合成高分子化合物的重要单体。苯乙烯自聚生成聚苯乙烯树脂，它还能与其他的不饱和物共聚，生成合成橡胶和树脂等多种产物。苯乙烯还可以发生烯烃所特有的加成反应。在工业上，苯乙烯可由乙苯催化去氢制备。

复习思考题

1. 问答题。

（1）芳烃和芳香族化合物有什么不同？芳香族化合物都有芳香气味吗？

（2）苯的分子结构具有什么特点？

（3）芳烃硝化反应常用的硝化试剂是什么？浓硫酸起什么作用？

(4) 芳烃烷基化反应常用的烷基化试剂有哪些?
(5) 芳烃的工业来源主要有哪些?
(6) 石油芳构化有几种类型的反应?

2. 命名下列化合物。

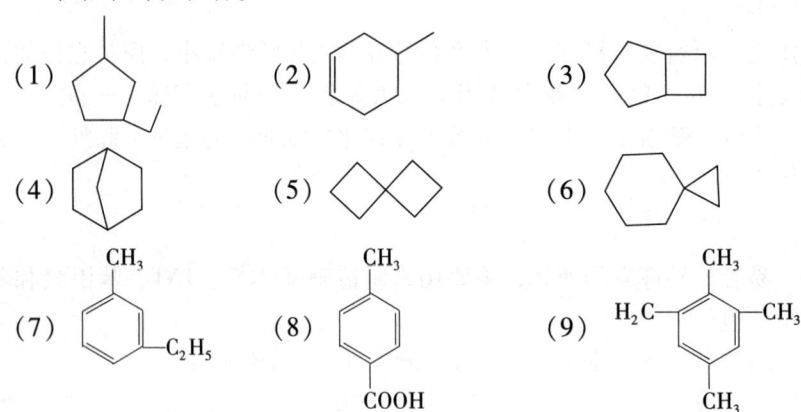

(1) [1-甲基-3-乙基环戊烷结构图]

(2) [4-甲基环己烯结构图]

(3) [双环[2.2.0]结构图]

(4) [双环[2.2.1]庚烷结构图]

(5) [螺环结构图]

(6) [螺[2.5]辛烷结构图]

(7) [间甲基乙基苯结构图]

(8) [对甲基苯甲酸结构图]

(9) [三甲基苯结构图]

3. 完成下列反应。

(1) $\triangleright\!-\!CH_2CH_3 + H_2 \xrightarrow{Ni}$

(2) $\triangleright\!-\!CH_2CH_3 + H_2 \longrightarrow$

(3) $\triangleright\!-\!CH_2CH_3 + Cl_2 \xrightarrow{光}$

(4) $\triangleright\!-\!CH_2CH_3 + Br_2 \xrightarrow{CCl_4}$

(5) [3-甲基-1-乙烯基环丁烷] $\xrightarrow{KMnO_4}{H_2O}$

(6) [甲苯] $\xrightarrow{KMnO_4}$

(7) [间二甲苯] $\xrightarrow{KMnO_4}{\Delta}$

(8) [正丙苯] $\xrightarrow{KMnO_4}{\Delta}$

4. 下列反应能否进行,请写出能反应的反应产物。

(1) [乙苯] $+ CH_3Cl \xrightarrow{无水\ AlCl_3}$

(2) C₆H₅NO₂ + CH₃Cl $\xrightarrow{\text{无水 AlCl}_3}$

(3) C₆H₅SO₃H + CH₃COCl $\xrightarrow{\text{无水 AlCl}_3}$

(4) C₆H₅CH₃ $\xrightarrow[100℃]{H_2SO_4}$

5. 用化学方法区别下列化合物。

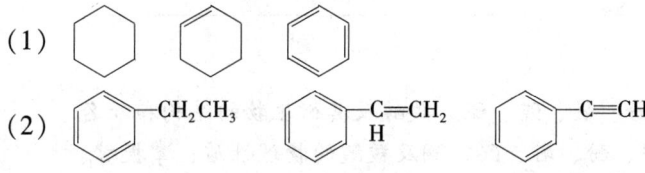

(1) 环己烷 环己烯 苯

(2) C₆H₅CH₂CH₃   C₆H₅CH=CH₂   C₆H₅C≡CH

6. 甲、乙、丙三种芳烃分子式同为 C_9H_{12}，氧化时甲得到一元羧酸，乙得到二元羧酸，丙得到三元羧酸。但经硝化时，甲和乙分别得到两种一硝基化合物，而丙仅得到一种硝基化合物，求甲、乙、丙三者的结构。

第十三章 含氧有机化合物

学习目标
了解醇、酚、醚、醛、酮、羧酸及其衍生物的结构和命名方法；了解醇、酚、醚、醛、酮及羧酸的物理性质；掌握醇、酚、醚、醛、酮、羧酸及其衍生物的化学性质及鉴别方法；熟悉醇、酚、醚、醛、酮及羧酸的来源与用途。

学习重点
掌握醇、酚、醚、醛、酮及羧酸的化学性质及鉴别方法；掌握醛、酮的加成反应，氧化还原反应；羧酸的酸性及其取代反应。

学习难点
醇、酚、醚、醛、酮及羧酸的反应机理及其在有机合成中的应用。

第一节 醇 和 酚

一、醇的结构、命名和性质

1. 醇的结构

醇是脂肪烃分子中一个或几个氢原子被羟基(—OH)取代的产物，是烃的含氧衍生物。羟基(—OH)是醇类化合物的官能团，饱和一元醇的通式为 R—OH。

2. 醇的分类

根据醇的分子结构，有如下几种分类方式。
（1）按照醇羟基所连的碳原子种类分类。
伯醇：羟基直接与一级碳原子相连的醇；

仲醇：羟基直接与二级碳原子相连的醇；
叔醇：羟基直接与三级碳原子相连的醇。

$$CH_3CH_2-OH \qquad CH_3CH_2CHCH_3 \qquad (CH_3)_2C(OH)CH_3$$
$$\qquad\qquad\qquad\qquad\quad |$$
$$\qquad\qquad\qquad\qquad\quad OH$$

  伯醇   仲醇 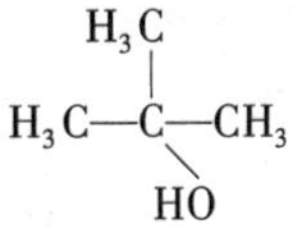   叔醇

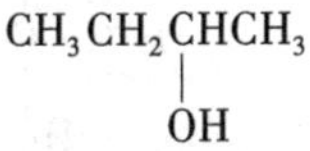

（2）根据醇羟基所连的烃基结构分类。

饱和醇：$CH_3CH_2CH_2CH_2-OH$；

不饱和醇：$H_2C=CHCH_2OH$。

（3）根据分子中含有羟基的数目分类。

一元醇：$CH_3CH_2CH_2CH_2-OH$

二元醇：H_2C-CH_2
    | |
    OH OH

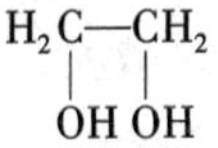

多元醇：$H_2C-\overset{H}{\underset{|}{C}}-CH_2$
    | | |
    HO HO HO

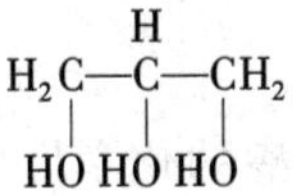

（4）根据分子中烃基的类别，可以分为脂肪醇、脂环醇、芳香醇。

$$CH_3CH_2CH_2CH_2-OH \qquad C_6H_{11}-OH \qquad C_6H_5-CH_2OH$$

  脂肪醇   脂环醇   芳香醇

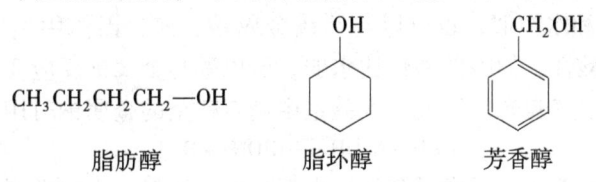

3. 醇的命名

（1）习惯命名法。结构简单的醇类可采用此种命名法。一般在烃基名称后加上"醇"字即可，"基"字可省去。

$$CH_3CH_2OH \qquad\qquad C_6H_{11}-OH$$

  乙醇   环己醇

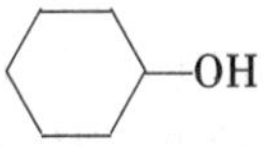

（2）系统命名法。

1）结构比较复杂的醇可采用系统命名法，选择直接连有羟基的最长碳链作为主链，支链看做取代基，从靠近羟基的碳原子对主链编号，根据碳原子数称某醇，将羟基及取代基的位次和名称放在母体名称前面。

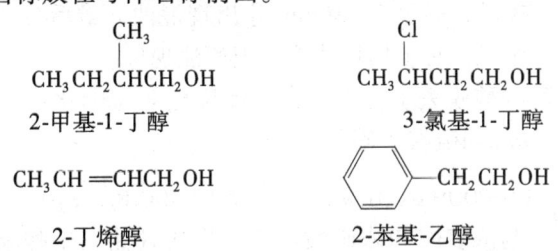

$$CH_3CH_2\overset{CH_3}{\underset{|}{CH}}CH_2OH \qquad CH_3\overset{Cl}{\underset{|}{CH}}CHCH_2OH$$

  2-甲基-1-丁醇   3-氯基-1-丁醇

$$CH_3CH=CHCH_2OH \qquad C_6H_5CH_2CH_2OH$$

  2-丁烯醇   2-苯基-乙醇

2）多元醇的命名，应尽可能选择含多个羟基的碳链为主链，不能包括在主链上的羟基可作为取代基。

$$\underset{\text{乙二醇}}{\underset{HO\ HO}{H_2C-CH_2}} \qquad \underset{\text{2,3-二甲基-2,3-丁二醇}}{\underset{HO\ HO}{H_3C-\overset{CH_3}{\underset{}{C}}-\overset{CH_3}{\underset{}{C}}-CH_3}}$$

4. 醇的物理性质

碳原子数低于12的饱和一元醇是无色液体，碳原子数12以上的醇为无臭无味的蜡状固体。由于醇分子间可以形成氢键，低级醇的沸点比分子量相近的有机物高得多，直链饱和一元醇的沸点随着碳原子数的增加而有规律地上升，碳原子数相同的醇，则支链愈多的沸点愈低。

低级醇能在水中与水形成氢键，因此能与水互溶，随着烃基的增大，醇在水中的溶解度减小；高级醇不溶于水，易溶于有机溶剂。

5. 醇的化学性质

醇的化学性质主要由官能团羟基(—OH)所决定。另外，醇的化学性质也受到烃基的一定影响，醇的烃基结构不同时，将产生不同的反应活性。

（1）酸性。醇和水类似，也可以与活泼金属钠、镁、铝作用生成氢气和醇钠、醇镁、醇铝，表现出酸性，但醇的酸性比水弱，所以醇与金属钠反应要缓和得多，放出的热不足以使生成的氢气自燃。因此，实验室中销毁残余的金属钠时用乙醇。

$$ROH + NaOH \longrightarrow RONa + H_2\uparrow$$

该反应的活性随着醇分子中烃基的增大而减慢。所以，不同类型的脂肪醇的酸性强弱次序是：甲醇 > 伯醇 > 仲醇 > 叔醇。

（2）取代反应。醇可与卤化氢发生取代反应生成卤代烃和水，这是制备卤代烃的一种重要方法。

$$ROH\ +\ HX \longrightarrow RX\ +\ H_2O$$

卤化氢与醇反应的活性次序是：HI > HBr > HCl。

醇的活性次序是：烯丙式醇 > 叔醇 > 仲醇 > 伯醇 > 甲醇。

由于低级一元醇（六个碳以下）能溶于卢卡斯试剂（浓盐酸和氯化锌配制的溶液）中，而生成的氯代烷则不溶，所以可以根据醇与卢卡斯试剂反应出现混浊所需的时间，鉴别伯、仲、叔醇。烯丙式醇和叔醇在室温下与卢卡斯试剂很快就出现浑浊，生成的氯代烷立即分层；仲醇则作用较慢，静置5~10min才出现混浊，最后分成两层；伯醇在常温下不与卢卡斯试剂发生作用，必须加热才能出现浑浊现象。

（3）酯化反应。醇与酸脱去水能生成酯，此反应叫做酯化反应，在反应中所用酸可为有机酸或含氧无机酸（如硫酸、硝酸等）。

$$CH_3COOH + C_2H_5OH \xrightarrow{H_2SO_4} CH_3COOC_2H_5 + H_2O$$

甘油在10℃时，可与浓硫酸和浓硝酸反应，生成甘油三硝酸酯，俗称硝化甘油或硝酸甘油，它就是诺贝尔发明的烈性炸药。多元醇的硝酸酯都是猛烈的炸药，受热或震动易发生爆炸。

$$\begin{matrix}CH_2OH\\|\\CHOH\\|\\CH_2OH\end{matrix} + 3HNO_3 \xrightarrow{浓硫酸} \begin{matrix}H_2C-ONO_2\\|\\HC-ONO_2\\|\\H_2C-ONO_2\end{matrix} + 3H_2O$$

（4）脱水反应。醇与浓硫酸、浓磷酸共热，随着反应温度的变化，可以发生两种类型的脱水反应。

1) 分子内脱水。醇在较高温度下，在 Al_2O_3、H_3PO_4 或浓 H_2SO_4 催化剂存在下发生消除反应，脱水生成烯烃。

$$CH_3CH_2OH \xrightarrow[170℃]{浓硫酸} + H_2C=CH_2 + H_2O$$

不同类型的醇分子内脱水时的难易程度相差很大，其反应活性次序是：叔醇 > 仲醇 > 伯醇。同时，仲醇、叔醇的脱水反应，若有两种不同的取向时，则遵循查依采夫规则。即优先形成具有较多烷基取代的烯烃。

$$\underset{\underset{OH}{|}}{CH_3CH_2CHCH_3} \xrightarrow[\Delta]{浓硫酸} CH_3CH=CHCH_3 + H_2O$$

2) 分子间的脱水。在较低温度（小于140℃）下，醇在酸的催化下发生分子间脱水生成醚。

$$CH_3CH_2OH \xrightarrow[140℃]{浓硫酸} CH_3CH_2OCH_2CH_3 + H_2O$$

分子间脱水反应可用于制备低级的简单醚，其活性次序为：伯醇 > 仲醇 > 叔醇。

在 H_3PO_4 或浓 H_2SO_4 存在时，相对较低的温度有利于伯醇的两分子间脱水，生成醚。同样的条件下，叔醇主要发生分子内脱水，而不会生成醚。一般情况下，较高的温度有利于醇的分子内脱水，较低的温度有利于醇的分子间脱水。

（5）氧化反应。伯醇和仲醇分子中的 α-碳原子上都连有氢原子，这些氢原子由于受相邻羟基的影响，比较活泼，容易被高锰酸钾或铬酸氧化，或者在高温（300～325℃）下通过催化剂活性铜脱氢，生成醛、酮或羧酸。叔醇因与羟基相连，碳上没有氢原子，在上述条件下一般不被氧化。

$$RCH_2OH \xrightarrow[或 Cu, 325℃]{[O]} RCHO$$

$$\underset{R}{\overset{R}{|}}CHOH \xrightarrow[或 Cu, 325℃]{[O]} \underset{R}{\overset{R}{|}}C=O$$

二、酚的结构、命名和性质

1. 酚的结构

羟基直接与芳环相连的化合物称为酚，其通式为：Ar—OH。根据分子中芳环的不同，酚可分为苯酚、萘酚、蒽酚等；根据分子中羟基的数目又可分为一元酚、二元酚、多元酚等。

2. 酚的命名

酚的命名一般是以芳环酚作为母体，再加上其他取代基的名称和位次。但当取代基的序列优先于酚羟基时，则按取代基的排列次序的先后来选择母体。

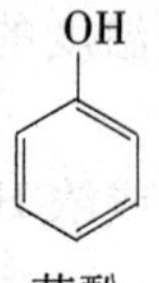

苯酚 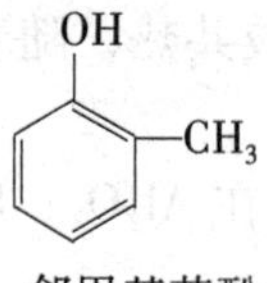　　　邻甲基苯酚 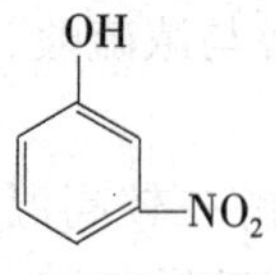　　　间硝基苯酚

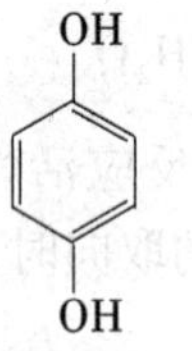

对苯二酚 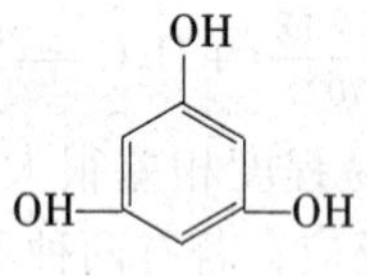　　　1,3,5-苯三酚 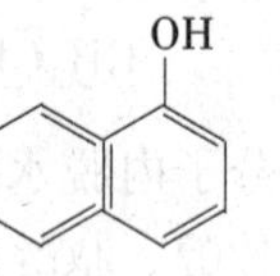　　　α-萘酚

3. 酚的物理性质

常温常压下大多数酚类为固体，少数烷基酚为液体。纯的酚是无色的，但往往由于氧化而带有红至褐色。由于酚分子间、酚与水分子间可以氢键缔合，因此酚的沸点和熔点都比分子量相近的烃要高。酚在水中有一定的溶解度，且随着羟基的增多，水溶性也增大。酚有剧毒。

4. 酚的化学性质

酚中羟基和芳环直接相连，相互影响。羟基使苯环的性质更活泼，更容易发生亲电取代反应。苯环也影响羟基的性质，使酚羟基与醇的性质有明显的区别。酚的性质主要表现为酚羟基的反应和苯环上的反应。

（1）酚羟基的反应

1）酸性。苯酚呈弱酸性，能与氢氧化钠等强碱作用，生成苯酚盐而溶于水中。

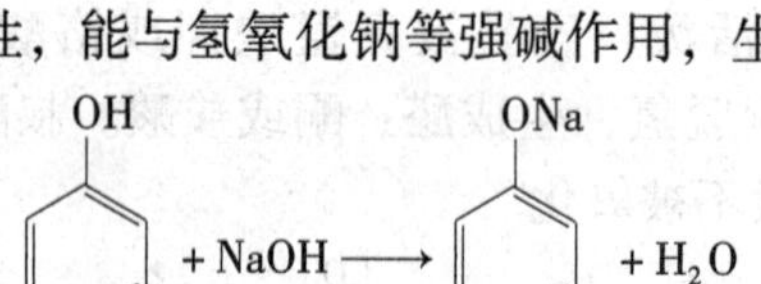

苯酚的酸性比醇和水强，但比碳酸弱，若苯环上连有吸电子基时，可使酚的酸性增强；若连有斥电子基时，可使酸性减弱。

酸性顺序为：

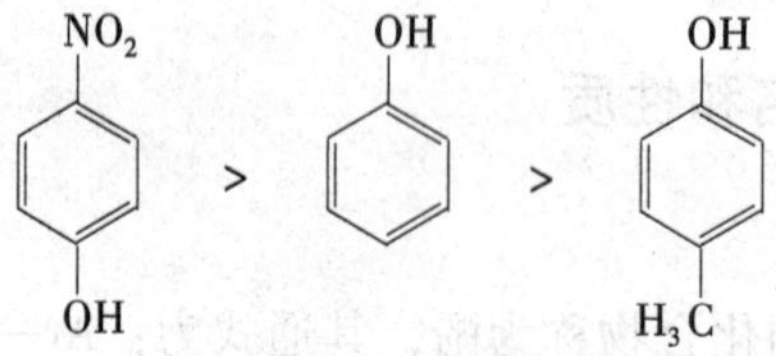

2）与 $FeCl_3$ 的颜色反应。大多数酚能与 $FeCl_3$ 溶液反应生成红、蓝、绿、紫等不同颜色的配合物，这个反应常用于各种酚的定性检验。

$$6C_6H_5OH + FeCl_3 \longrightarrow H_3[Fe(OC_6H_5)_6] + 3HCl$$
　　苯酚　　　　　　　　　　　紫色

3）醚的生成。与醇类似，酚也能够生成醚，但酚分子间脱水生成醚比较困难。如果酚在碱性溶液中与烃基化剂作用，则可以生成酚醚。

$$C_6H_5ONa + CH_3CH_2CH_2Br \longrightarrow C_6H_5OCH_2CH_2CH_3 + NaBr$$

$$C_6H_5ONa + (CH_3)_2SO_4 \longrightarrow C_6H_5OCH_3 + CH_3OSO_2ONa$$

$$C_6H_5ONa + H_2C=CHCH_2Br \longrightarrow C_6H_5OCH_2CH=CH_2 + NaBr$$

酚的稳定性较差，易被氧化而被破坏，成醚后稳定性增强。在有机合成上常利用生成酚醚的方法来保护酚羟基。

（2）芳环上的反应。芳环受羟基的影响，比苯更易发生亲电取代反应，而且还可以生成多元取代物。苯酚羟基是邻对位定位基，进入的基团位于羟基的邻对位。

1）卤代。苯酚与溴水在常温下可立即生成 2,4,6-三溴苯酚白色沉淀。

$$C_6H_5OH + 3Br_2 \xrightarrow{H_2O} \text{2,4,6-三溴苯酚} \downarrow + 3HBr$$

这个反应很灵敏，反应中溴水的红棕色褪去且生成白色沉淀，因此常用于苯酚的鉴别和定量测定。

2）硝化。在室温下苯酚与稀硝酸作用，生成邻硝基苯酚和对硝基苯酚，邻硝基苯酚和对硝基苯酚可用水蒸气蒸馏法分开。但苯酚与浓硝酸作用，可生成 2,4,6-三硝基苯酚（俗称苦味酸）。但产率很低，一般用间接的方法制备。

$$C_6H_5OH \xrightarrow{\text{稀硝酸}} o\text{-}O_2N\text{-}C_6H_4OH + p\text{-}O_2N\text{-}C_6H_4OH$$

3）磺化。浓硫酸易使苯酚磺化，在室温下进行时，反应的主要产物为邻羟基苯磺酸，在 100℃下进行时，产物主要为对羟基苯磺酸。

（3）酚的氧化反应。酚类很容易氧化，空气中的氧就能将酚氧化而生成有色物质，氧化物的颜色随着氧化程度的深化而逐渐加深，由无色而呈粉红色、红色以至深褐色。酚易被氧化的性质常用来作为抗氧剂和除氧剂。例如：苯酚被氧化生成对苯醌。

三、醇和酚的来源与用途

（一）甲醇

甲醇（CH_3OH）最早由木材干馏而得，故又称木醇或木精。它是一种无色、透明、易燃、易挥发的有毒液体，能溶于水、乙醇及乙醚等许多有机溶剂。甲醇的用途很广，是化工基本原料和优质燃料。甲醇有一定的毒性，俗称工业酒精，被不法分子用来制造假酒，这种假酒饮用后，少量可致失明，多量即能致死。

（二）乙醇

乙醇（C_2H_5OH）俗称酒精，是一种无色透明液体，有辛辣味，易挥发、易燃烧，能与水以任意比混合。一定浓度范围内的水溶液具有特殊的、令人愉快的香味，并带有刺激性，可作为饮料。乙醇的用途极广，是合成各种有机产品的重要原料，也是最常用的有机溶剂。70%～75%乙醇溶液的杀菌能力最强，故用作防腐、消毒剂，是常用的医用酒精。

（三）丙三醇

丙三醇俗称甘油，是一种具有吸湿性的无色、透明、黏稠而带有甜味的高沸点液体，能以任意比例与水混溶，不溶于乙醚、氯仿、石油醚等溶剂。甘油易消化而无毒，可用作食品工业的溶剂、稀释剂和载色剂。纯的甘油吸湿性很强，稀释的溶液能润滑皮肤，工业上常用做助溶剂、赋形剂和润滑剂。

丙三醇

(四) 苯甲醇

苯甲醇又称苄醇，是具有芳香气味的无色黏稠液体，为最简单的芳香醇，难溶于水，可溶于乙醇、乙醚等。因有微弱的麻醉作用，常用作注射剂中的止痛剂，如：青霉素稀释液，即为2%的苯甲醇水溶液，可减轻注射时的疼痛。苯甲醇也用作制作香料、调味剂和防腐剂。

(五) 苯酚

苯酚俗称石炭酸，存在于煤焦油中，具有弱酸性。纯净的苯酚是一种无色针状的晶体，具有特殊气味。在空气中逐渐氧化呈微红色。苯酚常温下微溶于水，易溶于乙醇、乙醚、苯和氯仿等有机溶剂。苯酚具有毒性，会使神经中毒。对皮肤有强烈的腐蚀性。苯酚在医药上用作消毒剂，在苯酚固体中加入10%的水，即是临床所用的液化苯酚。3%~5%的苯酚水溶液可以消毒外科手术器械。由于其易氧化，因此平时应贮藏于棕色瓶内，密闭且避光保存。

(六) 萘酚

萘酚有两种异构体：α-萘酚和β-萘酚。

α-萘酚为无色针状结晶，工业品为白色粉末，遇光则色泽变深，有特殊酚臭，能升华，与水蒸气共沸，在水中溶解度极小，但易溶于乙醇、乙醚、苯、三氯乙烯等有机溶剂。其具有刺激气味，能使蛋白质沉淀并使动物皮肤成棕褐色。广泛应用于合成香料，橡胶抗老剂及彩色电影胶片的成色剂。

β-萘酚为片状结晶，工业品为灰白色薄片或粉末，带有苯酚的气味，溶于乙醇、乙醚、氯仿及苯中，难溶于冷水、石油醚，是重要的有机原料及染料中间体，常用作杀菌剂、防霉剂、杀寄生虫药、驱虫药等药物的合成原料。

第二节 醚

一、醚的结构和命名

(一) 醚的结构

醚是醇或酚分子中的氢原子被烃基所取代的产物，其通式为：R—O—R′。当与氧相连的两个烃基相同时，称为简单醚，不同时称为混合醚。烃基可以是脂肪烃基，也可以是芳香烃基。

(二) 醚的命名

(1) 普通命名法。简单醚的命名是写出与氧原子相连的烃基名称，再加上"醚"字即可，"基"字可省去，混合醚命名时一般将较小烃基放在前面。

C_2H_5—O—C_2H_5　　　　H_3C—O—C_2H_5　　　　[苯环]—OCH_3

二乙醚(乙醚)　　　　　　　甲乙醚　　　　　　　　　苯甲醚

(2) 系统命名法。对结构复杂的醚一般以最长碳链的烃或芳烃作为母体，烷氧基（RO—）作为取代基来命名。如有不饱和烃基存在时，则选取不饱和程度最大的烃基作为母体。

$$CH_3CH_2CH_2CHCH_3 \qquad H_2C=CHCH_2OCH_3$$
$$\qquad\qquad\quad |$$
$$\qquad\qquad OCH_3$$

  2-甲氧基戊烷   3-甲氧基丙烯

环醚以烷烃作为母体，并在烷烃名称前加"环氧"两个字及氧原子所连碳原子的编号，且尽可能使编号最小。

$$H_2C\text{——}CH_2 \qquad CH_3CH\text{——}CH_2$$
$$\quad\backslash\;O\;/ \qquad\qquad\quad \backslash\;O\;/$$

  环氧乙烷   1,2-环氧丙烷

二、醚的性质

1. 醚的物理性质

常温常压下除甲醚和乙醚为气体，大多数醚是易挥发、易燃的无色液体，有特殊香味。由于醚分子间不能形成氢键，所以醚的沸点比相对分子质量相近醇的沸点低得多，一般醚都很难溶于水，易溶于有机溶剂中。

2. 醚的化学性质

醚的化学性质与醇或酚有很大的不同，醚是比较稳定的化合物，一般不易进行有机反应。因此，常用一些醚作为有机反应中的溶剂。但醚在一定条件下也有一些特有的反应。

（1）𰴖盐的生成。醚键上的氧原子具有未共用电子对，能接受强酸的 H^+，形成𰴖盐。因此，醚能溶于强酸（如浓 HCl、浓 H_2SO_4）中。

$$R\text{—}O\text{—}R + HCl \longrightarrow \left[\begin{array}{c} + \\ R\text{—}O\text{—}R \\ | \\ H \end{array}\right] Cl^-$$

𰴖盐是一种弱碱强酸盐，只有在浓酸中才稳定，用水稀释后，醚会重新析出。利用该性质可以鉴别和分离醚与烷烃或氯代烃。

（2）醚键的断裂。在浓氢卤酸（HI 和 HBr）的作用下，醚的碳氧键易断裂，生成醇和氯代烃。

通式为： $R\text{—}O\text{—}R + HI \longrightarrow RI + ROH$

其中，醇又可以进一步与过量的氢碘酸作用生成碘代烷，混合醚发生醚键断裂时，一般是较小的烃基变成碘代烷。芳基烷基醚与浓氢卤酸作用，总是烷氧键断裂，生成酚和卤代烷。

$$\text{C}_6\text{H}_5\text{—OCH}_3 + HI \longrightarrow \text{C}_6\text{H}_5\text{—OH} + CH_3I$$

（3）烷基醚的氧化。含有 α-氢的烷基醚由于受烃氧基的影响，在空气中放置时会被氧气氧化，生成过氧化物。过氧化物性质不稳定，温度较高时能迅速分解而发生爆炸。因此，在使用醚类时，应尽量避免将它们暴露在空气中。贮存时，宜放入棕色瓶中，避光保存。长期存放的醚使用前应先检验有无过氧化物。检验方法如下：
1) 加入少量硫酸亚铁和硫氰化钾混合液振摇，如呈红色则有过氧化物。
2) 用 KI-淀粉纸检验，如试纸变为蓝紫色，则有过氧化物存在。

三、醚的来源与用途

（一）乙醚

乙醚(C_2H_5—O—C_2H_5)为无色易燃液体，极易挥发、燃烧，故使用时要特别小心，防止接近明火。乙醚微溶于水，能溶于乙醇、氯仿、石油醚等有机溶剂。乙醚是一种重要的有机溶剂，可用作天然产物的萃取剂或反应介质。另外，乙醚还有麻醉作用，可用于外科手术中作为全身麻醉剂。

（二）环氧乙烷

环氧乙烷为无色气体，能溶于水、醇及乙醚中。环氧乙烷易燃烧，与空气混合易形成爆炸性混合物。化学性质很活泼，容易和许多亲核试剂发生反应而使醚键断裂。环氧乙烷也是一种高效的气体杀菌消毒剂。

第三节 醛 和 酮

一、醛和酮的结构和命名

醛和酮是分子中具有同一类官能团羰基（ $-\overset{\overset{O}{\|}}{C}-$ ）的有机化合物。羰基与一个氢和一个烃基相连的化合物（甲醛除外）称为醛（ $R-\overset{\overset{O}{\|}}{C}-H$ ），醛中的（—CHO）称为醛基。羰基与两个烃基相连的化合物称为酮（ $R-\overset{\overset{O}{\|}}{C}-R'$ ），酮分子中的羰基称为酮基。

1. 醛和酮的分类

根据分子中烃基的种类不同，将醛和酮分为脂肪醛、酮，脂环醛、酮，芳香醛、酮。

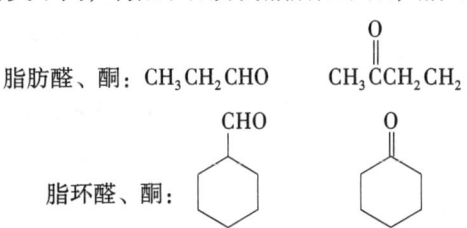

脂肪醛、酮：CH_3CH_2CHO　　$CH_3\overset{\overset{O}{\|}}{C}CH_2CH_3$

脂环醛、酮：（环己基-CHO）　（环己酮）

芳香醛、酮： (C₆H₅)—CHO　　(C₆H₅)—CO—CH₃

2. 醛和酮的命名

（1）普通命名法。结构简单的醛和酮常采用普通命名法命名。脂肪醛按分子中含有的碳原子数称为"某醛"。简单的酮取羰基所连的两个烃基名称再加"酮"来命名，"基"字常省去。

CH₃CHO　　　　CH₃CH₂—CO—CH₃
乙醛　　　　　　2-丁酮

（2）系统命名法

1）脂肪醛和酮的命名是选择含有羰基的最长碳链作主链（如有不饱和键，主链应包含不饱和键）。

2）从靠近羰基最近的一端开始给主链编号，尽可能使取代基的编号最小。由于醛基总在链端，其位置不用标出；酮基位置的数字写在母体名称之前，并在母体醛和酮名称前写出与主链相连的取代基位置及名称。

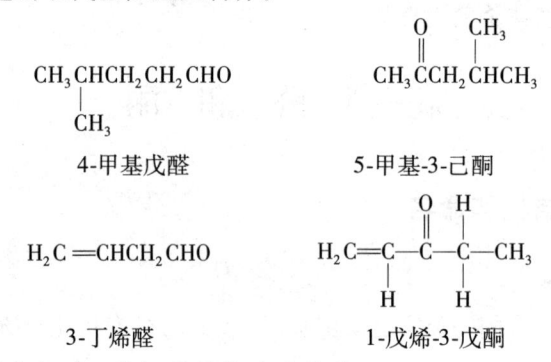

CH₃CHCH₂CH₂CHO　　　CH₃CH₂—CO—CH(CH₃)CH₃
　　│
　　CH₃
4-甲基戊醛　　　　　　5-甲基-3-己酮

H₂C=CHCH₂CHO　　　H₂C=CH—CO—CH(H)—CH₃
3-丁烯醛　　　　　　1-戊烯-3-戊酮

3）芳香醛和酮命名时，常把芳基作为取代基。

(C₆H₅)—CHO　　　(C₆H₅)—CH₂—CO—CH₂CH₃
苯甲醛　　　　　　1-苯基-2-丁酮

4）脂环醛的命名与脂肪酮相似，仅在名称前加"环"字，编号从羰基开始。

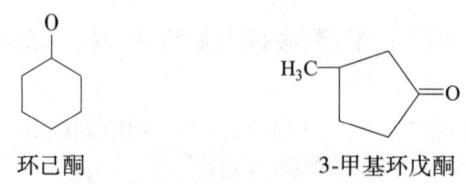

环己酮　　　3-甲基环戊酮

二、醛和酮的性质

1. 醛和酮的物理性质

常温下，除甲醛为气体外，十二个碳原子以下的醛和酮为液体，以上为固体。低级醛有刺激气味，芳香醛具有花果香型的气味。

由于醛和酮是极性分子，所以醛和酮的沸点高于相对分子质量相近的烷烃和醚。但由于不能与羰基氧形成氢键，它们的沸点又低于相对分子质量相近的醇或羧酸。

醛和酮分子中羰基氧原子可与水分子中的氢原子形成氢键。故甲醛、乙醛等小分子的醛和酮易溶于水，但随着分子中烃基碳原子数增多，其在水中的溶解度越来越小，高级醛和酮微溶或不溶于水，而溶于有机溶剂中。

2. 醛和酮的化学性质

醛和酮的官能团都含有羰基（—C(=O)—），羰基具有较高的反应活性。羰基上的亲核加成及与羰基直接相连的 α-H 的反应是醛和酮的主要化学性质。

（1）亲核加成反应。

1）与氢氰酸的加成。氢氰酸可以与醛和酮的羰基发生亲核加成反应，生成 α-氰醇，α-氰醇又称为 α-羟基腈。

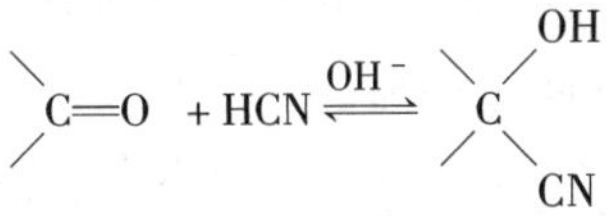

$$\text{\textbackslash}C=O + HCN \xrightleftharpoons{OH^-} \text{\textbackslash}C(OH)(CN)$$

由于氢氰酸有剧毒，且易挥发，在实验室中，常用氰化钠或氰化钾加酸来代替氢氰酸。α-羟基腈是一种重要的有机合成中间体，可以制备其他化合物。例如：

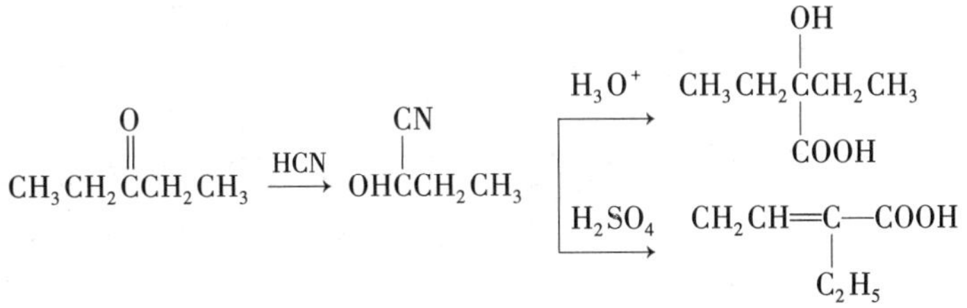

$$CH_3CH_2CCH_2CH_3 \xrightarrow{HCN} OHCCH_2CH_3 \text{（CN）} \begin{matrix} \xrightarrow{H_3O^+} CH_3CH_2C(OH)(CH_2CH_3)COOH \\ \xrightarrow{H_2SO_4} CH_2CH=C(C_2H_5)COOH \end{matrix}$$

2）与亚硫酸氢钠的加成。醛和脂肪族甲基酮及 8 个碳以下的环酮可以与饱和亚硫酸氢钠溶液作用，生成 α-羟基磺酸钠。

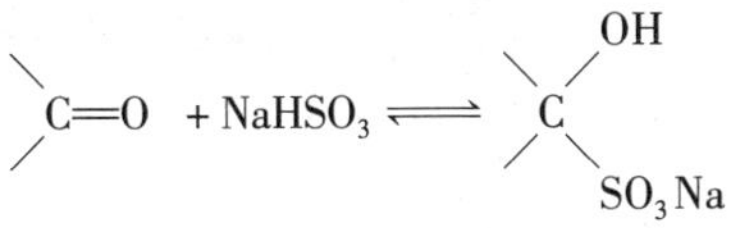

$$\text{\textbackslash}C=O + NaHSO_3 \rightleftharpoons \text{\textbackslash}C(OH)(SO_3Na)$$

α-羟基磺酸钠为白色晶体，可溶于水，但不溶于饱和亚硫酸氢钠水溶液，所以容易分离，与酸或碱共热，又得到原来的醛、酮。故这个反应可用于分离，提纯醛或酮。

3）与醇加成。醛、酮在干燥氯化氢的催化下，能和醇发生亲核加成，生成半缩醛

(酮)。半缩醛(酮)一般不稳定，酸性条件下它继续与另一分子醇作用，脱去一分子水而生成稳定的化合物——缩醛(酮)。

$$\underset{H}{\overset{R}{C}}{=}O + HO{-}R_1 \underset{}{\overset{HCl}{\rightleftharpoons}} \underset{H}{\overset{R}{\underset{|}{C}}}\underset{OR_1}{\overset{OH}{|}}$$

半缩醛

$$\underset{H}{\overset{R}{\underset{|}{C}}}\underset{OR_1}{\overset{OH}{|}} + HO{-}R_1 \underset{}{\overset{HCl}{\rightleftharpoons}} \underset{H}{\overset{R}{\underset{|}{C}}}\underset{OR_1}{\overset{OR_1}{|}}$$

缩醛

缩醛(酮)对碱性试剂及氧化剂稳定，但在稀酸溶液中，可水解生成原来的醛(酮)和醇。在有机合成中常利用这个性质来保护羰基，以避免在反应中羰基被破坏。

4) 与氨的衍生物加成。醛、酮能与氨及其衍生物在弱酸条件下反应，醛、酮与伯胺反应通常脱水生成亚胺。脂肪族亚胺不稳定，而芳香族亚胺比较稳定。

$$\underset{R_2}{\overset{R_1}{C}}{=}O + H_2N{-}R \longrightarrow \underset{R_2}{\overset{R_1}{C}}{=}N{-}R$$

5) 与格利雅试剂加成。醛、酮能与格利雅试剂发生亲核加成反应，生成碳原子数增多的醇。不同结构的醛和酮与格利雅试剂反应得到的醇也不同，甲醛生成伯醇，其他醛生成仲醇，酮则生成叔醇。反应通式为：

$$\diagup{C}{=}O + R{-}MgX \xrightarrow{\text{无水乙醚}} \underset{OMgX}{\overset{R}{\underset{|}{\diagup C \diagdown}}} \xrightarrow[H^+]{H_2O} \underset{OH}{\overset{R}{\underset{|}{\diagup C \diagdown}}} + HOMgX$$

$$\diagup{C}{=}O + R{-}MgX \xrightarrow{\text{无水乙醚}} \underset{}{\overset{R}{\underset{|}{\diagup C \diagdown}}} \xrightarrow[H^+]{H_2O} \underset{OH}{\overset{R}{\underset{|}{\diagup C \diagdown}}} + HOMgX$$

(2) α-H 的反应。醛、酮分子中，与羰基相连的第一个碳原子上的氢叫 α-H。由于羰基的强吸电子作用，α 碳原子上的氢原子因此而变得很活泼。具有 α-H 的醛和酮能发生卤仿反应和缩合反应。

1) 卤代和卤仿反应。在酸或碱的催化下，醛、酮分子中的 α-H 可被卤素(氯、溴、碘)取代，生成 α-卤代醛、酮。酸性条件下，主要生成一元卤代产物；碱性条件下，主要发生卤仿反应。利用这个反应可以制备各种 α-卤代羰基化合物。

$$CH_3CH_2CHO + Cl_2 \xrightarrow{NaOH} CH_3\overset{Cl}{\underset{|}{C}}HCHO \xrightarrow[Cl_2]{NaOH} CH_3\overset{Cl}{\underset{\underset{Cl}{|}}{\overset{|}{C}}}CHO$$

如果反应中使用的是碘，则得到产物碘仿(CHI_3)，该反应称为碘仿反应。碘仿是不溶于水的黄色固体，并有特殊气味，易于观察。因此常用碘和氢氧化钠溶液来鉴别乙醛或甲基酮。

$$H_3C-\overset{\overset{O}{\|}}{C}-H(R) \xrightarrow[NaOH]{I_2} CHI_3\downarrow + (R)HCOONa$$

2）醇醛缩合。在稀酸或稀碱的作用下，一分子醛中的 α-H 加到另一分子醛的羰基氧原子上，其余部分加到羰基碳原子上，生成 β-羟基醛，这个反应称为醇醛缩合，也称为羟醛缩合反应。

$$CH_3CHO + CH_3CHO \xrightarrow{\text{稀 NaOH}} CH_3\overset{\overset{OH}{|}}{C}H-\overset{\overset{H}{|}}{C}HCH_2OH \xrightarrow{\Delta} CH_3C=CHO$$

当生成的 β-羟基醛上仍有 α-H 时，受热或在酸作用下容易发生分子内脱水反应，生成 α，β-不饱和醛。这也是有机合成中增长碳链的一种方法。

（3）还原反应。

1）还原为醇。醛和酮在铂（Pt）、镍（Ni）等过渡金属催化剂作用下催化加氢，醛被还原成伯醇，酮被还原成仲醇。若分子中有碳碳不饱和键，将同时被还原。

$$R-CHO + H_2 \xrightarrow{\text{Pt 或 Ni}} RCH_2OH$$

$$R-\overset{\overset{O}{\|}}{C}-R' + H_2 \xrightarrow{\text{Pt 或 Ni}} R-\overset{\overset{OH}{|}}{\underset{H}{C}}-R'$$

$$CH_3C=CCHO + 2H_2 \xrightarrow{Ni} CH_3CH_2CH_2CH_2OH$$

用金属氢化物还原，如氢化铝锂（LiAlH$_4$）、硼氢化钠（NaBH$_4$）是两种有选择性的化学还原剂，它们可将醛或酮的羰基还原成伯醇或仲醇，而不把碳碳双键和叁键还原。

$$CH_3C=CCHO \xrightarrow[\text{干乙醚}]{LiAlH_4} CH_3C=CCH_2OH$$

2）羰基还原为亚甲基。醛或酮与锌汞齐及浓盐酸一起加热，羰基被还原为亚甲基，这个反应称为克莱门森还原法。该反应是酮，特别是芳香酮在芳环上间接引入直链烃基的方法。

<chemical reaction: 苯甲酮 (C6H5-CO-CH3) + Zn-Hg, HCl, Δ → 乙苯 (C6H5-CH2CH3)>

（4）歧化反应。没有 α-氢的醛在浓碱溶液作用下发生自身的氧化还原反应，一分子醛被氧化成羧酸，另一分子醛被还原成醇的反应称为歧化反应，又称康尼查罗反应。

$$2HCHO + NaOH \longrightarrow HCOONa + CH_3OH$$

<chemical reaction: 2 PhCHO + NaOH → PhCH2OH + PhCOONa>

<chemical reaction: HCHO + PhCHO —浓 NaOH→ HCOONa + PhCH2OH>

(5) 醛的氧化反应。醛分子中氢原子直接与羰基碳原子相连，故醛对氧化剂比较敏感，极易氧化。一些弱的氧化剂，如托伦试剂和新制的碱性氢氧化铜就能将醛氧化，而不能将酮氧化。酮只有在剧烈条件下（如强氧化剂）才被氧化并发生碳链断裂，生成复杂的氧化产物。因此，可用弱氧化剂来鉴别醛和酮。

托伦试剂是氢氧化银的氨溶液，它把醛氧化成酸，银离子被还原成金属银，附着在管壁上形成光亮的银镜，因此，这个反应也称银镜反应。

$$RCHO + 2Ag(NH_3)_2OH \xrightarrow{\Delta} RCOONH_4 + 2Ag + H_2O + 3NH_3$$

斐林试剂是硫酸铜、氢氧化钠和酒石酸钾钠的混合液，它将脂肪醛氧化成羧酸盐，而铜离子被还原成砖红色的氧化亚铜沉淀，现象明显。

$$RCHO + Cu(OH)_2 + NaOH \xrightarrow{\Delta} RCOONa + Cu_2O\downarrow + H_2O$$

三、醛酮的来源和用途

(1) 甲醛（HCHO）。甲醛又称蚁醛。在常温下，它是具有强烈刺激性气味的无色气体，易溶于水。甲醛有凝固蛋白质的作用，因此具有杀菌防腐能力。36%~40%的甲醛水溶液称为福尔马林溶液，是常用的消毒剂和防腐剂，也用于有机合成材料。

(2) 乙醛（CH_3CHO）。乙醛是一种无色、有刺激性气味、易挥发的液体，沸点21℃，能溶于水、乙醇、乙醚等溶剂中。乙醛是重要的工业原料，可用于生产乙酸、乙酸乙酯、乙酸酐和季戊四醇等。

(3) 丙酮（CH_3COCH_3）。丙酮是最简单的酮，是一种无色、易挥发的液体，有特殊的辛辣气味，能与水、乙醇、乙醚等混溶，是常用的有机溶剂，又是重要的有机化工原料，可用于合成塑料、有机玻璃，制取氯仿、碘仿等，还广泛应用于医药、农业等领域。

第四节 羧酸及其衍生物

一、羧酸的结构和命名

羧酸是指分子中含有羧基（—COOH）的有机化合物。其通式是 R—COOH 或 Ar—COOH。羧酸中的羟基被其他原子或原子团取代后形成的化合物称为羧酸衍生物。在自然界中，羧酸常以游离态、羧酸盐或其衍生物形式广泛存在于动植物中。

1. 羧酸的分类

1) 根据与羧基相连的烃基的种类不同，可分为脂肪族羧酸、芳香族羧酸、饱和羧酸和不饱和羧酸。

2) 根据羧酸分子中羧基的数目，可分为一元酸、二元酸和多元酸。

2. 羧酸的命名

(1) 饱和脂肪羧酸命名。选择分子中含羧基的最长碳链作为主链，从羧基碳开始给主链碳原子编号，根据主链碳原子的数目称为"某酸"；并标明取代基的位次和名称。习惯上也可用希腊字母来表示取代基的位置，与羧基直接相连的碳原子编号为 α，依次为 β、γ、…

$$CH_3CHCH_2CH_2COOH$$
$$\quad\quad |$$
$$\quad CH_3$$
4-甲基戊酸

$$CH_3CHCH_2CHCOOH$$
$$\quad | \quad\quad\quad |$$
$$\quad CH_3 \quad CH_3$$
2,4-二甲基戊酸

（2）不饱和脂肪羧酸命名。应选择包含羧基和不饱和键在内的最长的碳链作主链，从羧基碳开始给主链碳原子编号，称为"某烯酸"或"某炔酸"。不饱和键的位次写在某烯酸或某炔酸名称前面。

$$H_2C=C-CH_2COOH$$
$$\quad\quad |$$
$$\quad CH_3$$
3-甲基-3-丁烯酸

$$H_2C=CCH_2CH_2COOH$$
$$\quad\quad |$$
$$\quad CH_2CH_3$$
4-乙基-4-戊烯酸

（3）芳香酸的命名。简单芳香酸命名时一般以苯甲酸为母体，结构复杂芳香酸，一般把芳环作为取代基来命名。例如：

间甲基苯甲酸

苯乙酸

（4）二元脂肪羧酸命名。可选取包含两个羧基碳在内的最长碳链为主链，根据主链上碳原子的数目称为"某二酸"。

$$HOOC—COOH$$
乙二酸

$$HOOCCHCH_2CHCH_2OH$$
$$\quad\quad | \quad\quad\quad |$$
$$\quad CH_3 \quad CH_3$$
2,4-二甲基-戊二酸

另外，许多羧酸最初是从天然产物中得到的，故常根据其来源而采用俗名。例如，甲酸最初得自于蚂蚁，故称蚁酸；乙酸是食醋的主要成分，称为醋酸。许多高级一元羧酸，因最初是从水解脂肪得到的，又称为高级脂肪酸。

二、羧酸的性质

1. 羧酸的物理性质

9 个碳原子以下的直链饱和一元羧酸，常温下为液体，具有强烈的刺鼻气味或恶臭。高级饱和脂肪酸常温下为蜡状固体。脂肪族二元羧酸和芳香族羧酸为晶体。

低级脂肪族羧酸能溶于水，而随着烃基的增大，水溶性降低。芳香族羧酸微溶于水，高级一元酸不溶于水，但能溶于乙醇、乙醚、苯等有机溶剂。羧酸的沸点随着相对分子质量的增加而升高。羧酸的沸点相对分子质量相近的醇的沸点高得多。

2. 羧酸的化学性质

羧酸的官能团是羧基（—COOH）。羧酸由烃基和羧基组成，羧酸的化学反应主要发生在它的官能团羧基上以及和羧基相邻的 α-碳原子上，具体表现为酸性、羟基的取代、羧基的还原、脱羧以及 α-氢的取代反应等。

$$\underset{①\to H\ \ \ \ \ \ \ ②\ \ \ ③\ \ ④}{R-\overset{H}{\underset{|}{C}}-\overset{O}{\underset{}{\overset{\|}{C}}}-O-H}$$

结构式中：①α-H 的取代反应，②羧基的还原反应，③羟基被取代的反应，④氢氧键断裂呈酸性。

（1）羧酸的酸性。羧酸具有酸性，在水溶液中可电离出部分氢离子和羧酸根负离子。

$$RCOOH \rightleftharpoons RCOO^- + H^+$$

羧酸是弱酸，具有酸的通性，能使石蕊变红，能和活泼金属、碱性氧化物、碱和碳酸盐反应。

$$2CH_3COOH + Zn \longrightarrow (CH_3COO)_2Zn + H_2\uparrow$$
$$CH_3COOH + NaOH \longrightarrow CH_3COONa + H_2O$$
$$2CH_3COOH + Na_2CO_3 \longrightarrow 2CH_3COONa + CO_2 + H_2O$$

一些常见有机化合物酸性强弱顺序：$RCOOH > H_2CO_3 > C_6H_5OH > H_2O > ROH$

羧酸的酸性强弱和它的结构有关。在饱和一元羧酸中，甲酸的酸性较强。二元羧酸的酸性一般较饱和一元羧酸强，特别是乙二酸。当饱和一元羧酸的烃基上连有吸电子基时（如—X，—NO_2），酸性增强；连有供电子基时，酸性减弱。

（2）羧酸衍生物的生成。羧酸分子中羧基中的羟基（—OH）被其他原子或基团取代后的产物，称为羧酸衍生物。

常见的羧酸衍生物有酰卤、酸酐、酯和酰胺。

$$\underset{羧酸}{R-\overset{O}{\underset{}{\overset{\|}{C}}}-OH} \quad \underset{酰卤}{R-\overset{O}{\underset{}{\overset{\|}{C}}}-X} \quad \underset{酯}{R-\overset{O}{\underset{}{\overset{\|}{C}}}-OR} \quad \underset{酰胺}{R-\overset{O}{\underset{}{\overset{\|}{C}}}-NH_2} \quad \underset{酸酐}{R-\overset{O}{\underset{}{\overset{\|}{C}}}-OCOR}$$

1）酰卤的生成。羧基中的羟基被卤素取代的产物称为酰卤。最常见的酰卤为酰氯，它可由羧酸与三氯化磷、五氯化磷作用而成。

$$R-\overset{O}{\underset{}{\overset{\|}{C}}}-OH + PCl_3 \longrightarrow R-\overset{O}{\underset{}{\overset{\|}{C}}}-Cl + H_3PO_3$$

$$R-\overset{O}{\underset{}{\overset{\|}{C}}}-OH + PCl_5 \longrightarrow R-\overset{O}{\underset{}{\overset{\|}{C}}}-Cl + POCl_3 + HCl$$

$$C_6H_5-COOH + SOCl_2 \longrightarrow C_6H_5-COCl + SO_2 + HCl$$

2）酸酐的生成。羧酸在脱水剂（如五氧化二磷、乙酸酐）作用下或在加热情况下，两个羧基间失水生成酸酐。

$$R-\overset{O}{\underset{}{\overset{\|}{C}}}-OH + HO-\overset{O}{\underset{}{\overset{\|}{C}}}-R \xrightarrow[\Delta]{P_2O_5} R-\overset{O}{\underset{}{\overset{\|}{C}}}-O-\overset{O}{\underset{}{\overset{\|}{C}}}-R + H_2O$$

3）酯的生成。在强酸（如浓硫酸）的催化作用下，羧酸与醇反应生成酯和水，该反应被称为酯化反应。酯化反应的通式为：

$$R-\underset{O}{\overset{\parallel}{C}}-OH + R'-OH \underset{\Delta}{\overset{浓硫酸}{\rightleftharpoons}} R-\underset{O}{\overset{\parallel}{C}}-O-R' + H_2O$$

4）酰胺的生成。羧酸与氨反应，首先生成羧酸的铵盐，铵盐进一步加热，分子内失水生成酰胺。

$$R-\underset{O}{\overset{\parallel}{C}}-OH + NH_3 \longrightarrow R-\underset{O}{\overset{\parallel}{C}}-ONH_2 \overset{\Delta}{\longrightarrow} R-\underset{O}{\overset{\parallel}{C}}-NH_2 + H_2O$$

（3）还原反应。羧酸不易被还原，但是还原性较强的氢化铝锂（$LiAlH_4$）等金属氢化物能将羧酸还原成伯醇。且（$LiAlH_4$）还原时不影响羧酸分子中的不饱和键。

$$CH_3CH=CHCOOH \overset{LiAlH_4}{\longrightarrow} CH_3CH=CHCH_2OH$$

（4）α-H 的卤代反应。羧酸分子中的 α-H 原子，由于羧基吸电子效应的影响，而具有一定的活性。在一定条件下可被氯或溴取代，但是羧基吸引电子的能力小于羰基，所以羧酸中 α-H 的活性比醛和酮小，卤代反应需要在少量红磷或三卤化磷的催化作用下才能进行。

例如：乙酸在少量红磷的催化下，甲基上的 α-H 原子被氯原子取代生成一氯乙酸。

$$H_2C-COOH + Cl_2 \overset{P}{\longrightarrow} ClCH_2-COOH + HCl$$

若控制好条件，反应可停留在一元取代阶段，如有足量的卤素存在，α-碳原子上的氢原子可以继续被卤素取代，生成二卤乙酸和三卤乙酸。

三、羧酸衍生物

1. 羧酸衍生物的命名

（1）酰氯和酰胺的命名。酰氯和酰胺的命名是在酰基的后面加上卤素的名称而称为"某酰卤"，"某酰胺"。

$$R-\underset{O}{\overset{\parallel}{C}}-X \qquad H_2C-\underset{O}{\overset{\parallel}{C}}-Cl \qquad C_6H_5-\underset{O}{\overset{\parallel}{C}}-Cl$$

酰卤 　　　　　　　　　乙酰氯 　　　　　　　　　苯甲酰氯

$$R-\underset{O}{\overset{\parallel}{C}}-NH_2 \qquad C_6H_5-\underset{O}{\overset{\parallel}{C}}-NH_2 \qquad H_2C=\underset{H}{\overset{O}{\overset{\parallel}{C}}}-NH_2$$

酰胺 　　　　　　　　　苯甲酰胺 　　　　　　　　丙烯酰胺

（2）酸酐的命名。酸酐的命名是由两个羧酸的名称加上"酐"字来命名，称为"某酸酐"。

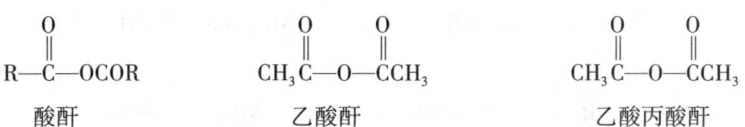

$$R-\underset{O}{\overset{\parallel}{C}}-OCOR \qquad CH_3\underset{O}{\overset{\parallel}{C}}-O-\underset{O}{\overset{\parallel}{C}}CH_3 \qquad CH_3\underset{O}{\overset{\parallel}{C}}-O-\underset{O}{\overset{\parallel}{C}}CH_3$$

酸酐 　　　　　　　　　乙酸酐 　　　　　　　　　乙酸丙酸酐

（3）酯的命名。酯的命名是酸的烃基名称在前，醇的烃基名称在后，叫做"某酸某酯"。

$$\underset{\text{酯}}{R-\overset{\overset{O}{\|}}{C}-OR} \qquad \underset{\text{乙酸乙酯}}{CH_3-\overset{\overset{O}{\|}}{C}-O-CH_2CH_3} \qquad \underset{\text{丙烯酸甲酯}}{H_2C=\overset{}{\underset{H}{C}}-\overset{\overset{O}{\|}}{C}-OCH_3}$$

2. 羧酸衍生物的化学性质

（1）羧酸衍生物的水解。酰氯、酸酐、酯、酰胺都可以和水发生反应，生成相应的羧酸。

$$R-\overset{\overset{O}{\|}}{C}-X + H-OH \longrightarrow R-\overset{\overset{O}{\|}}{C}-OH + HX$$

$$(RCO)_2O + H-OH \longrightarrow R-\overset{\overset{O}{\|}}{C}-OH + R-COOH$$

$$R-\overset{\overset{O}{\|}}{C}-OR' + H-OH \longrightarrow R-\overset{\overset{O}{\|}}{C}-OH + R'OH$$

$$R-\overset{\overset{O}{\|}}{C}-NH_2 + H-OH \longrightarrow R-\overset{\overset{O}{\|}}{C}-OH + NH_3$$

羧酸衍生物水解反应速率是：酰氯 > 酸酐 > 酯。

（2）羧酸衍生物的醇解。酰氯、酸酐、酯、酰胺都可以和醇发生反应，生成相应的酯。

$$R-\overset{\overset{O}{\|}}{C}-X + H-OR' \longrightarrow R-\overset{\overset{O}{\|}}{C}-OR' + HX$$

$$(RCO)_2O + H-OR' \longrightarrow R-\overset{\overset{O}{\|}}{C}-OR' + R-COOH$$

$$R-\overset{\overset{O}{\|}}{C}-OR' + H-OR'' \longrightarrow R-\overset{\overset{O}{\|}}{C}-OR'' + R'-OH$$

$$R-\overset{\overset{O}{\|}}{C}-NH_2 + H-OR' \longrightarrow R-\overset{\overset{O}{\|}}{C}-OR' + NH_3$$

（3）羧酸衍生物的氨解。酰氯、酸酐、酯、酰胺都可以和氨发生反应，生成相应的酰胺。

$$R-\overset{\overset{O}{\|}}{C}-X + NH_3 \longrightarrow R-\overset{\overset{O}{\|}}{C}-NH_2 + HX$$

$$(RCO)_2O + NH_3 \longrightarrow R-\overset{\overset{O}{\|}}{C}-NH_2 + R-COOH$$

$$R-\overset{\overset{O}{\|}}{C}-OR' + NH_3 \longrightarrow R-\overset{\overset{O}{\|}}{C}-NH_2 + R'-OH$$

(4) 羧酸衍生物的还原反应。羧酸衍生物比羧酸易被还原，酰卤、酸酐、酯在催化加氢或 LiAlH₄ 作用下都可以被还原为醇，酰胺被还原为胺。

$$RC(=O)-X \xrightarrow{LiAlH_4} RC(=O)-H \xrightarrow[H_3O^+]{LiAlH_4} RCH_2OH$$

复习思考题

1. 命名下列化合物。

(1) H₂C=CHCH(CH₃)CH₂OH

(2) 3-硝基-4-甲基苯酚结构 (OH, NO₂, CH₃取代的苯环)

(3) 间羟基苯甲酸 (OH, COOH取代的苯环)

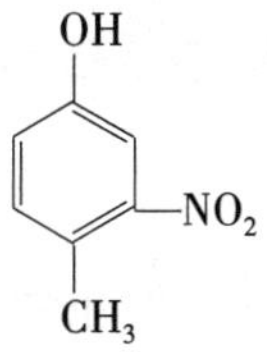

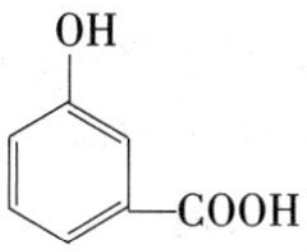

(4) C₆H₅—OCH₂CH₃

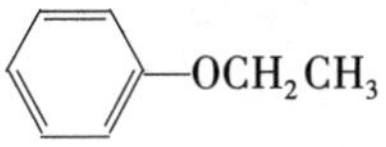

(5) CH₃C(C₂H₅)=CHCHO

(6) CH₃CH(CH₃)COCH₂CH₃

(7) C₆H₅—COCH₂CH₃

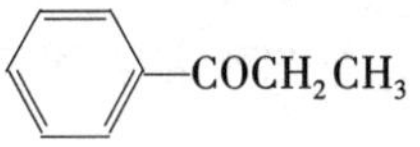

(8) CH₃CH(CH₃)CH₂CH₂COOH

2. 写出下列化合物的结构简式。

(1) 2-溴-1-丙醇   (2) 4-甲基环己酮
(3) 2-甲基-4-己烯醛   (4) 邻甲基苯甲醚
(5) 草酸   (6) 2,4-戊二酮
(7) 3-甲氧基-2-羟基苯甲醛 (8) 乙酰乙酸乙酯

3. 完成下列反应式。

(1) CH₃CH₂CH(OH)CHCH₂CH₃ $\xrightarrow[170℃]{H_2SO_4}$

(2) CH₃CH₂CH₂CH₂OH + HBr ⟶

(3) CH₃CH₂OH $\xrightarrow{Na}$? $\xrightarrow{CH_3CH_2CH_2Cl}$

(4) 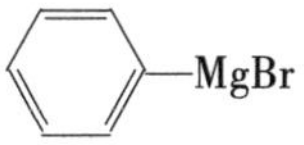 C₆H₅—MgBr + HOCH₂CH₂CH₃ ⟶

(5) CH₃CHO + CH₃CH₂OH $\xrightarrow{无水\ HCl}$

(6) CH₃CH₂C(=O)CH₃ + I₂ $\xrightarrow{OH^-}$

(7) 3-氯苯甲醛 $\xrightarrow{KMnO_4}$

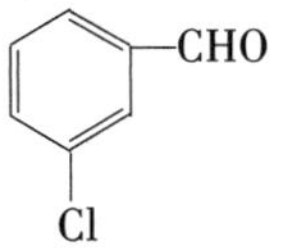

(8) 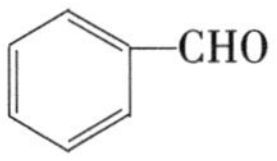 C₆H₅CHO + CH₃CHO $\xrightarrow{OH^-}$

(9) CH₃CH₂CH₂CH₂COOH + CH₃CH₂OH $\xrightarrow[\Delta]{H_2SO_4}$

(10) CH₃CH₂COOH $\xrightarrow[P]{Cl_2}$? $\xrightarrow{SOCl_2}$

4. 将下列化合物按酸性由强至弱顺序排列。

(1) 草酸、醋酸、碳酸、苯酚、乙醇、水

(2) Cl₂CCOOH、Cl₂CHCOOH、ClCH₂COOH、CH₃COOH

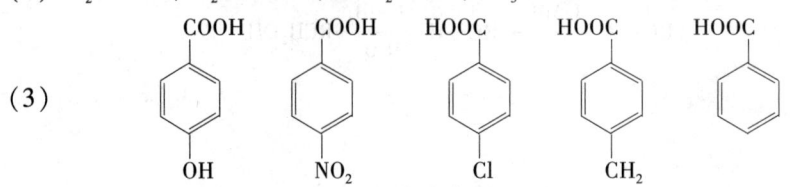

(3) 对羟基苯甲酸、对硝基苯甲酸、对氯苯甲酸、对甲基苯甲酸、苯甲酸

5. 用简单化学方法鉴别下列各组化合物。

(1) 丙醛、丙酮、丙醇和异丙醇　　(2) 甲酸、乙醇、乙醚、乙醛

(3) 丙醛、苯甲醛、苯乙酮　　(4) 己烷、丁醇、苯酚和丁醚

6. 由指定原料(其他试剂任选)合成目标化合物。

(1) 苯乙醚──→2-苯基丙醇　　(2) 丙醛──→2-甲基-1-戊烯

(3) 丙醇──→丙酸　　(4) 1-戊烯──→2-甲基戊酸

7. 用简单的方法将己醇、己酸和对甲苯酚的混合物分离得到各种纯的组分。

8. 比较下列化合物的沸点高低。

(1) 丙醇　(2) 丙醛　(3) 乙醚　(4) 丁烷

9. 某芳香族化合物 A 的分子式为 C_7H_8，不与金属钠反应，在浓氢碘酸作用下得到 B 及 C，B 能溶于氢氧化钠，并与三氯化铁作用产生紫色，C 与硝酸银乙醇溶液产生黄色沉淀，推测 A、B、C 的结构，并写出各步反应方程式。

10. 分子式为 $C_5H_{10}O_3$ 的化合物 A，能与碳酸氢钠反应放出二氧化碳，A 受热脱去一分子水生成 B，B 可以使溴-四氯化碳溶液褪色，A 被高锰酸钾氧化生成 C，C 受热后放出二氧化碳，生成 D，D 能发生银镜反应。推测 A、B、C、D 的结构，并写出各步反应方程式。

11. 分子式为 $C_4H_6O_4$ 的化合物 A，加热后得分子式为 $C_4H_4O_3$ 的 B，将 A 与过量甲醇及少量硫酸一起加热，得分子式为 $C_6H_{10}O_4$ 的 C，B 与过量甲醇作用也得到 C。A 与 $LiAlH_4$ 作用后得到分子式为 $C_4H_{10}O_2$ 的 D，写出 A、B、C、D 的结构简式及各步反应方程式。

第十四章　含氮有机化合物

> **学习目标**
> 　　了解硝基化合物的结构及命名；掌握硝基化合物的性质；了解硝基对苯环性质的影响；了解胺的分类和命名；掌握胺的性质及胺的碱性强弱次序；掌握区别伯、仲、叔胺的方法。
>
> **学习重点**
> 　　掌握硝基化合物的性质，理解硝基对苯环性质的影响；掌握胺的性质及胺的碱性强弱次序，理解影响胺的碱性强弱的因素。
>
> **学习难点**
> 　　不同胺基化合物的区别方法及硝基化合物和胺基化合物在有机合成中的应用。

第一节　硝基化合物

一、硝基化合物的结构、分类和命名

烃分子中的一个或几个氢原子被硝基（—NO_2）取代所形成的化合物称为硝基化合物。硝基化合物的官能团是（—NO_2）。

1. 硝基化合物的分类

1）根据分子中硝基所连接的碳原子的不同，可分为伯、仲、叔硝基化合物。

— 225 —

$$CH_3CH_2CH_2-NO_2 \qquad H_3C-\underset{\underset{NO_2}{|}}{CH}-CH_3 \qquad H_3C-\underset{\underset{CH_3}{|}}{\overset{\overset{O_2N}{|}}{C}}-CH_3$$

伯硝基化合物　　　　　仲硝基化合物　　　　　叔硝基化合物

2）根据硝基所连烃基不同，又可分为脂肪族硝基化合物和芳香族硝基化合物。

$$H_3C-\underset{\underset{NO_2}{|}}{CH}-CH_3 \qquad \text{C}_6\text{H}_5-NO_2$$

脂肪族硝基化合物　　　　　芳香族硝基化合物

2. 硝基化合物的命名

硝基化合物的命名一般是以烃作为母体，硝基作为取代基来命名。

$$CH_3CH_2CH_2-NO_2 \qquad H_3C-C_6H_4-NO_2 \qquad Cl-C_6H_4-NO_2$$

硝基丙烷　　　　　对硝基甲苯　　　　　间硝基氯苯

二、硝基化合物的性质

1. 硝基化合物的物理性质

脂肪族硝基化合物多数是油状液体，芳香族硝基化合物多是淡黄色固体，都难溶于水而易溶于有机溶剂。硝基化合物相对密度都大于 1，随着硝基数目的增加，硝基化合物的熔点、沸点和密度均增加。大多数硝基化合物均有毒，使用时应注意安全。

2. 硝基化合物的化学性质

硝基是强的吸电子基团，所以硝基化合物可以被还原。另外，硝基对与之相连的基团也有明显的影响。脂肪族硝基化合物中，硝基的吸电子性使 α-H 活泼，因此，脂肪族硝基化合物的化学性质主要集中在 α-H 上，而在芳香硝基化合物中，硝基为间位定位基，能钝化苯环，并对苯环上邻、对位产生一定影响。

（1）酸性。有 α-H 的脂肪族硝基化合物能逐渐溶于强碱的水溶液而生成盐类，表现出酸性，其原因是产生了假酸式—酸式互变异构。而叔脂肪族硝基化合物和芳香硝基化合物分子中无 α-H，所以它们不溶于氢氧化钠溶液。可以利用这种性质分离提纯具有 α-H 的硝基化合物。

$$RCH_2-\overset{+}{N}\underset{O^-}{\overset{O}{\diagup\!\!\!\diagdown}} \rightleftharpoons RCH=\overset{+}{N}\underset{O^-}{\overset{OH}{\diagup\!\!\!\diagdown}}$$

（2）还原反应。硝基易被还原，一般催化加氢或是用金属（Fe 或 Sn）和酸作还原剂，还原时产物均是伯胺。

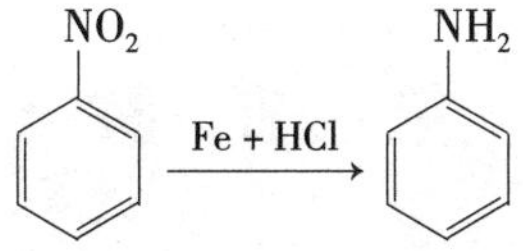

硝基苯 ⟶(Fe + HCl) 苯胺

在不同的条件下，硝基化合物被还原成不同的产物。在中性条件下还原，主要生成 N-羟基苯胺；在碱性条件下还原，则生成偶氮化合物。当芳环上还连有可被还原的羰基时，可用氯化亚锡作还原剂，可避免羰基被还原。芳香族硝基化合物的还原是制造芳香族胺的重要途径。

（3）苯环上的取代反应。硝基是间位定位基，能使苯环钝化。因此，在苯环上进行亲电取代反应时，芳香族硝基化合物不仅使取代基进入硝基的间位，且比苯更难进行亲电取代反应。

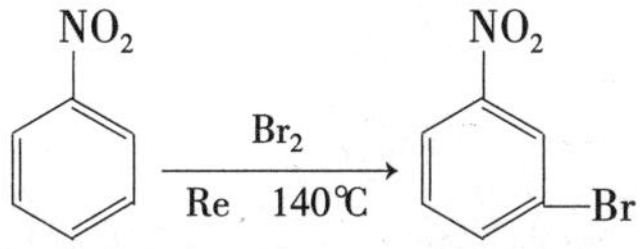

硝基同苯环相连后，对苯环呈现出强的吸电子诱导效应和吸电子共轭效应，使苯环上的电子云密度大为降低，从而使邻、对位基团的活性增加，但是对间位的基团影响不大。

1）增强卤苯的活性。苯环上的卤素原子很不活泼，很难发生水解、氨基、烷氧化反应，若卤素原子的邻、对位有硝基存在时，则其水解、氨化、烷基化在没有催化剂条件下即可发生。

2）使酚的酸性增强。苯酚具有很弱的酸性，当苯环上连有硝基时，能使酚的酸性增强，酚羟基邻、对位上的硝基增加酚酸性效果强于间位的硝基。芳环上引入硝基越多，酚的酸性越强。

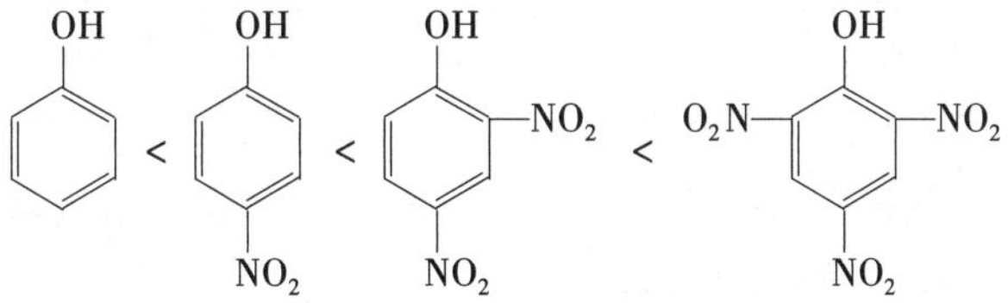

三、硝基化合物的用途

1. 硝基苯

硝基苯是淡黄色具有苦杏仁味油状液体，难溶于水，易溶于苯、乙醚及乙醇，遇明火、高温会燃烧。硝基苯有很大的毒性。空气中最大允许浓度为 $1\mu g \cdot g^{-1}$。硝基苯是一种重要的化工原料和中间体，用于生产苯胺、联苯胺、二硝基苯等。

2. 2,4,6-三硝基甲苯

2,4,6-三硝基甲苯简称 TNT，是淡黄色针状晶体，能溶于苯、甲苯和丙酮，难溶于水，微溶于乙醇。有毒，TNT 是一种重要的炸药，在开山、采矿等爆破工程中使用。

第二节 胺

氨分子中的一个或几个氢原子被烃基取代后的化合物称为胺，胺是一类重要的含氮有机化合物，胺类化合物具有多种工业用途。

一、胺的结构、命名和分类

1. 胺的分类

（1）根据氮原子上的氢原子的个数可把胺分为伯胺、仲胺、叔胺、季铵盐、季铵碱等。

$$CH_3CH_2—NH_2 \qquad H_3C—NH—CH_2CH_3 \qquad CH_3CH_2—N—CH_3$$
$$\qquad\qquad\qquad\qquad\qquad\qquad\qquad\qquad\qquad\qquad |$$
$$\qquad\qquad\qquad\qquad\qquad\qquad\qquad\qquad\qquad\qquad CH_3$$

　　伯胺　　　　　　　　　仲胺　　　　　　　　　　叔胺

$$(CH_3)_4N^+I^- \qquad\qquad (CH_3)_4N^+OH^-$$

　　季铵盐　　　　　　　　季铵碱

（2）按照氮原子上连有的烃基不同，可分为脂肪胺和芳香胺。

$$CH_3CH_2—NH_2 \qquad\qquad C_6H_5—NH_2$$

　　脂肪胺　　　　　　　　芳香胺

（3）按照分子中氨基的数目，可分为一元胺、二元胺和多元胺。

$$CH_3CH_2CH_2NH_2 \qquad\qquad H_2NCH_2CH_2NH_2$$

　　一元胺　　　　　　　　二元胺

2. 胺的命名

（1）结构简单的胺一般用衍生命名法命名，即将氨作为母体，以烃基为取代基，称为"某胺"。如果烃基相同时，可在取代基前面用数字表示出烃基的数目；如果烃基不同时，则将简单的烃基名称写在前面。

$$CH_3NHCH_2CH_3 \qquad\qquad C_6H_5—NH_2$$

　　甲基乙胺　　　　　　　苯胺

当氮原子上既连有芳香基又连有脂肪烃基时，则以芳香胺为母体，并在脂肪烃基前冠以"N"字，以示烃基连在氮原子上的。

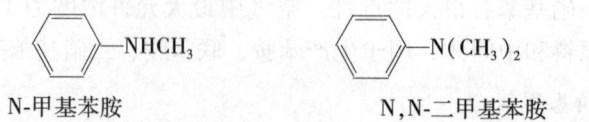

$$C_6H_5—NHCH_3 \qquad\qquad C_6H_5—N(CH_3)_2$$

　　N-甲基苯胺　　　　　　N,N-二甲基苯胺

（2）系统命名法。对于比较复杂的胺，按系统命名法命名，即以烃或含其他官能团的化合物为母体，氨基作为取代基。

$$\underset{\underset{NH_2}{|}}{CH_3CHCH_2}\underset{\underset{}{|}}{\overset{\overset{CH_3}{|}}{CHCH_3}}$$
2-氨基-5-甲基己烷

$$CH_3\underset{\underset{NHCH_3}{|}}{CH}CH_2CH_3$$
2-甲氨基戊烷

季铵类化合物的命名则与氢氧化铵或无机铵盐相似，称为"某化某铵"。

$$(CH_3)_4N^+OH^-$$
氢氧化四甲铵

$$(CH_3CH_2)_4N^+Cl^-$$
氯化四乙胺

二、胺的性质

1. 胺的物理性质

常温下，低级脂肪胺中的甲胺、二甲胺和三甲胺是气体，丙胺以上为液体，十二碳以上的胺为固体。芳香胺一般都是液体或固体。低级胺的气味与氨相似，高级胺一般没有气味，不易挥发。低级胺易溶于水，并随着分子量的增加，溶解度降低。胺的沸点比同分子量的非极性化合物高。有机胺类大多有毒性，芳香胺的毒性很大，如苯胺可因吸入或皮肤接触而中毒，萘胺和联苯胺则是致癌。

2. 胺的化学性质

（1）碱性。胺与氨相似，是弱碱，具有碱性。但比水的碱性强，能与大多数酸作用成盐。例如：

$$R-NH_2 + HCl \longrightarrow R-\overset{+}{N}H_3Cl^-$$

1）脂肪胺的碱性。在非水溶液或气相中，脂肪胺的碱性强弱顺序为：叔胺 > 仲胺 > 伯胺 > 氨；但是在水溶液中则不同，水溶液中胺的碱性强弱顺序为：仲胺 > 伯胺 > 叔胺 > 氨。

2）芳香胺的碱性。芳香胺的碱性强弱顺序为：氨 > $ArNH_2$ > Ar_2NH > Ar_3N

对于取代芳胺，供电子基使其碱性略有增强，吸电子基则使其碱性降低。

（2）烷基化反应。胺与卤代烷、醇、酚等反应能在氮原子上逐渐引入烷基，这个反应称为胺的烃基化反应。因此常用于仲胺、叔胺和季铵盐的制备，但往往得到的是混合产物。例如：

$$CH_3CH_2NH_2 + R-Br \longrightarrow CH_3CH_2NHR$$
$$CH_3CH_2NHR + R-Br \longrightarrow CH_3CH_2NR_2$$
$$CH_3CH_2NR_2 + R-Br \longrightarrow CH_3CH_2-\underset{\underset{R}{|}}{\overset{\overset{R}{|}}{N^+}}-RBr^-$$

（3）酰基化反应。伯胺、仲胺与酰卤、酸酐或羧酸等酰基化试剂反应，生成 N-烷基酰胺，这类反应称为胺的酰基化反应。叔胺的氮原子上没有氢，不能发生酰基化反应，因此，利用这个性质可分离叔胺与伯胺或仲胺。

$$RNH_2 \xrightarrow{R'COCl} RNHCOR'$$

$$R_2NH \xrightarrow{R'COCl} R_2NCOR'$$

$$\underset{CH_3}{\text{4-CH}_3\text{-C}_6\text{H}_4\text{-NH}_2} \xrightarrow{CH_3COCl} \underset{CH_3}{\text{4-CH}_3\text{-C}_6\text{H}_4\text{-NHCOCH}_3}$$

(4) 磺酰化反应。伯胺和仲胺在碱性条件下，能和磺酰化试剂作用，生成苯磺酰胺，这类反应叫做磺酰化反应，又称兴斯堡反应。该反应可用于鉴别、分离伯胺、仲胺和叔胺。常用的磺酰化试剂是苯磺酰氯和对甲基苯磺酰氯。

$$\begin{Bmatrix} RNH_2 \\ R_2NH \\ R_3N \end{Bmatrix} + C_6H_5SO_2Cl \longrightarrow \begin{cases} C_6H_5SO_2NHR \text{（白色固体）} \xrightarrow{NaOH} [C_6H_5SO_2NR]^-Na^+ \\ C_6H_5SO_2NR_2 \text{（白色固体）} \xrightarrow{NaOH} \text{不反应，仍为白色固体} \\ \text{不反应} \end{cases}$$

伯胺生成的苯磺酰胺能溶于碱而成盐；仲胺生成的苯磺酰胺，氮原子上没有氢原子，故不能溶于碱中成盐而呈固体析出。叔胺上氮原子上没有氢，不能发生反应。

(5) 与亚硝酸反应。不同的胺类与亚硝酸作用的产物不同，由于亚硝酸（HNO_2）不稳定，只能在反应时由亚硝酸钠与盐酸或硫酸作用而得。

1) 伯胺与亚硝酸的反应。脂肪伯胺与亚硝酸的反应生成烯烃、醇和卤代烃等混合物，因此，伯胺与亚硝酸的反应在有机合成上用途不大。

芳香族伯胺在低温 0 ~ 5℃，在过量强酸溶液中，与亚硝酸反应，可生成该温度下较稳定的重氮盐。例如：

$$C_6H_5NH_2 + NaNO_2 + HCl \xrightarrow{0 \sim 5℃} C_6H_5N_2Cl + H_2O + NaCl$$

2) 仲胺与亚硝酸的反应。仲胺与亚硝酸反应，生成黄色油状或固体的 N-亚硝基胺。生成的 N-亚硝基胺与稀酸共热则分解为原来的胺，可以利用这个反应分离和提纯仲胺。

$$R_2NH \xrightarrow{NaNO_2 + HCl} R_2N-N=O + H_2O$$

3) 叔胺与亚硝酸的反应。脂肪叔胺与亚硝酸不反应。因此，可以利用胺与亚硝酸的反应区别伯胺、仲胺、叔胺。

4) 芳香族叔胺在同样条件下与亚硝酸反应，则在苯环的对位上发生亲电取代反应，即亚硝基加到苯环上，生成对亚硝基苯胺。

$$\underset{}{\underset{}{\bigcirc}}\text{-N(NH}_3\text{)} + \text{NaNO}_2 + \text{HCl} \xrightarrow{0\sim5℃} \text{O}_2\text{N-}\underset{}{\bigcirc}\text{-N(NH}_3\text{)}$$

(6) 胺的氧化。胺易被氧化，用不同的氧化剂可以得到不同的氧化产物。例如：苯胺在空气中存放时就会被空气氧化而颜色变深；苯胺被漂白粉氧化，会产生明显的紫色，这可用于检验苯胺；用适当的氧化剂氧化苯胺，能得到苯胺黑染料；在酸性条件下，苯胺用二氧化锰低温氧化，则生成对苯醌。脂肪胺中叔胺的氧化最有意义；芳胺更容易被氧化。

$$\text{C}_6\text{H}_5\text{NH}_2 \xrightarrow[\text{H}_2\text{SO}_4,\ 10℃]{\text{MnO}_2} \text{O=}\underset{}{\bigcirc}\text{=O}$$

(7) 芳胺环上的亲电取代反应。氨基是强的邻、对位定位基，它使芳环活化，容易发生卤化、硝化、磺化等亲电取代反应。

1) 卤化反应。苯胺非常容易进行卤化反应。如苯胺与溴水反应，立即生成 2,4,6-三溴苯胺的白色沉淀，反应很灵敏，可用作苯胺的定性和定量测定分析。

$$\text{C}_6\text{H}_5\text{NH}_2 + 3\text{Br}_2 \xrightarrow{\text{H}_2\text{O}} \text{2,4,6-Br}_3\text{C}_6\text{H}_2\text{NH}_2 + 3\text{HBr}$$

2) 硝化反应。苯胺硝化时，很容易被硝酸氧化，生成焦油状物。因此必须先把氨基保护起来，先酰化然后再进行硝化，再水解得到硝基取代的苯胺衍生物。例如：

$$\text{C}_6\text{H}_5\text{NH}_2 \xrightarrow{\text{CH}_3\text{COOH}} \text{C}_6\text{H}_5\text{NHCOCH}_3 \begin{array}{c} \xrightarrow[\text{在乙酸中}]{\text{HNO}_3} p\text{-NHCOCH}_3\text{-C}_6\text{H}_4\text{-NO}_2 \xrightarrow{\text{OH}^-/\text{H}_2\text{O}} p\text{-NH}_2\text{-C}_6\text{H}_4\text{-NO}_2 \\ \xrightarrow[\text{在乙酸酐中}]{\text{HNO}_3} o\text{-NHCOCH}_3\text{-C}_6\text{H}_4\text{-NO}_2 \xrightarrow{\text{OH}^-/\text{H}_2\text{O}} o\text{-NH}_2\text{-C}_6\text{H}_4\text{-NO}_2 \end{array}$$

3) 磺化反应。苯胺与浓硫酸发生反应，生成硫酸盐，然后升温加热使其脱水，则重排生成对氨基苯磺酸。产物中的对氨基苯磺酸同时具有酸性基团（—SO₃）和碱性基团（—NH₂），分子内能成盐，叫内盐，它是重要的染料中间体。

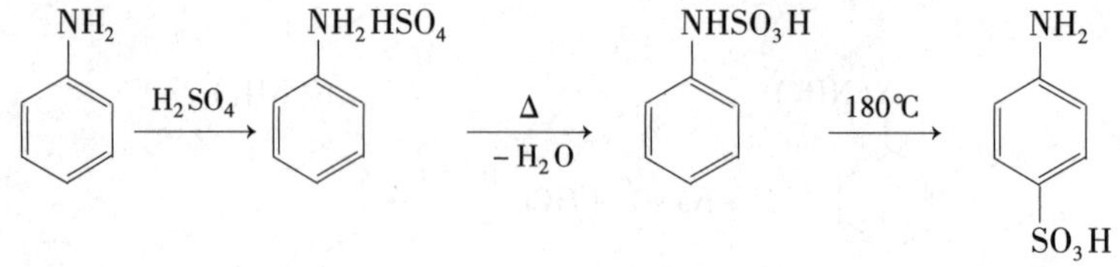

$$\underset{\text{NH}_2}{\bigcirc} \xrightarrow{H_2SO_4} \underset{\text{NH}_2 \cdot HSO_4}{\bigcirc} \xrightarrow[-H_2O]{\Delta} \underset{\text{NHSO}_3H}{\bigcirc} \xrightarrow{180\ ℃} \underset{\underset{SO_3H}{|}}{\underset{NH_2}{\bigcirc}}$$

复习思考题

1. 命名下列化合物。

(1) $CH_3CH_2CHCH_2CH_3$
           $|$
           NH_2

(2) $CH_3N(CH_2CH_3)_2$

(3) 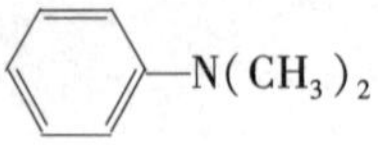 $C_6H_5-N(CH_3)_2$

(4) 3-甲基-C_6H_4-$N(CH_3)_2$

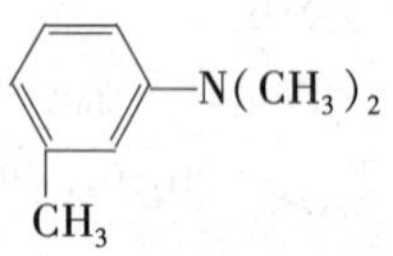

(5) $(CH_3CH_2CH_2CH_2)_4N^+OH^-$

(6) $(CH_3CH_2)_4N^+I^-$

2. 写出下列化合物的结构式。

(1) 2-硝基己烷　　　　(2) 2-甲基-2-硝基丙烷

(3) 1,6-己二胺　　　　(4) 叔丁胺

(5) 邻苯二胺　　　　　(6) N-甲基苯胺

3. 按碱性的强弱排列下列各组化合物。

(1) 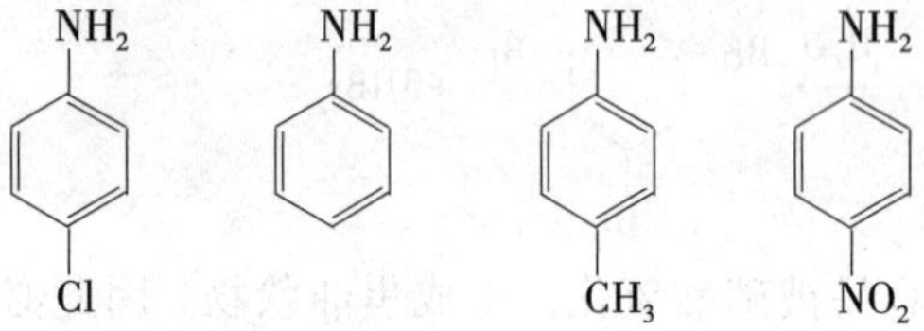 对氯苯胺，苯胺，对甲基苯胺，对硝基苯胺

(2) NH_3　　$CH_3CH_2NH_2$　　CH_3CONH_2

(3) 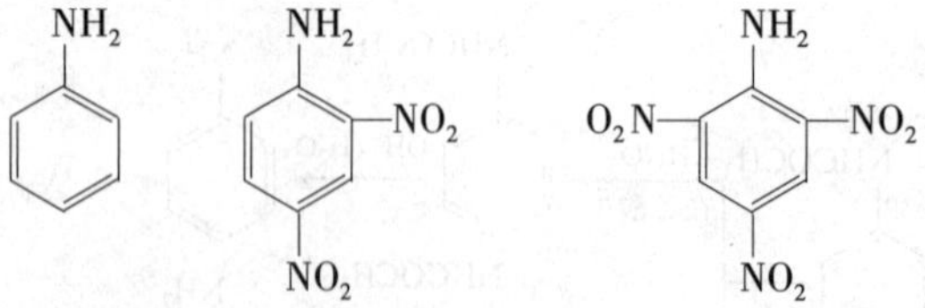 苯胺，2,4-二硝基苯胺，2,4,6-三硝基苯胺

4. 完成下列反应方程式。

(1) 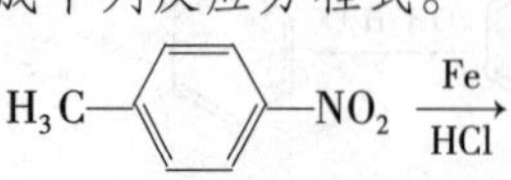 $H_3C-C_6H_4-NO_2 \xrightarrow[HCl]{Fe}$

(2) $CH_3CH_2COCl + H_3C-C_6H_4-NHCH_3 \longrightarrow$

(3) $C_6H_5-NHCH_3 + HNO_2 \longrightarrow$

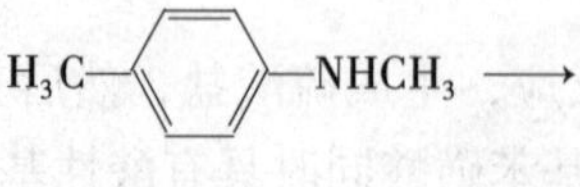

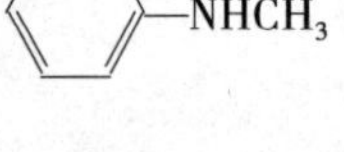

(4) $\text{C}_6\text{H}_5\text{NH}_2 \xrightarrow[\text{H}_2\text{O}]{\text{Cl}_2}$

(5) $\text{CH}_3\text{NHCH}_2\text{CH}_3 + \text{C}_6\text{H}_5\text{SO}_2\text{Cl} \longrightarrow$

(6) 1-氯-2,4-二硝基苯 $\xrightarrow[100℃]{\text{NaHCO}_3 \text{溶液}} ? \xrightarrow{\text{H}^+}$

5. 用化学方法鉴别下列化合物。

(1) $\text{CH}_3\text{CH}_2\text{NH}_2$ (2) $(\text{CH}_3\text{CH}_2)_2\text{NH}$ (3) $(\text{CH}_3\text{CH}_2)_3\text{N}$

6. 完成下列合成反应。

(1) 甲苯 $\longrightarrow$ 3-硝基甲苯

(2) 苯 $\longrightarrow$ 2-溴硝基苯

(3) 苯 $\longrightarrow$ 3-硝基苯甲酸

7. 分子式为 $\text{C}_6\text{H}_{15}\text{N}$ 的 A，能溶于稀盐酸，A 与亚硝酸在室温作用下能放出氮气，并得到几种有机物，其中一种化合物 B 能进行碘仿反应，B 和浓硫酸共热得到化合物 $\text{C}(\text{C}_6\text{H}_{12})$，C 能使高锰酸钾溶液褪色，且反应后的产物是乙酸和 2-甲基丙酸。写出 A、B、C 的结构式及各反应方程式。

第十五章 实验部分

第一节 实验室规则及安全注意事项

化学是一门以实验为基础的学科,通过化学实验,能更好地理解化学基本理论,掌握基础知识,并培养和锻炼学生的动手能力、观察能力、思考能力、分析总结能力及创新能力等。

通过化学实验能端正学生的学习态度,培养学生严谨的科学态度,养成认真仔细、实事求是的工作作风。要想正确安全地进行实验操作,达到实验目的,必须了解实验室规则和安全注意事项。

1. 实验室规则

(1) 充分预习实验是做好实验的前提,所以实验前应该查阅资料,了解实验目的、原理、步骤、注意事项以及实验所用仪器试剂,写好实验预习报告,以便在实验过程中有理可依。

(2) 严格遵守实验室规则,强化实验安全意识,遵守实验安全操作规程。出现意外事故及时报告,在教师指导下妥善处理。

(3) 进入实验室后保持安静,找到自己的位置,不能喧哗吵闹,未经教师同意,不准动用任何仪器及药品。

(4) 不准带食品进入实验室,不得在实验室吃零食、喝水,不得乱丢垃圾或把垃圾丢到水池、仪器、抽屉等地方,必须放入垃圾桶内。

(5) 实验时,要听从老师的指导,严格按照实验步骤和操作规程进行。要规范操作、细心观察、准确记录、认真思考、全面分析、总结规律、做好记录,写好报告。

(6) 实验过程中,要注意安全。对易燃、易爆、有腐蚀性和毒性的药品要小心使用,谨慎处理。如遇意外事故,应立即报告老师,及时处理。

(7) 要爱护实验室里的设施和用品,节约药品、实验材料、水电等。

(8) 实验后,清洗实验器皿,实验产生的废液,必须倒入废液桶(缸)里,严禁倒入水槽,其他废物装入污物桶,垃圾倒入垃圾箱,清洁桌面。

(9) 整理实验仪器、药品和器材,放回固定地方,并按要求摆放整齐。若仪器有损坏,及时报告给教师。

（10）实验室的一切物品不经老师同意不得带出实验室。

（11）值日学生负责打扫卫生，检查水、电、火源、门窗是否关闭，经过老师检查同意后方可离开实验室。

2. 安全注意事项

化学实验中不仅有用到水、电、气，还有很多易燃易爆、有毒性和腐蚀性的化学药品，因此要充分了解化学实验室安全注意事项和一些意外事故的处理办法。开始进行实验时一定要注意安全问题，严格按照实验操作规程进行，要集中精力，不能麻痹大意，避免意外事故的发生。

（1）实验室安全守则

1）进入实验室后不要乱开关水电气开关，尤其不要用湿的手、物接触电源。水电气使用完后立即关掉开关。

2）取用药品时不能用手直接接触药品，要选用药匙等专用器具取用；不能用嘴尝任何药品的味道；不要把鼻孔凑到容器口去闻药品的气味，嗅闻气体时，应保持一定的距离，慢慢地用手把挥发出来的气体少量地煽向自己。

3）加热或倾倒液体时，不要俯视容器，以防液滴飞溅造成伤害。给试管加热时，切勿将管口对着自己或他人，以免药品溅出伤人。

4）酒精灯用完后应用灯帽熄灭，切忌用嘴吹灭。点燃的火柴用后应立即熄灭，不得乱扔。

5）化学实验中会产生毒气、毒液，因此要做好防毒工作，将有毒物质妥善保管。能产生有毒和刺激性气体的实验，应在通风橱内进行。

6）实验剩余的药品既不能放回原瓶，也不能随意丢弃，更不能拿出实验室，要放入指定的容器内。

7）未经许可，绝不允许随意研磨或混合药品，以免发生爆炸灼伤等意外事故。

8）浓酸浓碱具有强腐蚀性，使用时要特别注意，不要溅到皮肤或衣服上，尤其不要溅到眼睛里。稀释浓酸（特别是浓硫酸）时，应把酸慢慢地注入水中，并不断搅拌，切不可将水注入酸内，以免溅出造成伤害。

9）乙醚、乙醇、苯、丙酮等有机溶剂极易燃烧，使用时要远离明火，用完后要立即盖紧瓶塞及瓶盖。

10）有毒物质，如砷的化合物、钡盐、重铬酸盐、汞及其化合物、氰化物、铅盐不得进入人口内或接触伤口。废液不得倒入下水道，应倒入指定容器回收处理。汞易挥发，一旦洒落，要用硫磺粉盖在洒落地，使汞转化成不挥发的硫化汞收集起来。

（2）实验室意外事故的处理

1）割伤：保持伤口清洁，伤口内如有异物应小心取出，然后用酒精棉清洗，涂上红药水，必要时敷上消炎粉包扎，严重时采取止血措施，送往医院。

2）烫伤：小面积轻度烫伤，可抹肥皂水。一般性烫伤可用高锰酸钾或紫药水涂抹伤处。如果伤面较大，应小心用75%酒精处理，并涂上烫伤油膏后包扎，送往医院。

3）受酸碱腐蚀：先用大量水冲洗（硫酸腐蚀要先用干净的布擦去硫酸，再用水冲洗），再相应地用饱和碳酸氢钠溶液或硼酸溶液冲洗。

4）中毒：吸入性中毒应使中毒者撤离现场，转移到通风良好的地方，让患者呼吸新鲜空气，会较快恢复正常，若发生休克昏迷，可给患者吸入氧气及人工呼吸。若毒物入口，应催吐，可以用5~10mL稀硫酸铜溶液加入一杯水中，内服后用手指深入咽喉部催吐，然后送往医院。

5）火灾：一旦发生火灾应立即移开可燃物，切断电源，停止通风。对小面积的火灾，应立即用湿布、石棉布、沙子等覆盖燃烧物，隔绝空气使火熄灭。衣服着火应立即脱掉衣服或以湿毯子、石棉布盖住身上燃烧的衣服，使火熄灭。不要惊慌乱跑，否则会加强气流流向燃烧着的衣服，使火焰加大。火势较大时根据燃烧物性质使用相应的灭火器，进行灭火。常用的灭火器有以下几种：

a）二氧化碳灭火器：适用于电器类起火。

b）干粉灭火器：适用于可燃气体，油类，电器设备，物品，文件资料和遇水燃烧等物品初起火灾。

c）1211灭火器：高效灭火剂，适用于油类，有机溶剂，高压电器设备和精密仪器等的起火。

d）泡沫式灭火器：适用于扑灭油类及苯等易燃液体着火，而不适用于丙酮、甲醇、乙醇等易溶于水的液体失火。

6）触电：发生触电时，应迅速切断电源，如有必要可以将患者上衣解开进行人工呼吸，当患者恢复呼吸后立即送往医院治疗。

第二节 常用化学实验仪器的认识

常用化学实验仪器的基本知识如下表所示。

化学常用实验仪器基本知识表

仪器	用途	注意事项
烧杯	烧杯取用液体非常方便，因此经常用来配置溶液，也是最常用的简单化学反应和作为较大量试剂的反应容器。可均匀加热使用	烧杯加热时外壁须擦干，垫上石棉网，以供均匀加热。烧杯盛液体加热时，不要超过烧杯容积的2/3。不能用烧杯准确量取液体
锥形瓶	用作反应容器，可加热，也可用于蒸馏时的接受器	锥形瓶加热时外壁须擦干，垫上石棉网，以供均匀加热。锥形瓶盛液体加热时，不要超过锥形瓶容积的2/3。不能用锥形瓶准确量取液体

续表

仪　　器	用　　途	注意事项
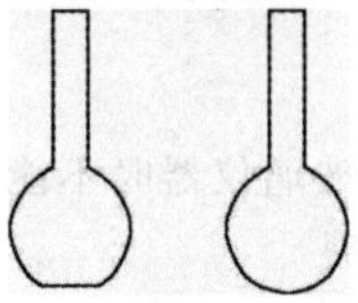 烧瓶	用于试剂量较大而又有液体物质参加反应的容器，可分为圆底烧瓶、平底烧瓶和蒸馏瓶	①圆底烧瓶和蒸馏烧瓶可用于加热，加热时要垫石棉网，也可用于其他热浴（如水浴加热等）。②液体加入量不要超过烧瓶容积的1/2
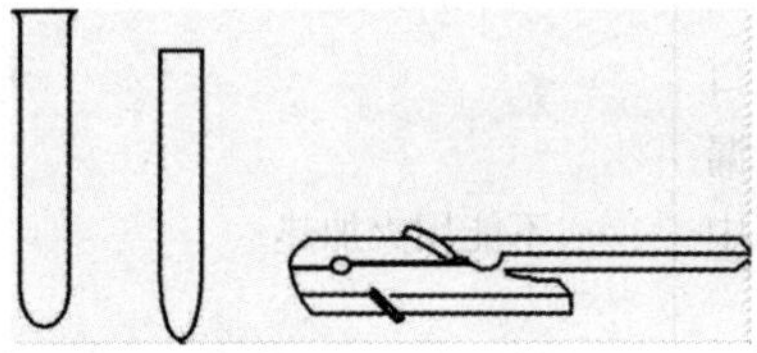 试管　离心试管　试管夹	试管可进行直接加热操作，用作少量试剂的反应容器。离心试管用作沉淀分离，常与离心机配套使用。试管夹在加热时用作夹持试管	试管直接加热时外壁必须干燥，先均匀受热，然后才集中受热，不能骤热骤冷，防止试管破裂，管口不能对着自己或别人，加热固体时，试管口要略向下倾斜，避免管口冷凝水倒流使试管炸裂。离心试管不能直接加热，只能水浴加热
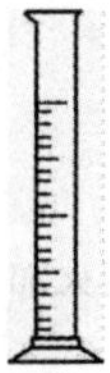 量筒	量取一定体积的液体	读数时，视线应与量筒内液体的凹液面保持水平，不能加热，不能作为反应容器
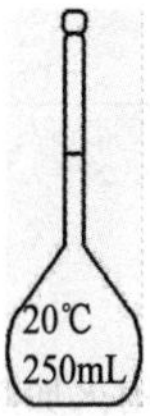 容量瓶	用于准确配制一定体积和浓度溶液的仪器	不能直接加热，使用前检查是否漏水，瓶塞是配套使用的不能互换，不能作为固体溶解容器，不能盛放热溶液
 碱式滴定管 　酸式滴定管	用于滴定分析或准确量取一定体积的液体	酸式、碱式滴定管不能混用，不能加热，不能量取热的液体
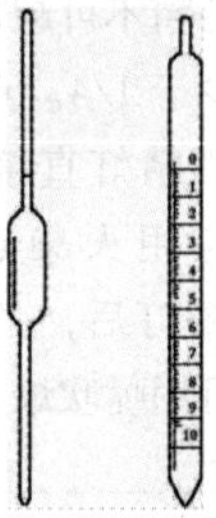 移液管　吸量管	用于准确移取一定体积的液体	不能用火加热

— 237 —

续表

仪 器	用 途	注意事项
铁架台	用于固定和支持各种仪器	夹持玻璃仪器时不能太紧，防止破裂
漏斗　长颈漏斗	漏斗用于过滤或向小口容器转移液体。长颈漏斗用于气体发生装置中注入液体	不能用火加热
分液漏斗	用于分离密度不同且互不相溶的不同液体或萃取分离，也可用于向反应器中随时加液	不能用火加热
抽滤瓶　布氏漏斗	抽滤瓶与布氏漏斗配套使用，用于减压过滤	不能用火加热
酒精灯	常用的加热仪器	灯内的酒精不可超过容积的2/3，也不应少于1/4。点燃时禁止用燃着的酒精灯直接点燃另一酒精灯，应用火柴点燃酒精灯。用完酒精灯后，必须用灯帽盖灭，不可用嘴吹熄

续表

仪　器	用　　途	注意事项
胶头滴管　滴瓶	胶头滴管用于吸取和滴加少量液体。滴瓶用于盛放少量液体药品	滴加液体时滴管悬空垂直放在试管口上方，不要接触容器内壁，以免造成污染。吸取液体后，滴管应保持胶头在上，不能平放或倒置，防止液体倒流，污染试剂或腐蚀胶头
干燥器	内放干燥剂，用于样品的干燥和保存	过热的样品要稍微冷却后放入，干燥器的开闭应推拉
坩埚　坩埚钳	坩埚主要用于固体物质的高温灼烧。坩埚钳用于取放坩埚	坩埚加热后不能骤冷。坩埚钳取高温坩埚时要先预热
泥三角　三角架	泥三角主要是灼烧坩埚时放置坩埚用。三角架用来放置较大或较重的加热容器	使用时检查是否有断裂
蒸发皿　表面皿	蒸发皿用于液体的蒸发。表面皿用作蒸发少量液体，观察少量物质的结晶过程，也可作盖子或载体	蒸发皿可直接加热，不可骤冷。表面皿不能直接用火加热
称量瓶	用作准确称量固体样品的质量	不能直接用火加热，瓶盖与瓶子配套使用，不可互换

续表

仪器	用途	注意事项
 研钵	用于研磨固体试剂或使固体试剂混合均匀	不同性质和硬度的固体应选用不同材质的研钵，固体块较大时应压碎，不能敲碎
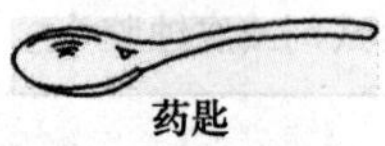 药匙	用于取用固体样品	用后立即洗净擦干，避免混用
 石棉网	加热时垫在热源与玻璃仪器之间使受热均匀	石棉脱落不能使用，不能接触水，不能卷折
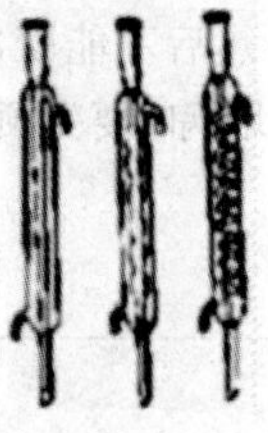 冷凝管	液体蒸馏时用于冷却蒸气	冷却水的进口应在仪器的低处，出水口在高处

第三节　实验内容

实验一　分析天平的使用

1. 实验目的

（1）了解分析天平的构造。

（2）掌握分析天平的基本操作。

（3）掌握常用称量方法。

（4）了解在称量中有效数据的运用。

2. 实验原理

分析天平是一种常用的精密仪器，也是化学实验中最常用的仪器之一。常用分析天平有半自动电光天平、全自动电光天平、单盘电光天平和电子天平。

根据试样的不同性质和分析工作的不同要求，可分别采用直接称样法（简称直接法)、指定质量(固定样)称样法和减量称样法(也称减量法)进行称量。

3. 实验仪器、试剂

仪器：半自动电光天平，托盘天平，称量瓶，小烧杯，牛角匙。

试剂：氯化钠。

4. 实验步骤

(1) 打开天平布罩，叠好放置在不妨碍称量的地方。

(2) 接通电源，打开电源开关和天平开关，预热约30min。

(3) 调水平：用天平前位两个底脚螺丝调正水准器，气泡在水准器正中央即为水平。

(4) 调零点：使微量标尺上的0点与游标(光屏)刻线完全重合。

1) 较大的零点调整：可移动横梁上左右平衡螺丝的位置。

2) 较小的零点调整：微量标尺"0"点与游标(光屏)刻线相距3格以内，可转动底板下面的拨杆。

(5) 称量。

1) 直接法称量烧杯

取一只洁净干燥的小烧杯，先在托盘天平上粗称，再用分析天平准确称量其质量 m_1，将数值记录在表格内。

2) 减量法称量氯化钠

取一只洁净干燥的称量瓶，装入一定质量的氯化钠，在托盘天平上粗称后用分析天平准确称量称量瓶与氯化钠总质量 m_2，向指定烧杯中转入一定质量(0.5g左右)氯化钠后再准确称量剩余氯化钠和称量瓶总质量 m_3，然后准确称量烧杯与氯化钠总质量 m_4，要求 $(m_2 - m_3)$ 和 $(m_4 - m_1)$ 的差值不超过 ±0.5mg。

5. 数据记录

样　　品	质　　量
烧杯质量 m_1 (g)	
(称量瓶+氯化钠)质量 m_2 (g)	
(称量瓶+剩余氯化钠)质量 m_3 (g)	
倒出的氯化钠质量 m_5 (g)	
(烧杯+氯化钠)质量 m_4 (g)	
烧杯中氯化钠质量 m_6 (g)	
差值 $(m_5 - m_6)$ (g)	

6. 注意事项

(1) 开启或关闭天平的动作要轻缓仔细。

(2) 称量时，尽量不开前门、顶门，应使用侧门，开关门时动作应轻缓。

(3) 天平(机械天平)处于开启状态时，绝不能在称盘上取放物品或砝码和开启天平门。

（4）称取吸湿性、挥发性、腐蚀性药品时应尽量快速，注意不要将被称物洒落在天平盘或底板上，称完后被称物及时带离天平。

（5）同一个试验应在同一架天平上称量，以免产生误差。

（6）称量完毕，应随时将天平复原，关闭电源，并检查天平周围是否清洁。

7. 思考题

（1）能否直接用手拿称量瓶，原因是什么？

（2）称量时分析天平光屏向左偏，说明哪边重了，该怎么处理？

（3）能否在分析天平开启时加减砝码？

实验二　酸碱标准溶液的配制与标定

1. 实验目的

（1）了解滴定管、容量瓶等常用仪器的使用方法。

（2）进一步练习分析天平的基本操作。

（3）掌握配制一定浓度的溶液的方法。

（4）初步掌握用滴定法测定溶液浓度的原理和操作方法。

2. 实验原理

NaOH 容易吸收空气中的水蒸气及 CO_2，盐酸则易挥发出 HCl 气体，故它们都不能用直接法配制标准溶液，只能用间接法配制，然后用基准物质标定其准确浓度。也可根据酸碱溶液已标出的其中之一浓度，然后按它们的体积比 V_{HCl}/V_{NaOH} 来计算出另一种标准溶液的浓度。

（1）标定酸的基准物常用无水碳酸钠或硼砂。以无水碳酸钠为基准试剂进行标定时，应采用甲基橙为指示剂，反应式如下：

$$Na_2CO_3 + 2HCl \longrightarrow 2NaCl + H_2CO_3 \longrightarrow 2NaCl + H_2O + CO_2 \uparrow$$

以硼砂 $Na_2B_4O_7 \cdot 10H_2O$ 为基准物时，反应产物是硼酸（$K_a = 5.7 \times 10$），溶液呈微酸性，因此选用甲基红为指示剂，反应如下：

$$Na_2B_4O_7 + 2HCl + 5H_2O = 2NaCl + 4H_3BO_3$$

（2）标定碱的基准物质常用的有邻苯二甲酸氢钾或草酸。水溶性的有机酸也可选用，如苯甲酸（C_6H_5COOH）、琥珀酸（$H_2C_4H_4O_4$）、氨基磺酸（H_2NSO_3H）和丁二酸（$(CH_2)_2(COOH)_2$）等。

邻苯二甲酸氢钾是一种二元弱酸的共轭碱，它的酸性较弱，$K_a = 2.9 \times 10^{-6}$，与 NaOH 反应式如下：

<chemical reaction: 邻苯二甲酸氢钾(COOK/COOH) + NaOH ⟶ 邻苯二甲酸钾钠(COOK/COONa) + H₂O>

反应产物是邻苯二甲酸钾钠，在水溶液中显微碱性，因此应选用酚酞为指示剂。

3. 实验仪器、试剂

仪器：滴定管 50mL、称量瓶、容量瓶、锥形瓶、分析天平、托盘天平、量筒和洗瓶。

试剂：0.1mol·L^{-1}HCl 标准溶液、0.1mol·L^{-1}NaOH 标准溶液、邻苯二甲酸氢钾、无水碳酸钠、0.1%甲基橙水溶液和1%酚酞乙醇溶液。

4. 实验步骤

(1) 0.1mol·L^{-1}HCl 溶液的配制与标定

1) 0.1mol·L^{-1}HCl 溶液的配制。用量筒量取 9mL 盐酸，用蒸馏水稀释定容至 1000mL 容量瓶中，摇匀后转入试剂瓶中待标。

2) 0.1%甲基橙溶液的配制。将 0.1g 甲基橙溶于 100mL 蒸馏水中。

3) 0.1mol·L^{-1}HCl 溶液的标定。在分析天平上用减量法准确称取 0.15~0.20g （准确至 0.1mg）无水 Na$_2$CO$_3$ 三份，分别置于 250mL 的锥形瓶中，加入 60mL 蒸馏水，溶解后加 1~2 滴甲基橙指示剂。

用 0.1mol·L^{-1}HCl 溶液滴定 Na$_2$CO$_3$ 溶液，近终点时，应逐滴或半滴加入，直至被滴定的溶液由黄色恰变成橙色为终点。重复上述操作，滴定其余两份基准物质，记录所消耗 HCl 溶液的体积。

每次标定的结果与平均值的相对偏差不得大于 0.3%，否则应重新标定。

(2) 0.1mol·L^{-1}NaOH 溶液的配制与标定

1) 0.1mol·L^{-1}NaOH 溶液的配制。称取 4.0g NaOH 于烧杯中，加无 CO$_2$ 的蒸馏水溶解冷却，稀释定容至 1000mL，装入橡皮塞试剂瓶中，盖好瓶塞，摇匀，贴好标签待标。

2) 0.1mol·L^{-1}NaOH 溶液的标定。将基准邻苯二甲酸氢钾倒入干燥的称量瓶内，于 105~110℃ 烘至恒重，放入干燥器内备用。用减量法准确称取邻苯二甲酸氢钾 0.51g，置于 250mL 锥形瓶中，加 50mL 无 CO$_2$ 蒸馏水，温热使之溶解，冷却，加酚酞指示剂 2~3 滴，用欲标定的 0.1mol·L^{-1}NaOH 溶液滴定，直到溶液呈粉红色，半分钟不褪色，记录实验数据。同时做空白试验。要求做三个平行样品。

5. 数据记录

测定序号	Ⅰ	Ⅱ	Ⅲ
称量瓶+样品质量(倒出前)(g)			
称量瓶+样品质量(倒出后)(g)			
基准试剂的质量 m (g)			
待标液体积终读数 (mL)			
待标液体积初读数 (mL)			
所耗待标液 V (mL)			
c(待标液) (mol·L^{-1})			
平均值 (mol·L^{-1})			
相对平均偏差			

6. 结果计算

（1）HCl 溶液浓度的计算。根据 Na_2CO_3 的质量 m 和消耗 HCl 溶液的体积 V，可按下式计算 HCl 标准溶液的浓度 c。

$$c = \frac{m}{MV} \times 2000$$

式中：m 为无水碳酸钠的质量，g；M 为碳酸钠的摩尔质量，$g \cdot mol^{-1}$；V 为滴定消耗 HCl 的体积，mL。

（2）NaOH 溶液浓度的计算。根据 KHP（邻苯二甲酸氢钾）的质量 m 和消耗 NaOH 溶液的体积 V，可按下式计算 NaOH 标准溶液的浓度 c。

$$c = \frac{m}{MV} \times 1000$$

式中：m 为 KHP 的质量，g；M 为 KHP 的摩尔质量，$g \cdot mol^{-1}$；V 为滴定消耗 NaOH 的体积，mL。

7. 注意事项

（1）标定标准溶液的基准物一定要烘干，并密闭保存。
（2）基准物质要准确称取。
（3）滴定时，滴定管要洗干净，并要用所装溶液充分润洗。
（4）标定 NaOH 时，溶液要半分钟不褪色，才是终点。
（5）标定 HCl 时，在 CO_2 存在下终点变色不够敏锐，因此，在接近滴定终点之前，最好把溶液加热至沸，并摇动以赶走 CO_2，冷却后再滴定。
（6）滴定前一定要排出滴定管尖端气泡。

8. 思考题

（1）滴定管和锥形瓶用不用待标溶液润洗，为什么？
（2）配制溶液用什么水？
（3）滴定操作的注意事项是什么？
（4）读取滴定管体积时应该从上往下读，还是从下往上读？

实验三　食品中有效酸度的测定

1. 实验目的

（1）掌握用 pH 计测定溶液 pH 的操作。
（2）了解用 pH 标准缓冲液定位的意义和温度补偿装置的作用。
（3）通过实验，加深对溶液 pH 测定原理和方法的理解。

2. 实验原理

以玻璃电极为指示电极，饱和甘汞电极为参比电极，插入待测样液中组成原电池。原电池的电动势与溶液 pH 呈线性关系，斜率为 $2.303RT/F$，为了直接读出溶液 pH，pH 计上相邻两个读数间隔相当于 $2.303RT/F(V)$ 的电位，此值随温度的改变而变化，因此 pH 计上都设有温度调节钮来调节温度，以满足上式要求。当温度 $T=25℃$，该电池电动势大小与溶液 pH 有直线关系：$E=E_0-0.0591\text{pH}$，利用酸度计测量电池电动势并直接以 pH 表示，故可从酸度计上读出样品溶液的 pH。

在实际工作中，常采用"两次测量法"进行测定，首先用标准缓冲溶液校准 pH，叫"定位"，定位时选用的标准溶液与待测试液的 pH 应尽量相近，有些仪器还需用另一种标准缓冲液来"检验"，然后再进行待测试液 pH 的测定。

3. 实验仪器、试剂

仪器：pHS-25 数显 pH 计，小烧杯，玻璃棒，温度计，容量瓶。

试剂：pH 标准缓冲溶液，待测试液。

4. 实验步骤

（1）样品处理

1）果蔬样品：将果蔬样品榨汁后，取其汁液直接进行 pH 测定，对于果蔬干制品，可取适量样品，并加入一定体积的无 CO_2 蒸馏水，于水浴上加热 30min，捣碎、过滤取滤液测定。

2）肉类制品：称取 10g 已除去油脂并捣碎的样品于 250mL 锥形瓶中，加入 100mL 无 CO_2 蒸馏水，浸泡 15min 并随时摇动，过滤后取滤液测定。

3）罐头制品（液固混合样品）：先将样品沥汁液，取浆汁液测定。或将液固混合捣碎成浆状后，取浆状物测定。若有油脂，则应先分离出油脂。

含 CO_2 的液体样品（如碳酸饮料、啤酒等）：同总酸度测定方法排除 CO_2 后再测定。

（2）测试前准备

1）插上电源开关，打开 pH 计开关。

2）预热 30min。

3）将电极插入电极插座，调节电极夹到适当位置，拔下电极前端的电极套。

（3）测试过程

1）校正仪器。仪器根据测量精度要求，可选用一点标定法和二点标定法。常规的测量可采用一点标定法，精确测量时采用二点标定法。

一点标定法：将 pH 计上的开关置于 pH 档，用蒸馏水清洗电极，滤纸吸干，然后把电极插入已知 pH 的标准缓冲溶液（pH 4.01 或 pH 9.18），注意玻璃球完全浸入溶液内但不碰杯底，调节温度调节器使所指示的温度与溶液温度相同，并摇动小烧杯使溶液达到平衡，旋转定位调节器使仪器的指示值为该缓冲溶液所在温度相应的 pH。

两点标定法：将斜率调节器顺时针旋到底，旋转温度调节器使所指的温度与溶液温度相同，并摇动烧杯，使溶液均匀，用蒸馏水清洗电极，滤纸吸干，把电极插入已知 pH 为 6.88 的标准缓冲溶液中，旋转定位调节器，使仪器的指示值为缓冲溶液所在温度相应的 pH（pH 为6.88）。

用蒸馏水清洗电极，并用滤纸吸干，把电极插入另一只已知 pH 标准缓冲溶液（pH 4.01 或 pH 9.18）并摇动烧杯使溶液均匀，旋转斜率调节器，使仪器的指示值为溶液所在温度相应的pH(pH 4.01或pH 9.18)。反复操作,直到误差不超过±0.1。

2) pH的测量。被测溶液与定位溶液温度相同时测量步骤如下:

用蒸馏水冲洗复合电极,滤纸吸干,把电极浸入被测溶液中,轻轻摇动烧杯,使溶液均匀,待仪器上显示的数值稳定时,读出溶液的pH。

被测溶液和定位溶液温度不同时测量温度如下:

用蒸馏水清洗电极,滤纸吸干,用温度计测出被测溶液的温度,调节温度调节器,使白线对准被测溶液的温度,把电极插入被测溶液内,轻轻摇动烧杯,使溶液均匀,待仪器上显示的数值稳定时,即为待测溶液的pH。取出电极,用蒸馏水冲洗,滤纸吸干,插入电极插口。

5. 数据记录

pH	Ⅰ	Ⅱ	Ⅲ	平均值
样品1				
样品2				
样品3				

6. 结果计算

$$平均值 = (Ⅰ + Ⅱ + Ⅲ)/3$$

7. 注意事项

(1) 注意保护电极,防止损坏或污染。

(2) 电极插入溶液后要充分搅拌均匀(2~3min),待溶液静止后(2~3min)再读数。

(3) 复合电极和饱和甘汞电极补充参比补充液,复合电极的外参比补充液是3mol·L^{-1}的氯化钾溶液,饱和甘汞电极的电极补充参比补充液是饱和氯化钾溶液。电极的引出端,必须保持干净和干燥,绝对防止短路。

(4) 测定时电极的小球泡不能碰到烧杯底部,且溶液应浸泡在小孔部位以上,并平衡一定时间。

(5) 每次更换溶液应将电极冲洗干净并擦干净。

(6) 复合电极内充液如果太少,应把它加到适当。

(7) 溶液酸碱性改变时,应更换标准定位液,重新定位,定位液与待测液的pH应满足$|pH_x - pH_s| \leq 3$。

(8) pH计读数不稳定,读取出现频率最大的数。

8. 思考题

(1) 测定不同溶液pH时需要重新冲洗电极吗?

(2) 测定不同样品时要不要重新定位pH计?

(3) 在测定样品时,能不能用电极搅拌溶液使其混合均匀?

实验四 自来水总硬度的测定

1. 实验目的

（1）学习配位滴定法测定水中总硬度的原理和方法。
（2）学习 EDTA 标准溶液的配制和标定方法。
（3）熟悉金属指示剂变色原理及滴定终点的判断。
（4）进一步练习移液管、滴定管的使用及滴定操作。

2. 实验原理

水的总硬度是以水中钙、镁的总量折算成 CaO 的量来衡量的。由于钙镁等酸式盐的存在而引起的硬度叫做碳酸盐硬度。当煮沸时，这些盐类分解，大部分生成碳酸盐沉淀而除去。习惯上把它叫做暂时硬度。例如：

$$Ca(HCO_3)_2 \longrightarrow CaCO_3\downarrow + CO_2\uparrow + H_2O$$

由钙、镁的氯化物、硫酸盐、硝酸盐等引起的硬度叫做非碳酸盐硬度。由于这些盐类不可能借煮沸生成沉淀而除去，因此习惯上把它叫做永久硬度。碳酸盐硬度和非碳酸盐硬度之和就是水的总硬度。

各国采用的硬度单位有所不同，我国通常以 $mg \cdot L^{-1}$（CaO 或 $CaCO_3$）表示水的硬度，以度(°)计，$1° = 10mg\ CaO \cdot L^{-1}$。水的硬度可分为五种：极软水 0°~4°，微硬水 8°~16°，硬水 16°~30°，极硬水 >30°，生活饮用水 ≤25°，工业用水要求为软水，否则容易形成水垢，造成危害。

当水样中有铬黑 T 指示剂存在时，与钙、镁离子形成紫红色或酒红色螯合物，这些螯合物的不稳定常数大于乙二胺四乙酸钙和镁螯合物不稳定常数。当 pH = 10 时，乙二胺四乙酸二钠先与钙离子，再与镁离子形成螯合物，滴定至终点时，溶液呈现出铬黑 T 指示剂的天蓝色。因此根据消耗的 EDTA 标准溶液的准确体积，便可求得水中的总硬度。

3. 实验仪器、试剂

（1）仪器：250mL 锥形瓶，50mL、25mL 移液管，50mL 酸式滴定管，200mL 烧杯，100mL 量筒，洗耳球，蝴蝶夹，铁架台，洗瓶，分析天平。

（2）试剂：铬黑 T 指示剂，$NH_3 \cdot H_2O - NH_4Cl$ 缓冲溶液（pH 10），$0.02mol \cdot L^{-1}$ 钙镁标准溶液，$0.02mol \cdot L^{-1}$ EDTA 标准溶液。

4. 实验步骤

（1）EDTA 标准溶液的标定。用 25.00mL 移液管精确吸取 $0.02mol \cdot L^{-1}$ 钙镁标准溶液，放入 250mL 锥形瓶中，再加入 $NH_3 \cdot H_2O - NH_4Cl$ 缓冲溶液 5mL 及铬黑 T 3 滴，用 EDTA 溶液滴定至溶液由酒红色转变为蓝色，记录滴定时消耗 EDTA 溶液的体积，平行滴定 3 次，滴定误差不得超过 0.25mL。

（2）水的硬度测定。用 25.00mL 移液管吸取水样三份，分别放入 250mL 锥形瓶中，加 5mL $NH_3·H_2O-NH_4Cl$ 缓冲溶液及 3 滴铬黑 T 指示剂，用 EDTA 标准溶液滴定至溶液由酒红色变为蓝色，即为终点，记录 EDTA 溶液的用量。

为使实验结果更加精确，水样平行三次滴定，滴定误差不得超过 0.25mL，取平均值计算水的硬度。

5. 数据记录

（1）EDTA 标准溶液的标定。数据记录见下表。

钙镁标准混合溶液		浓度 0.02mol·L^{-1}		体积 25.00mL
实验编号	1	2		3
滴定管终读数（mL）				
滴定管初读数（mL）				
消耗 EDTA 溶液体积（mL）				
EDTA 溶液浓度（mol·L^{-1}）				
EDTA 溶液平均浓度（mol·L^{-1}）				

（2）水的硬度测定。数据记录见下表。

实验编号	1	2	3
滴定管终读数（mL）			
滴定管初读数（mL）			
消耗 EDTA 溶液体积（mL）			
EDTA 溶液浓度（mol·L^{-1}）			
水硬度（°）			
水硬度平均值（°）			

6. 结果计算

（1）EDTA 溶液浓度的计算

$$c_{EDTA} = \frac{25 \times 0.02}{V_{EDTA}}$$

（2）水的硬度的计算

$$硬度(°) = \frac{(cV)_{EDTA} \times M_{CaO} \times 1000}{10 V_{水}}$$

式中：c_{EDTA} 为 EDTA 溶液的浓度，mol·L^{-1}；V_{EDTA} 为 EDTA 溶液消耗体积，mL；M_{CaO} 为 CaO 摩尔质量，g；$V_{水}$ 为所取水样体积，mL。

7. 注意事项

（1）因 EDTA 络合滴定较酸碱反应慢得多，故滴定时速度不可过快。接近终点时，每加一滴 EDTA 溶液都应充分振荡，否则会使终点过早出现，测定结果偏低。

（2）水样中加入缓冲溶液后，为防止 Ca^{2+}、Mg^{2+} 产生沉淀，必须立即进行滴定，并在五分钟内完成滴定过程。

（3）如滴定至终点时，稍放置一会儿又重新出现紫红色，这可能是由于微小颗粒状钙、镁盐的存在而引起的。遇此情况，应另取水样，滴加盐酸使其呈酸性，加热至沸腾，然后加氨水至呈中性，再按测定步骤进行。

（4）使用滴定管时要注意排气泡。

（5）接近滴定终点时可用"半滴操作"。

（6）若水样中含有金属干扰离子，使滴定终点延迟或颜色发暗，可另取水样，加入 0.5mL 盐酸羟胺及 1mL 硫化钠溶液或 0.5mL 氰化钾溶液再行滴定。

8. 思考题

（1）使用移液管时注意事项有哪些？

（2）水样浑浊时要不要预先处理，如何处理？

（3）如果水样消耗 EDTA 体积比较少，需要如何处理？

（4）为什么水样要加入缓冲溶液？

实验五　自来水中微量氯离子的测定

1. 实验目的

（1）掌握沉淀滴定法测定水中氯离子的原理和方法。

（2）了解硝酸银标准溶液的配制。

（3）熟悉指示剂变色原理及滴定终点的判断。

2. 实验原理

在中性或弱碱性溶液中，以铬酸钾为指示剂，用硝酸银滴定氯化物，由于氯化银的溶解度小于铬酸银的溶解度，当水样中的氯离子被完全沉淀后，铬酸根才以铬酸银形式沉淀出来，产生砖红色，指示氯离子滴定终点。反应如下：

$$Ag^+ + Cl^- \longrightarrow AgCl\downarrow（白色沉淀）$$
$$2Ag^+ + CrO_4^{2-} \longrightarrow Ag_2CrO_4\downarrow（砖红色沉淀）$$

沉淀形成的迟早与铬酸银离子的浓度有关，必须加入足量的指示剂。且由于有稍过量的硝酸银与铬酸钾形成铬酸银的终点较难判断，所以需要以蒸馏水作空白滴定，以作对照判断。

本法适用于天然水中氯化物的测定，也适用于经过适当稀释的高矿化废水（咸水、海水等）及经过各种预处理的生活污水和工业废水。

3. 实验仪器、试剂

仪器：250mL 锥形瓶，50mL 移液管，50mL 棕色酸式滴定管，200mL 烧杯，小滴

瓶，洗耳球，蝴蝶夹，铁架台，洗瓶，分析天平

试剂：AgNO₃ 标准溶液（$c_{AgNO_3}=0.025\,\text{mol}\cdot\text{L}^{-1}$），10% K₂CrO₄ 溶液。

4. 实验步骤

用移液管移取 50.00mL 水样于 250mL 锥形瓶中，加入 10 滴 K₂CrO₄ 指示剂，在不断摇动下，用 AgNO₃ 标准溶液滴定至出现砖红色沉淀并不褪色，即为终点，同时在相同条件下做空白试验（以 CaCO₃ 作衬底）。平行测定三次。

5. 数据记录

实验编号	1	2	3	空白值
滴定管终读数（mL）				
滴定管初读数（mL）				
AgNO₃ 溶液消耗体积（mL）				
AgNO₃ 溶液浓度（mol·L⁻¹）				
Cl⁻ 浓度（mg·L⁻¹）				
Cl⁻ 浓度平均值（mg·L⁻¹）				

6. 结果计算

$$\text{氯化物}(Cl^-, \text{mg}\cdot\text{L}^{-1})=\frac{(V_2-V_1)c_{AgNO_3}\times 35.45\times 1000}{V}$$

式中：c_{AgNO_3} 为 AgNO₃ 标准溶液的浓度，$\text{mol}\cdot\text{L}^{-1}$；$V_2$ 为水样消耗 AgNO₃ 标准溶液体积，mL；V_1 为空白消耗 AgNO₃ 标准溶液体积，mL；V 为水样体积，mL。

7. 注意事项

（1）滴定时必须剧烈摇动，因为析出的 AgCl 会吸附溶液中过量的构晶离子 Cl⁻，使溶液中 Cl⁻ 浓度降低，导致终点提前（负误差）。

（2）莫尔法只能用于测定水中的 Cl⁻ 和 Br⁻ 的含量，但不能用 NaCl 标准溶液直接滴定。

（3）凡能与 Ag⁺ 生成沉淀的阴离子（如 PO_4^{3-}、CO_3^{2-}、$C_2O_4^{2-}$、S^{2-}、SO_3^{2-}），能与指示剂 CrO_4^{2-} 生成沉淀的阳离子（如 Ba^{2+}、Pb^{2+}）以及能发生水解的金属离子（如 Al^{3+}、Fe^{3+}、Bi^{3+}、Sn^{4+}）都干扰测定。

8. 思考题

（1）为什么做空白试验并加入 CaCO₃ 作为衬底，CaCO₃ 应加入多少？

（2）为什么用棕色滴定管？

（3）硝酸银溶液配好后应放置在什么容器里面？

实验六　高锰酸钾法测定过氧化氢的含量

1. 实验目的

（1）掌握高锰酸钾氧化还原法测定过氧化氢的原理及方法。

（2）熟悉滴定终点的判断。

（3）了解高锰酸钾标准溶液的配制方法。

2. 实验原理

过氧化氢具有还原性，在酸性介质和室温条件下能被高锰酸钾氧化，其反应方程式为：

$$2MnO_4^- + 5H_2O_2 + 6H^+ \longrightarrow 2Mn^{2+} + 5O_2\uparrow + 8H_2O$$

在室温下，滴定开始反应缓慢，随着 Mn^{2+} 的生成而加速，Mn^{2+} 可作为催化剂。

3. 实验仪器、试剂

（1）仪器：电子天平，250mL 锥形瓶，2mL、25mL 移液管，50mL 酸式滴定管。

（2）试剂：$0.020mol \cdot L^{-1}$ $KMnO_4$ 标准溶液，$3mol \cdot L^{-1}$ H_2SO_4 溶液，$1mol \cdot L^{-1}$ $MnSO_4$ 溶液，H_2O_2 试样（市售质量分数为 30% 的 H_2O_2 水溶液）。

4. 实验步骤

用移液管移取 H_2O_2 试样溶液 2.00mL，置于 250mL 容量瓶中，加水稀释定容至刻度，充分摇匀后备用。用移液管移取稀释过的 H_2O_2 25.00mL 置于 250mL 锥形瓶中，加入 $3mol \cdot L^{-1}$ H_2SO_4 5mL，用 $KMnO_4$ 标准溶液滴定至溶液呈粉红色，30s 内不褪色即为终点。平行测定 3 次。

5. 数据记录

实验编号	1	2	3
滴定管终读数（mL）			
滴定管初读数（mL）			
$KMnO_4$ 溶液消耗体积（mL）			
$KMnO_4$ 溶液浓度（$mol \cdot L^{-1}$）			
H_2O_2 浓度（$g \cdot mL^{-1}$）			
H_2O_2 浓度平均值（$g \cdot mL^{-1}$）			

6. 结果计算

$$H_2O_2 \text{ 浓度}(g \cdot mL^{-1}) = \frac{5}{2} \times cV \times M \times 5$$

式中：c 为 $KMnO_4$ 标准溶液的浓度，$mol \cdot L^{-1}$；V 为消耗 $KMnO_4$ 标准滴定溶液的体积，

mL；M 为 H_2O_2 的摩尔质量，$g \cdot mol^{-1}$。

7. 注意事项

（1）开始时滴定的速度不宜太快，应逐滴加入。

（2）$KMnO_4$ 滴定的终点不太稳定，这是由于空气中的还原性物质进入溶液中能使 $KMnO_4$ 缓慢分解，而使粉红色消失，所以经过半分钟不褪色，即可认定终点已到。

（3）H_2O_2 试样若系工业产品，用高锰酸钾法测定不合适，因为产品中常有少量乙酰苯胺等有机化合物作为稳定剂，滴定时也将被 $KMnO_4$ 氧化，引起误差。此时应采用碘量法或硫酸铈法进行测定。

8. 思考题

（1）用 $KMnO_4$ 法测定 H_2O_2 时，能否用 HNO_3、HCl 和 HAC 来控制酸度？

（2）$KMnO_4$ 和 Mn^{2+} 溶液呈什么颜色？

（3）用高锰酸钾法测定 H_2O_2 时，能不能通过加热来加速反应，为什么？

实验七　莫尔法测定酱油中氯化钠的含量

1. 实验目的

（1）掌握酱油或其他液体食品中氯化钠的测定方法。

（2）进一步熟悉莫尔法测定氯化物的原理和方法。

（3）掌握指示剂变色原理及滴定终点的判断。

2. 实验原理

在中性或弱碱性溶液中，以铬酸钾为指示剂，用硝酸银滴定氯化物，由于氯化银的溶解度小于铬酸银的溶解度，根据分步沉淀的原理，当试样中的氯离子被完全沉淀后，铬酸根才以铬酸银形式沉淀出来，产生砖红色，指示氯离子滴定终点。反应如下：

$$Ag^+ + Cl^- \longrightarrow AgCl\downarrow（白色沉淀）$$

$$2Ag^+ + CrO_4^{2-} \longrightarrow Ag_2CrO_4\downarrow（砖红色沉淀）$$

3. 实验仪器、试剂

仪器：250mL 锥形瓶，5mL、25mL 移液管，50mL 棕色酸式滴定管，200mL 烧杯，分析天平。

试剂：$AgNO_3$ 标准溶液（$c_{AgNO_3} = 0.05 mol \cdot L^{-1}$），10% K_2CrO_4 溶液，酱油试样。

4. 实验步骤

（1）酱油试样的稀释。用 5mL 移液管移取酱油试样 5.00mL 于 100mL 容量瓶中，加水定容至刻度，摇匀备用。

（2）酱油中 NaCl 含量的测定。用 25mL 移液管移取 25.00mL（1）所得试样于 250mL 锥形瓶中，加入 10 滴 K_2CrO_4 指示剂，在不断摇动下，用 $AgNO_3$ 标准溶液滴定至出现砖红色沉淀 30s 内不褪色，即为终点。平行测定 3 次。

5. 数据记录

实验编号	1	2	3
滴定管终读数（mL）			
滴定管初读数（mL）			
AgNO$_3$ 溶液消耗体积（mL）			
AgNO$_3$ 溶液浓度（mol·L^{-1}）			
NaCl 浓度（g·L^{-1}）			
NaCl 浓度平均值（g·L^{-1}）			

6. 结果计算

$$\text{NaCl 浓度（g·L}^{-1}\text{）} = \frac{(cV)_{\text{AgNO}_3} \times M_{\text{NaCl}} \times 100}{25 \times 5}$$

式中：c_{AgNO_3} 为 AgNO$_3$ 标准溶液的浓度，mol·L^{-1}；V_{AgNO_3} 为消耗 AgNO$_3$ 标准溶液体积，mL；M_{NaCl} 为 NaCl 的摩尔质量，g·mol^{-1}。

7. 注意事项

参考实验五。

8. 思考题

（1）以 K$_2$CrO$_4$ 作指示剂时，指示剂浓度过大或过小对测定有无影响？

（2）在滴定过程中，特别是化学计量点附近为什么要不断剧烈摇动？

（3）能否以 NaCl 标准溶液直接滴定 Ag$^+$？

实验八　常见阴离子的分离与鉴定

1. 实验目的

（1）熟悉常见阴离子的性质。

（2）掌握常见阴离子的分离和鉴定方法及原理。

2. 实验原理

阴离子分为简单阴离子和复杂阴离子，简单阴离子只有一种非金属元素，复杂阴离子由两种和两种以上元素构成。同一元素常常有多种阴离子组成，例如：由 S 就可以构成 S^{2-}、SO$_3^{2-}$、SO$_4^{2-}$、S$_2$O$_3^{2-}$、S$_2$O$_8^{2-}$ 等常见的阴离子，形式不同，性质不同。

在进行混合阴离子的分析鉴定时，一般是利用阴离子的分析特性进行初步试验，确定离子可能存在的形式，然后进行单个离子的鉴定。阴离子的分析特性主要有以下几种。

(1) 与酸作用放出气体，利用产生气体的物理化学性质，可初步推断 CO_3^{2-}、SO_3^{2-}、$S_2O_3^{2-}$、S^{2-}、NO_2^- 是否存在。

(2) 除碱金属盐和 NO_3^-、ClO_3^-、ClO_4^-、Ac^- 等阴离子形成的盐易溶解外，其余的盐类大多数是难溶的。目前一般采用钡盐和银盐的溶解性差别来鉴定部分阴离子是否存在。

(3) 除 Ac^-、CO_3^{2-}、SO_4^{2-} 和 PO_4^{3-} 外，绝大多数阴离子具有不同程度的氧化还原性，在酸性溶液中，强还原性的阴离子 SO_3^{2-}、$S_2O_3^{2-}$、S^{2-} 可被 I_2 氧化。利用加入 I_2-淀粉溶液后是否褪色，可判断这些阴离子是否存在。用强氧化剂 $KMnO_4$ 与之作用，若红色消失，还可能有 Br^-、I^- 弱还原性阴离子存在，如红色不消失，则不存在还原性阴离子。在酸性溶液中氧化性阴离子 NO_2^- 可氧化 I^- 成为 I_2，使淀粉溶液变蓝，用 CCl_4 萃取后，CCl_4 层呈现紫红色，而 NO_3^- 只有浓度大时才有类似反应。AsO_4^{3-} 氧化 I^- 成为 I_2 的反应是可逆的，若在中性或弱碱性时 I_2 能氧化 AsO_3^{3-} 生成 AsO_4^{3-}。

根据阴离子的分析特性进行初步试验，可以判断出试液中可能存在的阴离子，然后根据存在离子性质的差异和特征反应进行分别鉴定。

3. 实验仪器、试剂

仪器：试管，离心试管，离心机，点滴板，烧杯，水浴锅，pH 试纸，$Pb(Ac)_2$ 试纸。

试剂：$PbCO_3$，$FeSO_4 \cdot 7H_2O$，HCl（$2.0mol \cdot L^{-1}$，$6.0mol \cdot L^{-1}$），H_2SO_4（$1.0mol \cdot L^{-1}$，$3.0mol \cdot L^{-1}$ 浓 H_2SO_4），HNO_3（$2.0mol \cdot L^{-1}$，$6.0mol \cdot L^{-1}$），$NH_3 \cdot H_2O$（$2.0mol \cdot L^{-1}$，$6.0mol \cdot L^{-1}$），$NaNO_2$（$0.1mol \cdot L^{-1}$），$NaNO_3$（$0.1mol \cdot L^{-1}$），KI（$0.1mol \cdot L^{-1}$），NaCl（$0.1mol \cdot L^{-1}$），KBr（$0.1mol \cdot L^{-1}$），Na_2SO_3（$0.1mol \cdot L^{-1}$），Na_2CO_3（$0.1mol \cdot L^{-1}$），Na_2S（$0.1mol \cdot L^{-1}$），Na_2SO_4（$0.1mol \cdot L^{-1}$），Na_3PO_4（$0.1mol \cdot L^{-1}$），$AgNO_3$（$0.1mol \cdot L^{-1}$），$(NH_4)_2MoO_4$（$0.1mol \cdot L^{-1}$），$KMnO_4$（$0.01mol \cdot L^{-1}$），$BaCl_2$（$0.1mol \cdot L^{-1}$），$Ba(OH)_2$（$0.1mol \cdot L^{-1}$），HAC（$0.1mol \cdot L^{-1}$），$K_4[Fe(CN)_6]$（$0.1mol \cdot L^{-1}$），$ZnSO_4$（饱和），CCl_4，$Na_2[Fe(CN)_5NO]$ 溶液（5%），I_2-淀粉溶液，对氨基苯磺酸（1%），α-萘胺（0.4%）。

4. 实验步骤

(1) 阴离子的初步试验

1) 酸碱性试验。用 pH 试纸测定混合阴离子试液的酸碱性，若试液呈强酸性，则阴离子 CO_3^{2-}、SO_3^{2-}、$S_2O_3^{2-}$、S^{2-}、NO_2^- 等不存在。

2) 挥发性试验。若混合阴离子试液为中性或弱碱性，在试管中加入少量试液，再逐滴加入 $3.0mol \cdot L^{-1} H_2SO_4$ 溶液，轻轻晃动，必要时在水浴中微热，观察有无气泡的产生，颜色有无变化，溶液是否变浑浊，利用这些特性判断 CO_3^{2-}、SO_3^{2-}、$S_2O_3^{2-}$、S^{2-}、NO_2^- 等是否存在。

3）沉淀试验

与 $BaCl_2$ 的反应：在离心试管中滴加试液 3~4 滴，然后滴加 $0.1mol \cdot L^{-1}$ 的 $BaCl_2$ 溶液 3~4 滴，观察有无沉淀生成。离心分离后，试验沉淀在 $6.0mol \cdot L^{-1}$ HCl 溶液中的溶解性，以此鉴定有无 SO_4^{2-}、PO_4^{3-}、SO_3^{2-}、CO_3^{2-}、$S_2O_3^{2-}$ 的存在。

与 $AgNO_3$ 的反应：在试管中滴加试液 3~4 滴，再滴加 $0.1mol \cdot L^{-1}$ 的 $AgNO_3$ 溶液 3~4 滴，观察沉淀的生成与颜色的变化（$Ag_2S_2O_3$ 刚生成时为白色，迅速变黄——棕——黑），然后用 $6.0mol \cdot L^{-1}$ HNO_3 溶液酸化，观察沉淀的溶解性，以此鉴定 Cl^-、Br^-、I^-、SO_4^{2-}、PO_4^{3-}、SO_3^{2-}、CO_3^{2-}、S^-、$S_2O_3^{2-}$ 的存在。

4）氧化还原性的试验

氧化性试验：在试管中滴加试液 10 滴，用 $3.0mol \cdot L^{-1}$ H_2SO_4 溶液酸化后，加 CCl_4 溶液 10 滴和 $0.1mol \cdot L^{-1}$ KI 溶液 5 滴，振荡试管，观察现象，鉴定 NO_3^-、NO_2^- 的存在。

还原性试验：①I_2-淀粉试验：在试管中滴加试液 3~4 滴，用 $1.0mol \cdot L^{-1}$ H_2SO_4 溶液酸化后，滴加 I_2-淀粉溶液 2 滴，观察现象，鉴定 SO_3^{2-}、S_2^-、$S_2O_3^{2-}$ 的存在。②$KMnO_4$ 试验：在试管中滴加试液 3~4 滴，用 $1.0mol \cdot L^{-1}$ H_2SO_4 溶液酸化后，滴加 $0.01mol \cdot L^{-1}$ 的 $KMnO_4$ 溶液 2 滴，振荡试管，观察现象，鉴定 Cl^-、Br^-、I^-、SO_3^{2-}、S_2^-、$S_2O_3^{2-}$、NO_2^- 的存在。

根据初步试验结果，可推断出混合液可能存在的离子，然后进行分别鉴定。

(2) 常见阴离子的鉴定

1) Cl^- 的鉴定。取 5 滴 Cl^- 试液于离心试管中，加入 1 滴 $6.0mol \cdot L^{-1}$ HNO_3，振荡试管，再加入 $0.1mol \cdot L^{-1}$ $AgNO_3$ 至沉淀完全，观察沉淀的颜色。离心沉降弃去清液，并在沉淀中加入数滴 $6.0mol \cdot L^{-1}$ $NH_3 \cdot H_2O$，振荡后，观察沉淀溶解，然后再加入 $6.0mol \cdot L^{-1}$ HNO_3，又有白色沉淀析出，就证明有 Cl^- 的存在。

2) Br^- 的鉴定。取 2 滴 Br^- 试液于试管中，加入 1 滴 $1.0mol \cdot L^{-1}$ H_2SO_4 和 5 滴 CCl_4，然后加入氯水，边加边摇，若 CCl_4 层出现棕色或黄色，表示有 Br^- 的存在。

3) I^- 的鉴定。取 2 滴 I^- 试液于试管中，加入 1 滴 $1.0mol \cdot L^{-1}$ H_2SO_4 和 5 滴 CCl_4，然后加入氯水，边加边摇，若 CCl_4 层出现紫色，再加氯水，紫色褪去，变成无色，表示有 I^- 的存在。

4) SO_4^{2-} 的鉴定。取 SO_4^{2-} 试液 5 滴于试管中，加 $6.0mol \cdot L^{-1}$ HCl 溶液 2 滴，再加 $0.1mol \cdot L^{-1}$ $BaCl_2$ 溶液 2 滴，若有白色沉淀产生，则表示有 SO_4^{2-} 存在。

5) SO_3^{2-} 的鉴定。若 SO_3^{2-} 试液中有 S^{2-} 干扰鉴定，可加入少量固体 $PbCO_3$ 使 S^{2-} 产生黑色沉淀而除去。取 10 滴 SO_3^{2-} 试液于离心试管中，加入少量固体 $PbCO_3$，振荡，若沉淀由白色变为黑色，则再加入少量固体 $PbCO_3$，直到沉淀呈灰色为止，离心分离，保留清液备用。

在点滴板上加饱和 $ZnSO_4$ 溶液，$0.1mol \cdot L^{-1}$ $K_4[Fe(CN)_6]$ 溶液各 1 滴，有白色沉淀产生，继续加 1 滴 $Na_2[Fe(CN)_5NO]$，1 滴除去 S^{2-} 的 SO_3^{2-} 试液，加 $2.0mol \cdot L^{-1}$

$NH_3 \cdot H_2O$ 调节溶液为中性,白色沉淀转化为红色沉淀,表示有 SO_3^{2-} 存在。

6) S^{2-} 的鉴定。取 5 滴 S^{2-} 试液于试管中,加数滴 $2.0mol \cdot L^{-1}$ HCl 溶液,若产生的气体使 $Pb(Ac)_2$ 试纸变黑,则表示有 S^{2-} 存在。

7) CO_3^{2-} 的鉴定。取 5 滴含有 CO_3^{2-} 试液于试管内,加 5 滴澄清的饱和 $Ba(OH)_2$ 溶液,溶液变浑浊,再加 5 滴 $2.0mol \cdot L^{-1}$ HCl 溶液,沉淀溶解,表示有 CO_3^{2-} 存在。

8) NO_3^- 的鉴定。取 10 滴 NO_3^- 试液于试管中,加 2 粒 $FeSO_4$ 晶体,振荡试管,沿试管内壁加 8 滴浓 H_2SO_4 如有棕色环出现,则表示有 NO_3^- 存在。

9) NO_2^- 的鉴定。取 5 滴 NO_2^- 试液于试管中,加入几滴 $6.0mol \cdot L^{-1}$ HAc,再加入 1 滴对氨基苯磺酸和 1 滴 α-萘胺,振荡,溶液呈粉红色,则表示有 NO_2^- 存在。

10) PO_4^{3-} 的鉴定。取 3 滴 PO_4^{3-} 的试液于试管中,加入 6 滴 $6mol \cdot L^{-1}$ HNO_3 溶液和 10 滴 $0.1mol \cdot L^{-1}$ 的 $(NH_4)_2MoO_4$ 溶液,40℃水浴加热,用玻璃棒摩擦试管壁,若有黄色晶体生成,表示有 PO_4^{3-} 存在。

5. 注意事项

(1) 离子鉴定时一定要注意观察实验现象,并做好记录。
(2) 使用离心机时一定要保证离心机的平衡,按操作规程操作。
(3) 离子鉴定所用试液取量应适当,一般取 3~10 滴为宜。
(4) 利用沉淀分离时,沉淀剂的浓度和用量应适量,以保证被沉淀离子沉淀完全。但不是越多越好。

6. 思考题

(1) 写出以上离子鉴定反应方程式。
(2) 设计 Cl^-、Br^-、I^- 混合液的分离与鉴定。
(3) 一个能溶于水的混合物,已检出含有 Ag^+ 和 Ba^{2+},则阴离子 SO_3^{2-}、Cl^-、NO_3^-、SO_4^{2-}、CO_3^{2-}、I^- 中哪几个可不必鉴定就能判定其不存在?

实验九　常见阳离子的分离与鉴定

1. 实验目的

(1) 熟悉常见阳离子的性质。
(2) 掌握常见阳离子的分离和鉴定方法及原理。

2. 实验原理

离子的分离和鉴定是以离子对试剂的不同反应现象为依据,在发生反应时可能会有气体产生、颜色变化、沉淀的生成或溶解等。各离子对试剂作用的差异性是构成离子分离与鉴定的基础。

常见阳离子种类比较多,在阳离子的鉴定反应中,相互干扰的情况也较多。在进行混合阳离子分离鉴定时,常采用分组法进行初步试验,常用的混合阳离子分组法有硫化氢系统法和两酸、两碱系统法。一旦确定离子可能存在的情况,再进行单个离子的鉴定。硫化氢系统法和两酸、两碱系统法主要包括了以下内容。

(1) 硫化氢(H_2S 或 $(NH_4)_2S$)系统法。

1) 若在碱性条件下生成硫化物或氢氧化物沉淀，沉淀不溶于水，但可溶于盐酸，可初步推断有 Al^{3+}、Cr^{3+}、Fe^{2+}、Mn^{2+}、Zn^{2+}、Co^{2+}、Ni^{2+} 的存在。

2) 若在酸性条件下($0.2 \sim 0.6 mol \cdot L^{-1} H^+$)生成硫化物沉淀，沉淀不溶于稀酸，可初步推断有 Ag^+、Hg^{2+}、Pb^{2+}、Bi^{3+}、Cu^{2+}、Cd^{2+}、$As(V)$、As^{3+}、$Sb(V)$、Sb^{3+}、$Sn(IV)$ 的存在。

(2) 两酸两碱系统法。

1) 与 HCl 反应。若与 HCl 反应能生成氯化物沉淀，可初步推断有 Ag^+、Hg_2^{2+}、Pb^{2+} 的存在，但 $PbCl_2$ 溶解度较大，只在 Pb^{2+} 浓度较大时才析出沉淀，所以在加入 HCl 后无白色沉淀析出，只能证明无 Ag^+、Hg_2^{2+}，而不能证明无 Pb^{2+}。

2) 与 H_2SO_4 反应。若与 H_2SO_4 反应有硫酸盐白色沉淀产生，则可初步推断有 Ag^+、Hg_2^{2+}、Pb^{2+}、Ba^{2+}、Ca^{2+}、Sr^{2+} 的存在。

3) 与 NaOH 反应。若与 NaOH 反应有两性氢氧化物沉淀产生，且沉淀能溶于过量 NaOH 溶液中，则可初步推断有 Al^{3+}、Cr^{3+}、Zn^{2+}、Pb^{2+}、Sb^{3+}、Cu^{2+}、Sn^{3+}、Sn^{4+} 的存在。若生成的氢氧化物、氧化物、碱式盐沉淀难溶于过量的 NaOH 溶液，则可初步推断有 Fe^{2+}、Fe^{3+}、Mg^{2+}、Cd^{2+}、Co^{2+}、Mn^{2+}、Ag^+、Hg^{2+}、Hg_2^{2+} 的存在。

4) 与 $NH_3 \cdot H_2O$ 反应。若与 $NH_3 \cdot H_2O$ 反应生成氢氧化物、氧化物、碱式盐沉淀，且沉淀能溶于过量 $NH_3 \cdot H_2O$ 生成配合物，则可初步推断有 Ag^+、Cd^{2+}、Co^{2+}、Zn^{2+}、Cu^{2+}、Ni^{2+} 的存在。若生成的氢氧化物、碱式盐沉淀不溶于过量 $NH_3 \cdot H_2O$，则可初步推断有 Al^{3+}、Cr^{3+}、Fe^{2+}、Fe^{3+}、Mn^{2+}、Hg^{2+}、Hg_2^{2+}、Sn^{2+}、Sn^{4+}、Pb^{2+}、Mg^{2+} 的存在。

根据阳离子的初步试验，可以判断出试液中可能存在的阳离子，然后根据存在离子性质的差异和特征反应进行分别鉴定。

3. 实验仪器、试剂

仪器：试管，玻璃棒，水浴锅，滴管，分析天平，pH 试纸。

试剂：HAC ($2.0 mol \cdot L^{-1}$, $6.0 mol \cdot L^{-1}$)，NH_4AC ($2 mol \cdot L^{-1}$)，$NH_3 \cdot H_2O$ ($2.0 mol \cdot L^{-1}$, $6.0 mol \cdot L^{-1}$)，NaOH($2.0 mol \cdot L^{-1}$, $6.0 mol \cdot L^{-1}$)，HNO_3 ($6.0 mol \cdot L^{-1}$)，$Na_3[Co(NO_2)_6]$ (5%)，$(NH_4)_2C_2O_4$ (饱和)，镁试剂(0.5%)，双硫腙的 CCl_4 溶液(0.1%)，NH_4AC($2 mol \cdot L^{-1}$)，铝试剂(1%)，$K_4[Fe(CN)_6]$ ($0.5 mol \cdot L^{-1}$)，HAc - NaAc 缓冲溶液($2 mol \cdot L^{-1}$)，K_2CrO_4($1 mol \cdot L^{-1}$)，NaCl($0.5 mol \cdot L^{-1}$)，$K_4[Fe(CN)_6]$($0.1 mol \cdot L^{-1}$)，$K_3[Fe(CN)_6]$ ($0.1 mol \cdot L^{-1}$)，醋酸铀酰锌试剂，KCl($0.5 mol \cdot L^{-1}$)，$MgCl_2$($0.5 mol \cdot L^{-1}$)，$CaCl_2$($0.5 mol \cdot L^{-1}$)，$BaCl_2$($0.5 mol \cdot L^{-1}$)，$AlCl_3$($0.5 mol \cdot L^{-1}$)，$Pb(NO_3)_2$($0.5 mol \cdot L^{-1}$)，$CuCl_2$($0.5 mol \cdot L^{-1}$)，$AgNO_3$($0.1 mol \cdot L^{-1}$)，$ZnSO_4$($0.1 mol \cdot L^{-1}$)，$FeCl_2$($0.1 mol \cdot L^{-1}$)，$FeCl_3$($0.1 mol \cdot L^{-1}$)。

4. 实验步骤

（1）Na^+的鉴定。取 2 滴中性或微酸性的 Na^+ 试液于试管中，加入 8 滴醋酸铀酰锌试剂，用玻璃棒摩擦管壁，有浅黄色沉淀生成，表示有 Na^+ 存在。

（2）K^+的鉴定。取 2 滴 K^+ 试液于试管中，加入 1 滴 $2mol \cdot L^{-1}$ HAC，再加 1 滴 5% 的 $Na_3[Co(NO_2)_6]$，振荡，有黄色沉淀生成，表示有 K^+ 存在。

（3）Ca^{2+}的鉴定。取 4 滴 Ca^{2+} 试液于试管中，加 $2mol \cdot L^{-1}$ 氨水使试液呈中性或碱性后，再加 3 滴饱和 $(NH_4)_2C_2O_4$ 溶液，水浴加热后慢慢产生白色沉淀，表示有 Ca^{2+} 存在。

（4）Mg^{2+}的鉴定。取 2 滴 Mg^{2+} 试液于试管中，滴加 1 滴 $6mol \cdot L^{-1}$ NaOH 溶液，生成絮状的 $Mg(OH)_2$ 沉淀，然后加入 1 滴 0.5% 的镁试剂，搅拌，有蓝色沉淀生成，表示有 Mg^{2+} 存在。

（5）Zn^{2+}的鉴定。取 1 滴 Zn^{2+} 试液于试管中，滴加 1 滴 $2mol \cdot L^{-1}$ HAC 溶液，再加入 2 滴 0.1% 的双硫腙 – CCl_4 溶液，振荡，在 CCl_4 层中，试剂从绿色变成紫红色，表示有 Zn^{2+} 存在。

（6）Al^{3+}的鉴定。取 2 滴 Al^{3+} 试液于试管中，加入 2 滴 $2mol \cdot L^{-1}$ NH_4AC 溶液，再加入 2 滴 1% 的铝试剂，搅拌后，置水浴上加热片刻，再加入 1～2 滴 $6mol \cdot L^{-1}$ 氨水，有红色絮状沉淀产生，表示有 Al^{3+} 存在。

（7）Cu^{2+}的鉴定。取 1 滴 Cu^{2+} 试液于试管中，加 1 滴 $6mol \cdot L^{-1}$ HAc 溶液酸化，再加 1 滴 $0.5mol \cdot L^{-1}$ $K_4[Fe(CN)_6]$ 溶液，有红棕色沉淀生成，表示有 Cu^{2+} 存在。

（8）Ba^{2+}的鉴定。取 2 滴 Ba^{2+} 试液于试管中，加入 2 滴 $2mol \cdot L^{-1}$ HAc – NaAc 缓冲溶液，然后滴加 2 滴 $1mol \cdot L^{-1}$ K_2CrO_4 溶液，有黄色沉淀生成，表示有 Ba^{2+} 存在。

（9）Fe^{3+}的鉴定。取 2 滴酸性 Fe^{3+} 试液于试管中，加入 1 滴 $0.1mol \cdot L^{-1}$ 的 $K_4[Fe(CN)_6]$ 溶液，有深蓝色沉淀生成，表示有 Fe^{3+} 存在。

（10）Fe^{2+}的鉴定。取 2 滴酸性 Fe^{2+} 试液于试管中，加入 1 滴 $0.1mol \cdot L^{-1}$ 的 $K_3[Fe(CN)_6]$ 溶液，有深蓝色沉淀生成，表示有 Fe^{2+} 存在。

（11）Pb^{2+}的鉴定。取 2 滴 Pb^{2+} 试液于试管中，加入 2 滴 $2mol \cdot L^{-1}$ HAc 溶液，然后滴加 2 滴 $1mol \cdot L^{-1}$ K_2CrO_4 溶液，有黄色沉淀生成，表示有 Pb^{2+} 存在。

（12）Ag^+的鉴定。取 2 滴 Ag^+ 试液于试管中，加入 2 滴 $2mol \cdot L^{-1}$ HAc 溶液，然后滴加 2 滴 $1mol \cdot L^{-1}$ K_2CrO_4 溶液，有砖红色沉淀生成，表示有 Ag^+ 存在。

5. 注意事项

（1）阳离子鉴定检测时一般都是产生沉淀产物，阳离子的种类比较多，在观察实验现象进行初步试验时，一定要注意观察，认真推敲。

（2）通过观察所鉴定离子的各个特性进行判断。

（3）离子鉴定所用试液取量应适当。

（4）离子鉴定注意反应所要求的酸碱环境，不一样的环境产物就会不同，容易造成错误认识。

6. 思考题

（1）写出以上离子鉴定反应方程式。

（2）写出离子鉴定产物的颜色。

（3）选用一种试剂区别 KCl、AgNO₃、ZnSO₄ 三种溶液。

（4）用 K₄[Fe(CN)₆] 检出 Cu²⁺ 时，为什么要用 HAc 酸化溶液？

实验十　茶叶中咖啡因的提取

1. 实验目的

（1）掌握从茶叶中取提咖啡因的原理与方法。

（2）了解固液萃取的基本原理和方法。

（3）熟悉索氏提取器的原理及使用。

（4）了解升华原理及其操作方法。

2. 实验原理

茶叶中含有多种生物碱，其主要成分为咖啡因，还含有少量的茶碱、可可豆碱。另外茶叶中还有一定量的单宁酸、色素、纤维素和蛋白质等。

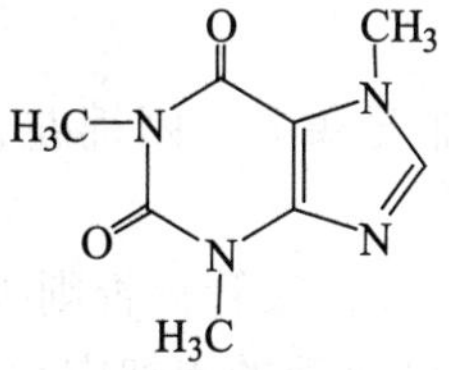

咖啡因(1,3,7-三甲基-2,6-二氧嘌呤)

含结晶水的咖啡因是无色针状结晶体，易溶于水、乙醇、氯仿、丙酮等溶剂。咖啡因在100℃时失去结晶水并开始升华，120℃升华显著，至178℃时升华最快。无水咖啡因的熔点为238℃。

咖啡因具有刺激心脏、兴奋大脑神经和利尿等作用，因此可作为中枢神经兴奋药。它也是复方阿司匹林(APC)的组分之一。

利用咖啡因易溶于乙醇、易升华等特点，在索氏提取器中采用加热提取法从茶叶中提取咖啡因。以95%乙醇作溶剂，通过索氏提取器进行连续抽提萃取，然后浓缩、烘焙得到粗品咖啡因，再通过升华提取得到纯品咖啡因。

索氏提取器是利用溶剂虹吸回流的原理，使一定量的溶剂多次与茶叶接触，进行萃取分离，提取效率高，而且节约溶剂。

3. 实验仪器、试剂

（1）仪器：索氏提取器一套，表面皿，蒸发皿，温度计(300℃)，量筒(100mL)，玻璃漏斗，滤纸、大头针、水浴锅。

(2) 试剂：茶叶(10g)，乙醇(95%)，生石灰。

4. 实验步骤

首先将滤纸做成与提取器大小相适应的套筒，称取研碎的茶叶末10g，装入滤纸套筒中，再将套筒放入索氏提取器中，量取90mL 95%乙醇，倒入烧瓶中，加入几粒沸石，安装好装置。用水浴加热，连续萃取2~2.5h后，提取液颜色已经变浅，待溶液刚刚虹吸流回烧瓶时，立即停止加热。

将提取液转移到蒸馏烧瓶中，重新加入几粒沸石，安装好蒸馏装置，进行蒸馏，蒸出大部分乙醇。残液(约5~10mL)倒入蒸发皿中，加入3g研细的生石灰粉，玻璃棒不断搅拌，蒸汽浴将溶剂蒸干，放在电热套上小心地将固体烘焙至干(电热套温度不超过200℃)。

用刺有许多小孔的滤纸盖在蒸发皿，取一只合适的玻璃漏斗放在滤纸上，加热升华(电热套温度控制在200℃左右)。当滤纸上出现白色针状物时，可停止加热，稍冷后仔细收集滤纸正反两面的咖啡因晶体。残渣搅拌后可再次升华。合并产品后称重、测定溶点。

5. 注意事项

(1) 本实验还可选用氯仿作萃取剂，咖啡因在氯仿中溶解度大，需要较少的次数就可提取完全，且氯仿沸点低，挥发快。但是，氯仿对人体有一定的毒性和麻醉作用，使用要在通风橱中进行。

(2) 在升华时，玻璃漏斗颈部要塞上一团棉花，以防升华的蒸汽逸散到空气中。滤纸要有足够多的空洞。

(3) 制作的滤纸筒高度不要超过虹吸管，否则提取时，高出虹吸管的那部分就不能浸在溶剂中，提取效果就不好。滤纸筒的粗细应和提取器内筒大小相适应。太细，在提取时会漂起来；太粗，会装不进行去，即使强行装进去，由于装得太紧，溶剂不好渗透，提取效果不好，甚至不能虹吸。

(4) 茶叶袋要完整无损，防止茶叶沫漏出，堵塞虹吸管。

(5) 生化过程中温度不能太高，否则会炭化滤纸和提取物质，造成产品不纯并损失。

6. 思考题

(1) 索氏提取器从固体中提取成分有什么优点？
(2) 升华前为什么加入生石灰？
(3) 升华适用于哪些物质的纯化？
(4) 乙醇与氯仿作为提取剂各有什么优劣？

实验十一　蛋壳中钙离子含量的测定

1. 实验目的

(1) 了解试样的预处理方法。

(2) 进一步熟悉络合滴定法的原理和方法。
(3) 掌握 EDTA 法测定鸡蛋壳中钙含量的测定方法和操作。

2. 实验原理

蛋壳的主要成分是 $CaCO_3$，另外还有 $MgCO_3$，蛋白质及少量的 Fe 和 Al。Mg^{2+}、Fe^{3+}、Al^{3+} 会干扰 Ca^{2+} 的测定，可以采用掩蔽法去除干扰离子的干扰。一般情况下，在 pH>12 的介质中，Mg^{2+} 会形成 $Mg(OH)_2$ 沉淀，从而掩蔽 Mg^{2+} 的干扰。加入三乙醇胺可掩蔽 Fe^{3+}、Al^{3+} 的干扰，然后可以用络合滴定法测出钙的含量。当有钙指示剂存在时，会与 Ca^{2+} 形成酒红色螯合物，螯合物的不稳定常数大于乙二胺四乙酸钙螯合物不稳定常数，所以用 EDTA 标准溶液滴定试液中钙的含量时，溶液由酒红色变为蓝色到达滴定终点。根据消耗的 EDTA 标准溶液的准确体积，便可求得蛋壳中钙含量。

3. 实验仪器、试剂

(1) 仪器：250mL 锥形瓶，25mL 移液管，50mL 酸式滴定管，100mL、500mL 烧杯，5mL、50mL 量筒，分析天平，干燥箱，干燥器，称量瓶，研钵，250mL 容量瓶。

(2) 试剂：钙指示剂，$0.02mol \cdot L^{-1}$ EDTA 标准溶液，1:1 的 HCl 溶液，$0.1mol \cdot L^{-1}$ NaOH 溶液，三乙醇胺。

4. 实验步骤

(1) 蛋壳的预处理。将蛋壳洗干净，在水中煮沸 5~10min，除去内表层的蛋白质膜，置于烘箱中 105℃烘干，研磨成粉末，贮存在干燥器中备用。

(2) 蛋壳中钙含量的测定。用减量法准确称取 0.25~0.30g 的蛋壳粉末于小烧杯中，加少量水润湿，再加 5mL 1:1 HCl 溶解，必要时可加热溶解，然后加 20mL 水加热至近沸，去除 CO_2。待溶液冷却后转移到 250mL 的容量瓶中，定容摇匀。

用 25.00mL 移液管移取试样三份，分别放入 250mL 锥形瓶中。分别加入 10mL 水，20mL 的 $0.1mol \cdot L^{-1}$ NaOH 溶液，4mL 三乙醇胺，3 滴钙指示剂，用 EDTA 标准溶液滴定至溶液由酒红色变为蓝色，即为终点。平行测定三次。

5. 数据记录

实验编号	1	2	3
滴定管终读数（mL）			
滴定管初读数（mL）			
消耗 EDTA 溶液体积（mL）			
EDTA 溶液浓度（$mol \cdot L^{-1}$）			
蛋壳中钙含量（%）			
蛋壳中钙含量平均值（%）			

6. 结果计算

$$蛋壳中钙含量(\%) = \frac{(cV)_{EDTA} \times M_{Ca} \times 250}{V_{试} \times m_{蛋}} \times 100\%$$

式中：c_{EDTA} 为 EDTA 标准溶液浓度，$mol \cdot L^{-1}$；V_{EDTA} 为 EDTA 标准溶液消耗体积，mL；M_{Ca} 为 Ca 摩尔质量，$g \cdot mol^{-1}$；$V_{试}$ 为移取试液体积，mL；$m_{蛋}$ 为准确称取蛋壳质量，g。

7. 注意事项

（1）在溶解试样时，需要时间可能比较长，可稍微加热。

（2）在试样中可能会有一些蛋白质难溶，可过滤后定容，但滤纸及不溶物必须用水清洗至不含 Ca 为止。

（3）向称量好的蛋壳粉末中加 HCl 溶液时，要慢慢加入。

（4）滴定过程中的注意事项见水硬度测定实验。

8. 思考题

（1）查阅资料，比较我们测定蛋壳中钙含量的高低。

（2）除了 EDTA 络合滴定法测蛋壳中钙含量外，还有无其他方法？

（3）在用 HCl 溶液溶解试样前，为什么先润湿试样，HCl 溶液为什么要慢慢加入到烧杯中？

实验十二　氯化钡中钡离子含量的测定

1. 实验目的

（1）学习晶形沉淀的沉淀条件和沉淀方法。

（2）掌握晶形沉淀的过滤、洗涤、灼烧及恒重的基本操作技术。

（3）了解重量分析方法的操作要点。

2. 实验原理

钡有一系列难溶盐化合物，其中 Ba^{2+} 与 H_2SO_4 反应生成难溶物 $BaSO_4$，$BaSO_4$ 的溶解度最小，性质非常稳定，因此常以 $BaSO_4$ 重量法测 Ba^{2+} 含量。如果在沉淀过程中加入过量沉淀剂，会使 $BaSO_4$ 溶解度更低，以此来降低误差。

将 $BaCl_2 \cdot 2H_2O$ 溶于水，加稀盐酸酸化，加热至微沸，不断搅拌下加入稀 H_2SO_4，生成的沉淀经过陈化、过滤、洗涤、烘干、炭化、灼烧后，称量，即可求出 $BaCl_2 \cdot 2H_2O$ 中 Ba^{2+} 的含量。

3. 实验仪器、试剂

仪器：马弗炉，瓷坩埚，坩埚钳，分析天平，漏斗，滤纸，烧杯。

试剂：$BaCl_2 \cdot 2H_2O$，H_2SO_4（$1 mol \cdot L^{-1}$；$0.1 mol \cdot L^{-1}$），HCl（$2 mol \cdot L^{-1}$），$AgNO_3$（$0.1 mol \cdot L^{-1}$）。

4. 实验步骤

（1）备用瓷坩埚的恒重。将两个洗净的瓷坩埚放在马弗炉中，控制温度在(800±20)℃灼烧至恒重。

（2）沉淀的制备。准确称取 0.4~0.6g BaCl$_2$·2H$_2$O 试样，置于 250mL 烧杯中，加入 100mL 水，2mol·L^{-1} HCl 溶液 3mL，搅拌使样品溶解，加热至近沸。

另取 1mol·L^{-1} H$_2$SO$_4$ 溶液 4mL 于 100mL 烧杯中，加水 30mL，加热至近沸，趁热将 H$_2$SO$_4$ 溶液逐滴加入到热的样品溶液中，并用玻璃棒不断搅拌。等 BaSO$_4$ 沉淀下沉后，用 0.1mol·L^{-1} H$_2$SO$_4$ 检查上清液，沉淀完全后盖上表面皿，将其放在水浴上，加热 40min 左右，陈化。

（3）沉淀的过滤和洗涤。用中速定量滤纸倾泻法过滤，用 0.1mol·L^{-1} H$_2$SO$_4$ 洗涤沉淀 3~4 次，每次约 10mL，然后将沉淀转移到滤纸上，再用 0.1mol·L^{-1} H$_2$SO$_4$ 洗涤 4~6 次，直至洗涤液中不含 Cl$^-$ 为止（AgNO$_3$ 检验）。

（4）沉淀的灼烧与恒重。将沉淀包在滤纸内取出，置于已恒重的瓷坩埚中，在电炉上炭化、灰化，然后在(800±20)℃下，在马弗炉中灼烧至恒重。

5. 数据记录

BaCl$_2$·2H$_2$O 质量（g）
瓷坩埚+沉淀质量（g）
瓷坩埚干质量（g）
沉淀质量（g）
Ba 含量（%）

6. 结果计算

$$\text{BaCl}_2·2\text{H}_2\text{O 中 Ba 含量}(\%) = \frac{m_{\text{BaSO}_4} \times M_{\text{Ba}}}{M_{\text{BaSO}_4} \times M_{\text{BaCl}_2·2\text{H}_2\text{O}}} \times 100\%$$

式中：m_{BaSO_4} 为沉淀质量，g；M_{BaSO_4} 为 BaSO$_4$ 摩尔质量，g·mol^{-1}；M_{Ba} 为 Ba 摩尔质量，g·mol^{-1}；$m_{\text{BaCl}_2·2\text{H}_2\text{O}}$ 为称取 BaCl$_2$·2H$_2$O 的质量，g。

7. 注意事项

（1）倾泻法过滤沉淀是用洗涤液少量多次洗涤烧杯中的剩余沉淀，直至沉淀完全转移到滤纸上。少量多次洗涤沉淀，是为了溶解其中的微溶杂质，尽可能提高产物的纯度，也能使沉淀完全转移到滤纸上。

（2）沉淀完全盖上表面皿陈化时，不要将玻璃棒拿出烧杯外。

（3）恒重是指前后两次灼烧后，称得的重量差在 0.2~0.3mg，一般情况下，重量差值对不同沉淀形式应有不同的要求。

（4）滴加热的硫酸溶液时，速度不能太快，并且要不断搅拌，主要是防止因局部过浓而形成大量的晶核,吸附杂质。

8. 思考题

(1) 为什么要用无灰、定量滤纸过滤 $BaSO_4$ 沉淀?

(2) 为什么要在一定酸度的盐酸介质中进行 $BaSO_4$ 沉淀?

(3) 洗涤沉淀时,为什么要用洗涤液少量、多次洗涤?

(4) 如何检查 $BaSO_4$ 沉淀已经洗涤干净?

实验十三 直接碘量法测定药片中维生素 C 的含量

1. 实验目的

(1) 掌握直接碘量法测定维生素 C 的原理及方法。

(2) 熟悉碘标准溶液的配制方法及标定原理。

(3) 掌握直接碘量法测定维生素 C 的操作技能。

2. 实验原理

碘量法是以 I_2 的氧化性和 I^- 的还原性为基础的滴定分析方法,可分为直接碘量法和间接碘量法。直接碘量法是直接用 I_2 标准溶液滴定待测样品,通常以可溶性淀粉溶液为指示剂。间接碘量法是用 I^- 来还原,定量的析出碘单质,然后用 $Na_2S_2O_3$ 标准溶液来滴定析出的 I_2。

维生素 C(Vc)又称抗坏血酸,分子式为 $C_6H_8O_6$。Vc 具有还原性,可被 I_2 氧化,因而可用 I_2 标准溶液直接测定。由于 Vc 的还原性很强,在碱性介质中易被溶液和空气中的氧氧化,因此滴定宜在酸性介质中进行,以减少副反应的发生,一般在 pH 为 3~4 的弱酸性溶液中进行滴定。

3. 实验仪器、试剂

(1) 仪器:分析天平,碘量瓶(250mL),量筒(100mL、10mL),烧杯(500mL),酸式滴定管(50mL),研钵,锥形瓶(250mL),移液管(25mL)。

(2) 试剂:I_2,KI,$Na_2S_2O_3$ 标准溶液(0.1mol·L^{-1}),淀粉指示剂(5g·L^{-1}),HAc(2mol·L^{-1}),维生素 C 药片。

4. 实验步骤

(1) 0.05mol·L^{-1} I_2 标准溶液的配制与标定。称取 8g KI 置于 500mL 烧杯中,加 50mL 水,用玻璃棒搅拌使其溶解。然后称取 I_2 4.0g 加入 KI 溶液中,充分搅拌,至 I_2 全部溶解后加水稀释至 300mL,搅拌均匀,转入棕色瓶中,放于暗处。

用移液管取 25.00mL I_2 溶液置于 250mL 碘量瓶中,加 50mL 水,用 0.1mol·L^{-1} $Na_2S_2O_3$ 标准溶液滴定至溶液呈浅黄色时,加入 2mL 淀粉指示剂,继续滴定至蓝色恰好消失,即为终点。平行滴定 3 次。

(2) 维生素 C 含量的测定。准确称取 0.2g 维生素 C 片,研磨成粉末,置于 250mL 锥形瓶中,加入新煮沸过并冷却的蒸馏水 100mL、10mL 2mol·L^{-1} HAc 和 5mL 淀粉指示剂，立即用 I_2 标准溶液滴定至溶液呈蓝色，30s 内不褪色即为终点。平行滴定 3 次。

5. 数据记录

（1）0.05mol·L^{-1} I_2 标准溶液的标定。数据填入下表。

实验编号	1	2	3
滴定管终读数（mL）			
滴定管初读数（mL）			
消耗 $Na_2S_2O_3$ 标准溶液体积（mL）			
I_2 溶液浓度（mol·L^{-1}）			
I_2 溶液平均浓度（mol·L^{-1}）			

（2）维生素 C 含量的测定。数据填入下表。

实验编号	1	2	3
滴定管终读数（mL）			
滴定管初读数（mL）			
消耗 I_2 标准溶液体积（mL）			
维生素 C 含量（%）			
维生素 C 平均含量（%）			

6. 结果计算

（1）0.05mol·L^{-1} I_2 标准溶液的标定

$$c_{I_2} = \frac{c_{Na_2S_2O_3} \times V_{Na_2S_2O_3}}{2 \times 25}$$

式中：$c_{Na_2S_2O_3}$ 为 $Na_2S_2O_3$ 标准溶液浓度，mol·L^{-1}；$V_{Na_2S_2O_3}$ 为滴定消耗 $Na_2S_2O_3$ 标准溶液的体积，mL；c_{I_2} 为 I_2 标准溶液浓度，mol·L^{-1}。

（2）维生素 C 含量的测定

$$\text{维生素 C 含量}(\%) = \frac{c_{I_2} \times V_{I_2} \times M_{C_6H_8O_6}}{m_{药} \times 1000} \times 100\%$$

式中：c_{I_2} 为 I_2 标准溶液浓度，mol·L^{-1}；V_{I_2} 为滴定消耗 I_2 标准溶液的体积，mL；$M_{C_6H_8O_6}$ 为维生素 C 摩尔质量，g·mol^{-1}；$m_{药}$ 为称取药片质量，g。

7. 注意事项

（1）直接碘量法可测定药片、饮料、水果、蔬菜中维生素 C 的含量。

（2）溶解 I_2 时，应加入过量的 KI，先把 KI 溶解后再加入 I_2，使 I_2 溶解。

（3）在其他仪器试剂准备好后，再将维生素 C 片研成粉末，立即称样溶解测定，避免维生素 C 被空气氧化损失。

（4）必须用新煮沸过并冷却的蒸馏水溶解样品，可以减少蒸馏水中的溶解氧。

8. 思考题

（1）为什么在配制 I_2 标准溶液浓度要加入过量的 KI？

（2）I_2 标准溶液为什么要储存在棕色瓶中？

（3）查阅资料拟定 $0.1mol·L^{-1}Na_2S_2O_3$ 标准溶液的配制与标定。

实验十四　分光光度法测定铁离子含量

1. 实验目的

（1）了解分光光度法进行定量分析的原理和方法。

（2）掌握用邻菲啰啉分光光度法测定铁的原理和方法。

（3）熟悉分光光度计的使用方法。

2. 实验原理

邻菲啰啉又称邻二氮菲（phen），在 pH 2~9 范围内，能与 Fe^{2+} 反应生成稳定的橙红色配合物 $[Fe(C_{12}H_8N_2)_3]^{2+}$，其 $lgK_f=21.3$，$\lambda_{max}=510nm$。铁含量在 $0.1~5\mu g·mL^{-1}$ 范围内遵守朗伯比尔定律。显色前用盐酸羟胺将 Fe^{3+} 全部还原为 Fe^{2+}，再加入邻菲啰啉，并控制溶液 pH 2~9。

分光光度法进行定量分析，一般采用标准曲线法，即配制一系列浓度的标准溶液，在实验条件下依次测量各标准溶液的吸光度（A），以溶液的浓度为横坐标，相应的吸光度为纵坐标，绘制标准曲线。在同样实验条件下，测定待测溶液的吸光度，根据测得吸光度值从标准曲线上查出相应的浓度值，即可计算试样中被测物质的质量浓度。

3. 实验仪器、试剂

（1）仪器：可见分光光度计，分析天平，量筒（100mL、10mL），烧杯（500mL），擦镜纸，锥形瓶（250mL），移液管（25mL）。

（2）试剂：$0.1mg·L^{-1}$ 铁标准储备液，$10g·L^{-1}$ 盐酸羟胺水溶液，$1.5g·L^{-1}$ 邻二氮菲水溶液，乙酸-乙酸钠缓冲溶液（pH 4.5）。

4. 实验步骤

（1）标准曲线的绘制。分别移取 0.00mL，0.20mL，0.40mL，0.60mL，0.80mL，1.00mL $0.1g·L^{-1}$ 铁标准溶液置于编好编号的 50mL 容量瓶中，依次分别加入 10mL HAC-NaAC 缓冲溶液、2mL 盐酸羟胺溶液、5mL 邻二氮菲溶液，以蒸馏水定容至刻度，摇匀，放置 10min。

在最大吸收波长 510nm 下，以不含铁的试剂溶液作参比溶液，用 1cm 的比色皿测得各个标准溶液的吸光度，然后以铁的浓度为横坐标，吸光度为纵坐标，绘制标准曲线。

（2）样品中铁含量的测定。用移液管移取试样 10.00mL，置于 50mL 容量瓶中，分别加入 10mL HAC-NaAC 缓冲溶液、2mL 盐酸羟胺溶液、5mL 邻二氮菲溶液,以蒸馏水定容至刻度,摇匀,放置 10min,并在同样条件下以未加铁标准溶液的试剂溶液作参比,测定试样溶液的吸光度。平行测定三次。根据标准曲线计算出样品中铁含量。

5. 注意事项

(1) 盐酸羟胺不稳定,需要临时配制。

(2) 待测溶液浓度一定要在工作曲线线形范围内,如果超出直线的线形范围,则有可能偏离朗伯-比尔定律的基本定律,就不能使用吸光光度法测定。

(3) 在使用比色皿时,每改变一次试液浓度,比色皿都要洗干净并用待测溶液润洗,然后用擦镜纸擦干。

(4) 分光光度计使用前应该开机预热 20min。

6. 思考题

(1) 为什么要加入盐酸羟胺?

(2) 为什么待测溶液与标准溶液的测定条件要相同?

(3) 为什么溶液摇匀后要放置 10min?

实验十五 有机化合物官能团的鉴定

1. 实验目的

(1) 了解有机化合物的基本性质。

(2) 掌握不同有机化合物的鉴定方法。

2. 实验原理

(1) 烷烃、烯烃、炔烃的鉴定。烷烃分子含有—H 键和 C—C 键,在一般条件下比较稳定,在特殊条件下可发生取代反应等。烯烃和炔烃分子中含有 C=C 和 C≡C 键,是不饱和的碳氢化合物,易于发生加成和氧化反应,如用高锰酸钾溶液和不饱和烃反应时,高锰酸钾的紫色褪去,同时生成黑褐色的二氧化锰沉淀。

R—C≡C—H 型炔烃,因含有活泼氢,可和一价银离子或亚铜离子生成白色的炔化银或红色炔化亚铜沉淀,借此性质可和烯烃及其他炔烃区别开来。

(2) 卤代烃的鉴定。卤代烃主要发生亲核取代反应,通常情况下卤代烃能与硝酸银反应生成卤化银沉淀。但不同类型卤代烃反应活性不同,烯丙型、叔卤代烃反应最快,伯、仲卤代烃次之,芳香、乙烯型卤代烃很难与硝酸银反应。

(3) 醇的鉴定。醇和硝酸铈铵溶液作用可生成红色的络合物,溶液的颜色由橘黄变成红色。

$$(NH_4)_2Ce(NO_3)_6 + ROH \longrightarrow (NH_4)_2Ce(OR)(NO_3)_5 + HNO_3$$

伯、仲、叔醇与 Lucas 试剂(氯化锌的浓盐酸溶液)反应速度不同,叔醇最快,立即分层,仲醇须加热数分钟后变浑浊分层,伯醇加热很长时间也不变化,用此法可鉴别伯、仲、叔醇。

(4) 酚的鉴定。大多数酚类与氯化铁溶液反应产生特殊颜色的配合物,而且不同酚产生不同的颜色,如苯酚呈蓝紫色,间苯二酚呈紫色,对苯二酚呈暗绿色。苯酚不仅使溴水褪色,还能产生沉淀。

(5) 醛、酮的鉴定。醛、酮与2,4-二硝基苯肼反应,生成黄色、橙色或橙红色的2,4-二硝基苯腙沉淀。

$$\underset{(R')H}{\overset{R}{C}}=O + \underset{O_2N}{\underset{}{\text{NHNH}_2,\text{NO}_2}} \longrightarrow \underset{O_2N}{\underset{}{\text{NHN}=\overset{R}{\underset{H(R')}{C}},\text{NO}_2}} + H_2O$$

Tollens 试剂可与醛发生银镜反应,而不能与酮反应,另外醛能与品红亚硫酸试剂发生显色反应,而酮不能发生此类反应,故常以此来鉴定醛与酮。

3. 实验仪器、试剂

(1) 仪器:试管,滴管,水浴锅,干燥箱,量筒(5mL),烧杯。

(2) 试剂:液体石蜡,丙烯,乙炔,溴的四氯化碳溶液,1%高锰酸钾溶液,5%硝酸银溶液,5%氢氧化钠溶液,2%氨水,1-氯丁烷,2-氯丁烷,叔氯丁烷,1-溴丁烷,氯苯,三氯甲烷,5%硝酸银醇溶液,乙醇,甘油,苄醇,环己醇,正丁醇,仲丁醇,叔丁醇,Lucas 试剂,硝酸铈铵试剂,二氧六环,苯酚,水杨酸,间苯二酚,对苯二酚,1%三氯化铁溶液,乙醛,丙酮,苯乙酮,苯甲醛,2,4-二硝基苯肼。

4. 实验步骤

(1) 烷、烯、炔的鉴定。样品:液体石蜡(混合烷烃)、丙烯、乙炔。

1) 溴的四氯化碳溶液试验。在干燥的小试管中加入 2mL 2% 溴的四氯化碳溶液,加入 4 滴试样(用乙炔时,则在试剂溶液中通入乙炔气体 1~2min),振荡,观察颜色变化。

2) 高锰酸钾溶液试验。在小试管中加入 2mL 1% 的高锰酸钾溶液,然后加入 2 滴试样,振荡,观察现象。

3) 硝酸银溶液试验。在试管中加入 0.5mL 5% 的硝酸银溶液,再加入 1 滴 5% 氢氧化钠溶液,然后滴加 2% 氨水溶液,直到开始形成的氢氧化银沉淀溶解为止,在此溶液中加入 2 滴试样或通入乙炔,观察有无沉淀生成。

(2) 卤代烃的鉴定。样品:1-氯丁烷、2-氯丁烷、叔氯丁烷、1-溴丁烷、氯苯、三氯甲烷。

分别取 1mL 5% 硝酸银醇溶液于 6 支干燥试管中,加 2~3 滴样品,振荡,观察是否有沉淀生成,记下出现沉淀的快慢。静置 5min 后,把没有出现沉淀的试管放在水浴中加热至微沸,观察有无沉淀产生,有沉淀时再加 1 滴 5% 的硝酸,如沉淀不溶解,即证明有活泼卤原子存在。

(3) 醇的鉴定。样品:乙醇、甘油、苄醇、环己醇、正丁醇、仲丁醇、叔丁醇。

1) Lucas 试验。取正丁醇、仲丁醇、叔丁醇样品各 5~6 滴分别置于 3 支干燥试管中，加 2mL Lucas 试剂，振荡，观察现象，未变浑浊的试管在水浴中加热 5min 后，用塞子塞住管口剧烈振荡，静置，观察现象。

2）硝酸铈铵试验。取 2 滴乙醇、甘油、苄醇、环己醇，加入 2mL 水或二氧六环制成溶液，再加入 0.5mL 硝酸铈铵试剂，振荡并观察颜色变化。

（4）酚的鉴定。样品：苯酚、水杨酸、间苯二酚、对苯二酚。

分别在 4 支试管中加入 0.5mL 1% 样品水溶液或稀乙醇溶液，再加入 1% 三氯化铁溶液 1~2 滴，观察颜色变化。

（5）醛和酮的鉴别。样品：乙醛、丙酮、苯乙酮、苯甲醛。

1）2,4-二硝基苯肼试验。在 3 支试管中各加入 2,4-二硝基苯肼试剂 2mL，分别加入乙醛、丙酮、苯乙酮 3~4 滴，振荡，观察有无沉淀产生，若无沉淀生成，可微热半分钟，冷却后观察有无沉淀生成及各试管中沉淀的颜色。

2）Tollens 试验。在 3 支试管中各加入 2mL 5% 的硝酸银醇溶液，逐滴加入浓氨水，直到沉淀恰好溶解为止。然后分别向试管中加入乙醛、丙酮、苯甲醛 2 滴，振荡，观察现象。

5. 注意事项

（1）低级醇沸点较低，加热时温度不宜过高。
（2）大多数硝基苯、间位和对位羟基苯甲酸与三氯化铁溶液不起颜色反应。
（3）苄醇、环己醇不易溶于水，较易溶于二氧六环。
（4）观察实验现象时注意记录现象出现的先后顺序。
（5）能够根据实验现象判断样品组成。

6. 思考题

（1）在烷烃、烯烃、炔烃的鉴别中分别进行的溴的四氯化碳溶液试验、高锰酸钾溶液试验、硝酸银溶液试验能够说明什么？
（2）除了 Lucas 试验能鉴定伯、仲、叔醇外，还有没有其他实验能进行鉴定？
（3）除了 Tollens 试验可以鉴定区分醛酮，还有没有其他试验可以区分醛酮？

实验十六　绿色植物叶色素的提取

1. 实验目的

（1）进一步了解萃取的原理和方法。
（2）掌握分液漏斗的使用方法。

2. 实验原理

绿色植物中存在多种天然色素，如叶绿素、胡萝卜素、叶黄素。天然色素有广泛的用途，常用于食品加工、医药工业等，因此色素的提取与分离非常重要。色素多为有机化合物，易溶于丙酮、乙醇、乙醚、石油醚等有机溶剂，根据它们在有机溶剂中的溶解特性，可将它们从植物叶片中提取出来。

萃取是利用物质在两种互不相溶的溶剂中，溶解度或分配比的不同来达到分离目的，进行物质提取或纯化的一种操作。有机物质在有机溶剂中的溶解度一般比在水中的溶解度大，所以可将它们从水溶液中萃取出来。本实验中色素的提取采用石油醚萃取法进行提取，然后用分液漏斗进行分离。

3. 实验仪器、试剂

（1）仪器：研钵，分液漏斗，漏斗，滤纸，烧杯，剪刀。

（2）试剂：石油醚，菠菜叶，丙酮，饱和氯化钠溶液，无水硫酸钠，石英砂，碳酸钙。

4. 实验步骤

把新鲜菠菜叶洗净，用滤纸将菜叶表面的水分吸干备用。称取处理过的菜叶5g，剪碎后放在干净的研钵内，加入少量的石英砂和碳酸钙，然后加入15mL丙酮将菜叶捣烂，过滤除去滤渣，滤液转入分液漏斗，加入10mL石油醚，为了防止乳状液的产生可加入适当(5~10mL)饱和氯化钠一起振荡，静置后分出水层，用20mL水洗涤绿色溶液两次，分出有机层，用0.5g无水硫酸钠干燥。

5. 注意事项

（1）要明白植物色素在哪层中。

（2）分液漏斗使用过程中，当下层溶液剩余较少时，放出的速度应减慢。

（3）用分液漏斗进行分离时，要注意下层液体经旋塞放出，上层溶液应从上口倒出。

（4）在进行萃取分离时，上下两层液体都应该保留至实验完毕。

（5）在进行萃取操作时，振摇后要注意及时打开塞子排除气体。

6. 思考题

（1）为什么上层溶液从上口倒出，而下层溶液经旋塞放出？

（2）为什么要加入石英砂和碳酸钙？

实验十七　自来水电导率的测定

1. 实验目的

（1）了解电导率仪的工作原理。

（2）了解测定自来水中电导率的意义。

（3）掌握电导率仪的使用方法。

2. 实验原理

自来水中含有大量的矿物质成分，主要是钙、镁、钠的重碳酸盐、氯化物和硫酸盐等。当其含量过大时，作为饮用水会对身体造成一定伤害，在工业中可能损坏配水管道和设备，用做锅炉补水则可能引起炉内的腐蚀或结垢等问题。因此测定自来水中含盐量是非常重要的。

测定水中含盐量的方法有很多种，而利用水中离子导电能力（电导）来评价含盐量的多少，含盐量越高导电能力越强。对于同一温度下的同一水样，水样的电导 G 与电阻 R 间互为倒数关系，即：$G=1/R$，因此，测量电导大小的方法，可用二个电极插入溶液中，以测出二极间的电阻 R 即可。根据欧姆定律，温度一定时，这个电阻值与电极的间距 $L(cm)$ 成正比，与电极的横截面积 $A(cm^2)$ 成反比，即 $R = \rho L/A$，对于一个给定的电极而言，电极面积 A 与间距 L 都是固定不变的，故 L/A 是个常数，称电极常数，以 J 表示，故 $R = \rho J$，而 $1/\rho$ 称为电导率。电导率可用电导率仪进行测定，因此电导率是评价水质好坏和纯度的一项指标。此分析方法简单，操作快速，灵敏度也高。

3. 实验仪器、试剂

（1）仪器：DDS-11A 型数显电导率仪，烧杯。

（2）试剂：自来水。

4. 实验步骤

（1）插上电源，打开电源开关，预热 10min。

（2）用温度计测出自来水的温度后，将"温度"钮置于与自来水的实际温度相应位置上，当"温度"钮置于 25℃ 位置时，则无补偿作用。

（3）将电极浸入水中，"校正-测量"开关扳向"校正"，调节"常数"钮使显示数（小数点位置不论）与所使用电极的常数标称值一致。

（4）将"校正-测量"开关置于"测量"位，将"量程"开关扳在合适的量程档，待显示稳定后，仪器显示数值即为自来水在实际温度时的电导率。

如果显示屏首位为 1，后三位数字熄灭，表明被测值超出量程范围，可扳在高一档量程来测量。如读数很小，为提高测量精度，可扳在低一档的量程档。

5. 注意事项

（1）在测量过程中每切换量程一次都必须校准一次，以免造成测量误差。

（2）在调节常数钮时，如电极常数为 0.85，调"常数"钮使显示 850。常数为 1.1，则调"常数"钮使显示 1100（不必管小数点位置）。另外，当使用常数为 10 的电极时，若其常数为 9.6，此时，调"常数"钮使显示 960，若常数为 10.7，则调"常数"钮使显示 1070。

（3）对高电导率测量可使用 DJS-10 电极，此时量程扩大 10 倍，即 20ms/cm 档可测至 200ms/cm。2ms/cm 档可测至 20ms/cm，但测量结果须乘以 10。

（4）在测定电导率前，应用被测溶液冲洗电极 2~3 次。

6. 思考题

（1）测定电导率的意义？

（2）为什么要进行温度补偿？

主要参考文献

[1] 张星海. 基础化学[M]. 北京:化学工业出版社,2007.
[2] 孙银祥. 分析化学[M]. 长春:吉林大学出版社,2008.
[3] 黄若峰. 分析化学[M]. 长沙:国防科技大学出版社,2009.
[4] 董元彦. 无机及分析化学[M]. 北京:科学出版社,2006.
[5] 石建军. 无机化学[M]. 长沙:国防科技大学出版社,2009.
[6] 叶芬霞. 无机及分析化学[M]. 北京:高等教育出版社,2008.
[7] 高职高专化学教材编写组. 物理化学(第二版)[M]. 北京:高等教育出版社,2006.
[8] 高职高专化学教材编写组. 无机化学(第三版)[M]. 北京:高等教育出版社,2008.
[9] 高职高专化学教材编写组. 分析化学(第三版)[M]. 北京:高等教育出版社,2011.
[10] 张佳程,师进生. 食品物理化学[M]. 北京:中国轻工业出版社,2007.
[11] 武汉大学,等. 分析化学(第四版)[M]. 北京:高等教育出版社,2000.
[12] 倪静安,商少明,翟滨,等. 无机及分析化学(第二版)[M]. 北京:化学工业出版社,2005.
[13] 李艳红. 分析化学[M]. 北京:石油工业出版社,2008.
[14] 王淑美. 分析化学[M]. 郑州:郑州大学出版社,2007.
[15] 廖力夫. 分析化学[M]. 武汉:华中科技大学出版社,2008.
[16] 武汉大学,等. 分析化学(第五版)[M]. 北京:高等教育出版社,2007.
[17] 武汉大学无机及分析化学编写组. 无机及分析化学(第三版)[M]. 武汉:武汉大学出版社,2008.
[18] 王林山,牛盾. 大学化学[M]. 北京:冶金工业出版社,2005.
[19] 祁嘉义. 基础化学(第二版)[M]. 北京:高等教育出版社,2007.
[20] 刘妙丽. 基础化学(第二版)[M]. 北京:中国纺织出版社,2008.
[21] 张欣荣,阎芳. 基础化学[M]. 北京:高等教育出版社,2007.
[22] 武汉大学,等. 无机化学(第三版)[M]. 北京:高等教育出版社,1994.
[23] 许国根. 无机化学全析精解[M]. 西安:西北工业大学出版社,2007.
[24] 牟文生,于永鲜,周珊. 无机化学基础教程[M]. 大连:大连理工大学出版社,2007.
[25] 傅献彩. 大学化学[M]. 北京:高等教育出版社,1999.
[26] 大学化学教研室编. 大学化学教程[M]. 四川:石油工业出版社,2007.
[27] 李东辉. 分析化学[M]. 北京:科学普及出版社,2007.
[28] 张锦柱. 分析化学简明教程[M]. 北京:冶金工业出版社,2006.
[29] 徐崇泉. 工科大学化学[M]. 北京:高等教育出版社,2003.
[30] 杨宏秀,傅希贤,宋宽秀. 大学化学[M]. 天津:天津大学出版社,2001.
[31] 曾昭琼. 有机化学(第三版,上)[M]. 北京:高等教育出版社,1993.

[32] 胡宏纹. 有机化学(第二版)[M]. 北京:高等教育出版社,1990.
[33] 邓建成,易清风,易兵. 大学化学基础(第二版)[M]. 北京:化学工业出版社,2008.
[34] 李树山. 有机化学[M]. 北京:中国环境科学出版社,2008.
[35] 夏百根,黄乾明. 有机化学(第二版)[M]. 北京:中国农业出版社,2008.
[36] 陈文栓. 生命的化学反应网络和作用机制(第二版)[M]. 厦门:厦门大学出版社,2009.
[37] 汪小兰. 有机化学(第四版)[M]. 北京:高等教育出版社,2005.
[38] 王利兵. 食品添加剂安全与检测[M]. 北京:科学出版社,2011.
[39] 徐寿昌. 有机化学[M]. 北京:高等教育出版社,1982.
[40] 郭建民. 有机化学[M]. 北京:科学出版社,2009.
[41] 邢其毅. 基础有机化学(上)[M]. 北京:中央广播电视大学出版社,1995.
[42] 高鸿宾. 有机化学简明教程[M]. 天津:天津大学出版社,2002.
[43] 孙怡. 基础化学[M]. 北京:科学出版社,2006.
[44] 北京师范大学无机化学教研室. 无机化学[M]. 北京:高等教育出版社,2002.
[45] 王明国,侯振鞠. 分析化学实验[M]. 北京:石油工业出版社,2008.
[46] 倪静安,高世萍,李运涛,等. 无机及分析化学实验[M]. 北京:高等教育出版社,2007.
[47] 李季,邱海鸥,赵中一. 分析化学实验[M]. 武汉:华中科技大学出版社,2008.
[48] 赵金安,张慧勤. 无机及分析化学实验与指导[M]. 郑州:郑州大学出版社,2007.
[49] 冯莉. 大学化学实验[M]. 徐州:中国矿业大学出版社,2005.
[50] 安黛宗. 大学化学实验[M]. 武汉:中国地质大学出版社,2007.
[51] 崔爱莉. 基础无机化学实验[M]. 北京:高等教育出版社,2007.
[52] 张荣. 无机化学实验[M]. 北京:石油工业出版社,2008.
[53] 吴仲儿,黄绍华,李志达,等. 食品化学实验[M]. 广州:暨南大学出版社,1994.
[54] 郭书好. 有机化学实验[M]. 武汉:华中科技大学出版社,2008.

附　录

表1　常见物质的热力学数据(298.15K)

物　　质	$\Delta_f H_m^\ominus$ (kJ·mol^{-1})	$\Delta_f G_m^\ominus$ (kJ·mol^{-1})	$S_m^\ominus$ (J·K^{-1}·mol^{-1})
1. 单质和无机物			
Ag(s)	0	0	42.712
Ag$_2$CO$_3$(s)	−506.14	−437.09	167.36
Ag$_2$O(s)	−30.56	−10.82	121.71
Al(s)	0	0	28.315
Al(g)	313.80	273.2	164.553
Al$_2$O$_3$-α	−1669.8	−2213.16	0.986
Al$_2$(SO$_4$)$_3$(s)	−3434.98	−3728.53	239.3
Br$_2$(g)	111.884	82.396	175.021
Br$_2$(g)	30.71	3.109	245.455
Br$_2$(l)	0	0	152.3
C(g)	718.384	672.942	158.101
C(金刚石)	1.896	2.866	2.439
C(石墨)	0	0	5.694
CO(g)	−110.525	−137.285	198.016
CO$_2$(g)	−393.511	−394.38	213.76
Ca(s)	0	0	41.63
CaC$_2$(s)	−62.8	−67.8	70.2
CaCO$_3$(方解石)	−1206.87	−1128.70	92.8
CaCl$_2$(s)	−795.0	−750.2	113.8
CaO(s)	−635.6	−604.2	39.7
Ca(OH)$_2$(s)	−986.5	−896.89	76.1
CaSO$_4$(硬石膏)	−1432.68	−1320.24	106.7
Cl$^-$(aq)	−167.456	−131.168	55.10
Cl$_2$(g)	0	0	222.948
Cu(s)	0	0	33.32
CuO(s)	−155.2	−127.1	43.51
Cu$_2$O-α	−166.69	−146.33	100.8
F$_2$(g)	0	0	203.5
Fe-α	0	0	27.15
FeCO$_3$(s)	−747.68	−673.84	92.8
FeO(s)	−266.52	−244.3	54.0

续表

物　　质	$\Delta_f H_m^\ominus$ (kJ·mol^{-1})	$\Delta_f G_m^\ominus$ (kJ·mol^{-1})	$S_m^\ominus$ (J·K^{-1}·mol^{-1})
Fe$_2$O$_3$(s)	-822.1	-741.0	90.0
Fe$_3$O$_4$(s)	-117.1	-1014.1	146.4
H(g)	217.94	203.122	114.724
H$_2$(g)	0	0	130.695
D$_2$(g)	0	0	144.884
HBr(g)	-36.24	-53.22	198.60
HBr(aq)	-120.92	-102.80	80.71
HCl(g)	-92.311	-95.265	186.786
HCl(aq)	-167.44	-131.17	55.10
H$_2$CO$_3$(aq)	-698.7	-623.37	191.2
HI(g)	-25.94	-1.32	206.42
H$_2$O(g)	-241.825	-228.577	188.823
H$_2$O(l)	-285.838	-237.142	69.940
H$_2$O$_2$(l)	-187.61	-118.04	102.26
H$_2$S(g)	-20.146	-33.040	205.75
I$_2$(s)	0	0	116.7
I$_2$(g)	62.242	19.34	260.60
N$_2$(g)	0	0	191.598
NH$_3$(g)	-46.19	-16.603	192.61
NO(g)	89.860	90.37	210.309
NO$_2$(g)	33.85	51.86	240.57
N$_2$O(g)	81.55	103.62	220.10
N$_2$O$_4$(g)	9.660	98.39	304.42
N$_2$O$_5$(g)	2.51	110.5	342.4
O(g)	247.521	230.095	161.063
O$_2$(g)	0	0	205.138
O$_3$(g)	142.3	163.45	237.7
OH$^-$(aq)	-229.940	-157.297	-10.539
S(单斜)	0.29	0.096	32.55
S(斜方)	0	0	31.9
S(g)	124.94	76.08	227.76
S(g)	222.80	182.27	167.825
SO$_2$(g)	-296.90	-300.37	248.64
SO$_3$(g)	-395.18	-370.40	256.34
SO$_4^{2-}$(aq)	-907.51	-741.90	17.2

续表

物　　质	$\Delta_f H_m^\ominus$ (kJ·mol^{-1})	$\Delta_f G_m^\ominus$ (kJ·mol^{-1})	$S_m^\ominus$ (J·K^{-1}·mol^{-1})
2. 有机化合物			
CH$_4$(g)，甲烷	−74.847	50.827	186.30
C$_2$H$_2$(g)，乙炔	226.748	209.200	200.928
C$_2$H$_4$(g)，乙烯	52.283	68.157	219.56
C$_2$H$_6$(g)，乙烷	−84.667	−32.821	229.60
C$_3$H$_6$(g)，丙烯	20.414	62.783	267.05
C$_3$H$_6$(g)，丙烷	−103.847	−23.391	270.02
C$_4$H$_6$(g)，1,3-丁二烯	110.16	150.74	278.85
C$_4$H$_8$(g)，1-丁烯	−0.13	71.60	305.71
C$_4$H$_8$(g)，顺-2-丁烯	−6.99	65.96	300.94
C$_4$H$_8$(g)，反-2-丁烯	−11.17	63.07	296.59
C$_4$H$_8$(g)，2-甲基丙烯	−16.90	58.17	293.70
C$_4$H$_{10}$(g)，正丁烷	−126.15	−17.02	310.23
C$_4$H$_{10}$(g)，异丁烷	−134.52	−20.79	294.75
C$_6$H$_6$(g)，苯	82.927	129.723	269.31
C$_6$H$_6$(l)，苯	49.028	124.597	172.35
C$_6$H$_{12}$(g)，环己烷	−123.14	31.92	298.51
C$_6$H$_{14}$(g)，正己烷	−167.19	−0.09	388.85
C$_6$H$_{14}$(l)，正己烷	−198.82	−4.08	295.89
C$_6$H$_5$CH$_3$(g)，甲苯	49.999	122.388	319.86
C$_6$H$_5$CH$_3$(l)，甲苯	11.995	114.299	219.58
C$_6$H$_4$(CH$_2$)$_2$(g)，邻二甲苯	18.995	122.207	352.86
C$_6$H$_4$(CH$_2$)$_2$(l)，邻二甲苯	−24.439	110.495	246.48
C$_6$H$_4$(CH$_3$)$_2$(g)，间二甲苯	17.238	118.977	357.80
C$_6$H$_4$(CH$_3$)$_2$(l)，间二甲苯	−25.418	107.817	252.17
C$_6$H$_4$(CH$_3$)$_2$(g)，对二甲苯	17.949	121.266	352.53
C$_6$H$_4$(CH$_3$)$_2$(l)，对二甲苯	−24.426	110.244	247.36
含氧化合物			
HCOH(g)，甲醛	−115.90	−110.0	220.2
HCOOH(g)，甲酸	−362.63	−335.69	251.1
HCOOH(l)，甲酸	−409.20	−345.9	128.95
CH$_3$OH(g)，甲醇	−201.17	−161.83	237.8
CH$_3$OH(l)，甲醇	−238.57	−166.15	126.8
CH$_2$COH(g)，乙醛	−166.36	−133.67	265.8
CH$_3$COOH(l)，乙酸	−487.0	−392.4	159.8
CH$_3$COOH(g)，乙酸	−436.4	−381.5	293.4

续表

物　　质	$\Delta_f H_m^{\ominus}$ (kJ·mol^{-1})	$\Delta_f G_m^{\ominus}$ (kJ·mol^{-1})	$S_m^{\ominus}$ (J·K^{-1}·mol^{-1})
C$_2$H$_5$OH(l)，乙醇	-277.63	-174.36	160.7
C$_2$H$_5$OH(g)，乙醇	-235.31	-168.54	282.1
CH$_3$COCH$_3$(l)，丙酮	-248.283	-155.33	200.0
CH$_3$COCH$_3$(g)，丙酮	-216.69	-152.2	296.00
C$_2$H$_5$OC$_2$H$_5$(l)，乙醚	-273.2	-116.47	253.1
CH$_3$COOC$_2$H$_5$(l)，乙酸乙酯	-463.2	-315.3	259
C$_6$H$_5$COOH(s)，苯甲酸	-384.55	-245.5	170.7
卤代烃			
CH$_3$Cl(g)，氯甲烷	-82.0	-58.6	234.29
CH$_2$Cl$_2$(g)，二氯甲烷	-88	-59	270.62
CHCl$_3$(l)，氯仿	-131.8	-71.4	202.9
CHCl$_3$(g)，氯仿	-100	-67	296.48
CCl$_4$(l)，四氯化碳	-139.3	-68.5	214.43
CCl$_4$(g)，四氯化碳	-106.7	-64.0	309.41
C$_6$H$_5$Cl(l)，氯苯	116.3	-198.2	197.5
含氮化合物			
NH(CH$_3$)$_2$(g)，二甲胺	-27.6	59.1	273.2
C$_5$H$_5$N(l)，吡啶	78.87	159.9	179.1
C$_6$H$_5$NH$_2$(l)，苯胺	35.31	153.35	191.6
C$_6$H$_5$NO$_2$(l)，硝基苯	15.90	146.36	244.3

表2　弱酸、弱碱的解离常数(298.15K)

弱　酸	$K_a^{\ominus}$	p$K_a^{\ominus}$
H$_3$AsO$_4$，砷酸	$K_{a_1}^{\ominus} = 6.3 \times 10^{-3}$	2.20
	$K_{a_2}^{\ominus} = 1.05 \times 10^{-7}$	6.98
	$K_{a_3}^{\ominus} = 3.2 \times 10^{-12}$	11.50
H$_3$BO$_3$，硼酸	$K_a^{\ominus} = 5.8 \times 10^{-10}$	9.24
HCN，氢氰酸	$K_a^{\ominus} = 6.2 \times 10^{-10}$	9.21
H$_2$CO$_3$，碳酸	$K_{a_1}^{\ominus} = 4.2 \times 10^{-7}$	6.38
	$K_{a_2}^{\ominus} = 5.6 \times 10^{-11}$	10.25
H$_2$CrO$_4$，铬酸	$K_{a_1}^{\ominus} = 1.8 \times 10^{-1}$	0.74
	$K_{a_2}^{\ominus} = 3.2 \times 10^{-7}$	6.49
HF，氢氟酸	$K_a^{\ominus} = 6.61 \times 10^{-4}$	3.18
HNO$_2$，亚硝酸	$K_a^{\ominus} = 5.1 \times 10^{-4}$	3.29

续表

弱 酸	$K_a^\ominus$	$pK_a^\ominus$
H_3PO_4，磷酸	$K_{a_1}^\ominus = 7.52 \times 10^{-3}$	2.12
	$K_{a_2}^\ominus = 6.31 \times 10^{-8}$	7.20
	$K_{a_3}^\ominus = 4.4 \times 10^{-13}$	12.36
H_2S，氢硫酸	$K_{a_1}^\ominus = 1.3 \times 10^{-7}$	6.88
	$K_{a_2}^\ominus = 7.1 \times 10^{-15}$	14.15
H_2SO_3，亚硫酸	$K_{a_1}^\ominus = 1.23 \times 10^{-2}$	1.91
	$K_{a_2}^\ominus = 6.6 \times 10^{-8}$	7.18
HCOOH，甲酸	$K_a^\ominus = 1.8 \times 10^{-4}$	3.75
CH_3COOH，乙酸	$K_a^\ominus = 1.74 \times 10^{-5}$	4.76
$CH_2ClCOOH$，一氯乙酸	$K_a^\ominus = 1.4 \times 10^{-3}$	2.86
$CHCl_2COOH$，二氯乙酸	$K_a^\ominus = 5.0 \times 10^{-2}$	1.30
CCl_3COOH，三氯乙酸	$K_a^\ominus = 2.0 \times 10^{-1}$	0.70
$H_2C_2O_4$，草酸	$K_{a_1}^\ominus = 5.4 \times 10^{-2}$	1.27
	$K_{a_2}^\ominus = 5.4 \times 10^{-5}$	4.27
C_6H_5OH，苯酚	$K_a^\ominus = 1.1 \times 10^{-10}$	9.96
$C_6H_4(COOH)_2$，邻苯二甲酸	$K_{a_1}^\ominus = 1.1 \times 10^{-3}$	2.96
	$K_{a_2}^\ominus = 4.0 \times 10^{-6}$	5.40
$C_6H_4(OH)COOH$，水杨酸	$K_{a_1}^\ominus = 1.05 \times 10^{-3}$	2.98
	$K_{a_2}^\ominus = 4.17 \times 10^{-13}$	12.38
C_6H_5COOH，苯甲酸	$K_a^\ominus = 6.3 \times 10^{-5}$	4.20

弱 碱	$K_b^\ominus$	$pK_b^\ominus$
$NH_3 \cdot H_2O$，氨水	$K_b^\ominus = 1.78 \times 10^{-5}$	4.75
$C_6H_5NH_2$，苯胺	$K_b^\ominus = 3.98 \times 10^{-10}$	9.40
$CO(NH_2)_2$，尿素	$K_b^\ominus = 1.5 \times 10^{-14}$	13.82
$H_2N(CH_2)_2NH_2$，乙二胺	$K_{b_1}^\ominus = 8.51 \times 10^{-5}$	4.07
	$K_{b_2}^\ominus = 7.08 \times 10^{-8}$	7.15
C_5H_5N，吡啶	$K_b^\ominus = 1.48 \times 10^{-9}$	8.83
$(C_6H_5)_2NH$，二苯胺	$K_b^\ominus = 7.94 \times 10^{-14}$	13.1

表3　难溶电解质的溶度积常数(298.15K)

难溶电解质	$K_{sp}^{\ominus}$	难溶电解质	$K_{sp}^{\ominus}$	难溶电解质	$K_{sp}^{\ominus}$
Ag_3AsO_4	1.0×10^{-22}	$BaCO_3$	5.1×10^{-9}	$Co_3(AsO_4)_2$	7.6×10^{-29}
$AgBr$	5.0×10^{-13}	BaC_2O_4	1.6×10^{-7}	$CoCO_3$	1.4×10^{-13}
$AgBrO_3$	5.50×10^{-5}	$BaCrO_4$	1.2×10^{-10}	CoC_2O_4	6.3×10^{-8}
$AgCl$	1.8×10^{-10}	$Ba_3(PO_4)_2$	3.4×10^{-23}	$Co(OH)_2$(蓝)	6.31×10^{-15}
$AgCN$	1.2×10^{-16}	$BaSO_4$	1.1×10^{-10}	$Co(OH)_2$(粉红,新沉淀)	1.58×10^{-15}
Ag_2CO_3	8.1×10^{-12}	BaS_2O_3	1.6×10^{-5}	$Co(OH)_2$(粉红,陈化)	2.00×10^{-16}
$Ag_2C_2O_4$	3.5×10^{-11}	$BaSeO_3$	2.7×10^{-7}	$CoHPO_4$	2.0×10^{-7}
Ag_2CrO_4	1.2×10^{-12}	$BaSeO_4$	3.5×10^{-8}	$Co_3(PO_4)_3$	2.0×10^{-35}
$Ag_2Cr_2O_7$	2.0×10^{-7}	$Be(OH)_2$②	1.6×10^{-22}	$CrAsO_4$	7.7×10^{-21}
AgI	8.3×10^{-17}	$BiAsO_4$	4.4×10^{-10}	$Cr(OH)_3$	6.3×10^{-31}
$AgIO_3$	3.1×10^{-8}	$Bi_2(C_2O_4)_3$	3.98×10^{-36}	$CrPO_4 \cdot 4H_2O$(绿)	2.4×10^{-23}
$AgOH$	2.0×10^{-8}	$Bi(OH)_3$	4.0×10^{-31}	$CrPO_4 \cdot 4H_2O$(紫)	1.0×10^{-17}
Ag_2MoO_4	2.8×10^{-12}	$BiPO_4$	1.26×10^{-23}	$CuBr$	5.3×10^{-9}
Ag_3PO_4	1.4×10^{-16}	$CaCO_3$	2.8×10^{-9}	$CuCl$	1.2×10^{-6}
Ag_2S	6.3×10^{-50}	$CaC_2O_4 \cdot H_2O$	4.0×10^{-9}	$CuCN$	3.2×10^{-20}
$AgSCN$	1.0×10^{-12}	CaF_2	2.7×10^{-11}	$CuCO_3$	2.34×10^{-10}
Ag_2SO_3	1.5×10^{-14}	$CaMoO_4$	4.17×10^{-8}	CuI	1.1×10^{-12}
Ag_2SO_4	1.4×10^{-5}	$Ca(OH)_2$	5.5×10^{-6}	$Cu(OH)_2$	4.8×10^{-20}
Ag_2Se	2.0×10^{-64}	$Ca_3(PO_4)_2$	2.0×10^{-29}	$Cu_3(PO_4)_2$	1.3×10^{-37}
Ag_2SeO_3	1.0×10^{-15}	$CaSO_4$	3.16×10^{-7}	Cu_2S	2.5×10^{-48}
Ag_2SeO_4	5.7×10^{-8}	$CaSiO_3$	2.5×10^{-8}	Cu_2Se	1.58×10^{-61}
$AgVO_3$	5.0×10^{-7}	$CaWO_4$	8.7×10^{-9}	CuS	6.3×10^{-36}
Ag_2WO_4	5.5×10^{-12}	$CdCO_3$	5.2×10^{-12}	$CuSe$	7.94×10^{-49}
$Al(OH)_3$①	4.57×10^{-33}	$CdC_2O_4 \cdot 3H_2O$	9.1×10^{-8}	$Dy(OH)_3$	1.4×10^{-22}
$AlPO_4$	6.3×10^{-19}	$Cd_3(PO_4)_2$	2.5×10^{-33}	$Er(OH)_3$	4.1×10^{-24}
Al_2S_3	2.0×10^{-7}	CdS	8.0×10^{-27}	$Eu(OH)_3$	8.9×10^{-24}
$Au(OH)_3$	5.5×10^{-46}	$CdSe$	6.31×10^{-36}	$FeAsO_4$	5.7×10^{-21}
$AuCl_3$	3.2×10^{-25}	$CdSeO_3$	1.3×10^{-9}	$FeCO_3$	3.2×10^{-11}
AuI_3	1.0×10^{-46}	CeF_3	8.0×10^{-16}	$Fe(OH)_2$	8.0×10^{-16}
$Ba_3(AsO_4)_2$	8.0×10^{-51}	$CePO_4$	1.0×10^{-23}	$Fe(OH)_3$	4.0×10^{-38}

续表

难溶电解质	$K_{sp}^{\ominus}$	难溶电解质	$K_{sp}^{\ominus}$	难溶电解质	$K_{sp}^{\ominus}$
$FePO_4$	1.3×10^{-22}	$Mn(IO_3)_2$	4.37×10^{-7}	$RaSO_4$	4.2×10^{-11}
FeS	6.3×10^{-18}	$Mn(OH)_4$	1.9×10^{-13}	$Rh(OH)_3$	1.0×10^{-23}
$Ga(OH)_3$	7.0×10^{-36}	$MnS(粉红)$	2.5×10^{-10}	$Ru(OH)_3$	1.0×10^{-36}
$GaPO_4$	1.0×10^{-21}	$MnS(绿)$	2.5×10^{-13}	Sb_2S_3	1.5×10^{-93}
$Gd(OH)_3$	1.8×10^{-23}	$Ni_3(AsO_4)_2$	3.1×10^{-26}	ScF_3	4.2×10^{-18}
$Hf(OH)_4$	4.0×10^{-26}	$NiCO_3$	6.6×10^{-9}	$Sc(OH)_3$	8.0×10^{-31}
Hg_2Br_2	5.6×10^{-23}	NiC_2O_4	4.0×10^{-10}	$Sm(OH)_3$	8.2×10^{-23}
Hg_2Cl_2	1.3×10^{-18}	$Ni(OH)_2(新)$	2.0×10^{-15}	$Sn(OH)_2$	1.4×10^{-28}
HgC_2O_4	1.0×10^{-7}	$Ni_3(PO_4)_2$	5.0×10^{-31}	$Sn(OH)_4$	1.0×10^{-56}
Hg_2CO_3	8.9×10^{-17}	$\alpha-NiS$	3.2×10^{-19}	SnO_2	3.98×10^{-65}
$Hg_2(CN)_2$	5.0×10^{-40}	$\beta-NiS$	1.0×10^{-24}	SnS	1.0×10^{-25}
Hg_2CrO_4	2.0×10^{-9}	$\gamma-NiS$	2.0×10^{-26}	$SnSe$	3.98×10^{-39}
Hg_2I_2	4.5×10^{-29}	$Pb_3(AsO_4)_2$	4.0×10^{-36}	$Sr_3(AsO_4)_2$	8.1×10^{-19}
HgI_2	2.82×10^{-29}	$PbBr_2$	4.0×10^{-5}	$SrCO_3$	1.1×10^{-10}
$Hg_2(IO_3)_2$	2.0×10^{-14}	$PbCl_2$	1.6×10^{-5}	$SrC_2O_4 \cdot H_2O$	1.6×10^{-7}
$Hg_2(OH)_2$	2.0×10^{-24}	$PbCO_3$	7.4×10^{-14}	SrF_2	2.5×10^{-9}
$HgSe$	1.0×10^{-59}	$PbCrO_4$	2.8×10^{-13}	$Sr_3(PO_4)_2$	4.0×10^{-28}
$HgS(红)$	4.0×10^{-53}	PbF_2	2.7×10^{-8}	$SrSO_4$	3.2×10^{-7}
$HgS(黑)$	1.6×10^{-52}	$PbMoO_4$	1.0×10^{-13}	$SrWO_4$	1.7×10^{-10}
Hg_2WO_4	1.1×10^{-17}	$Pb(OH)_2$	1.2×10^{-15}	$Tb(OH)_3$	2.0×10^{-22}
$Ho(OH)_3$	5.0×10^{-23}	$Pb(OH)_4$	3.2×10^{-66}	$Te(OH)_4$	3.0×10^{-54}
$In(OH)_3$	1.3×10^{-37}	$Pb_3(PO_4)_2$	8.0×10^{-43}	$Th(C_2O_4)_2$	1.0×10^{-22}
$InPO_4$	2.3×10^{-22}	PbS	1.0×10^{-28}	$Th(IO_3)_4$	2.5×10^{-15}
In_2S_3	5.7×10^{-74}	$PbSO_4$	1.6×10^{-8}	$Th(OH)_4$	4.0×10^{-45}
$La_2(CO_3)_3$	3.98×10^{-34}	$PbSe$	7.94×10^{-43}	$Ti(OH)_3$	1.0×10^{-40}
$LaPO_4$	3.98×10^{-23}	$PbSeO_4$	1.4×10^{-7}	$TlBr$	3.4×10^{-6}
$Lu(OH)_3$	1.9×10^{-24}	$Pd(OH)_2$	1.0×10^{-31}	$TlCl$	1.7×10^{-4}
$Mg_3(AsO_4)_2$	2.1×10^{-20}	$Pd(OH)_4$	6.3×10^{-71}	Tl_2CrO_4	9.77×10^{-13}
$MgCO_3$	3.5×10^{-8}	PdS	2.03×10^{-58}	TlI	6.5×10^{-8}
$MgCO_3 \cdot 3H_2O$	2.14×10^{-5}	$Pm(OH)_3$	1.0×10^{-21}	TlN_3	2.2×10^{-4}
$Mg(OH)_2$	1.8×10^{-11}	$Pr(OH)_3$	6.8×10^{-22}	Tl_2S	5.0×10^{-21}
$Mg_3(PO_4)_2 \cdot 8H_2O$	6.31×10^{-26}	$Pt(OH)_2$	1.0×10^{-35}	$TlSeO_3$	2.0×10^{-39}
$Mn_3(AsO_4)_2$	1.9×10^{-29}	$Pu(OH)_3$	2.0×10^{-20}	$UO_2(OH)_2$	1.1×10^{-22}
$MnCO_3$	1.8×10^{-11}	$Pu(OH)_4$	1.0×10^{-55}	$VO(OH)_2$	5.9×10^{-23}

续表

难溶电解质	$K_{sp}^{\ominus}$	难溶电解质	$K_{sp}^{\ominus}$	难溶电解质	$K_{sp}^{\ominus}$
Y(OH)$_3$	8.0×10^{-23}	ZnCO$_3$	1.4×10^{-11}	α-ZnS	1.6×10^{-24}
Yb(OH)$_3$	3.0×10^{-24}	Zn(OH)$_2$③	2.09×10^{-16}	β-ZnS	2.5×10^{-22}
Zn$_3$(AsO$_4$)$_2$	1.3×10^{-28}	Zn$_3$(PO$_4$)$_2$	9.0×10^{-33}	ZrO(OH)$_2$	6.3×10^{-49}

注：①~③形态均为无定形。

表4　常见配离子的稳定常数(298.15K)

配离子	$K_f^{\ominus}$	配离子	$K_f^{\ominus}$
Ag(CN)$_2^-$	2.5×10^{20}	Fe(CN)$_6^{4-}$	1.0×10^{37}
Ag(EDTA)$^{3-}$	2.1×10^7	Fe(EDTA)$^-$	1.7×10^{24}
Ag(en)$_2^+$	5.0×10^7	Fe(EDTA)$^{2-}$	2.1×10^{14}
Ag(NH$_3$)$_2^+$	1.6×10^7	Fe(en)$_3^{2+}$	5.0×10^9
Ag(SCN)$_4^{3-}$	1.2×10^{10}	Fe(SCN)$^{2+}$	8.9×10^2
Ag(S$_2$O$_3$)$_2^{3-}$	1.7×10^{13}	HgCl$_4^{2-}$	1.2×10^{15}
Al(EDTA)$^-$	1.3×10^{16}	Hg(CN)$_4^{2-}$	3.0×10^{41}
Al(OH)$_4^-$	1.1×10^{33}	Hg(EDTA)$^{2-}$	6.3×10^{21}
CdCl$_4^{2-}$	6.3×10^2	Hg(en)$_2^{2+}$	2.0×10^{23}
Cd(CN)$_4^{2-}$	6.0×10^{18}	HgI$_4^{2-}$	6.8×10^{29}
Cd(en)$_3^{2+}$	1.2×10^{12}	Ni(CN)$_4^{2-}$	2.0×10^{31}
Cd(NH$_3$)$_4^{2+}$	1.3×10^7	Ni(EDTA)$^{2-}$	3.6×10^{18}
Co(EDTA)$^-$	1.0×10^{36}	Ni(en)$_3^{2+}$	2.1×10^{18}
Co(EDTA)$^{2-}$	2.0×10^{16}	Ni(NH$_3$)$_6^{2+}$	5.5×10^8
Co(en)$_3^{2+}$	8.7×10^{13}	PbCl$_3^-$	2.4×10^1
Co(en)$_3^{3+}$	4.9×10^{48}	Pb(EDTA)$^{2-}$	2.0×10^{18}
Co(NH$_3$)$_6^{2+}$	1.3×10^5	PbI$_4^{2-}$	3.0×10^4
Co(NH$_3$)$_6^{3+}$	4.5×10^{33}	Pb(OH)$_3^-$	3.8×10^{14}
Co(SCN)$_4^{2-}$	1.0×10^3	Pb(S$_2$O$_3$)$_3^{4-}$	2.2×10^6
Cr(EDTA)$^-$	1.0×10^{23}	PtCl$_4^{2-}$	1.0×10^{16}
Cr(OH)$_4^-$	8.0×10^{29}	Pt(NH$_3$)$_6^{2+}$	2.0×10^{35}
CuCl$_3^{2-}$	5.0×10^5	Zn(CN)$_4^{2-}$	1.0×10^{18}
Cu(CN)$_4^{3-}$	2.0×10^{30}	Zn(EDTA)$^{2-}$	3.0×10^{16}
Cu(EDTA)$^{2-}$	5.0×10^{18}	Zn(en)$_3^{2+}$	1.3×10^{14}
Cu(en)$_2^{2+}$	1.0×10^{20}	Zn(NH$_3$)$_4^{2+}$	4.1×10^8
Cu(NH$_3$)$_4^{2+}$	1.1×10^{13}	Zn(OH)$_4^{2-}$	4.6×10^{17}
Fe(CN)$_6^{3-}$	1.0×10^{42}		

表5　常见物质的标准电极电势(298.15K)

电极反应	$\varphi^\ominus$ (V)	电极反应	$\varphi^\ominus$ (V)
在酸性溶液中				

电极反应	$\varphi^\ominus$ (V)	电极反应	$\varphi^\ominus$ (V)
$Li^+ + e^- = Li$	-3.045	$AgBr + e^- = Ag + Br^-$	0.07133
$Rb^+ + e^- = Rb$	-2.98	$S_4O_6^{2-} + 2e^- = 2S_2O_3^{2-}$	0.08
$K^+ + e^- = K$	-2.931	$S + 2H^+ + 2e^- = H_2S$ (aq)	0.142
$Cs^+ + e^- = Cs$	-2.92	$Sn^{4+} + 4e^- = Sn^{2+}$	0.151
$Ba^{2+} + 2e^- = Ba$	-2.912	$Cu^{2+} + e^- = Cu^+$	0.153
$Sr^{2+} + 2e^- = Sr$	-2.89	$SO_4^{2-} + 4H^+ + 2e^- = H_2SO_3 + H_2O$	0.172
$Ca^{2+} + 2e^- = Ca$	-2.868	$AgCl + e^- = Ag + Cl^-$	0.222
$Na^+ + e^- = Na$	-2.71	$Hg_2Cl_2 + 2e^- = 2Hg + 2Cl^-$	0.26808
$La^{3+} + 3e^- = La$	-2.522	$Cu^{2+} + 2e^- = Cu$	0.337
$Ce^{3+} + 3e^- = Ce$	-2.483	$Cu^{2+} + 2e^- = Cu$ (Hg)	0.345
$Mg^{2+} + 2e^- = Mg$	-2.372	$Fe(CN)_6^{3-} + e^- = Fe(CN)_6^{4-}$	0.358
$Y^{3+} + 3e^- = Y$	-2.372	$Ag_2CrO_4 + 2e^- = 2Ag + CrO_4^{2-}$	0.447
$AlF_6^{3-} + 3e^- = Al + 6F^-$	-2.069	$H_2SO_3 + 4H^+ + 4e^- = S + 3H_2O$	0.449
$Be^{2+} + 2e^- = Be$	-1.847	$Ag_2C_2O_4 + 2e^- = 2Ag + C_2O_4^{2-}$	0.4647
$Al^{3+} + 3e^- = Al$	-1.662	$Cu^+ + 2e^- = Cu$	0.521
$SiF_6^{2-} + 4e^- = Si + 6F^-$	-1.24	$I_2 + 2e^- = 2I^-$	0.5355
$Mn^{2+} + 2e^- = Mn$	-1.185	$I_3^- + 2e^- = 3I^-$	0.536
$Cr^{2+} + 2e^- = Cr$	-0.913	$H_3AsO_4 + 2H^+ + 2e^- = HAsO_2 + 2H_2O$	0.56
$H_3BO_3 + 3H^+ + 3e^- = B + 3H_2O$	-0.8698	$AgAc + e^- = Ag + Ac^-$	0.643
$Zn^{2+} + 2e^- = Zn$ (Hg)	-0.7628	$Ag_2SO_4 + 2e^- = 2Ag + SO_4^{2-}$	0.654
$Zn^{2+} + 2e^- = Zn$	-0.763	$O_2 + 2H^+ + 2e^- = H_2O_2$	0.682
$Cr^{3+} + 3e^- = Cr$	-0.744	$Fe^{3+} + e^- = Fe^{2+}$	0.771
$Fe^{2+} + 2e^- = Fe$	-0.447	$Hg_2^{2+} + 2e^- = 2Hg$	0.7973
$Cd^{2+} + 2e^- = Cd$	-0.403	$Ag^+ + e^- = Ag$	0.799
$PbSO_4 + 2e^- = Pb + SO_4^{2-}$	-0.3588	$Hg^{2+} + 2e^- = Hg$	0.851
$Co^{2+} + 2e^- = Co$	-0.28	$2Hg^{2+} + 2e^- = Hg_2^{2+}$	0.92
$Ni^{2+} + 2e^- = Ni$	-0.257	$NO_3^- + 3H^+ + 2e^- = HNO_2 + H_2O$	0.934
$Mo^{3+} + 3e^- = Mo$	-0.2	$NO_3^- + 4H^+ + 3e^- = NO + 2H_2O$	0.957
$AgI + e^- = Ag + I^-$	-0.15224	$HNO_2 + H^+ + e^- = NO + H_2O$	0.983
$Sn^{2+} + 2e^- = Sn$	-0.1375	$Br_2(l) + 2e^- = 2Br^-$	1.066
$Pb^{2+} + 2e^- = Pb$	-0.1262	$IO_3^- + 6H^+ + 6e^- = I^- + 3H_2O$	1.085
$Fe^{3+} + 3e^- = Fe$	-0.037	$Cu^{2+} + 2CN^- + e^- = Cu(CN)_2^-$	1.103
$2H^+ + 2e^- = H_2$	0	$ClO_4^- + 2H^+ + 2e^- = H_2O + ClO_3^-$	1.189

续表

电极反应	$\varphi^{\ominus}$ (V)	电极反应	$\varphi^{\ominus}$ (V)
$2IO_3^- + 12H^+ + 10e^- = I_2 + 6H_2O$	1.195	$Mn^{3+} + e^- = Mn^{2+}$	1.5415
$ClO_3^- + 3H^+ + 2e^- = H_2O + HClO_2$	1.214	$HClO_2 + 3H^+ + 4e^- = 2H_2O + Cl^-$	1.57
$MnO_2 + 4H^+ + 2e^- = Mn^{2+} + 2H_2O$	1.224	$Ce^{4+} + e^- = Ce^{3+}$	1.61
$O_2 + 4H^+ + 4e^- = 2H_2O$	1.229	$2HClO_2 + 6e^- + 6H^+ = Cl_2 + 4H_2O$	1.628
$Cr_2O_7^{2-} + 14H^+ + 6e^- = 7H_2O + 2Cr^{3+}$	1.232	$HClO_2 + 2H^+ + 2e^- = H_2O + HClO$	1.645
$Cl_2 + 2e^- = 2Cl^-$	1.36	$MnO_4^- + 4H^+ + 3e^- = 2H_2O + MnO_2$	1.679
$ClO_4^- + 8H^+ + 8e^- = 4H_2O + Cl^-$	1.389	$PbO_2 + SO_4^{2-} + 4H^+ + 2e^- = PbSO_4 + 2H_2O$	1.6913
$2ClO_4^- + 16H^+ + 14e^- = 8H_2O + Cl_2$	1.39	$Au^+ + e^- = Au$	1.692
$BrO_3^- + 6H^+ + 6e^- = 3H_2O + Br^-$	1.423	$H_2O_2 + 2H^+ + 2e^- = 2H_2O$	1.776
$ClO_3^- + 6H^+ + 6e^- = 3H_2O + Cl^-$	1.451	$Co^{3+} + e^- = Co^{2+}$ ($2mol \cdot L^{-1} H_2SO_4$)	1.83
$PbO_2 + 4H^+ + 2e^- = 2H_2O + Pb^{2+}$	1.455	$S_2O_8^{2-} + 2e^- = 2SO_4^{2-}$	2.01
$2ClO_3^- + 12H^+ + 10e^- = 6H_2O + Cl_2$	1.47	$F_2 + 2e^- = 2F^-$	2.87
$2BrO_3^- + 12H^+ + 10e^- = 6H_2O + Br_2$	1.482	$F_2 + 2H^+ + 2e^- = 2HF$	3.053
$MnO_4^- + 8H^+ + 5e^- = 4H_2O + Mn^{2+}$	1.51		
在碱性溶液中			
$Ca(OH)_2 + 2e^- = Ca + 2OH^-$	-3.02	$AgCN + e^- = Ag + CN^-$	-0.017
$Ba(OH)_2 + e^- = Ba + 2OH^-$	-2.99	$NO_3^- + H_2O + 2e^- = NO_2^- + 2OH^-$	0.01
$Mg(OH)_2 + 2e^- = Mg + 2OH^-$	-2.69	$HgO + H_2O + 2e^- = Hg + 2OH^-$	0.0977
$Mn(OH)_2 + 2e^- = Mn + 2OH^-$	-1.56	$Co(NH_3)_6^{3+} + e^- = Co(NH_3)_6^{2+}$	0.108
$Cr(OH)_3 + 3e^- = Cr + 3OH^-$	-1.48	$Hg_2O + H_2O + 2e^- = 2OH^- + 2Hg$	0.123
$ZnO_2^{2-} + 2H_2O + 2e^- = Zn + 4OH^-$	-1.215	$Mn(OH)_3 + e^- = OH^- + Mn(OH)_2$	0.15
$SO_4^{2-} + H_2O + 2e^- = 2OH^- + SO_3^{2-}$	-0.93	$Co(OH)_3 + e^- = Co(OH)_2 + OH^-$	0.17
$P + 3H_2O + 3e^- = PH_3 + 3OH^-$	-0.87	$PbO_2 + H_2O + 2e^- = 2OH^- + PbO$	0.247
$2H_2O + 2e^- = 2OH^- + H_2$	-0.8277	$IO_3^- + 3H_2O + 6e^- = 6OH^- + I^-$	0.26
$AsO_4^{3-} + 2e^- + 2H_2O = AsO_2^- + 4OH^-$	-0.71	$Ag_2O + H_2O + 2e^- = 2Ag + 2OH^-$	0.342
$Ag_2S + 2e^- = 2Ag + S^{2-}$	-0.691	$O_2 + 2H_2O + 4e^- = 4OH^-$	0.401
$Fe(OH)_3 + e^- = Fe(OH)_2 + OH^-$	-0.56	$MnO_4^- + e^- = MnO_4^{2-}$	0.558
$HPbO_2^- + H_2O + 2e^- = Pb + 3OH^-$	-0.537	$MnO_4^- + 2H_2O + 3e^- = MnO_2 + 4OH^-$	0.595
$S + 2e^- = S^{2-}$	-0.47627	$BrO_3^- + 3H_2O + 6e^- = Br^- + 6OH^-$	0.61
$Cu_2O + H_2O + 2e^- = 2Cu + 2OH^-$	-0.36	$ClO_3^- + 3H_2O + 6e^- = 6OH^- + Cl^-$	0.62
$Cu(OH)_2 + 2e^- = Cu + 2OH^-$	-0.222	$ClO^- + 2e^- + H_2O = Cl^- + 2OH^-$	0.841
$O_2 + 2H_2O + 2e^- = H_2O_2 + 2OH^-$	-0.146	$O_3 + H_2O + 2e^- = O_2 + 2OH^-$	1.24
$CrO_4^{2-} + 4H_2O + 3e^- = Cr(OH)_3 + 5OH^-$	-0.13		

元素周期表

氧化态（单质的氧化态为0，未列入；常见的为红色）

原子序数；元素符号（红色的为放射性元素）；元素名称（注▲的为人造元素）；价层电子构型

以 ^{12}C=12 为基准的相对原子质量（注◆的是半衰期最长同位素的相对原子质量）

示例：+2 +3 +4 +5 +6 Am 镅▲ $5f^77s^2$ 243.06◆

s区元素　p区元素　d区元素　ds区元素　f区元素　稀有气体

周期＼族	1 ⅠA	2 ⅡA	3 ⅢB	4 ⅣB	5 ⅤB	6 ⅥB	7 ⅦB	8 ⅧB	9 ⅧB	10 ⅧB	11 ⅠB	12 ⅡB	13 ⅢA	14 ⅣA	15 ⅤA	16 ⅥA	17 ⅦA	18 ⅧA	电子层
1	1 H 氢 $1s^1$ 1.00794(7)																	2 He 氦 $1s^2$ 4.002602(2)	K
2	3 Li 锂 $2s^1$ 6.941(2)	4 Be 铍 $2s^2$ 9.012182(3)											5 B 硼 $2s^22p^1$ 10.811(7)	6 C 碳 $2s^22p^2$ 12.0107(8)	7 N 氮 $2s^22p^3$ 14.0067(2)	8 O 氧 $2s^22p^4$ 15.9994(3)	9 F 氟 $2s^22p^5$ 18.9984032(5)	10 Ne 氖 $2s^22p^6$ 20.1797(6)	L K
3	11 Na 钠 $3s^1$ 22.989770(2)	12 Mg 镁 $3s^2$ 24.3050(6)											13 Al 铝 $3s^23p^1$ 26.981538(2)	14 Si 硅 $3s^23p^2$ 28.0855(3)	15 P 磷 $3s^23p^3$ 30.973761(2)	16 S 硫 $3s^23p^4$ 32.065(5)	17 Cl 氯 $3s^23p^5$ 35.453(2)	18 Ar 氩 $3s^23p^6$ 39.948(1)	M L K
4	19 K 钾 $4s^1$ 39.0983(1)	20 Ca 钙 $4s^2$ 40.078(4)	21 Sc 钪 $3d^14s^2$ 44.955910(8)	22 Ti 钛 $3d^24s^2$ 47.867(1)	23 V 钒 $3d^34s^2$ 50.9415	24 Cr 铬 $3d^54s^1$ 51.9961(6)	25 Mn 锰 $3d^54s^2$ 54.938049(9)	26 Fe 铁 $3d^64s^2$ 55.845(2)	27 Co 钴 $3d^74s^2$ 58.933200(9)	28 Ni 镍 $3d^84s^2$ 58.6934(2)	29 Cu 铜 $3d^{10}4s^1$ 63.546(3)	30 Zn 锌 $3d^{10}4s^2$ 65.409(4)	31 Ga 镓 $4s^24p^1$ 69.723(1)	32 Ge 锗 $4s^24p^2$ 72.64(1)	33 As 砷 $4s^24p^3$ 74.92160(2)	34 Se 硒 $4s^24p^4$ 78.96(3)	35 Br 溴 $4s^24p^5$ 79.904(1)	36 Kr 氪 $4s^24p^6$ 83.798(2)	N M L K
5	37 Rb 铷 $5s^1$ 85.4678(3)	38 Sr 锶 $5s^2$ 87.62(1)	39 Y 钇 $4d^15s^2$ 88.90585(2)	40 Zr 锆 $4d^25s^2$ 91.224(2)	41 Nb 铌 $4d^45s^1$ 92.90638(2)	42 Mo 钼 $4d^55s^1$ 95.94(2)	43 Tc 锝▲ $4d^55s^2$ 97.907◆	44 Ru 钌 $4d^75s^1$ 101.07(2)	45 Rh 铑 $4d^85s^1$ 102.90550(2)	46 Pd 钯 $4d^{10}$ 106.42(1)	47 Ag 银 $4d^{10}5s^1$ 107.8682(2)	48 Cd 镉 $4d^{10}5s^2$ 112.411(8)	49 In 铟 $5s^25p^1$ 114.818(3)	50 Sn 锡 $5s^25p^2$ 118.710(7)	51 Sb 锑 $5s^25p^3$ 121.760(1)	52 Te 碲 $5s^25p^4$ 127.60(3)	53 I 碘 $5s^25p^5$ 126.90447(3)	54 Xe 氙 $5s^25p^6$ 131.293(6)	O N M L K
6	55 Cs 铯 $6s^1$ 132.90545(2)	56 Ba 钡 $6s^2$ 137.327(7)	57~71 La~Lu 镧系	72 Hf 铪 $5d^26s^2$ 178.49(2)	73 Ta 钽 $5d^36s^2$ 180.9479(1)	74 W 钨 $5d^46s^2$ 183.84(1)	75 Re 铼 $5d^56s^2$ 186.207(1)	76 Os 锇 $5d^66s^2$ 190.23(3)	77 Ir 铱 $5d^76s^2$ 192.217(3)	78 Pt 铂 $5d^96s^1$ 195.078(2)	79 Au 金 $5d^{10}6s^1$ 196.96655(2)	80 Hg 汞 $5d^{10}6s^2$ 200.59(2)	81 Tl 铊 $6s^26p^1$ 204.3833(2)	82 Pb 铅 $6s^26p^2$ 207.2(1)	83 Bi 铋 $6s^26p^3$ 208.98038(2)	84 Po 钋 $6s^26p^4$ 208.98◆	85 At 砹 $6s^26p^5$ 209.99◆	86 Rn 氡 $6s^26p^6$ 222.02◆	P O N M L K
7	87 Fr 钫▲ $7s^1$ 223.02◆	88 Ra 镭 $7s^2$ 226.03◆	89~103 Ac~Lr 锕系	104 Rf 𬬻▲ $6d^27s^2$ 261.11◆	105 Db 𬭊▲ $6d^37s^2$ 262.11◆	106 Sg 𬭳▲ $6d^47s^2$ 263.12◆	107 Bh 𬭛▲ $6d^57s^2$ 264.12◆	108 Hs 𬭶▲ $6d^67s^2$ 265.13◆	109 Mt 鿏▲ $6d^77s^2$ 266.13	110 Ds 𫟼▲ (269)	111 Rg 𬬭▲ (272)◆	112 Uub▲ (277)◆	113 Uut▲ (278)◆	114 Uuq▲ (289)◆	115 Uup▲ (288)◆	116 Uuh▲ (289)◆			Q P O N M L K

★	57	58	59	60	61	62	63	64	65	66	67	68	69	70	71
镧系	La 镧★ $5d^16s^2$ 138.9055(2)	Ce 铈 $4f^15d^16s^2$ 140.116(1)	Pr 镨 $4f^36s^2$ 140.90765(2)	Nd 钕 $4f^46s^2$ 144.24(3)	Pm 钷▲ $4f^56s^2$ 144.91◆	Sm 钐 $4f^66s^2$ 150.36(3)	Eu 铕 $4f^76s^2$ 151.964(1)	Gd 钆 $4f^75d^16s^2$ 157.25(3)	Tb 铽 $4f^96s^2$ 158.92534(2)	Dy 镝 $4f^{10}6s^2$ 162.500(1)	Ho 钬 $4f^{11}6s^2$ 164.93032(2)	Er 铒 $4f^{12}6s^2$ 167.259(3)	Tm 铥 $4f^{13}6s^2$ 168.93421(2)	Yb 镱 $4f^{14}6s^2$ 173.04(3)	Lu 镥 $4f^{14}5d^16s^2$ 174.967(1)
★	89	90	91	92	93	94	95	96	97	98	99	100	101	102	103
锕系	Ac 锕★ $6d^17s^2$ 227.03◆	Th 钍 $6d^27s^2$ 232.0381(1)	Pa 镤 $5f^26d^17s^2$ 231.03588(2)	U 铀 $5f^36d^17s^2$ 238.02891(3)	Np 镎 $5f^46d^17s^2$ 237.05◆	Pu 钚 $5f^67s^2$ 244.06◆	Am 镅▲ $5f^77s^2$ 243.06◆	Cm 锔▲ $5f^76d^17s^2$ 247.07◆	Bk 锫▲ $5f^97s^2$ 247.07◆	Cf 锎▲ $5f^{10}7s^2$ 251.08◆	Es 锿▲ $5f^{11}7s^2$ 252.08◆	Fm 镄▲ $5f^{12}7s^2$ 257.10◆	Md 钔▲ $5f^{13}7s^2$ 258.10◆	No 锘▲ $5f^{14}7s^2$ 259.10◆	Lr 铹▲ $5f^{14}6d^17s^2$ 260.11◆